# 建筑施工技术

主　编　吉海军　谢志秦
副主编　辛　星　王赛金　刘　怡

北京理工大学出版社
BEIJING INSTITUTE OF TECHNOLOGY PRESS

## 内 容 提 要

本书根据国家最新设计、施工与质量验收标准规范编写而成。全书共分为9个项目，主要内容包括土方工程施工、地基与基础工程施工、模板工程施工、钢筋工程施工、混凝土工程施工、砌体工程施工、防水与节能工程施工、装饰装修工程施工、钢结构工程施工等。

本书可作为高等院校土木工程类相关专业的教材，也可作为工程技术人员的参考用书。



**图书在版编目(CIP)数据**

建筑施工技术/吉海军，谢志秦主编. —北京：北京理工大学出版社，2017.7

ISBN 978-7-5682-3497-9

Ⅰ.①建… Ⅱ.①吉… ②谢… Ⅲ.①建筑工程－工程施工－高等学校－教材 Ⅳ.①TU74

中国版本图书馆CIP数据核字(2016)第320219号

出版发行 / 北京理工大学出版社有限责任公司
社　　址 / 北京市海淀区中关村南大街5号
邮　　编 / 100081
电　　话 / （010）68914775（总编室）
（010）82562903（教材售后服务热线）
（010）68948351（其他图书服务热线）
网　　址 / http://www.bitpress.com.cn
经　　销 / 全国各地新华书店
印　　刷 / 北京紫瑞利印刷有限公司
开　　本 / 787毫米×1092毫米　1/16
印　　张 / 18
字　　数 / 440千字
版　　次 / 2017年7月第1版　2017年7月第1次印刷
定　　价 / 62.00元

责任编辑 / 钟　博
文案编辑 / 瞿义勇
责任校对 / 周瑞红
责任印制 / 边心超

图书出现印装质量问题，请拨打售后服务热线，本社负责调换

# 前 言

本书根据国家最新设计、施工与质量验收标准规范编写而成，通过深度剖析不同结构形式的建筑工程对象，从施工方案编制、施工组织管理、测量放线、土方工程、基础工程、主体结构等方面完整、系统地阐述了建筑施工全过程。全书主要采取项目任务引导，结合实际工程将与建筑施工有关的内容组织在一起，以常见分部分项工程为主线，按项目施工工艺过程组织编写。

本书与其他同类书相比，主要有以下特点：

（1）重点突出主要分部分项工程的施工工艺流程和施工验收标准两大部分内容，其中施工工艺流程包括施工准备、工序流程及操作要点、常见质量通病预防等内容，施工验收标准包括材料取样方法和施工验收规范的相关内容，注重培养学生综合运用建筑施工技术理论知识分析、解决工程实际问题的能力。

（2）编写时遵循深入浅出、通俗易懂的原则，并且图文并茂，十分有利于教学。

（3）全书大部分内容通过简单工程项目任务实例的方式引入，使学生明确学习的目的，激发学生学习的动力，通过任务的分析和实施，让学生掌握专业技能。

（4）引入新技术、新工艺，重视传统施工技术。本书在尊重传统施工技术的同时，引入节能环保等新技术、新工艺、新概念，注重与时俱进。

本书由吉海军、谢志秦担任主编，辛星、王赛金、刘怡担任副主编。具体编写分工为：吉海军编写项目一和项目八；谢志秦编写项目五、项目七的任务二、三、四和项目九；王赛金编写项目二和项目三；刘怡编写项目四；辛星编写项目六和项目七的任务一。全书由吉海军负责统稿工作。本书在编写过程中参阅了大量文献，在此向这些文献的作者致以诚挚的谢意！

由于编写时间仓促，加之编者的编写经验和水平有限，书中难免有不妥之处，恳请专家和读者指正。

编 者

# 目 录

# 项目一　土方工程施工

**知识目标**

1. 掌握土方工程的常规施工原理及方法；
2. 掌握土方工程施工中必要的计算方法；
3. 熟悉土方工程施工中常见的质量、安全问题及质量、安全验收规范；
4. 熟悉土方施工顺序及所需配备的设施和设备。

**能力目标**

1. 能选择和制定土方工程的合理施工方案；
2. 能完成土方施工中的一些必要计算；
3. 能编写土方工程施工技术交底；
4. 能进行常规土方工程的质量检查和验收。

## 任务一　土方开挖场地平整方案设计

**任务引入**

某建筑场地地形图和方格网(边长 $a=20.0$ m)布置如图 1-1 所示。土壤为二类土，场地地面泄水坡度 $i_x=0.3\%$，$i_y=0.2\%$。试进行土方开挖场地平整设计，确定场地设计标高(不考虑土的可松性影响，余土加宽边坡)，计算各方格挖、填土方工程量。

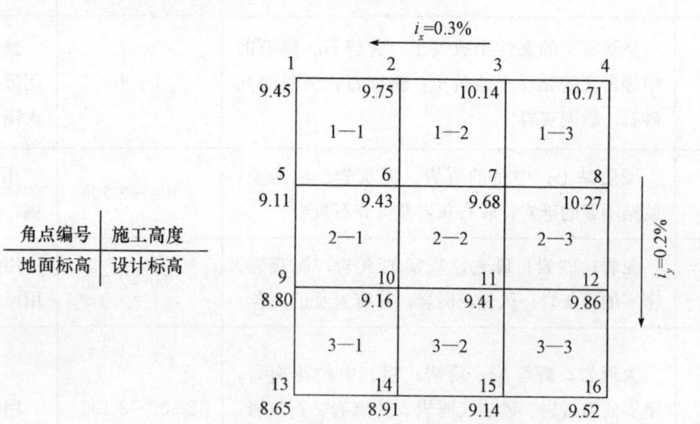


图 1-1　某建筑场地地形图和方格网布置

**【任务分析】** 土方工程开挖前，首先要完成场地平整方案的设计。设计方案中要确定平整后场地的设计标高，再根据自然状态下地面各点的自然标高计算场地平整的土方量。要完成这一工作任务，必须掌握场地设计标高、基坑、基槽土方量的计算方法。

**规范学习**

《建筑地基基础工程施工质量验收规范》(GB 50202—2002)

6.1.1 土方工程施工前应进行挖、填方的平衡计算，综合考虑土方运距最短、运程合理和各个工程项目的合理施工程序等，做好土方平衡调配，减少重复挖运。

土方平衡调配应尽可能与城市规划和农田水利相结合，将余土一次性运到指定弃土场，做到文明施工。

**相关知识**

## 一、土的基本性质

### 1. 土的工程类别与现场鉴别方法

土方工程施工中，土的工程类别按土的开挖难易程度分为八类，见表1-1。表中一至四类为土，五至八类为岩石。在选择施工挖土机械和套用建筑安装工程劳动定额时要依据土的工程类别。

**表1-1 土的工程类别**

| 分类 | 级别 | 土的名称 | 密度/(kg·m$^{-3}$) | 开挖方法及工具 |
|---|---|---|---|---|
| 一类土(松软土) | Ⅰ | 砂土；粉土；冲积砂土层；疏松的种植土；淤泥(泥炭) | 600～1 500 | 用锹、锄头挖掘，少许用脚蹬 |
| 二类土(普通土) | Ⅱ | 粉质黏土；潮湿的黄土；夹有碎石、卵石的砂；粉土混卵(碎)石；种植土；填土 | 1 100～1 600 | 用锹、锄头挖掘，少许用镐翻松 |
| 三类土(坚土) | Ⅲ | 软及中等密实黏土；重粉质黏土；砾石土；干黄土、含有碎石卵石的黄土；粉质黏土；压实的填土 | 1 750～1 900 | 主要用镐，少许用锹、锄头挖掘，部分用撬棍 |
| 四类土(砂砾坚土) | Ⅳ | 坚硬密实的黏性土或黄土；含碎石、卵石的中等密实的黏性土或黄土；粗卵石；天然级配砂石；软泥灰岩 | 1 900 | 整个先用镐、撬棍，后用锹挖掘，部分用楔子及大锤 |
| 五类土(软石) | Ⅴ | 硬质黏土；中密的页岩、泥灰岩、白垩土；胶结不紧的砾岩；软石灰岩及贝壳石灰岩 | 1 100～2 700 | 用镐或撬棍、大锤挖掘，部分使用爆破方法 |
| 六类土(次坚石) | Ⅵ | 泥岩；砂岩；砾岩；坚实的页岩、泥灰岩；密实的石灰岩；风化花岗岩；片麻岩及正长岩 | 2 200～2 900 | 用爆破方法开挖，部分用风镐 |
| 七类土(坚石) | Ⅶ | 大理岩；辉绿岩；玢岩；粗、中粒花岗岩；坚实的白云岩、砂岩、砾岩、片麻岩、石灰岩；微风化安山岩；玄武岩 | 2 500～3 100 | 用爆破方法开挖 |

续表

| 分类 | 级别 | 土的名称 | 密度/(kg·m$^{-3}$) | 开挖方法及工具 |
|---|---|---|---|---|
| 八类土（特坚土） | Ⅷ | 安山岩；玄武岩；花岗片麻岩；坚实的细粒花岗岩、闪长岩、石英岩、辉长岩、角闪岩、玢岩、辉绿岩 | 2 700～3 300 | 用爆破方法开挖 |

**2. 土的天然含水量**

天然状态下的土由土颗粒、土中的水和土中的气三部分组成。

土的含水量 $w$ 是土中水的质量与土中固体颗粒的质量之比，以百分数表示，即

$$w=\frac{m_w}{m_s}\times 100\% \tag{1-1}$$

式中 $m_w$——土中水的质量；

$m_s$——土中固体颗粒的质量。

土的含水量表示土的干湿程度，$w<5\%$，称为干土；$w=5\%\sim30\%$，称为潮湿土；$w>30\%$，称为湿土。

**3. 土的天然密度和干密度**

土在天然状态下单位体积的质量，称为土的天然密度，用 $\rho$ 表示，即

$$\rho=\frac{m}{V} \tag{1-2}$$

式中 $m$——土的总质量；

$V$——土的天然体积。

单位体积土中固体颗粒的质量称为土的干密度，用 $\rho_d$ 表示，即

$$\rho_d=\frac{m_s}{V} \tag{1-3}$$

式中 $m_s$——土中固体颗粒的质量。

土的干密度越大，表示土越密实。工程上，常把土的干密度作为评定土体密实程度的标准，以控制填土工程的压实质量。土的密度一般用环刀法测定，土的干密度 $\rho_d$ 与土的天然密度 $\rho$ 之间有如下关系：

$$\rho=\frac{m}{V}=\frac{m_s+wm_s}{V}=(1+w)\frac{m_s}{V}=(1+w)\rho_d$$

即

$$\rho_d=\frac{\rho}{1+w} \tag{1-4}$$

**4. 土的渗透性**

土的渗透性是指土体被水透过的性质，反映水流通过土中孔隙的难易程度。

土的渗透性用渗透系数 $K$ 表示。水在单位时间内穿透土层的能力称为渗透系数，用 $K$ 表示，单位为 m/d。地下水在土中的渗透速度一般可按达西定律计算。其计算公式如下：

$$v=K\frac{H_1-H_2}{L}=K\frac{h}{L}=Ki \tag{1-5}$$

式中 $v$——水在土中的渗透速度(m/d)；

$i$——水力坡度，$i=(H_1-H_2)/L$，即任意两点水头差与其水平距离之比；

$K$——土的渗透系数(m/d)。

从达西公式可以看出，渗透系数的物理意义是当水力坡度 $i=1$ 时的渗透速度 $v$，即渗透系数 $K$。$K$ 值的大小反映土体透水性的强弱，影响施工降水与排水的速度；土的渗透系数可以通过室内渗透试验或现场抽水试验测定。一般土的渗透系数见表 1-2。

**表 1-2　土的渗透系数 $K$**

| 土的种类 | 渗透系数 $K/(\mathrm{m\cdot d^{-1}})$ | 土的种类 | 渗透系数 $K/(\mathrm{m\cdot d^{-1}})$ |
|---|---|---|---|
| 黏土 | ＜0.005 | 中砂 | 5～25 |
| 粉质黏土 | 0.005～0.1 | 均质中砂 | 35～50 |
| 粉土 | 0.1～0.5 | 粗砂 | 20～50 |
| 黄土 | 0.25～0.5 | 圆砾 | 50～100 |
| 粉砂 | 0.5～5 | 卵石 | 100～500 |
| 细砂 | 1.0～10 | 无填充物卵石 | 500～1 000 |

**5. 土的可松性**

土的可松性是指自然状态下的土经开挖后，其体积因松散而增大，以后虽经回填压实，但仍不能恢复其原来的体积。土的可松性用可松性系数表示，而可松性系数又可分为最初可松性系数和最终可松性系数，即

$$K_s=V_2/V_1 \tag{1-6}$$

$$K_s'=V_3/V_1 \tag{1-7}$$

式中　$K_s$——土的最初可松性系数；

$K_s'$——土的最终可松性系数；

$V_1$——土在天然状态下的体积($\mathrm{m^3}$)；

$V_2$——土挖出后在松散状态下的体积($\mathrm{m^3}$)；

$V_3$——土经回填压(夯)实后的体积($\mathrm{m^3}$)。

土的可松性对确定场地的设计标高、土方量的平衡调配、计算运土机具的数量和弃土坑的容积，以及计算填方所需的挖方体积等均有很大影响。各类土的可松性系数见表 1-3。

**表 1-3　各类土的可松性系数**

| 土的类别 | 体积增加百分数 | | 可松性系数 | |
|---|---|---|---|---|
| | 最初 | 最终 | $K_s$ | $K_s'$ |
| 一类土(种植土除外) | 8～17 | 1～2.5 | 1.08～1.17 | 1.01～1.03 |
| 一类土(植物性土、泥炭) | 20～30 | 3～4 | 1.20～1.30 | 1.03～1.04 |
| 二类土 | 14～28 | 2.5～5 | 1.14～1.28 | 1.02～1.05 |
| 三类土 | 24～30 | 4～7 | 1.24～1.30 | 1.04～1.07 |
| 四类土(泥灰岩、蛋白石除外) | 26～32 | 6～9 | 1.26～1.32 | 1.06～1.09 |
| 四类土(泥灰岩、蛋白石) | 33～37 | 11～15 | 1.33～1.37 | 1.11～1.15 |
| 五至七类土 | 30～45 | 10～20 | 1.30～1.45 | 1.10～1.20 |
| 八类土 | 45～50 | 20～30 | 1.45～1.50 | 1.20～1.30 |

## 二、土方量计算方法

### 1. 土方边坡

为了防止塌方，保证施工安全及边坡稳定，基坑、沟槽开挖时边缘应考虑放坡。土方边坡坡度为其高度 $H$ 与底宽 $B$ 之比(图 1-2)，即

$$土方边坡坡度=\frac{H}{B}=\frac{1}{B/H}=1:m$$

式中，$m=B/H$，称为坡度系数。其意义为：当边坡高度已知为 $H$ 时，其边坡宽度 $B$ 等于 $mH$。

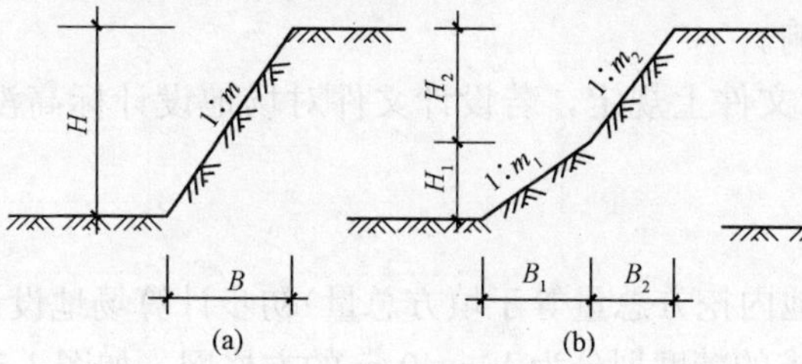


**图 1-2　土方边坡**

(a)直线形；(b)折线形；(c)踏步形

### 2. 基坑、基槽土方量

基坑土方量可按立体几何中的拟柱体(由两个平行的平面作底的一种多面体)体积公式计算(图 1-3)，即

$$V=\frac{H}{6}(F_1+4F_0+F_2) \tag{1-8}$$

式中　$H$——基坑深度(m)；

$F_1$、$F_2$——基坑上、下底面面积($m^2$)；

$F_0$——基坑中间位置的截面面积($m^2$)。

基槽和路堤的土方量可以沿长度方向分段后，再用同样的方法计算(图 1-4)，即

$$V_1=\frac{L_1}{6}(F_1+4F_0+F_2) \tag{1-9}$$

式中　$V_1$——第一段的土方量($m^3$)；

$L_1$——第一段的长度(m)。

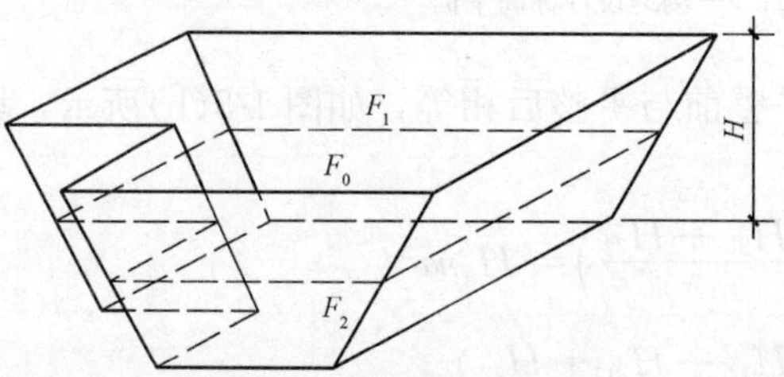


**图 1-3　基坑土方量计算图**

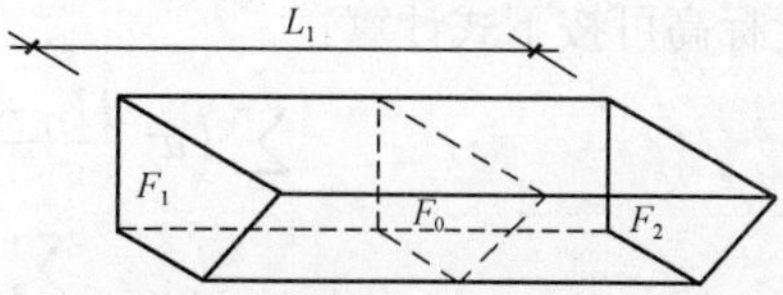


**图 1-4　基槽土方量计算图**

将各段土方量相加即得总土方量：

$$V=V_1+V_2+V_3+\cdots+V_n \tag{1-10}$$

式中　$V_1$、$V_2$、$V_3$、…、$V_n$——各分段的土方量($m^3$)。

## 三、场地设计标高计算

对较大面积的场地平整，合理地确定场地的设计标高，对减少土方量和加速工程进度具有重要的经济意义。一般来说，应考虑以下因素：

(1)满足生产工艺和运输的要求。

(2)尽量利用地形，分区或分台阶布置，分别确定不同的设计标高。

(3)场地内挖填方平衡，土方运输量最少。

(4)要有一定泄水坡度(≥2‰)，使之能满足排水要求。

(5)要考虑最高洪水位的影响。

场地设计标高一般应在设计文件上规定，若设计文件对场地设计标高没有规定，可按下述步骤来确定。

**1. 初步计算场地设计标高**

根据挖填方平衡原则(即场地内挖方总量等于填方总量)初步计算场地设计标高。

首先将场地的地形图根据要求的精度划分为10～40 m的方格网，如图1-5(a)所示，然后求出方格各角点的自然地面标高。地形平坦时，可根据地形图上相邻两等高线的标高，用插入法求得；地形起伏较大或无地形图时，可在地面用木桩打好方格网，然后用仪器直接测出。

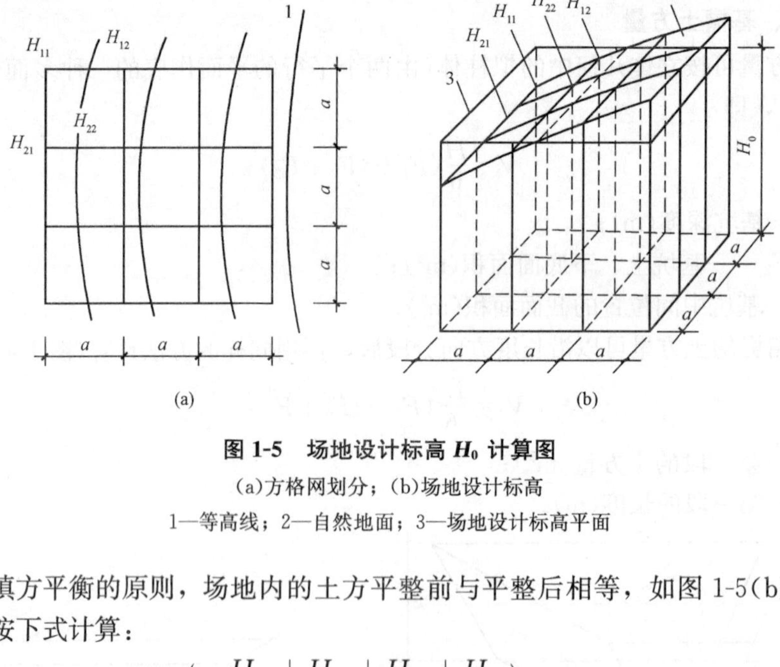


**图1-5　场地设计标高 $H_0$ 计算图**

(a)方格网划分；(b)场地设计标高

1—等高线；2—自然地面；3—场地设计标高平面

按照挖填方平衡的原则，场地内的土方平整前与平整后相等，如图1-5(b)所示，场地设计标高可按下式计算：

$$\sum\left(a^2\frac{H_{11}+H_{12}+H_{21}+H_{22}}{4}\right)=H_0na^2$$

$$H_0=\frac{\sum(H_{11}+H_{12}+H_{21}+H_{22})}{4n} \tag{1-11}$$

式中　$H_0$——场地设计标高(m)；

$a$——方格边长(m)；

$n$——方格数；

$H_{11}$、$H_{12}$、$H_{21}$、$H_{22}$——任一方格的四个角点的标高(m)。

由图 1-5(a)可以看出，$H_{11}$是一个方格的角点标高，$H_{12}$及 $H_{21}$是相邻两个方格的公共角点标高，$H_{22}$是相邻四个方格的公共角点标高。如果将所有方格的四个角点相加，则类似 $H_{11}$的角点标高需加一次，类似 $H_{12}$、$H_{21}$的角点标高需加两次，类似 $H_{22}$的角点标高需加四次。如令 $H_1$ 为一个方格仅有的角点标高，$H_2$ 为两个方格共有的角点标高，$H_3$ 为三个方格共有的角点标高，$H_4$ 为四个方格共有的角点标高，则场地设计标高 $H_0$ 的计算公式式(1-11)可改写为如下形式：

$$H_0=\frac{\sum H_1+2\sum H_2+3\sum H_3+4\sum H_4}{4n} \tag{1-12}$$

**2. 调整场地设计标高**

按式(1-12)计算的场地设计标高 $H_0$ 仅为一个理论值，在实际运用中，还需考虑以下因素进行调整：

(1)土的可松性影响。土均具有可松性，如按挖填平衡原则计算得到的场地设计标高进行挖填施工，填土多少会有富余，特别是当土的最后可松性系数较大时更不容忽视。如图 1-6 所示，设 $\Delta h$ 为土的可松性所引起的设计标高的增加值，则设计标高调整后的总挖方体积 $V'_W$应为

$$V'_W=V_W-F_W\times\Delta h \tag{1-13}$$

总填方体积 $V'_T$应为

$$V'_T=V'_WK'_s=(V_W-F_W\times\Delta h)K'_s \tag{1-14}$$

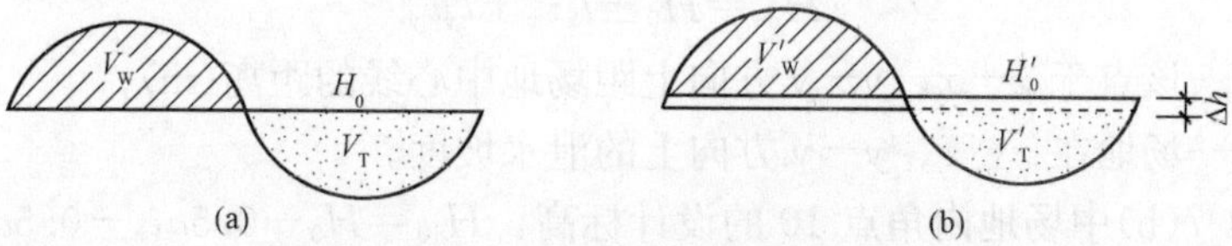


**图 1-6　设计标高调整计算图**

(a)理论设计标高；(b)调整设计标高

此时，填方区的标高也应与挖方区一样提高 $\Delta h$，即

$$\Delta h=\frac{V'_T-V_T}{F_T}=\frac{(V_W-F_W\times\Delta h)K'_s-V_T}{F_T} \tag{1-15}$$

移项整理简化得(当 $V_T=V_W$ 时)

$$\Delta h=\frac{V_W(K'_s-1)}{F_T+F_WK'_s} \tag{1-16}$$

故考虑土的可松性后，场地设计标高调整为

$$H'_0=H_0+\Delta h \tag{1-17}$$

式中　$V_W$、$V_T$——按理论设计标高计算的总挖方、总填方体积；

$F_W$、$F_T$——按理论设计标高计算的挖方区、填方区总面积；

$K'_s$——土的最后可松性系数。

(2)场地挖方和填方的影响。有些场地内大型基坑挖出土方、修筑路堤填高土方，以及通过经济比较而将部分挖方就近弃土于场外或将部分填方就近从场外取土，上述做法均会引起挖填土方量的变化。必要时，也需要调整场地设计标高。

为了简化计算，场地设计标高的调整值 $H'_0$可按如下近似公式确定：

$$H_0' = H_0 \pm \frac{Q}{na^2} \tag{1-18}$$

式中　$Q$——场地根据 $H_0$ 平整后多余或不足的土方量。

(3)场地泄水坡度的影响。按上述计算和调整后的场地设计标高，平整后场地是一个水平面。但实际上由于排水的要求，场地表面均有一定的泄水坡度，平整场地的表面坡度应符合设计要求，如无设计要求时，一般应向排水沟方向做成不小于2‰的坡度。因此，要根据场地要求的泄水坡度，最后计算出场地内所有方格各角点实际施工时的设计标高。

场地为单向泄水及双向泄水时，方格各角点的设计标高计算方法如下：

1)单向泄水时方格各角点的设计标高计算[图 1-7(a)]。以计算出的设计标高 $H_0$ 或调整后的设计标高 $H_0'$作为场地中心线的标高，场地内任意一个方格角点的设计标高为

$$H_{dn} = H_0 \pm li \tag{1-19}$$

式中　$H_{dn}$——场地内任意一角点的设计标高(m)；

$l$——该角点至场地中心线的距离(m)；

$i$——场地泄水坡度(不小于2‰)。

该点比 $H_0$ 高，取"+"号；反之，则取"−"号。

例如，图 1-7(a)中场地内角点 10 的设计标高：$H_{10} = H_0 - 0.5ai$。

2)双向泄水时方格各角点的设计标高计算[图 1-7(b)]。以计算出的设计标高 $H_0$ 或调整后的设计标高 $H_0'$作为场地中心点的标高，场地内任意一个方格角点的设计标高为

$$H_{dn} = H_0 \pm l_x i_x \pm l_y i_y \tag{1-20}$$

式中　$l_x$、$l_y$——该点于 $x-x$、$y-y$ 方向上距场地中心线的距离(m)；

$i_x$、$i_y$——场地在 $x-x$、$y-y$ 方向上的泄水坡度。

例如，图 1-7(b)中场地内角点 10 的设计标高：$H_{10} = H_0 - 0.5ai_x - 0.5ai_y$。

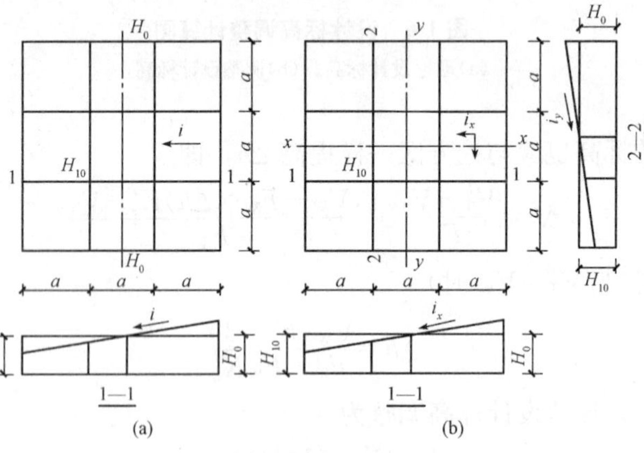

图 1-7　场地泄水坡度示意图

(a)单向泄水；(b)双向泄水

**规范学习**

《建筑地基基础工程施工质量验收规范》(GB 50202—2002)

6.1.4　平整场地的表面坡度应符合设计要求，如设计无要求，排水沟方向的坡度不应小于2‰。平整后的场地表面应逐点检查。检查点为每 100～400 m² 取 1 点，但不应少于 10 点；长度、宽度和边坡均为每 20 m 取 1 点，每边不应少于 1 点。

6.1.5　土方工程施工，应经常测量和校核其平面位置、水平标高和边坡坡度。平面控制桩和水准控制点应采取可靠的保护措施，定期复测和检查。土方不应堆在基坑边缘。

**任务实施**

## 一、实施条件

(1)施工场地的地形图和等高线图等，以方便划分方格网和确定方格网各角点的自然标高。

(2)场地平整后地面泄水坡度的要求。

(3)土壤的类别，可松性、含水量等性质。

## 二、实施步骤

**1. 计算场地设计标高 $H_0$**

$\sum H_1 = 9.45 + 10.71 + 8.65 + 9.52 = 38.33(\text{m})$

$2\sum H_2 = 2\times(9.75 + 10.14 + 9.11 + 10.27 + 8.80 + 9.86 + 8.91 + 9.14) = 151.96(\text{m})$

$3\sum H_3 = 0\ \text{m}$

$4\sum H_4 = 4\times(9.43 + 9.68 + 9.16 + 9.41) = 150.72(\text{m})$

$$H_0 = \frac{\sum H_1 + 2\sum H_2 + 3\sum H_3 + 4\sum H_4}{4n} = \frac{38.33 + 151.96 + 0 + 150.72}{4\times 9} = 9.47(\text{m})$$

**2. 根据泄水坡度调整方格网各角点的设计标高**

以场地中心点(几何中心 $O$)为 $H_0$，求得各角点设计标高为：

$H_1 = H_0 - 30\times 0.3\% + 30\times 0.2\% = 9.47 - 0.09 + 0.06 = 9.44(\text{m})$

$H_2 = H_1 + 20\times 0.3\% = 9.47 + 0.06 = 9.50(\text{m})$

$H_5 = H_0 - 30\times 0.3\% + 10\times 0.2\% = 9.47 - 0.09 + 0.02 = 9.40(\text{m})$

$H_6 = H_5 + 20\times 0.3\% = 9.40 + 0.06 = 9.46(\text{m})$

$H_9 = H_0 - 30\times 0.3\% - 10\times 0.2\% = 9.47 - 0.09 - 0.02 = 9.36(\text{m})$

其余各角点设计标高均可求出，详见图 1-8。

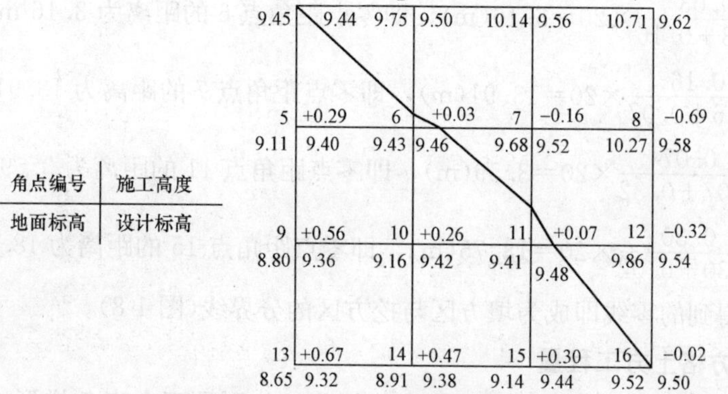


图 1-8　某场地计算土方工程量

**3. 计算各角点的施工高度**

各角点设计标高与自然地面标高的差值即各角点的施工高度，即

$$h_n = H_{dn} - H_n \tag{1-21}$$

式中 $h_n$——角点的施工高度，以"＋"表示填，以"－"表示挖，标注在各方格网点的右上角；

$H_{dn}$——角点的设计标高(若无泄水坡度，即场地设计标高)；

$H_n$——角点的自然地面标高。

因此，各角点的施工高度分别为：

$$h_1 = 9.44 - 9.45 = -0.01(\text{m})$$

$$h_2 = 9.50 - 9.75 = -0.25(\text{m})$$

$$h_3 = 9.56 - 10.14 = -0.58(\text{m})$$

$$\vdots$$

各角点施工高度如图 1-8 所示。

**4. 确定"零线"**

在一个方格网内同时有填方和挖方时，要先算出方格网边线上的零点位置，即不挖不填点，并标注于方格网上。由于地形是连续的，连接零点得到的零线即成为填方区与挖方区的分界线(图 1-8)。零点的位置根据相似三角形原理(图 1-9)按下式计算：

$$x_1 = \frac{h_1}{h_1 + h_2} \times a,\quad x_2 = \frac{h_2}{h_1 + h_2} \times a \tag{1-22}$$

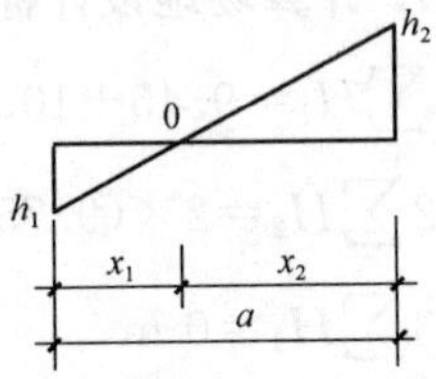


**图 1-9 相似三角形原理**

式中 $x_1$、$x_2$——角点至零点的距离(m)；

$h_1$、$h_2$——相邻两角点的施工高度(m)，均用绝对值；

$a$——方格网的边长(m)。

图 1-8 中 1—5 网格线两端分别是挖方点与填方点，故中间必有零点，零点至角点 1 的距离：

$x_{1-5} = \frac{0.01}{0.01 + 0.29} \times 20 = 0.67(\text{m})$，即零点距角点 1 的距离为 0.67 m。

$x_{5-1} = 20 - x_{1-5} = 20 - 0.67 = 19.33(\text{m})$，即零点距角点 5 的距离为 19.33 m。

同理可得

$x_{2-6} = \frac{0.25}{0.25 + 0.03} \times 20 = 17.86(\text{m})$，即零点距角点 2 的距离为 17.86 m。

$x_{6-7} = \frac{0.03}{0.03 + 0.16} \times 20 = 3.16(\text{m})$，即零点距角点 6 的距离为 3.16 m。

$x_{7-11} = \frac{0.16}{0.16 + 0.07} \times 20 = 13.91(\text{m})$，即零点距角点 7 的距离为 13.91 m。

$x_{11-12} = \frac{0.07}{0.07 + 0.32} \times 20 = 3.59(\text{m})$，即零点距角点 11 的距离为 3.59 m。

$x_{15-16} = \frac{0.30}{0.30 + 0.02} \times 20 = 18.75(\text{m})$，即零点距角点 15 的距离为 18.75 m。

连接零点得到的零线即成为填方区与挖方区的分界线(图 1-8)。

**5. 计算各方格土方工程量**

在方格网上，零线通过的方格被分成两部分，分别是两个直角梯形或者一个直角三角

形加一个五边形。零线不通过的方格则仍为正方形。每个方格内的挖填土方量可采用统一的公式计算，即将各方格内或挖或填的土体均视为底面为直角梯形(或直角三角形、正方形、五边形)的拟柱体进行计算，拟柱体的高为其各条侧棱长的平均值(位于零点处的侧棱长为零)。其计算公式为

土方体积＝拟柱体底面面积×平均棱长

按方格网底面面积图形和表 1-4 所列公式，计算每个方格内的挖方或填方量。以“＋”表示填方，以“－”表示挖方。

**表 1-4　常用方格网计算公式**

| 项　目 | 图　示 | 计 算 公 式 |
|---|---|---|
| 一点填方或挖方<br>(三角形) | 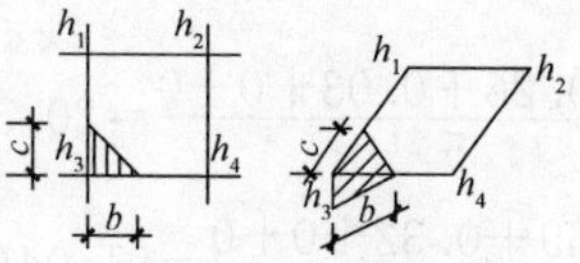 | $V=\frac{1}{2}bc\frac{\sum h}{3}=\frac{bch_3}{6}$ |
| 两点填方或挖方<br>(梯形) | 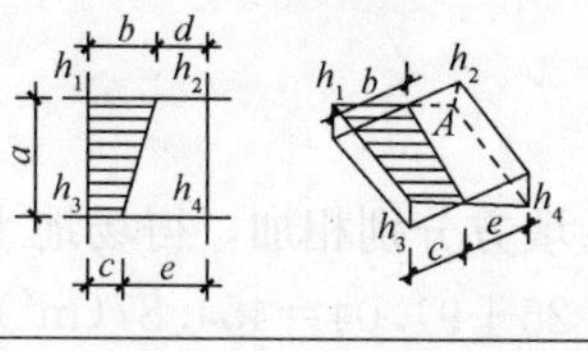 | $V_+=\frac{b+c}{2}a\frac{\sum h}{4}=\frac{a}{8}(b+c)(h_1+h_3)$<br>$V_-=\frac{d+e}{2}a\frac{\sum h}{4}=\frac{a}{8}(d+e)(h_2+h_4)$ |
| 三点填方或挖方<br>(五角形) | 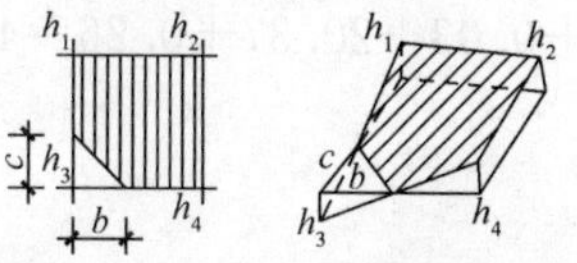 | $V_+=\left(a^2-\frac{bc}{2}\right)\frac{\sum h}{5}$<br>$=\left(a^2-\frac{bc}{2}\right)\frac{h_1+h_2+h_4}{5}$ |
| 全填方或全挖方<br>(正方形) | 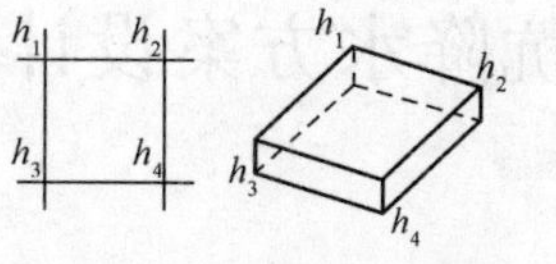 | $V=\frac{a^2}{4}\sum h=\frac{a^2}{4}(h_1+h_2+h_3+h_4)$ |
| 注：$a$——方格网的边长(m)；$b$、$c$——零点到一角的边长(m)；$h_1$、$h_2$、$h_3$、$h_4$——方格网四角点的施工高程(m)，用绝对值代入；$\sum h$——填方或挖方施工高程的总和(m)，用绝对值代入。 | | |

(1)全挖或全填方格。

$V_{1-3}=\frac{20^2}{4}\times(0.58+1.09+0.16+0.69)=252(m^3)$　　(－)

$V_{2-1}=\frac{20^2}{4}\times(0.29+0.03+0.56+0.26)=114(m^3)$　　(＋)

$V_{3-1}=\frac{20^2}{4}\times(0.56+0.26+0.67+0.47)=196(m^3)$　　(＋)

$V_{3-2}=\frac{20^2}{4}\times(0.26+0.07+0.47+0.30)=110(m^3)$　　(＋)

(2)两挖、两填方格。

$V_{1-1}^{(-)}=\frac{0.67+17.86}{2}\times20\times\frac{0.01+0.25+0+0}{4}=12.04(m^3)$

$V_{1-1}^{(+)}=\frac{19.33+2.14}{2}\times20\times\frac{0.29+0.03+0+0}{4}=17.18(m^3)$

$$V_{3-3}^{(-)}=\frac{16.41+1.25}{2}\times20\times\frac{0.32+0.02+0+0}{4}=15.01(\mathrm{m}^3)$$

$$V_{3-3}^{(+)}=\frac{3.59+18.75}{2}\times20\times\frac{0.07+0.30+0+0}{4}=20.66(\mathrm{m}^3)$$

(3)三挖一填或三填一挖。

$$V_{1-2}^{(-)}=\left(20^2-\frac{2.14\times3.16}{2}\right)\times\frac{0.25+0.58+0.16+0+0}{5}=78.53(\mathrm{m}^3)$$

$$V_{1-2}^{(+)}=\frac{2.14\times3.16}{2}\times\frac{0.03}{3}=0.03(\mathrm{m}^3)$$

$$V_{2-2}^{(-)}=\frac{16.84\times13.91}{2}\times\frac{0.16}{3}=6.25(\mathrm{m}^3)$$

$$V_{2-2}^{(+)}=\left(20^2-\frac{16.84\times13.91}{2}\right)\times\frac{0.07+0.26+0.03+0+0}{5}=20.37(\mathrm{m}^3)$$

$$V_{2-3}^{(-)}=\left(20^2-\frac{6.09\times3.59}{2}\right)\times\frac{0.16+0.69+0.32+0+0}{5}=91.04(\mathrm{m}^3)$$

$$V_{2-3}^{(+)}=\frac{6.09\times3.59}{2}\times\frac{0.07}{3}=0.26(\mathrm{m}^3)$$

将计算出的各方格土方工程量按挖方、填方分别相加，得场地土方工程量总计：

挖方：$252+12.04+15.01+78.53+6.25+91.04=454.87(\mathrm{m}^3)$

填方：$114+196+110+17.18+20.66+0.03+20.37+0.26=478.50(\mathrm{m}^3)$

挖填方基本平衡。

# 任务二　基坑降水方案设计

## 任务引入

在任务一的建筑场地中有两个矩形基坑需要开挖，其中，一个矩形基坑底宽 12 m，长 16 m，基坑深 4.5 m，挖土边坡坡度为 1∶0.5，基坑平、剖面图如图 1-10 所示。经地质勘探，天然地面以下为 1.0 m 厚的黏土层，其下有 8.0 m 厚的中砂，渗透系数 $K=12$ m/d。再向下，即离天然地面 9.0 m 以下为不透水的黏土层。地下水水位在天然地面以下 1.5 m。该基坑的开挖拟采用轻型井点降低地下水水位，试进行井点系统的设计。

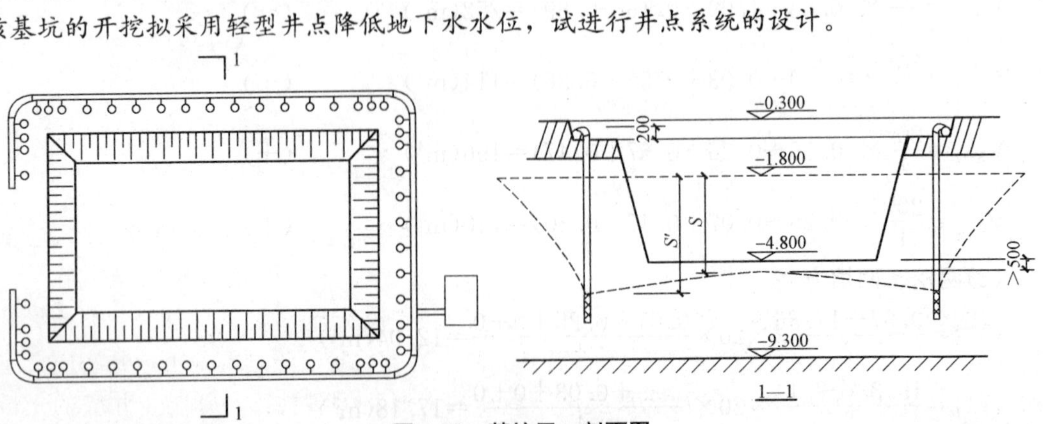


图 1-10　基坑平、剖面图

【任务分析】 对于地下水水位较浅的基坑，开挖土方时，首先要进行基坑人工降水，以保证基坑开挖过程中不会出现基坑垮塌、流砂等事故。基坑降水方案的设计就是根据基坑的尺寸、降水深度要求和土体渗透系数等确定井点降水的种类及井点系统的布置方式，完成井点降水系统的设计。要完成这一任务，必须掌握井点系统涌水量的计算方法、井点管数量和间距的计算方法。

**规范学习**

《建筑地基基础工程施工质量验收规范》(GB 50202—2002)

6.1.2 当土方工程挖方较深时，施工单位应采取措施，防止基坑底部土的隆起并避免危害周边环境。

6.1.3 在挖方前，应做好地面排水和降低地下水水位工作。

6.2.1 土方开挖前应检查定位放线、排水和降低地下水水位系统，合理安排土方运输车的行走路线及弃土场。

6.2.2 施工过程中应检查平面位置、水平标高、边坡坡度、压实度、排水、降低地下水水位系统，并随时观测周围的环境变化。

**相关知识**

## 一、降低地下水水位的方法

在开挖基坑或沟槽时，天然地面下土壤的含水层常常会被切断，地下水将会不断地渗入坑内。在雨期施工时，基坑或沟槽周边的地面水也会流入坑内。为了保证施工的正常进行，防止基坑边坡塌方和地基承载能力的下降，必须做好基坑降水工作。降水方法可分为明排水法(如集水井、明渠等)和人工降低地下水水位两种。

### 1. 明排水法

现场常采用的明排水法是截流、疏导、抽取。截流是将流入基坑的水流截住；疏导是将积水疏干；抽取是在基坑或沟槽开挖时，在坑底设置集水井，并沿坑底的周围或中央开挖排水沟，使水由排水沟流入集水井内，然后用水泵抽出坑外(图 1-11)。

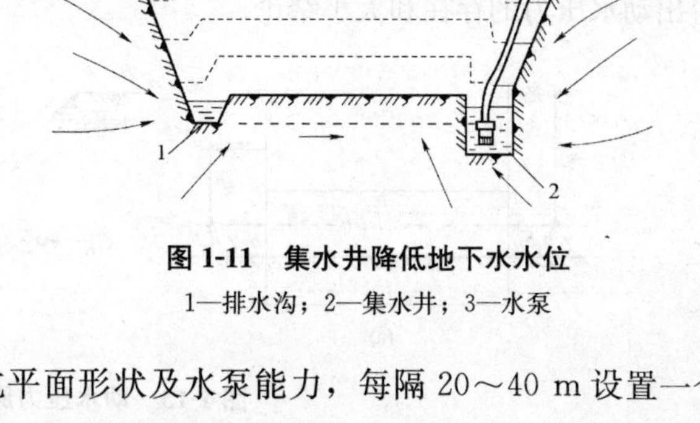

**图 1-11 集水井降低地下水水位**

1—排水沟；2—集水井；3—水泵

四周的排水沟和集水井一般应设置在基础范围以外，地下水流的上游。基坑面积较大时，可在基础范围内设置盲沟排水。根据地下水量、基坑平面形状及水泵能力，每隔 20～40 m 设置一个集水井。

集水井的直径或宽度一般为 0.6～0.8 m；其深度随着挖土的加深而加深，要始终低于挖土面 0.7～1.0 m，井壁可用竹、木等简易加固。当基坑挖至设计标高后，井底应低于坑底 1～2 m，并铺设 0.3 m 碎石滤水层，以免在抽水时将泥砂抽出，并防止井底的土被搅动。坑壁必要时可用竹、木等材料加固。

**2. 人工降低地下水水位**

人工降低地下水水位就是在基坑开挖前，预先在基坑四周埋设一定数量的滤水管(井)，在基坑开挖前和开挖过程中，利用真空原理，不断抽出地下水，使地下水水位降低到坑底以下(图 1-12)。这从根本上解决了地下水涌入坑内的问题；防止边坡由于受地下水流的冲刷而发生塌方；使坑底的土层消除地下水水位差引起的压力，也防止了坑底土的上冒；没有了水压力，使板桩减少了横向荷载；由于没有地下水的渗流，也就防止了流砂现象产生。

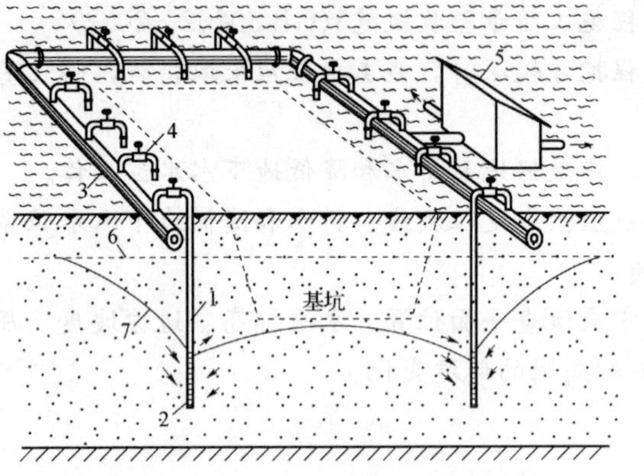


**图 1-12　轻型井点降低地下水水位**

1—井点管；2—滤管；3—总管；4—弯联管；5—水泵房；
6—原有地下水水位线；7—降低后地下水水位线

上述几点中，防治流砂现象是井点降水的主要目的。

**3. 流砂现象**

集水井降水法由于设备简单和排水方便，采用较为普遍。但当开挖深度大、地下水水位较高而土质又不好时，用明排水法降水并挖至地下水水位以下时，有时坑底下面的土会形成流动状态，随地下水涌入基坑，这种现象称为流砂现象。

流砂现象产生的原因是水在土中渗流所产生的动水压力对土体作用的结果。图 1-13(a)所示为截取的一段砂土脱离体(两端的高低水头分别是 $h_1$、$h_2$)受力分析图，从中可以容易地得出动水压力的存在和大小结论。

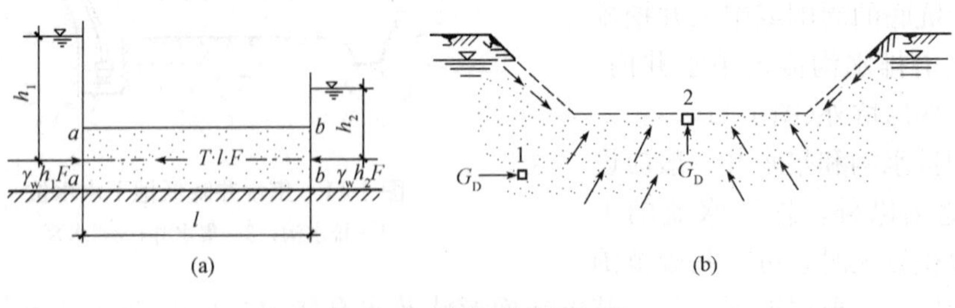


**图 1-13　动水压力原理图**

(a)水在土中渗流时的脱离体受力分析图；(b)动水压力对地基土的影响

1、2—土粒

水在土中渗流时，作用在砂土脱离体中的全部水体上的力有：

$\gamma_w h_1 F$——作用在砂土脱离体左端 $a$—$a$ 截面处的总水压力，其方向与水流方向一致；

$\gamma_w h_2 F$——作用在砂土脱离体右端 $b$—$b$ 截面处的总水压力，其方向与水流方向相反；

$TlF$——水渗流时整个水体受到土颗粒的总阻力，方向假设向右；

$\gamma_w$——水的重度，$F$——土截面面积，$T$——单位体积土体阻力。

由静力平衡条件 $\sum X = 0$(设向右的力为正)，即

$$\gamma_w h_1 F - \gamma_w h_2 F + TlF = 0$$

得

$$T = \frac{h_1 - h_2}{l}\gamma_w \tag{1-23}$$

结果为"－"表示实际方向与假设向右正好相反，即向左。式中$(h_1 - h_2)/l$ 为水头差与渗透路径之比，称为水力坡度，以 $i$ 表示，则式(1-23)可写成：

$$T = i\gamma_w \tag{1-24}$$

设水在土中渗流时对单位体积土体的压力为 $G_D$，由作用力与反作用力相等、方向相反的定律可知：

$$G_D = -T = i\gamma_w \tag{1-25}$$

$G_D$ 称为动水压力，单位为 $N/cm^3$ 或 $kN/m^3$。由式(1-25)可知，动水压力 $G_D$ 的大小与水力坡度成正比，即水位差$(h_1 - h_2)$越大，则 $G_D$ 越大；而渗透路径 $l$ 越长，则 $G_D$ 越小；动水压力的作用方向与水流方向(向右方向)相同。当水流在水位差的作用下对土颗粒产生向上压力时，动水压力不但使土粒受到了水的浮力，而且还使土粒受到向上动水压力的作用。如果动水压力大于或等于土的浮重度 $\gamma'_w$，即 $G_D \geqslant \gamma'_w$，则土粒失去自重，处于悬浮状态，土的抗剪强度等于零，土粒能随着渗流的水一起流动，这种现象称为"流砂现象"。

**4. 防治流砂的方法**

细颗粒(颗粒粒径为 0.005～0.05 mm)、均匀颗粒、松散(土的天然孔隙比大于 75%)、饱和的土易发生流砂现象，但是否出现流砂现象的重要条件是动水压力的大小，所以，防治流砂应着眼于减小或消除动水压力。

防治流砂的方法主要有水下挖土法、打板桩法、抢挖法、地下连续墙法、枯水期施工法及井点降水法等。

(1)水下挖土法。水下挖土法是采取不排水施工，使坑内外的水压互相平衡，以避免形成动水压力。如沉井施工，不排水下沉，进行水中挖土、水下浇筑混凝土，是防治流砂的有效措施。

(2)打板桩法。打板桩法是将板桩沿基坑周围打入不透水层，以起到截住水流的作用；或者打入坑底面一定深度，这样使地下水在被引至桩底以下才流入基坑，不仅增加了渗流长度，而且改变了动水压力的方向，从而达到减小动水压力的目的。

(3)抢挖法。抢挖法是抛大石块、抢速度施工。在施工过程中发生局部的或轻微的流砂现象时，可组织人力分段抢挖，挖至标高后，立即铺设芦席并抛大石块，增加土的压重以平衡动水压力，力争在未产生流砂现象之前，将基础分段施工完毕。

(4)地下连续墙法。地下连续墙法是沿基坑的周围先浇筑一道钢筋混凝土的地下连续墙，从而起到承重、截水和防流砂的作用，它也是深基础施工的可靠支护结构。

(5)枯水期施工法。枯水期施工法即选择在枯水期施工，因为此时地下水水位低，坑内外水位差小，动水压力减小，从而可预防和缓解流砂现象。

(6)井点降水法。以上这些方法都有较大的局限，应用范围狭窄。井点降水法可降低地

下水水位到基坑底以下，使动水压力方向朝下，增大土颗粒间的压力，无论是细砂、粉砂都一劳永逸地消除了流砂现象。井点降水法是避免流砂危害的常用方法。

## 二、井点降水的种类

井点降水分为两类：一类为轻型井点(包括电渗井点与喷射井点)；另一类为管井井点(包括深井泵)。各种井点降水法一般根据土层渗透系数、降水深度、设备条件及经济性选用，可参照表 1-5 选择。其中，轻型井点应用最为广泛。

**表 1-5　各种井点的适用范围**

| 井点类型 | | 土层渗透系数/($m \cdot d^{-1}$) | 降水深度/m |
|---|---|---|---|
| 轻型井点 | 一级轻型井点 | 0.1～50 | 3～6 |
| | 二级轻型井点 | 0.1～50 | 6～12 |
| | 喷射井点 | 0.1～5 | 8～20 |
| | 电渗井点 | ＜0.1 | 根据选用的井点确定 |
| 管井类 | 管井井点 | 20～200 | 3～5 |
| | 深井井点 | 10～250 | ＞15 |

## 三、轻型井点降水的设备

轻型井点降水的设备由管路系统和抽水设备组成。

管路系统包括滤管、井点管、弯联管及总管。滤管(图 1-14)为进水设备，通常采用长 1.0～1.5 m、直径为 38 mm 或 51 mm 的无缝钢管，管壁上钻有直径为 12～18 mm 的呈梅花形排列的滤孔，滤孔面积为滤管表面积的 20%～25%。管壁外面包以两层孔径不同的滤网，内层为 30～50 孔/$cm^2$ 的黄铜丝或尼龙丝布的细滤网，外层为 3～10 孔/$cm^2$ 的同样材料的粗滤网或棕皮。为使流水畅通，常在管臂与滤网之间用塑料管或梯形铅丝隔开，塑料管在管壁外绕成螺旋形。滤网外面再绕一层粗钢丝保护网，滤管下端为一铸铁塞头。滤管上端与井点管连接。

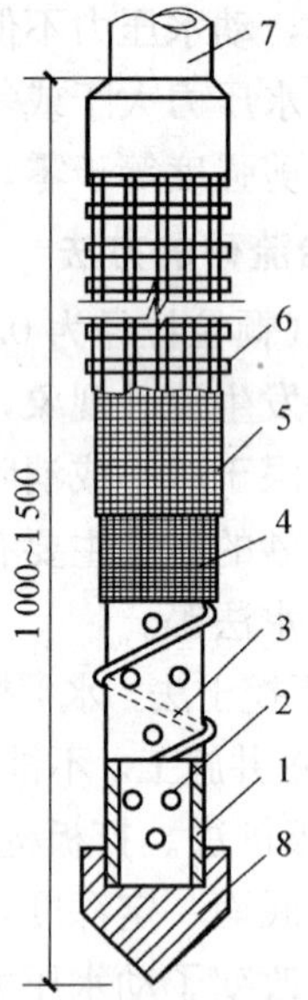


**图 1-14　滤管构造**

1—钢管；2—管壁上的小孔；3—缠绕的塑料管；4—细滤网；5—粗滤网；6—粗钢丝保护网；7—井点管；8—铸铁塞头

井点管是直径为 38 mm 或 51 mm、长为 5～7 m 的钢管，可整根或分节组成。井点管的上端用弯联管与总管相连。

集水总管是直径为 100～127 mm 的无缝钢管，每段长 4 m，其上装有与井点管连接的短接头，间距为 0.8～1.6 m。

常用的抽水设备有真空泵、射流泵和隔膜泵井点设备。

一套抽水设备的负荷长度(即集水总管长度)为 100～120 m。常用的 W5 型、W6 型干式真空泵，其最大负荷长度分别为 100 m 和 120 m。

## 四、轻型井点降水的布置

井点系统的布置，应根据基坑的大小与深度、土质、地下水水位高低与流向、降水深度要求等而定。

**1. 平面布置**

当基坑或沟槽宽度小于 6 m 且降水深度不超过 5 m 时，可用单排线状井点(图 1-15)，布置在地下水流的上游一侧，两端延伸长度不小于坑槽宽度。

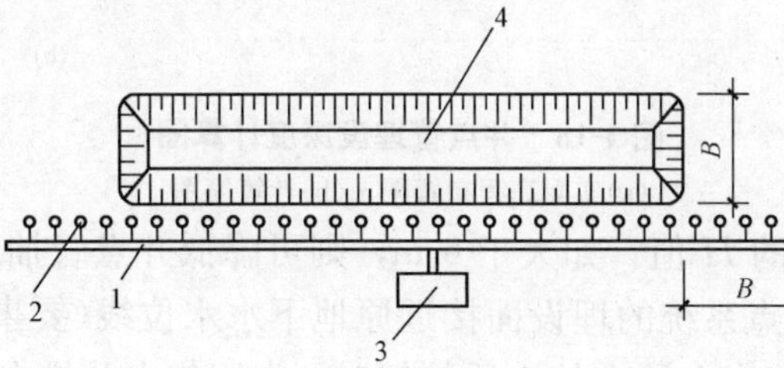


**图 1-15　单排线状井点布置图**

1—集水总管；2—井点管；3—抽水设备；4—基坑

例如，对于宽度大于 6 m 或土质不良的基坑或沟槽，则用双排线状井点(图 1-16)，位于地下水流上游的一排井点管的间距应小些，下游的一排井点管的间距可大些。面积较大的基坑宜用环状井点(图 1-17)，有时也可布置成 U 形，以利挖土机和运土车辆出入基坑。井点管到基坑壁的距离一般可取 0.7～1.2 m，以防局部发生漏气。井点管间距一般为 0.8 m、1.2 m、1.6 m，其由计算或经验确定。井点管在总管四角部位适当加密。

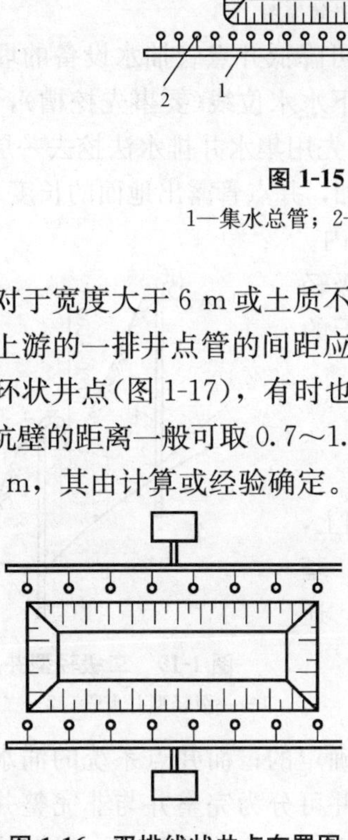

**图 1-16　双排线状井点布置图**

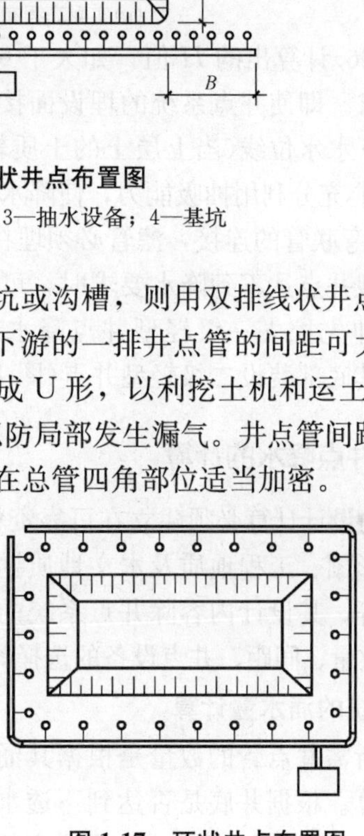

**图 1-17　环状井点布置图**

**2. 高程布置**

轻型井点的降水深度，从理论上讲可达 10.3 m，但由于管路系统的水头损失，其实际降水深度一般不超过 6 m。井点管埋设深度 $H$(不包括滤管)按下式计算(图 1-18)：

$$H \geqslant H_1 + h + il \tag{1-26}$$

式中　$H_1$——井点管埋设面至基坑底面的距离(m)；

$h$——降低后的地下水水位至基坑中心底面的距离，一般取 0.5～1.0 m；

$i$——水力坡度，根据实测：单排井点为 1/5～1/4，双排井点为 1/7，环状井点为 1/12～1/10；

$l$——井点管中心至基坑中心的水平距离，当井点管为单排布置时 $l$ 为井点管至对边坡脚的水平距离(m)。

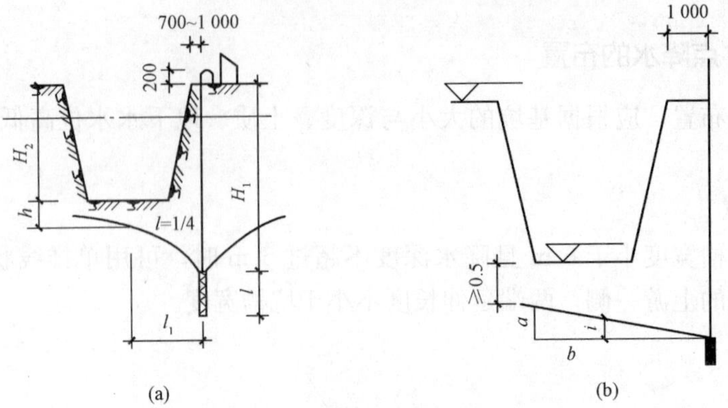


**图 1-18　井点管埋设深度计算图**

(a)实际高程布置图；(b)计算简图

根据式(1-26)计算出的 $H$ 值，如大于 6 m，则可降低井点管抽水设备的埋设面，以适应降水深度要求。即使井点系统的埋设面接近原地下水水位线(要事先挖槽)，个别情况下甚至稍低于地下水水位线(当上层土的土质较好时，先用集水井排水法挖去一层土，再布置井点系统)，也能充分利用抽吸能力，使降水深度增加，井点管露出地面的长度一般为 0.2～0.3 m，方便与弯联管的连接，滤管必须埋在透水层内。

当一级轻型井点达不到降水要求时，可采用二级轻型井点降水，即先挖去一级轻型井点降水后所疏干的土，然后再在其底部装设二级轻型井点(图 1-19)。

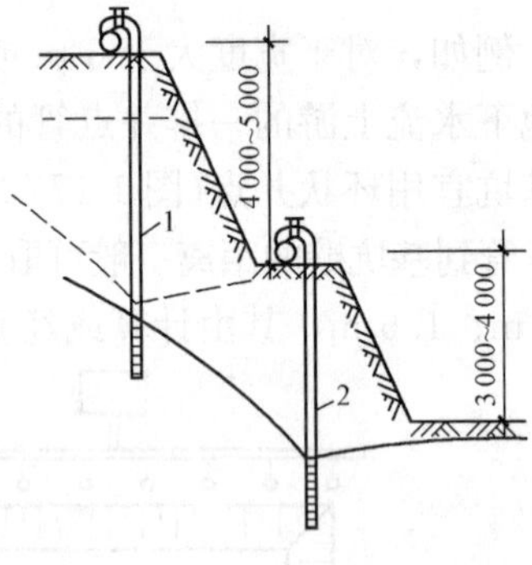


**图 1-19　二级轻型井点示意图**

1—一级轻型井点管；2—二级轻型井点管

## 五、轻型井点降水的计算

井点系统的设计计算必须建立在可靠资料的基础上，如施工现场地形图、工程地质及水文地质勘察资料、基坑的设计文件等。其设计内容除井点系统的布置外，还需确定井点的数量、间距、井点设备的选择等。

### 1. 井点系统的涌水量计算

井点系统所需井点管的数量是根据其涌水量来确定的；而井点系统的涌水量，则按水井理论进行计算。根据井底是否达到不透水层，水井可分为完整井与非完整井；凡井底到达含水层下面的不透水层顶面的井称为完整井，否则，称为非完整井。根据地下水有无压力，水井又分为无压井与承压井，如图 1-20 所示。各类井的涌水量计算方法不同，其中，以无压完整井的理论较为完善。

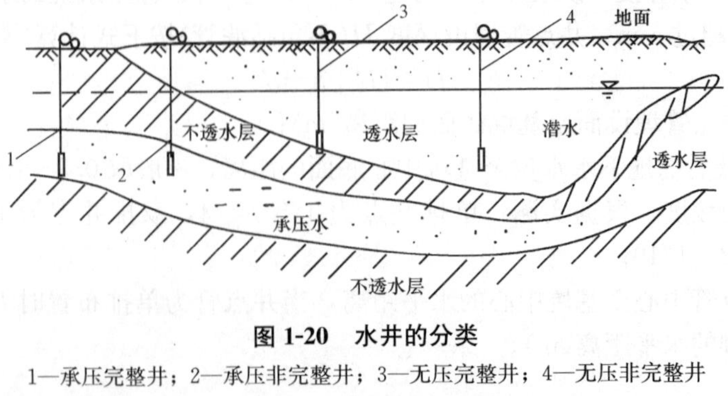


**图 1-20　水井的分类**

1—承压完整井；2—承压非完整井；3—无压完整井；4—无压非完整井

(1)无压完整井的环状井点系统涌水量。对于无压完整井(图 1-21)的环状井点系统，涌水量计算公式为

$$Q=1.366K\frac{(2H-S)S}{\lg R-\lg x_0} \tag{1-27}$$

式中 $Q$——井点系统的涌水量($m^3/d$)；

$K$——土的渗透系数(m/d)，可由试验室或现场抽水试验确定；

$H$——含水层厚度(m)；

$S$——基坑中心降水深度(m)；

$R$——抽水影响半径(m)；

$x_0$——井点管围成的大圆井半径或矩形基坑环状井点系统的假想圆半径(m)。

应用式(1-27)计算涌水量时，需事先确定 $x_0$、$R$、$K$ 值的数据。式(1-27)的理论推导是从圆形井点系统假设而来的。试验证明，对于矩形基坑，当其长宽比不大于 5 时，可以将环状井点系统围成的不规则平面形状化成一个假想半径为 $x_0$ 的圆井进行计算，计算结果符合工程要求，即

$$\pi x_0^2=F\Rightarrow x_0=\sqrt{\frac{F}{\pi}} \tag{1-28}$$

式中 $F$——环状井点系统包围的面积($m^2$)。

**注意：**当矩形基坑的长宽比大于 5，或基坑宽度大于 2 倍的抽水影响半径 $R$ 时，就不能直接利用现有的公式进行计算，此时需将基坑分成几小块，使其符合公式的计算条件，然后分别计算每小块的涌水量，再相加即得总涌水量。

抽水影响半径 $R$ 是指井点系统抽水后地下水水位降落曲线稳定时的影响半径，与土的渗透系数、含水层厚度、水位降低值及抽水时间等因素有关。在抽水 2～5 d 后，水位降落漏斗基本稳定，此时抽水影响半径可近似地按下式计算：

$$R=1.95S\sqrt{HK} \tag{1-29}$$

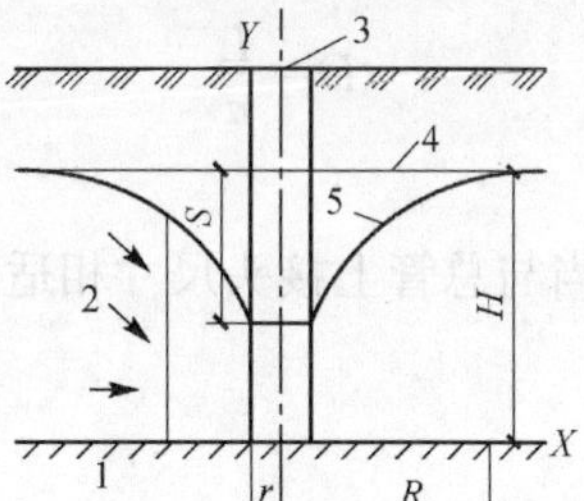


**图 1-21 无压完整井的环状井点系统涌水量计算简图**

1—不透水层；2—透水层；3—水井；4—原地下水水位线；5—水位降落曲线

(2)无压非完整井的环状井点系统涌水量。在实际工程中，往往会遇到无压非完整井的井点系统，这时地下水不仅从井的侧面流入，还从井底渗入，因此，涌水量要比完整井大。为了简化计算，仍可采用式(1-27)。此时，仅需将式中的 $H$ 换成有效含水深度 $H_0$，即

$$Q=1.366K\frac{(2H_0-S)S}{\lg R-\lg x_0} \tag{1-30}$$

同样，将式(1-29)换成

$$R=1.95S\sqrt{H_0K} \tag{1-31}$$

$H_0$ 可查表 1-6 确定，当计算得的 $H_0$ 大于实际含水层的厚度 $H$ 时，仍取 $H$ 值，视为无压完整井。

**表 1-6 有效含水深度 $H_0$ 值**

| $s'/(s'+l)$ | 0.2 | 0.3 | 0.5 | 0.8 |
|---|---|---|---|---|
| $H_0$ | $1.2(s'+l)$ | $1.5(s'+l)$ | $1.7(s'+l)$ | $1.85(s'+l)$ |
| 注：$s'$为井点管中水位降落值；$l$ 为滤管长度。$s'/(s'+l)$的中间值可采用插入法求。 | | | | |

(3)承压完整井的环状井点系统涌水量。承压完整井的环状井点系统涌水量计算公式为

$$Q=2.73K\frac{MS}{\lg R-\lg x_0} \tag{1-32}$$

式中 $M$——承压含水层深度(m)。

式中其他符号意义同前。

**2. 确定井点管数量及井管间距**

确定井点管数量，先要确定单根井点管的最大出水量。单根井点管的最大出水量为

$$q=65\pi dl\sqrt[3]{K} \tag{1-33}$$

式中 $d$——滤管直径(m)；

$l$——滤管长度(m)；

$K$——渗透系数(m/d)。

井点管最少数量由下式确定：

$$n=1.1\times\frac{Q}{q} \tag{1-34}$$

式中 1.1——考虑井点管堵塞等因素的放大备用系数。

井点管的最大间距为

$$D=\frac{L}{n} \tag{1-35}$$

式中 $L$——集水总管长度(m)。

实际采用的井点管间距 $D$ 应当与总管上接头尺寸相适应，即采用 0.8 m、1.2 m、1.6 m 或 2.0 m。

## 任务实施

### 一、实施条件

(1)轻型井点降水的布置方式选择。

(2)轻型井点降水设备选择。

(3)基坑尺寸、地下水水位、土层条件等。

基坑底宽 12 m，长 16 m，基坑深 4.5 m，挖土边坡坡度为 1∶0.5。经地质勘探，天然地面以下为 1.0 m 厚的黏土层，其下有 8.0 m 厚的中砂，渗透系数 $K$ =12 m/d。再向下，即离天然地面 9.0 m 以下为不透水的黏土层。地下水水位在天然地面以下 1.5 m。

## 二、实施步骤

(1)井点系统的布置。

根据工程地质、水文地质勘察资料以及基坑的设计文件等，为使总管接近地下水水位且不影响地面交通，考虑到天然地面以下 1.0 m 内的土质为有内聚力的黏土层，故将总管埋设在地面以下 0.5 m 处，即先挖 0.5 m 的沟槽，然后在槽底铺设总管。此时总管埋设面所在位置的基坑上口平面尺寸($A\times B$)为

$$A\times B=[16+2\times0.5\times(4.5-0.5)]\times[12+2\times0.5\times(4.5-0.5)]=20(\mathrm{m})\times16(\mathrm{m})$$

根据基坑尺寸，井点系统布置成环状，但为使反铲挖土机和运土车辆有开行路线，在地下水流的下游方向一般布置成端部开口(本例开口为 7 m)，另考虑总管距基坑边缘 1.0 m，则总管长度为

$$L=[(20+2)+(16+2)]\times2-7=73(\mathrm{m})$$

基坑长边上布置的井点管至基坑中心的水平距离为

$$l=\frac{12}{2}+0.5\times(4.5-0.5)+1.0=9.0(\mathrm{m})$$

$h$ 取 0.5 m，则基坑中心要求降水深度 $S=4.5-1.5+0.5=3.5(\mathrm{m})$。

采用一级轻型井点，井点管的埋设深度 $H$(不包括滤管)按式(1-26)计算：

$$H\geqslant H_1+h+il=(4.5-0.5)+0.5+\frac{1}{10}\times9=5.4(\mathrm{m})$$

采用井点管长为 6.0 m，直径为 51 mm，滤管长度为 1.0 m。井点管露出地面 0.2 m，以便与总管相连接。埋入土中 5.8 m(不包括滤管)，大于 5.4 m。

此时基坑中心实际降水深度应修正为

$$S=3.5+[(6.0-0.2)-5.4]=3.9(\mathrm{m})$$

井点管及滤管总长为 $6.0+1.0=7.0(\mathrm{m})$，则滤管底部距不透水层的距离为 $9.0-(7.0-0.2)-0.5=1.7(\mathrm{m})>0$，故可按无压非完整井环状井点系统计算。

(2)基坑涌水量计算。

基坑中心实际降水深度：$S=3.5+[(6.0-0.2)-5.4]=3.9(\mathrm{m})$

井点管中水位降落值：$s'=S+il=3.9+\frac{1}{10}\times9=4.8(\mathrm{m})$

有效含水深度 $H_0$ 按表 1-6 求出。

由$\frac{s'}{s'+l}=\frac{4.8}{4.8+1.0}=0.83$得：$H_0=1.85(s'+l)=1.85\times(4.8+1.0)=10.73(\mathrm{m})$

实际含水层厚度：$H=9-1.5=7.5(\mathrm{m})$

由于 $H_0>H$，取 $H_0=H=7.5$ m。

抽水影响半径 $R$ 按式(1-31)计算：

$$R=1.95S\sqrt{H_0K}=1.95\times3.9\times\sqrt{7.5\times12}=72.15(\mathrm{m})$$

由于 $20/16=1.25<5$，故矩形基坑环状井点系统的假想圆半径 $x_0$ 按式(1-28)计算：

$$x_0=\sqrt{\frac{F}{\pi}}=\sqrt{\frac{18\times22}{\pi}}=11.23(\mathrm{m})$$

将以上各值代入式(1-30)，得

$$Q=1.366K\frac{(2H_0-S)S}{\lg R-\lg x_0}=1.366\times 12\times\frac{(2\times 7.5-3.9)\times 3.9}{\lg 72.15-\lg 11.23}=878.23(m^3/d)$$

**3. 确定井点管数量及井管间距**

单根井点管的最大出水量按式(1-33)计算：

$$q=65\pi dl\sqrt[3]{K}=65\times\pi\times 0.051\times 1.0\times\sqrt[3]{12}=23.84(m^3/d)$$

井点管数量按式(1-34)计算：$n=1.1\times\frac{Q}{q}=1.1\times\frac{878.23}{23.84}=40.5$(根)，取41根。

井点管最大间距按式(1-35)计算：

$$D=\frac{L}{n}=\frac{73}{41}=1.78(m)$$

因为实际采用的井点管间距 $D$ 应当与总管上接头尺寸相适应，故取井距为1.60 m，则井点管数量应为 $n_{实}=\frac{L}{D_{实}}=\frac{73}{1.60}=45.6$(根)，取46根。

在基坑四角处的井点管应加密，如考虑每个角加2根管，最后实际采用 46＋8＝54(根)。

**4. 选择抽水设备**

抽水设备所带动的总管长度为80 m，可选用W5型干式真空泵一套。

水泵所需流量：

$$Q_1=1.1Q=1.1\times 878.23=966.05(m^3/d)=40.25(m^3/h)$$

水泵吸水扬程：

$$H_s\geqslant 6.0+1.0=7.0(m)$$

根据 $Q_1$ 及 $H_s$ 查表可得，选用3B33型离心泵。实际施工选用2台，1台备用。

## 拓展知识

## 一、井点管的埋设与使用

### 1. 井点管的埋设

轻型井点的施工，大致包括下列几个步骤：准备工作，井点系统的埋设、使用及拆除。

准备工作包括井点设备、动力、水源及必要材料的准备，排水沟的开挖，附近建筑物的标高观测，以及防止附近建筑物沉降措施的实施。

埋设井点的程序是：先排放总管，埋设井点管，再用弯联管连接井点管与总管，然后安装抽水设备。

井点管的埋设一般用水冲法进行，并分为冲孔与埋管两个过程。冲孔时，先用起重设备将冲管吊起并插在井点的位置上，然后开动高压水泵将土冲松，冲管则边冲边沉。冲孔直径一般为300 mm，以保证井管四周有一定厚度的砂滤层，冲孔深度宜比滤管底深0.5 m左右，以防冲管拔出时，部分土颗粒沉于底部而触及滤管底部。

冲孔完成后，立即拔出冲管，插入井点管，并在井点管与孔壁之间迅速填灌砂滤层，以防孔壁塌土。砂滤层的填灌质量是保证轻型井点顺利抽水的关键。一般宜选用干净粗砂，填灌均匀，并填至滤管顶上1～1.5 m，以保证水流畅通。

井点填砂后，在地面以下0.5～1.0 m的范围内需用黏土封口，以防漏气。

井点管埋设完毕后，应接通总管与抽水设备进行试抽水，检查有无漏水、漏气现象，出水是否正常，有无淤塞等现象。如有异常情况，应检修好后方可使用。

**2. 井点管的使用**

使用轻型井点管时，应保证连续不断抽水，并准备双电源。若时抽时停，滤网易堵塞，也容易抽出土粒，使水混浊并导致附近建筑物由于土粒流失而沉降开裂。正常出水规律是“先大后小，先混后清”。抽水时，需要经常观测真空度以判断井点系统工作是否正常，真空度一般不应低于 55.3～66.7 kPa。造成真空度不够的原因较多，但通常是由于管路系统漏气的原因，应及时检查并采取措施。

对于井点管淤塞，一般可采用简单方法检查，如听到管内水流声响，手扶管壁有振动感，夏、冬季手摸管子有夏冷、冬暖感等。如发现淤塞井点管太多，严重影响降水效果，应逐根用高压水反向冲洗或拔出重埋。

地下构筑物竣工并回填土后，方可拆除井点系统。拔出井点管多借助倒链、起重机等，所留孔洞用砂或土填实，对地基有防渗要求时，距离地面上 2 m 应用黏土填实。

## 二、回灌井点法

轻型井点降水有许多优点，其在基础施工中广泛应用，且其影响范围较大，影响半径可达百米甚至数百米，同时，会导致周围土壤固结而引起地面沉陷。特别是在弱透水层和压缩性大的黏土层中降水时，由于地下水流造成的地下水水位下降、地基自重应力增加和土层压缩等原因，会产生较大的地面沉降；又由于土层的不均匀性和降水后地下水水位呈漏斗曲线，四周土层的自重应力变化不一而导致不均匀沉降，使周围建筑基础下沉或房屋开裂。因此，在建筑物附近进行井点降水时，为了防止降水影响或损害区域内的其他建筑物，就必须阻止建筑物下地下水的流失。除可在降水区域和原有建筑物之间的土层中设置一道固体抗渗屏幕(如水泥搅拌桩、灌注桩、旋喷桩、地下连续墙等)外，较经济，也比较常用的是用回灌井点补充地下水的办法来保持地下水水位。回灌井点就是在降水井点与要保护的已有建(构)筑物之间打一排井点，在井点降水的同时，向土层中灌入足够数量的水，形成一道隔水帷幕，使井点降水的影响半径不超过回灌井点的范围，从而阻止回灌井点外侧的建(构)筑物下的地下水流失(图 1-22)。这样就不会因降水而使地面沉降，或减少沉降值。

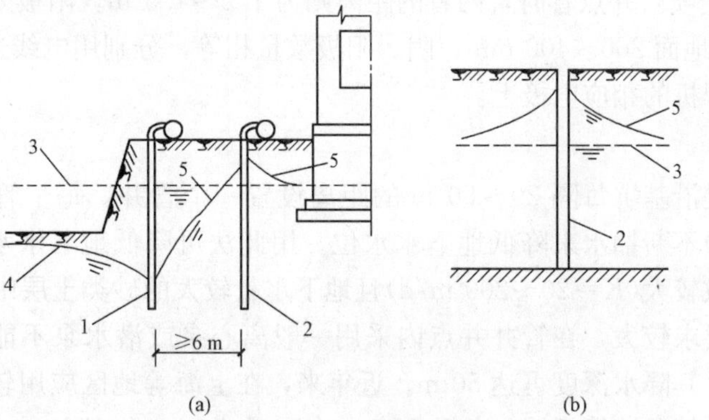


**图 1-22　回灌井点布置**

(a)回灌井点布置；(b)回灌井点水位图

1—降水井点；2—回灌井点；3—原水位线；4—基坑内降低后的水位线；5—回灌后水位线

为了防止降水和回灌两井相通，回灌井点与降水井点之间应保持一定的距离，一般不宜小于 6 m，否则基坑内水位无法下降，失去降水的作用。回灌井点的深度一般应控制在长期降水曲线下 1 m，并应设置在渗透性较好的土层中。

为了观测降水及回灌后四周建筑物、管线的沉降情况及地下水水位的变化情况，必须设置沉降观测点及水位观测井，并定时测量记录，以便及时调节灌、抽量，使灌、抽基本达到平衡，确保周围建筑物和管线等的安全。

## 三、其他井点简介

### 1. 喷射井点

当基坑开挖较深，采用多级轻型井点不经济时，宜采用喷射井点，其降水深度可达 20 m。喷射井点特别适用于降水深度超过 6 m，土层渗透系数为 0.1～2 m/d 的弱透水层。

喷射井点根据其工作时使用液体和气体的不同，分为喷水井点和喷气井点两种。其设备主要由喷射井管、高压水泵(或空气压缩机)和管路系统组成。喷射井管由内管和外管组成，内管下端装有喷射扬水器与滤管相连。当高压水(0.7～0.8 MPa)经内外管之间的环形空间通过扬水器侧孔流向喷嘴喷出时，在喷嘴处由于过水断面突然收缩变小，工作水流具有极高的流速(30～60 m/s)，在喷口附近造成负压，形成一定真空，从而将地下水经滤管吸入混合室与高压水汇合；流经扩散管时，由于截面扩大，水流速度相应减小，水的压力逐渐升高，沿内管上升经排水总管排出。

### 2. 电渗井点

电渗井点适用于土的渗透系数小于 0.1 m/d，一般井点不可能降低地下水水位的含水层中，尤其宜用于淤泥排水。

电渗井点的原理是在降水井点管的内侧打入金属棒(钢筋或钢管)，连以导线，当通以直流电后，土颗粒会发生从井点管(阴极)向金属棒(阳极)移动的电泳现象，而地下水则会出现从金属棒(阳极)向井点管(阴极)流动的电渗现象，从而达到使软土地基易于排水的目的。

电渗井点以轻型井点管或喷射井点管作阴极，以 $\phi$20～$\phi$25 的钢筋或 $\phi$50～$\phi$75 的钢管作阳极，埋设在井点管内侧，与阴极并列或交错排列。当用轻型井点管时，两者的距离为 0.8～1.0 m；当用喷射井点管时，两者的距离则为 1.2～1.5 m。阳极入土深度应比井点管深 500 mm，露出地面 200～400 mm。阴、阳极数量相等，分别用电线连成通路，接到直流发电机或直流电焊机的相应电极上。

### 3. 管井井点

管井井点就是沿基坑每隔 20～50 m 的距离设置一个管井，每个管井单独用一台水泵(潜水泵、离心泵)不断抽水来降低地下水水位。用此法可降低地下水水位 5～10 m，其适用于土的渗透系数较大($K$=20～200 m/d)且地下水量较大的砂类土层中。

在降水深度要求较大，在管井井点内采用一般离心泵或潜水泵不能满足要求时，可采用特制的深井泵，其降水深度可达 50 m。近年来，在上海等地区应用较多的是带真空的深井泵，深井泵由井管和滤管组成，单独配备一台电动机和一台真空泵，开动后达到一定的真空度，则可达到深层降水的目的，在渗透系数较小的淤泥质黏土中也能降水。

# 任务三　土壁支撑方案设计

## 任务引入

任务二中的矩形基坑底宽为 12 m，长为 16 m，基坑开挖深度为 4.5 m，基坑平面图如图 1-23 所示。经地质勘探，天然地面以下为 1.0 m 厚的黏土层，其下有 8.0 m 厚的中砂，渗透系数 $K$=12 m/d。再往下，即离天然地面 9.0 m 以下为不透水的黏土层。地下水水位在天然地面以下 1.5 m。该基坑的开挖是否要进行边坡支护？如何处理？

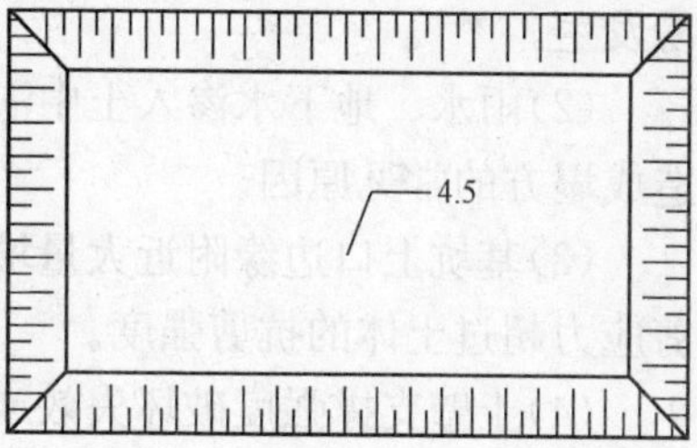


图 1-23　矩形基坑平面图

**【任务分析】**　基坑土方开挖，要根据工程现场场地条件和工程地质、水文地质条件及开挖深度、开挖方法等，按建筑地基基础施工规范等的要求确定开挖方式及支护方案。

## 规范学习

《建筑地基基础工程施工质量验收规范》(GB 50202—2002)

7.1.1　在基坑(槽)或管沟工程等开挖施工中，现场不宜进行放坡开挖，当可能对邻近建(构)筑物、地下管线、永久性道路产生危害时，应对基坑(槽)、管沟进行支护后再开挖。

7.1.2　基坑(槽)、管沟开挖前应做好下述工作：

1　基坑(槽)、管沟开挖前，应根据支护结构形式、挖深、地质条件、施工方法、周围环境、工期、气候和地面载荷等资料制订施工方案、环境保护措施、监测方案，经审批后方可施工。

2　土方工程施工前，应对降水、排水措施进行设计，系统应经检查和试运转，一切正常时方可开始施工。

3　有关围护结构的施工质量验收可按本规范第 4 章、第 5 章及本章 7.2、7.3、7.4、7.6、7.7 的规定执行，验收合格后方可进行土方开挖。

7.1.3　土方开挖的顺序、方法必须与设计工况一致，并遵循"开槽支撑，先撑后挖，分层开挖，严禁超挖"的原则。

7.1.4　基坑(槽)、管沟的挖土应分层进行。在施工过程中基坑(槽)、管沟边堆置土方不应超过设计荷载，挖方时不应碰撞或损伤支护结构、降水设施。

7.1.5　基坑(槽)、管沟土方施工中应对支护结构、周围环境进行观察和监测，如出现异常情况应及时处理，待恢复正常后方可继续施工。

7.1.6　基坑(槽)、管沟开挖至设计标高后，应对坑底进行保护，经验槽合格后，方可进行垫层施工。对特大型基坑，宜分区分块挖至设计标高，分区分块及时浇筑垫层。必要时，可加强垫层。

**相关知识**

土壁的稳定主要是由土体内摩擦阻力和粘结力来保持平衡，一旦土体失去平衡，土壁就会塌方。这不仅会造成人身安全事故，也会影响工期，有时还会危及附近的建筑物。

造成土壁塌方的原因主要有：

(1)边坡过陡，使土体的稳定性不足导致塌方，尤其在土质差、开挖深度大的坑槽中更易发生。

(2)雨水、地下水渗入土中泡软土体，从而增加土的自重同时降低土的抗剪强度，这是造成塌方的常见原因。

(3)基坑上口边缘附近大量堆土或停放机具、材料，或由于行车等动荷载，使土体中的剪应力超过土体的抗剪强度。

(4)土壁支撑强度破坏失效或刚度不足导致塌方。

为了防止塌方，保证施工安全，在基坑(槽)开挖时，可采取以下措施。

## 一、放足边坡

土方边坡坡度大小的留设应根据土质、开挖深度、开挖方法、施工工期、地下水水位、坡顶荷载及气候条件等因素确定。一般情况下，黏性土的边坡可陡些，砂性土的边坡则应平缓些；当基坑附近有主要建筑物时，边坡值应取1∶1.0～1∶1.5。

根据《建筑地基与基础工程施工工艺标准》(DBJ/T 61-29—2005)的规定，在天然湿度的土中，当挖土深度不超过下列数值时，可不放坡、不支撑：

(1)深度≤1.0 m密实、中密的砂土和碎石类土(充填物为砂土)；

(2)深度≤1.25 m硬塑、可塑的黏质砂土及砂质黏土；

(3)深度≤1.5 m硬塑、可塑的黏土和碎石类土(充填物为黏性土)；

(4)深度≤2.0 m坚硬的黏土。

挖方深度超过上述规定时，应考虑放坡或做成直立壁加支撑。

根据《建筑地基基础工程施工质量验收规范》(GB 50202—2002)的规定，临时性挖方的边坡值应符合表1-7的规定。

**表1-7 临时性挖方的边坡值**

| 土的类别 | | 边坡值(高∶宽) |
|---|---|---|
| 砂土(不包括细砂、粉砂) | | 1∶1.25～1∶1.50 |
| 一般性黏土 | 硬 | 1∶0.75～1∶1.00 |
| | 硬、塑 | 1∶1.00～1∶1.25 |
| | 软 | 1∶1.50或更缓 |
| 碎石类土 | 充填坚硬、硬塑黏性土 | 1∶0.50～1∶1.00 |
| | 充填砂土 | 1∶1.00～1∶1.50 |

注：1. 设计有要求时，应符合设计标准。
2. 如采用降水或其他加固措施，可不受本表限制，但应计算复核。
3. 开挖深度：软土不应超过4 m，硬土不应超过8 m。

## 二、土壁支护结构

为了缩小施工面，减少土方，或受场地大小的限制不能进行放坡时，可设置土壁支撑。表 1-8 所列为一般沟槽的土壁支撑方法。根据基坑(槽)的宽度及深度大小采用不同形式，主要采用横撑式土壁支撑。

**表 1-8　一般沟槽的土壁支撑方法**

| 支撑方式 | 简　图 | 支撑方式及适用条件 |
| --- | --- | --- |
| 间断式水平支撑 | 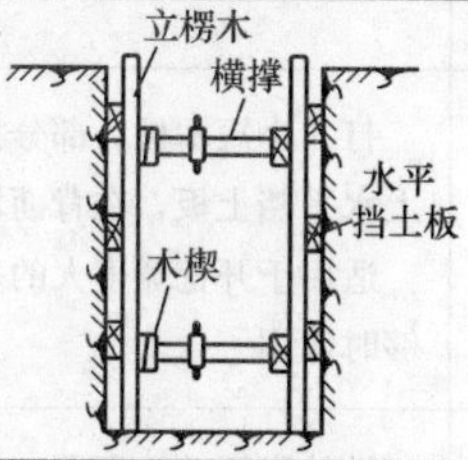 | 挡土板水平放置，中间留出间隔，并在两侧同时对称立竖方木，再用工具式或木横撑上下顶紧。<br>适用于能保持直立壁的干土或天然湿度的黏土类土，地下水很少，深度在 3 m 以内 |
| 连续式水平支撑 | 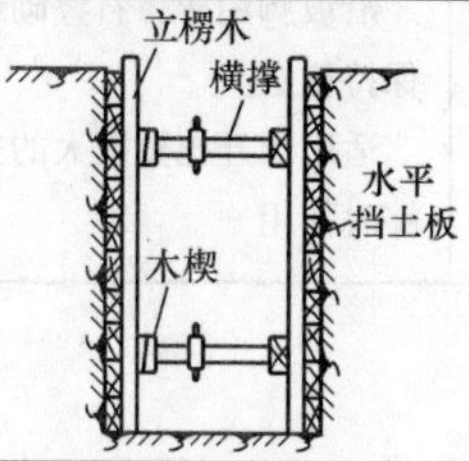 | 挡土板水平连续放置，不留间隙，然后两侧同时对称立竖方木，上下各顶一根撑木，端头加木楔顶紧。<br>适用于较松散的干土或天然湿度的黏土类土，地下水很少，深度为 3～5 m |
| 连续或间断式垂直支撑 | 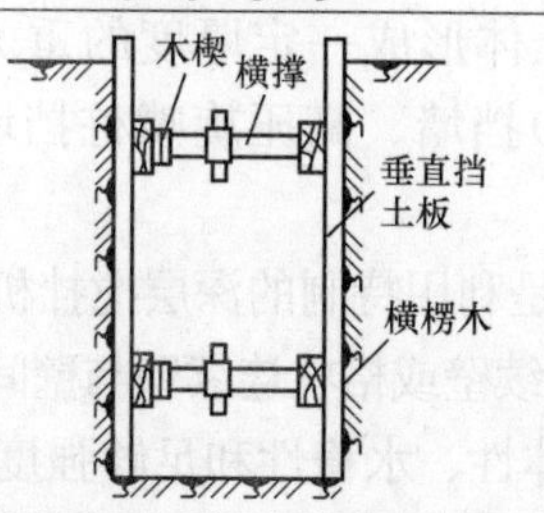 | 挡土板垂直放置，连续或留适当间隙，然后每侧上下各水平顶一根方木，再用横撑顶紧。<br>适用于土质较松散或湿度很高的土，地下水较少，深度不限 |

对于深度较大的沟槽，还可设置水平垂直混合支撑，沟槽上部设连续或间断水平支撑，下部设连续或间断垂直支撑。

## 三、基坑支护结构

### 1. 一般浅基坑的支撑方法

表 1-9 所列为一般浅基坑的支撑方法，主要结合上端放坡，采用拉锚等单支点板桩或悬臂式板桩支撑，或采用重力式支护结构，如水泥搅拌桩等。

**表 1-9　一般浅基坑的支撑方法**

| 支撑方法 | 简　图 | 适用条件 |
| --- | --- | --- |
| 斜柱支撑 | 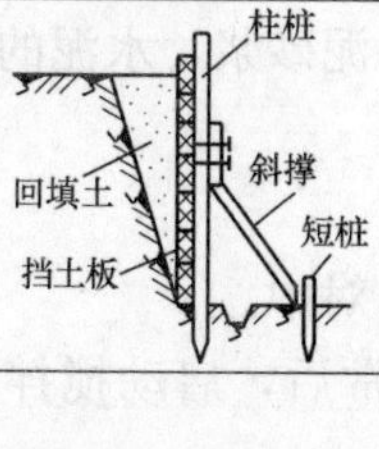 | 水平挡土板钉在柱桩内侧，柱桩外侧用斜撑支顶，斜撑底端支在木桩上，在挡土板内侧回填土。<br>适用于开挖较大型、深度不大的基坑或使用机械挖土 |

续表

| 支撑方法 | 简　图 | 适用条件 |
|---|---|---|
| 锚拉支撑 | 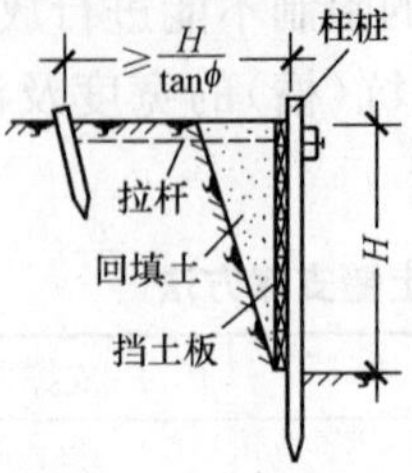 | 水平挡土板支在柱桩的内侧，柱桩一端打入土中，另一端用拉杆与锚桩拉紧，在挡土板内侧回填土。<br>适用于开挖较大型、深度不大的基坑或在使用机械挖土，而不能安设横撑时使用 |
| 短柱横隔支撑 | 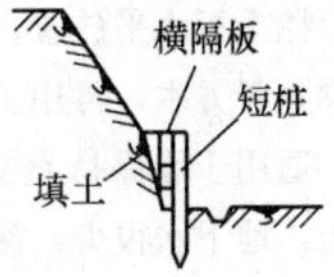 | 打入小短木桩，部分打入土中，部分露出地面，钉上水平挡土板，在背面填土捣实。<br>适用于开挖宽度大的基坑，当部分地段下部放坡不够时使用 |
| 临时挡土墙支撑 |  | 沿坡脚用砖、石叠砌或用草袋装土砂堆砌，使坡脚保持稳定。<br>适用于开挖宽度大的基坑，当部分地段下部放坡不够时使用 |

**2. 重力式支护结构**

重力式支护结构主要通过加固基坑周边土体形成一定厚度的重力式挡墙，以达到挡土的目的。常用水泥土搅拌桩(或称深层搅拌桩)挡墙、高压旋喷桩挡墙、水泥粉喷桩、化学注浆防渗挡墙等形式的重力式支护结构。

(1)水泥土搅拌桩挡墙。水泥土搅拌桩挡墙是利用特制的深层搅拌机在边坡土体需要加固的范围内，将软土与固化剂强制拌和，形成块状连续壁或格状连续壁与壁间土组成复合重力式支护结构，如图 1-24 所示。其使软土硬结成具有整体性、水稳性和足够强度的水泥加固土，又称为深层搅拌桩挡墙。这种支护墙具有防渗和挡土的双重功能，要求相邻两桩间搭接 200 mm。其宜用于场地较开阔、挖深不大于 7 m、土质承载力标准值小于 140 kPa 的软土或较软土中。

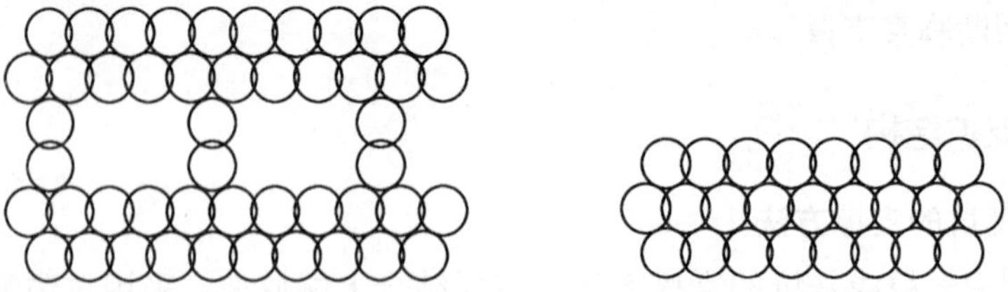

(a)　　(b)

**图 1-24　水泥土搅拌桩挡墙**

(a)格状连续壁；(b)块状连续壁

水泥土搅拌桩挡墙利用的固化剂为水泥浆或水泥砂浆，水泥的掺量为加固土重的 7%～15%，水泥砂浆的配合比为 1∶1 或 1∶2。

水泥土搅拌桩挡墙的施工工艺流程：

1)定位。用起重机悬吊搅拌机到达指定桩位，对中。

2)预搅下沉。待深层搅拌机的冷却水循环正常后，启动搅拌机，放松起重机钢丝绳，使搅拌机沿导向架搅拌，切土，下沉。

3)制备水泥浆。待深层搅拌机下沉到一定深度时，即开始按设计确定的配合比拌制水泥浆，压浆前将水泥浆倒入集料斗中。

4)提升、喷浆、搅拌。待深层搅拌机下沉到设计深度后，开启灰浆泵，将水泥浆压入地基，且边喷浆，边搅拌，同时，按设计确定的提升速度提升深层搅拌机。

5)重复上下搅拌。为使土和水泥浆搅拌均匀，可再次将搅拌机边旋转边沉入土中，至设计深度后再提升出地面。桩体要互相搭接 200 mm，以形成整体。

6)清洗，移位。向集料斗中注入适量清水，开启灰浆泵，清除全部管路中残存的水泥浆，并将黏附在搅拌头的软土清洗干净。移位后进行下一根桩的施工。

(2)高压旋喷桩挡墙。高压旋喷桩挡墙又称为高压喷射注浆法，是利用工程钻机钻孔至设计标高后，将钻杆从地基深处逐渐上提，同时，利用安装在钻杆端部的特殊喷嘴，向周围土体喷射固化剂，将软土与固化剂强制混合，使其胶结硬化后在地基中形成直径均匀的圆柱体。该固化后的圆柱体称为旋喷桩。桩体相连形成帷幕墙，用作支护结构。

**3. 非重力式支护结构**

(1)H 型钢桩横挡板支护挡墙。H 型钢桩横挡板支护挡墙是将 H 型钢(或钢轨、“工”字钢)支柱按一定间距(1～1.5 m)打入土中，然后随开挖逐步在支柱之间设 3～6 cm 厚的木挡板或其他挡土设施，并在横向挡板与型钢支柱之间打入楔子，使横板与土体紧密接触。H 型钢支柱和挡板可回收使用，较为经济。它适用于在地下水水位较低，深度不是很大的一般黏性或砂土层中应用，国外应用较多，国内也有应用。例如，北京京城大厦深 23.5 m 的深基坑即用这种支护结构，将长为 27 m 的 488 mm×300 mm 的 H 型钢按 1.1 m 间距打入土中，用三层土锚拉固而成。

(2)钢板桩。

1)槽形钢板桩。槽形钢板桩是一种简易的钢板桩支护挡墙，由槽形钢正反相扣搭接组成。槽形钢长为 6～8 m，型号由计算确定。其抗弯能力较弱，用于深度不超过 4 m 的基坑，顶部设一道支撑或拉锚。

2)热轧锁口钢板桩。常用钢板桩截面形式有 U 形、Z 形(又称“波浪形”或“拉森形”)、“一”字形(又称平板桩)、组合形，如图 1-25 所示。

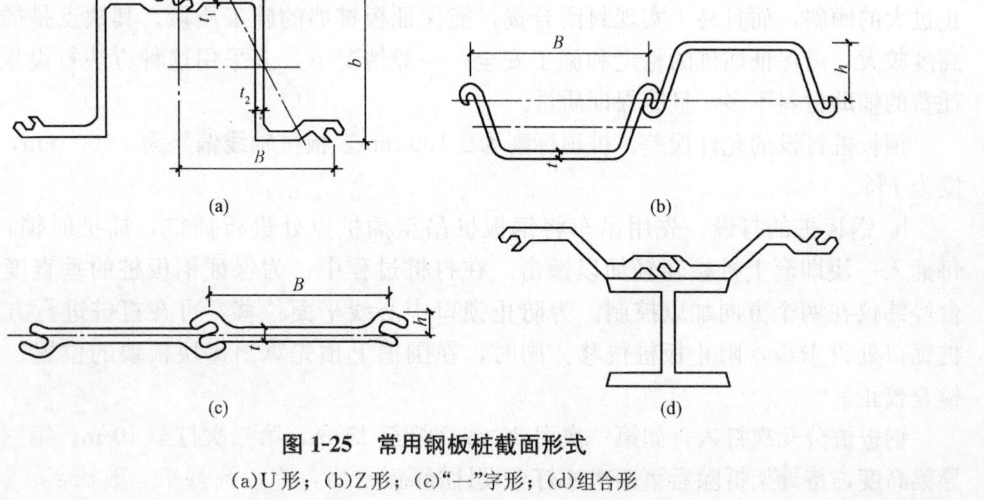


**图 1-25　常用钢板桩截面形式**

(a)U 形；(b)Z 形；(c)“一”字形；(d)组合形

常用形式为U形和Z形两种，基坑深度很深时才用组合型。“一”字形在建筑施工中基本不用，在水工等结构施工中有时用来围成圆形墩隔墙。U形钢板桩可用于开挖深度为5～10 m的基坑，目前在上海等地区广泛使用；由于一次性投资较大，其多以租赁方式租用，用后拔出归还。在软土地基地区钢板桩打设方便，有一定挡水能力，施工迅速，且打设后可立即开挖，当基坑深度不太大时其往往是考虑的方案之一。

3)钢板桩的施工。

①钢板桩打设前的准备工作。

a. 钢板桩的检验与矫正：包括表面缺陷矫正、端部矩形矫正、桩体挠曲矫正、桩体扭曲矫正、桩体截面局部变形矫正、锁口变形矫正等。

b. 导架安装：为保证沉桩轴线位置的正确和桩的竖直，控制桩的打入精度，防止板桩的屈曲变形和提高桩的贯入能力，一般都需要设置一定刚度、坚固的导架，也称“施工围檩”。

导架通常由导梁和围檩桩等组成，它的形式在平面上有单面和双面之分，在高度上有单层和双层之分。一般常用的是单层双面导架。围檩桩的间距一般为2.5～3.5 m，双面围檩之间的间距一般比板桩墙厚度大8～15 mm。

导架的位置不能与钢板桩相碰。围檩桩不能随着钢板桩的打设而下沉或变形。导梁的高度要适宜，要有利于控制钢板桩的施工高度和提高工效，要用经纬仪和水平仪控制导梁的位置和标高。

c. 选择沉桩机械。

②钢板桩的打设。

a. 打设方式的选择。

单独打入法。从板桩墙的一角开始，逐块(或两块为一组)打设，直至工程结束。这种打入方法简便、迅速，不需要其他辅助支架，但是易使板桩向一侧倾斜，且误差积累后不易纠正。为此，这种方法只适用于板桩墙要求不高，且板桩长度较小(如小于10 m)的情况。

屏风式打入法。将10～20根钢板桩成排插入导架内，呈屏风状，然后再分批施打。施打时先将屏风墙两端的钢板桩打至设计标高或一定深度，成为定位板桩，然后在中间按顺序分1/3、1/2板桩高度呈阶梯状打入。这种打桩方法的优点是可以减少倾斜误差积累，防止过大的倾斜，而且易于实现封闭合拢，能保证板桩墙的施工质量。其缺点是插桩的自立高度较大，需保证插桩的稳定和施工安全。一般情况下，多采用这种方法打设板桩墙，它耗费的辅助材料不多，且能保证质量。

钢板桩打设的允许误差。桩顶标高为±100 mm，板桩轴线偏差为±100 mm，板桩垂直度为1%。

b. 钢板桩的打设。先用吊车将钢板桩吊至插桩点处进行插桩，插桩时锁口要对准，每插入一块即套上桩帽轻轻加以锤击。在打桩过程中，为保证钢板桩的垂直度，需用两台经纬仪在两个方向加以控制。为防止锁口中心线平面位移，可在打桩进行方向的钢板桩锁口处设卡板，阻止板桩位移。同时，在围檩上预先算出每块板块的位置，以便随时检查校正。

钢板桩分几次打入，如第一次由20 m高打至15 m，第二次打至10 m，第三次则打至导梁高度，待导架拆除后第四次才打至设计标高。

打桩时，开始打设的第一、二块钢板桩的打入位置和方向要确保精度，它可以起样板导向作用，一般每打入 1 m 应测量一次。

③钢板桩的拔除。

(3)钢筋混凝土灌注桩挡墙。其常用直径为 500～1 000 mm，计算确定，做成排桩挡墙，顶部浇筑钢筋混凝土圈梁。

图 1-26 所示为钢筋混凝土灌注桩布置形式。

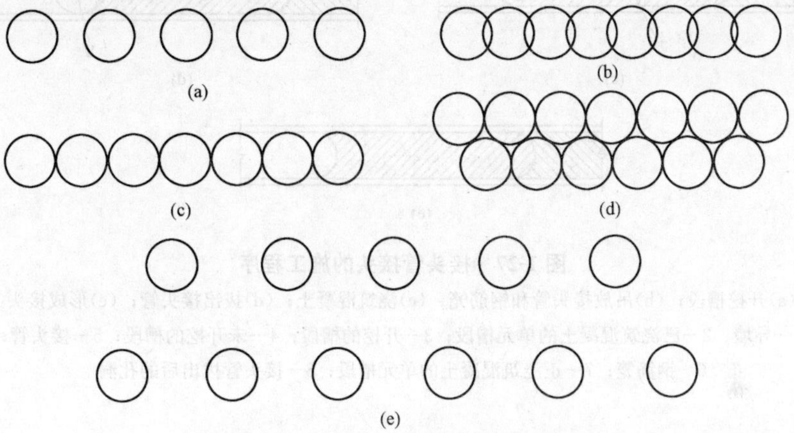


**图 1-26　钢筋混凝土灌注桩布置形式**

(a)“一”字相间排列；(b)“一”字搭接排列；(c)“一”字相接排列；
(d)交错相接排列；(e)交错相间排列

双排式灌注桩支护结构一般采用直径较小的灌注桩作为双排布置，桩顶用圈梁连接，形成门式结构以增强挡土能力。当场地条件许可，单排桩悬臂结构刚度不足时，可采用双排桩支护结构。这种结构的特点是水平刚度大、位移小且施工方便。

双排桩在平面上可按三角形布置，也可按矩形布置。前后排桩距 $\delta=1.5\sim3.0$(中心距)，桩顶连梁宽度 $>\delta+d+20$，即比双排桩稍宽一点。

(4)地下连续墙。地下连续墙施工工艺：在工程开挖土方之前，用特制的挖槽机械在泥浆护壁的情况下每次开挖一定长度(一个单元槽段)的沟槽，待开挖至设计深度并清除沉淀下来的泥渣后，将在地面上加工好的钢筋骨架(一般称为钢筋笼)用起重机械吊放入充满泥浆的沟槽内，用导管向沟槽内浇筑混凝土，由于混凝土是由沟槽底部开始逐渐向上浇筑，所以随着混凝土的浇筑即将泥浆置换出来，待混凝土浇筑至设计标高后，一个单元槽即施工完毕。各个单元槽之间由特制的接头连接，形成连续的地下钢筋混凝土墙，如图 1-27 所示。

**4. 拉锚**

拉锚是将钢筋或钢丝绳一端固定在支护板的腰梁上，另一端固定在锚碇上，中间设置花篮螺钉以调整拉杆长度。

锚碇的做法：当土质较好时，可埋设混凝土梁或横木做锚碇；当土质不好时，则在锚碇前打短桩。拉锚的间距及拉杆直径要经过计算确定。

拉锚式支撑在坑壁上只能设置一层，锚碇应设置在坑壁上的主动滑移面之外。当需要设多层拉杆时，可采用土层锚杆。

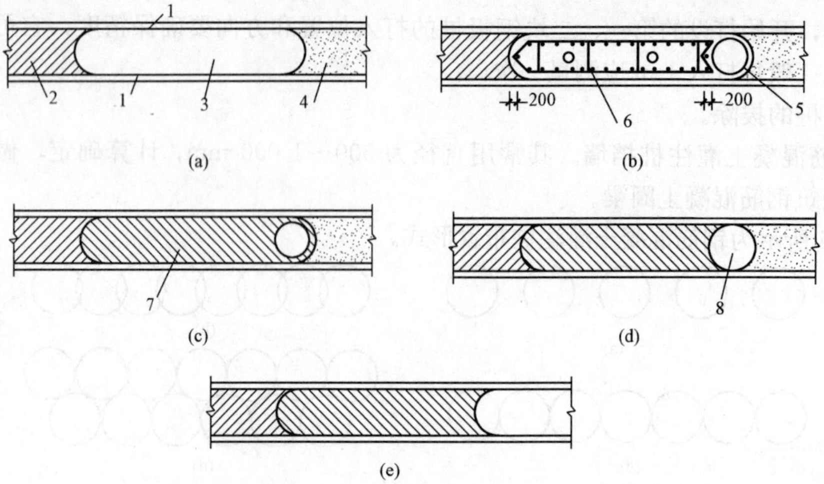


**图 1-27　接头管接头的施工程序**

(a)开挖槽段；(b)吊放接头管和钢筋笼；(c)浇筑混凝土；(d)拔出接头管；(e)形成接头
1—导墙；2—已浇筑混凝土的单元槽段；3—开挖的槽段；4—未开挖的槽段；5—接头管；
6—钢筋笼；7—正浇筑混凝土的单元槽段；8—接头管拔出后的孔洞

**5. 土层锚杆**

(1)土层锚杆的构造。通常，土层锚杆由锚具、垫板、支护结构、钻孔、防护套管、拉杆(拉索)、锚固体、锚底板(有时无)等组成(图 1-28)。

(2)土层锚杆施工。土层锚杆施工包括钻孔、安放拉杆、灌浆、张拉和锚固。在正式开工前，还需进行必要的准备工作。

1)安放拉杆。土层锚杆用的拉杆，常用的有钢管、粗钢筋、钢丝束和钢绞线，主要根据土层锚杆的承载能力和现有材料的情况来选择，承载能力较小时，多用粗钢筋，承载能力较大时，多用钢绞线。

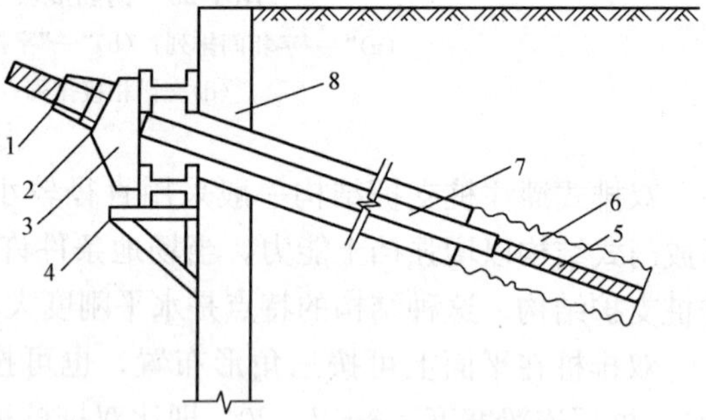


**图 1-28　土层锚杆的构造**

1—锚具；2—垫板；3—台座；4—托架；5—拉杆；
6—锚固体；7—套管；8—维护挡墙

2)灌浆。灌浆是土层锚杆施工中的一个重要工序。施工时，应将有关数据记录下来，以备将来查用。

灌浆的作用是：①形成锚固段，将锚杆锚固在土层中；②防止拉杆腐蚀；③充填土层中的孔隙和裂缝。

灌浆的浆液为水泥砂浆(细砂)或水泥浆，水泥一般不宜用高铝水泥，由于氯化物会引起钢拉杆腐蚀，因此，其含量不应超过水泥质量的 0.1%。由于水泥水化时会生成 $SO_3$，所以硫酸盐的含量不应超过水泥质量的 4%。我国多用普通硅酸盐水泥，有些工程(如北京中国国际投资信托公司大厦等)为了早强、抗冻和抗收缩，曾使用过硫铝酸盐水泥。

3)张拉和锚固。土层锚杆灌浆后，待锚固体强度达到 80%设计强度以上，便可对锚杆进行张拉和锚固。张拉前先在支护结构上安装围檩。张拉用的设备与预应力结构张拉所用设备相同。

**任务实施**

## 一、实施条件

(1)基坑尺寸、开挖深度等。

(2)地下水水位情况、土层情况等。拟开挖基坑底宽为12 m，长为16 m，开挖深度为4.5 m。经地质勘探，天然地面以下为1.0 m厚的黏土层，其下有8.0 m厚的中砂，渗透系数$K=12$ m/d。再往下，即离天然地面9.0 m以下为不透水的黏土层。地下水水位在天然地面以下1.5 m。

## 二、实施步骤

根据该工程现场场地条件和工程地质、水文地质条件等，因该工程场地开阔，周围无邻近建筑物，开挖深度较浅，在完成人工降水后，基坑四周均可采用放坡进行开挖，各边坡施工坡度为1∶0.5。

# 任务四　土方机械化施工

**任务引入**

试进行任务二的矩形基坑开挖土方机械化施工方案设计。

【任务分析】 机械开挖应根据工程地下水水位高低、施工机械条件、进度要求等合理地选用施工机械，以充分发挥机械效率，节省机械费用，加速工程进度。要进行土方机械化施工方案设计，必须熟悉土方工程施工常用机械的特点、适用范围等。

**相关知识**

## 一、土方工程施工的常用机械

土方工程的施工过程包括土方开挖、运输、填筑与压实等。由于土方工程量大、劳动繁重，施工时，应尽可能地采用机械化、半机械化施工，以减轻繁重的体力劳动、加快施工进度、降低工程造价。

土方工程施工机械的种类繁多，有推土机，铲运机，平土机，松土机，单斗挖土机及多斗挖土机和各种碾压、夯实机械等。而在房屋建筑工程施工中，尤其以推土机、铲运机和单斗挖土机应用最广，也最具有代表性。

现就这几种类型机械的性能、适用范围及施工方法作以下介绍。

**1. 推土机**

推土机是土方工程施工的主要机械之一，是在履带式拖拉机上安装推土铲刀等工作装置而成的机械。按铲刀的操纵机构不同，推土机可分为索式和液压式两种。索式推土机的铲刀凭借本身自重切入土中，在硬土中切土深度较小；液压式推土机由于用液压操纵，能使铲刀强制切入土中，切入深度较大。同时，液压式推土机的铲刀还可以调整角度，具有更大的灵活性，是目前常用的一种推土机(图 1-29)。

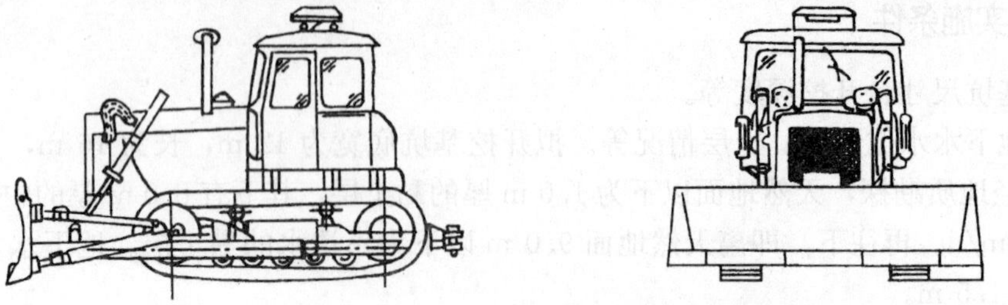

**图 1-29　液压式推土机外形**

推土机操纵灵活，运转方便，所需工作面较小，行驶速度快，易于转移，能爬 30°左右的缓坡，因此，应用范围较广，适用于开挖一至三类土。推土机多用于挖土深度不大的场地平整，开挖深度不大于 1.5 m 的基坑，回填基坑和沟槽，堆筑高度在 1.5 m 以内的路基、堤坝，平整其他机械卸置的土堆；推送松散的硬土、岩石和冻土，配合铲运机进行助铲；配合挖土机施工，为挖土机清理余土和创造工作面。另外，将铲刀卸下后，推土机还能牵引其他无动力的土方施工机械，如拖式铲运机、松土机、羊足碾等，进行土方其他施工过程的施工。

推土机的运距宜在 100 m 以内，效率最高的推运距离为 40～60 m。为提高生产效率，可采用下述方法：

(1)下坡推土。推土机顺地面坡势沿下坡方向推土，借助机械往下的重力作用，可增大铲刀切土深度和运土数量，提高推土机能力和缩短推土时间，一般可提高 30%～40%的生产效率，但坡度不宜大于 15°，以免后退时爬坡困难。

(2)槽形推土(图 1-30)。当运距较远、挖土层较厚时，利用已推过的土槽再次推土，可以减少铲刀两侧土的散漏。这样，作业可提高 10%～30%的效率。槽深以 1 m 左右为宜，槽间土埂宽约为 0.5 m。在推出多条槽后，再将土埂推入槽内，然后运出。

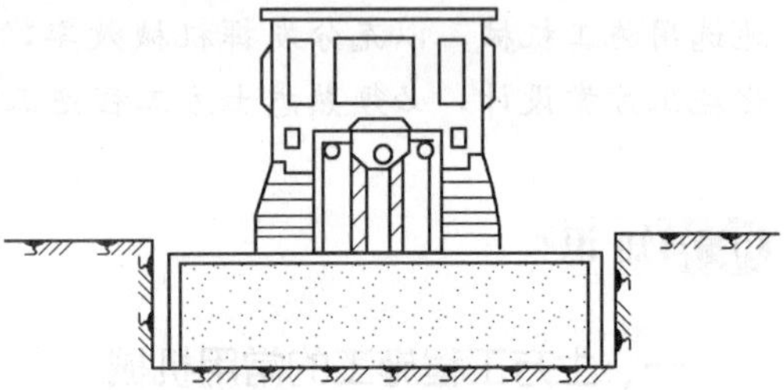

**图 1-30　槽形推土**

另外，在推运疏松土壤，且运距较大时，还应在铲刀两侧装置挡板，以增加铲刀前土的体积，减少土向两侧散失。在土层较硬的情况下，可在铲刀前面装置活动松土齿，当推土机倒退回程时，即可将土翻松。这样，便可减少切土时的阻力，从而提高切土运行速度。

(3)并列推土。对于大面积的施工区，可用 2～3 台推土机并列推土。推土时，两铲刀相距 15～30 cm，这样可以减少土的散失而增大推土量，能提高 15%～30%的生产效率，但平均运距不宜超过 50～75 m，也不宜小于 20 m，且推土机数量不宜超过 3 台；否则，倒车不便，行驶不一致，反而影响生产效率的提高。

(4)多铲集运(即分批集中，一次推送)。若运距较远而土质又比较坚硬，由于切土的深度不大，宜采用多次铲土，分批集中，再一次推送的方法，使铲刀前保持满载，以提高生产效率。

## 2. 铲运机

铲运机是一种能够独立完成铲土、运土、卸土、填筑、整平的土方机械。按行走方式的不同，铲运机可分为拖式铲运机和自行式铲运机两种。拖式铲运机由拖拉机牵引；自行式铲运机的行驶和作业都靠本身的动力设备。铲运机按铲斗的操纵系统的不同可分为索式和液压式两种。

铲运机对行驶道路的要求较低，操纵灵活，行驶速度快，生产效率较高，可在一至三类土中直接挖、运土，常用于坡度在20°以内的大面积土方挖、填、平整和压实，大型基坑、沟槽的开挖，路基和堤坝的填筑，不适用于砾石层、冻土地带及沼泽地区。坚硬土开挖时要用推土机助铲或用松土机配合。

在土方工程中，常使用的铲运机的铲斗容量为2.5～8 $m^3$；自行式铲运机适用于运距为800～3 500 m的大型土方工程施工，以运距在800～1 500 m的范围内的生产效率最高；拖式铲运机适用于运距为80～800 m的土方工程施工，而运距为200～350 m时，效率最高。如果采用双联铲运或挂大斗铲运，其运距可增加到1 000 m。运距越长，生产效率越低，因此，在规划铲运机的运行路线时，应力求符合经济运距的要求。

在场地平整施工中，铲运机的运行路线应根据场地挖、填方区分布的具体情况合理选择，这对提高铲运机的生产效率有很大影响。铲运机的运行路线一般有以下几种：

(1)环形路线。当地形起伏不大，施工地段较短时，多采用环形路线[图1-31(a)]。环形路线每一循环只完成一次铲土和卸土、挖土和填土交替；挖、填之间距离较短时，则可采用大环形路线[图1-31(b)]，一个循环能完成多次铲土和卸土，这样，可减少铲运机的转弯次数，提高工作效率。采用环形路线时，为了防止机件单侧磨损，应每隔一定时间按顺、反时针方向交替行使，避免仅向一侧转弯。

(2)“8”字形路线。施工地段较长或地形起伏较大时，多采用“8”字形路线[图1-31(c)]。采用这种开行路线时，铲运机在上、下坡时是斜向行驶，受地形坡度限制小；一个循环中两次转弯方向不同，可避免机械行驶时的单侧磨损；一个循环完成两次铲土和卸土，减少了转弯次数及空车行驶距离，从而缩短了运行时间，提高了生产效率。

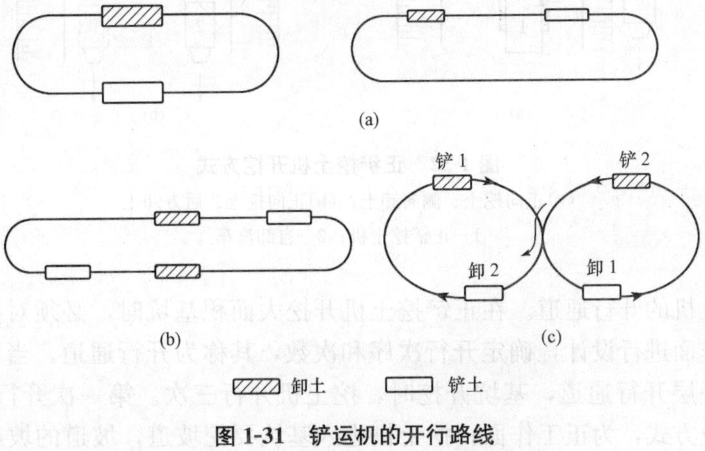


**图1-31 铲运机的开行路线**

(a)环形路线；(b)大环形路线；(c)“8”字形路线

另外还需要指出的是，铲运机应避免在转弯时铲土，否则，铲刀受力不均易引起翻车事故。因此，为了充分发挥铲运机的效能，保证能在直线段上铲土并装满土斗，要求铲土区应有足够的最小铲土长度。

**3. 单斗挖土机**

单斗挖土机是基坑(槽)土方开挖中常用的一种机械。按其行走装置的不同可分为履带式和轮胎式两类。根据工作的需要，其工作装置可以更换。按其工作装置的不同可分为正铲、反铲、拉铲和抓铲四种。

(1)正铲挖土机。正铲挖土机的挖土特点是：前进向上，强制切土。其适用于开挖停机面以上的一至三类土，且需与运土汽车配合完成整个挖运任务，其挖掘力大，生产效率高。开挖大型基坑时需设坡道，挖土机在坑内作业，因此，其适宜在土质较好、无地下水的地区工作；当地下水水位较高时，应采取降低地下水水位的措施，把基坑水疏干。

1)正铲挖土机的作业方式。根据挖土机的开挖路线与汽车相对位置的不同，其卸土方式有侧向卸土和后方卸土两种。

①正向挖土、侧向卸土[图 1-32(a)]。挖土机沿前进方向挖土，运输车辆停在侧面卸土(可停在停机面上或高于停机面的地方)。采用此法卸土时，挖土机动臂转角小，运输车辆行驶方便，故生产效率高，应用较广。

②正向挖土、后方卸土[图 1-32(b)]。挖土机沿前进方向挖土，运输车辆停在挖土机后方装土。采用此法卸土时，挖土机动臂转角大、生产效率低，运输车辆要倒车进入，一般在基坑窄而深的情况下采用。

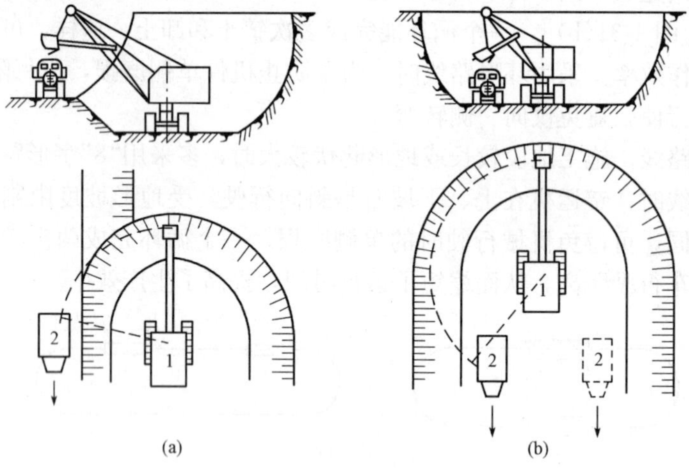


**图 1-32　正铲挖土机开挖方式**

(a)正向挖土、侧向卸土；(b)正向挖土、后方卸土

1—正铲挖土机；2—自卸汽车

2)正铲挖土机的开行通道。在正铲挖土机开挖大面积基坑时，必须对挖土机作业时的开行路线和工作面进行设计，确定开行次序和次数，其称为开行通道。当基坑开挖深度较小时，可布置一层开行通道，基坑开挖时，挖土机开行三次。第一次开行采用正向挖土、后方卸土的作业方式，为正工作面；挖土机进入基坑要挖坡道，坡道的坡度为 1∶8 左右。第二、三次开行时，采用侧方卸土的平卸侧工作面。

当基坑宽度稍大于正工作面的宽度时，为了减少挖土机的开行次数，可采用加宽工作面的办法，让挖土机按“Z”形路线开行[图 1-33(a)]。

当基坑的深度较大时，开行通道可布置成多层。图 1-33(b)所示为三层通道布置。

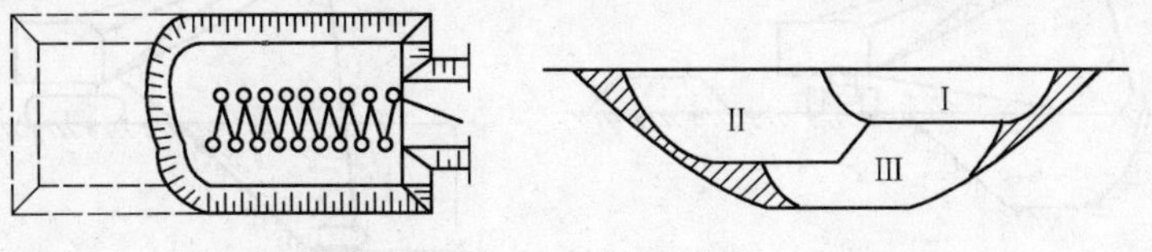


**图 1-33　正铲开挖基坑**

(a)一层通道“Z”形开挖；(b)三层通道布置

(2)反铲挖土机。反铲挖土机的挖土特点是：后退向下，强制切土。其挖掘力比正铲挖土机小，能开挖停机面以下的一至三类土(机械传动反铲挖土机只宜挖一至二类土)。其不需设置进出口通道，适用于一次开挖深度为 4 m 左右的基坑、基槽、管沟，也可用于地下水水位较高的土方开挖。在深基坑开挖中，依靠止水挡土结构或井点降水，反铲挖土机通过下坡道，采用台阶式接力方式挖土也是常用的方法。反铲挖土机可以与自卸汽车配合装土运走，也可弃土于坑槽附近。

反铲挖土机的作业方式可分为沟端开挖[图 1-34(a)]和沟侧开挖[图 1-34(b)]两种。

1)沟端开挖。挖土机停在基坑(槽)的端部，向后倒退挖土，汽车停在基槽两侧装土。其优点是挖土机停放平稳，装土或甩土时回转角度小，挖土效率高，挖土的深度和宽度也较大。基坑较宽时，可多次开行开挖。

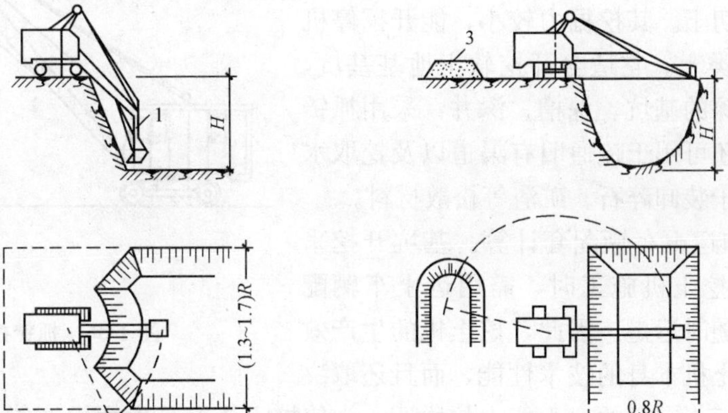


**图 1-34　反铲挖土机的作业方式**

(a)沟端开挖；(b)沟侧开挖

1—反铲挖土机；2—自卸汽车；3—弃土堆

2)沟侧开挖。挖土机沿基槽的一侧移动挖土，将土弃于距基槽较远处。沟侧开挖时，开挖方向与挖土机移动方向垂直，因此，其稳定性较差，而且挖土的深度和宽度均较小，一般只在无法采用沟端开挖或挖土不需运走时采用。

(3)拉铲挖土机。拉铲挖土机(图 1-35)的土斗用钢丝绳悬挂在挖土机长臂上，挖土时，土斗在自重作用下落到地面，切入土中。其挖土特点是：后退向下，自重切土。其挖土深度和挖土半径均较大，能开挖停机面以下的一至二类土，但不如反铲挖土机动作灵活、准确。它适合开挖较深、较大的基坑(槽)、沟渠，挖取水中泥土，填筑路基，修筑堤坝等。

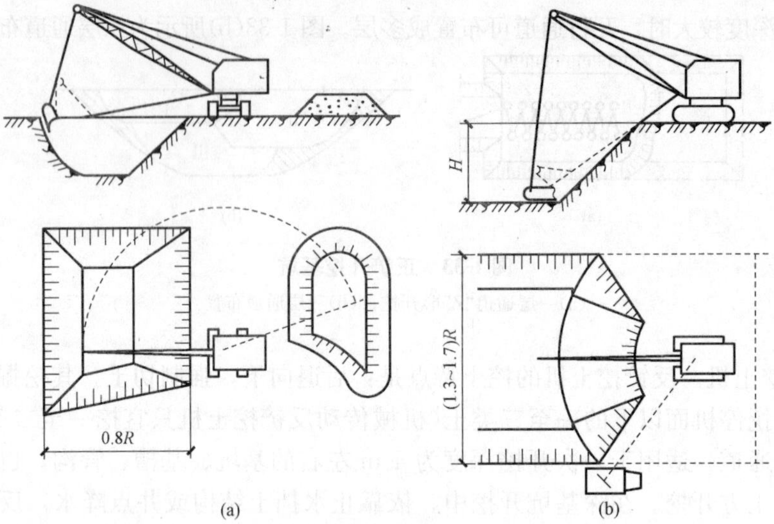


**图 1-35　拉铲挖土机的开挖方式**

(a)侧弃土；(b)汽车运土

拉铲挖土机的开挖方式与反铲挖土机相似，既可沟侧开挖，也可沟端开挖。

(4)抓铲挖土机。抓铲挖土机(图 1-36)是在挖土机臂端用钢丝绳吊装一个抓斗。其挖土特点是：直上直下，自重切土。其挖掘力较小，能开挖停机面以下的一至二类土。它适合开挖软土地基基坑，特别是其中窄而深的基坑、深槽、深井，采用抓铲效果理想。抓铲还可用于疏通旧有渠道以及挖取水中淤泥等，或用于装卸碎石、矿渣等松散材料。

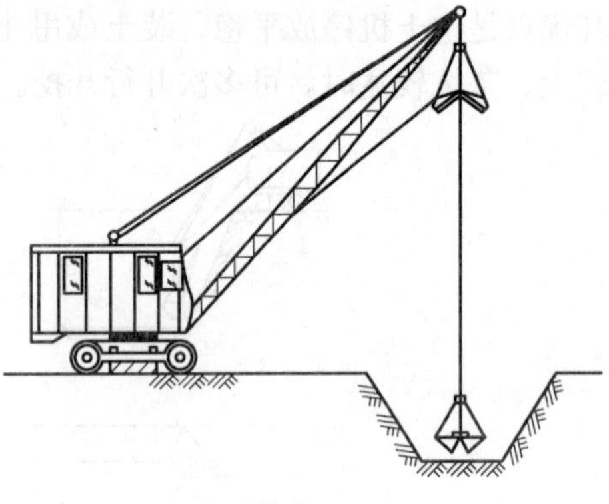

**图 1-36　抓铲挖土机**

(5)挖土机和运土车辆配套计算。基坑开挖采用单斗(反铲等)挖土机施工时，需用运土车辆配合，将挖出的土随时运走。因此，挖土机的生产效率不仅取决于挖土机本身的技术性能，而且还取决于挖土机与所选运土车辆的运土能力的协调。为使挖土机充分发挥生产能力，应配备足够数量的运土车辆，以保证挖土机连续工作。

1)挖土机数量的确定。挖土机的数量 $N$，应根据土方量大小和工期要求来确定，可按下式计算：

$$N=\frac{Q}{P}\times\frac{1}{T\cdot C\cdot K}(\text{台}) \tag{1-36}$$

式中　$Q$——土方量($m^3$)；

$P$——挖土机生产效率($m^3$/台班)；

$T$——工期(工作日)；

$C$——每天工作班数；

$K$——时间利用系数(0.8～0.9)。

单斗挖土机的生产效率 $P$ 可查定额手册或按下式计算：

$$P=\frac{8\times3\ 600}{t}\cdot q\cdot\frac{K_c}{K_s}\cdot K_B(\mathrm{m^3}/台班) \tag{1-37}$$

式中 $t$——挖土机每斗作业循环延续时间(s)，如 W100 型正铲挖土机为 25～40 s；

$q$——挖土机斗容量($\mathrm{m^3}$)；

$K_c$——土斗的充盈系数(0.8～1.1)；

$K_s$——土的最初可松性系数；

$K_B$——工作时间利用系数(0.7～0.9)。

在实际施工中，若挖土机的数量已经确定，也可利用式(1-36)来计算工期。

2)运土车辆配套计算。运土车辆的数量 $N_1$，应保证挖土机连续作业，可按下式计算：

$$N_1=\frac{T_1}{t_1} \tag{1-38}$$

式中 $T_1$——运土车辆每一运土循环延续时间(min)：

$$T_1=t_1+\frac{2l}{V_c}+t_2+t_3 \tag{1-39}$$

$l$—运土距离(m)；

$V_c$——重车与空车的平均速度(m/min)，一般取 20～30 km/h①；

$t_2$—卸土时间，一般为 1 min；

$t_3$ 操纵时间(min)，包括停放待装、等车、让车等，一般取 2～3 min；

$t_1$——运土车辆每车装车时间(min)，$t_1=n\times t$；

$n$—— 运土车辆每车装土次数：

$$n=\frac{Q_1}{q\cdot\frac{K_c}{K_s}\cdot\gamma} \tag{1-40}$$

$Q_1$——运土车辆的载重量(t)；

$\gamma$——实土重度($\mathrm{t/m^3}$)，一般取 1.7 $\mathrm{t/m^3}$。

## 二、土方挖运机械的选择和机械挖土的注意事项

(1)机械开挖应根据工程地下水水位的高低、施工机械条件、进度要求等合理地选用施工机械，以充分发挥机械效率，节省机械费用，加快工程进度。

一般深度在 2 m 以内、基坑不太长时的土方开挖，宜采用推土机或装载机推土和装车；对于深度在 2 m 以内、长度较大的基坑，可用铲运机铲运土或助铲铲土；对面积大且深的基坑，且有地下水或土的湿度大，基坑深度不大于 5 m 时，可采用液压反铲挖土机在停机面一次开挖；基坑深 5 m 以上时，通常采用反铲挖土机分层开挖并开坡道运土。如土质好且无地下水也可开沟道，用正铲挖土机下入基坑分层开挖，多采用斗容量为 0.5 $\mathrm{m^3}$、1.0 $\mathrm{m^3}$ 的液压正铲挖土机挖掘。在地下水中挖土时可用拉铲或抓铲挖土机，效率较高。

(2)使用大型土方机械在坑下作业时，如为软土地基或在雨期施工，进入基坑行走需铺垫钢板或铺路基垫道。所以对大型软土基坑，为减少分层挖运土方的复杂性，可采用“接力挖土法”(图 1-37)。它是利用两台或三台挖土机分别在基坑的

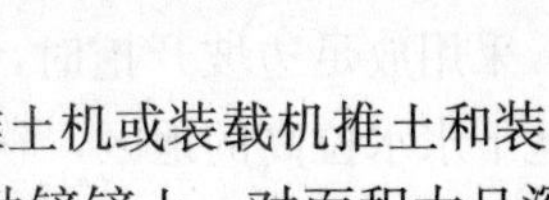

**图 1-37 接力挖土法**

① 1 km/h≈16.67 m/min。

不同标高处同时挖土。一台在地表，两台在基坑不同标高的台阶上，边挖土边向上传递到上层由地表挖土机装车，用自卸汽车运至弃土地点。如上部可用大型反铲挖土机，中、下层可用反铲液压中、小型挖土机，以便挖土、装车均衡作业，机械开挖不到之处，再配以人工开挖修坡、找平。在基坑纵向两端设有道路出入口，上部汽车开行单向行驶。用本法开挖基坑，可一次挖到设计标高，一次完成，一般两层挖土可挖到－10 m，三层挖土可挖到－15 m左右。这种挖土方法与通常开坡道运输汽车运土相比，土方运输效率将受到影响。但某些面积不大、深度较大的基坑，本身开坡道有困难，此法可避免将载重汽车开进基坑进行装土、运土作业，其工作条件好，效率也较高，并可降低成本。最后用搭枕木垛的方法，使挖土机开出基坑或将其牵引拉出，如坡度过大也可用吊车将挖土机吊运出坑。

(3)土方开挖应绘制土方开挖图，确定开挖路线、顺序、范围、基底标高、边坡坡度、排水沟、集水井位置以及挖出的土方堆放地点。绘制土方开挖图应可能使机械多挖。

(4)由于大面积基础群基坑底标高不一，机械开挖次序一般采取先整片挖至一平均标高，然后再挖个别较深部位的方法。当一次开挖深度超过挖土机最大挖掘高度(5 m以上)时，宜分二至三层开挖，并修筑10%～15%坡道，以便挖土及运输车辆进出。

(5)基坑边角部位，即机械开挖不到之处，应用少量人工配合清坡，将松土清至机械作业半径范围内，再用机械掏取运走。人工清土所占比例一般为1.5%～4%，修坡以厘米作限制误差。大基坑宜另配一台推土机清土、送土、运土。

(6)由于机械挖土对土的扰动较大，且不能准确地将地基抄平，容易出现超挖现象，所以要求施工中机械挖土只能挖至基底以上20～30 cm，其余20～30 cm的土方采用人工或其他方法挖除。

## 三、基坑土方开挖方式

基坑开挖分两种情况：一是无支护结构基坑的放足边坡开挖；二是有支护结构基坑的开挖。

### 1. 无支护结构基坑的放足边坡开挖工艺

采用放足边坡开挖时，一般基坑深度较浅，挖土机可以一次开挖至设计标高，因此，在地下水水位高的地区，软土基坑采用反铲挖土机配合运土汽车在地面作业。如果地下水水位较低，坑底坚硬，也可以让运土汽车下坑，配合正铲挖土机在坑底作业。当开挖基坑深度超过4 m时，若土质较好，地下水水位较低，场地允许，有条件放坡，边坡宜设置阶梯平台，分阶段、分层开挖，每级平台宽度不宜小于1.5 m。

在采用放足边坡开挖时，要求基坑边坡在施工期间保持稳定。基坑边坡坡度应根据土质、基坑深度、开挖方法、留置时间、边坡荷载、排水情况及场地大小确定。放坡开挖应有降低坑内水位和防止坑外水倒灌的措施。若土质较差且基坑施工时间较长，边坡坡面可采用钢丝网喷浆进行护坡，以保持基坑边坡稳定。

放足边坡开挖基坑内作业面大，方便挖土机械作业，施工程序简单，经济效益好，但在城市密集地区施工，条件往往不允许采用这种开挖方式。

### 2. 有支护结构基坑的开挖工艺

有支护结构基坑的开挖按其坑壁结构可分为直立壁无支撑开挖、直立壁内支撑开挖和直立壁土钉(或土锚杆、拉锚)开挖。有支护结构基坑开挖的顺序、方法必须与设计工况一致，并应遵循“开槽支撑，先撑后挖，分层开挖，严禁超挖”和“分层、分段、对称、限时”的原则。

(1)直立壁无支撑开挖工艺。这是一种重力式坝体结构，一般采用水泥土搅拌桩作坝体材料，也可采用粉喷桩等复合桩体作坝体材料。重力式坝体结构既挡土又止水，给坑内创造宽敞的施工空间和可降水的施工环境。

止水重力坝的基坑深度一般为 5～6 m，故可采用反铲挖土机配合运土汽车在地面作业。由于采用止水重力坝的基坑，地下水水位一般都比较高，因此，很少使用正铲挖土机下坑挖土作业。

(2)直立壁内支撑开挖工艺。在基坑深度大，地下水水位高，周围地质和环境又不允许作拉锚和土钉、土锚杆的情况下，一般采用直立壁内支撑开挖形式。基坑采用内支撑，能有效地控制侧壁的位移，具有较高的安全性，但减小了施工机械的作业面，影响挖土机械、运土汽车的作业效率，增加了施工难度。

采用直立壁内支撑的基坑，深度一般较大，超过挖土机的挖掘深度，需分层开挖。在施工过程中，土方开挖和支撑施工需交叉进行。内支撑是随着土方的分层、分区开挖，形成支撑施工工作面，然后施工内支撑，结束后待内支撑达到一定强度后进行下一层(区)土方的开挖，形成下一道内支撑施工工作面，重复施工，从而逐步形成支护结构体系。因此，基坑土方开挖必须和支撑施工密切配合，根据支护结构设计的工况，先确定土方分层、分区开挖的范围，然后分层、分区开挖基坑土方。在确定基坑土方分层、分区开挖范围时，还应考虑土体的时空效应、支撑施工的时间、机械作业面的要求等。

当有较密的内支撑时或为了严格限制支护结构的位移，常采用盆式开挖顺序，即在尽量多挖去基坑下层中心区域的土方后，架设“十”字对称式钢管支撑并施加预应力，或在挖去本层中心区域土方后，浇筑钢筋混凝土支撑，并逐个区域挖去周边土方，逐步形成对围护壁的支撑。这时使用的机械一般为反铲和抓铲挖土机。必要时，还可对挡墙内侧四周的土体进行加固，以提高内侧土体的被动土压力，满足控制挡墙变形的要求。

(3)直立壁土钉(或土锚杆、拉锚)开挖工艺。当周围的环境和地质条件允许进行拉锚或采用土钉和土层锚杆时，应选用此方式，因为直立壁土钉开挖使坑内的施工空间宽敞，挖土机械效率较高。在土方施工中，需进行分层、分区段开挖，穿插进行土钉(或土锚杆)施工。土方分层、分区段开挖的范围应和土钉(或土锚杆)的设置位置一致，满足土钉(土锚杆)施工机械的要求，同时，也要满足土体稳定性的要求。

为了利用基坑中心部分土体搭设栈桥以加快土方外运，提高挖土速度，设直立壁土钉(或土锚杆、拉锚)的基坑开挖或者采用周边桁架空间支撑系统的基坑开挖有时采用岛式开挖顺序(图 1-38)，即先挖除挡墙内四周土方，待周边支撑形成后再开挖中间岛区的土方。中间环形桁架空间支撑系统形成一定强度后即可穿插开挖中间岛区土(图中 4 部分)，同时，钢筋混凝土支撑继续养护，缩短了挖土时间。其缺点是由于先挖挡墙内四周的土方，挡墙的受荷时间长，在软黏土中时间效应显著，有可能增大支护结构的变形量，所以应用较少。

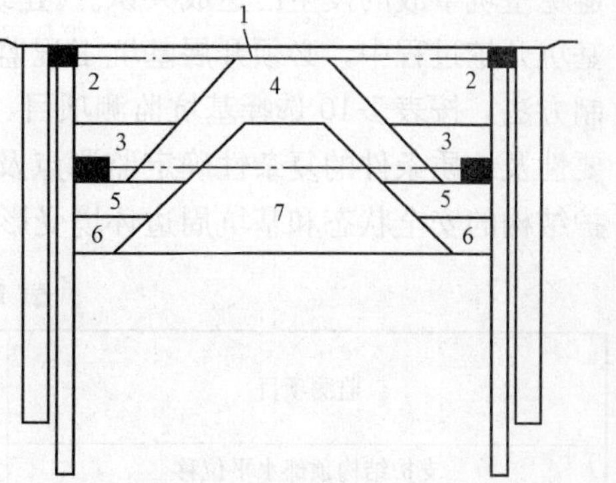


**图 1-38　岛式开挖及支撑的施工顺序示意**

### 3. 基坑土方开挖中的注意事项

(1)支护结构与挖土应紧密配合，遵循“先撑后挖、分层分段、对称、限时”的原则。挖土与坑内支撑安装要密切配合，每次开挖深度不得超过将要加支撑位置以下 500 mm，防止立柱及支撑失稳。每次挖土深度与所选用的施工机械有关。当采用分层分段开挖时，分层厚度不宜大于 5 m，分段的长度不宜大于 25 m，并应快挖快撑，时间不宜超过 1～2 d，以充分利用土体结构的空间作用，减少支护结构的变形。为防止地基一侧失去平衡而导致坑底涌土、边坡失稳、坍塌等情况，深基坑挖土时应注意对称分层开挖的方法。

(2)要重视打桩效应，防止桩位移和倾斜。对一般先打桩、后挖土的工程，如果打桩后紧接着开挖基坑，由于开挖时地基卸土，打桩时积聚的土体应力释放，再加上挖土高差形成侧向推力，土体易产生一定的水平位移，使先打设的桩易产生水平位移和倾斜，因此，打桩后应有一段停歇时间，待土体应力释放、重新固结后再开挖，同时，挖土要分层、对称，尽量减少挖土时的压力差，保证桩位正确。对于打预制桩的工程，必须先打工程桩再施工支护结构，否则也会由于打桩挤土效应，引起支护结构位移变形。

(3)注意减少坑边地面荷载，防止开挖完的基坑暴露时间过长。基坑开挖过程中，不宜在坑边堆置弃土、材料和工具设备等，应尽量减轻地面荷载，严禁超载。基坑开挖完成后，应立即验槽，并及时浇筑混凝土垫层，封闭基坑，防止暴露时间过长。如发现基底土超挖，应用素混凝土或砂石回填夯实，不能用素土回填。若挖方后不能立即转入下道工序或雨期挖方，应在坑槽底标高上保留 15～30 cm 厚的土层不挖，待下道工序开工前再挖掉。冬期挖方时，每天下班前应挖一步(30 cm 左右)虚土或用草帘覆盖，以防地基土受冻。

(4)当挖土至坑槽底 50 cm 左右时，应及时抄平。

(5)在基坑开挖和回填过程中应保持井点降水工作的正常进行。

(6)开挖前要编制包含周详安全技术措施的基坑开挖施工方案，以确保施工安全。

### 4. 基坑支护工程的现场监测

在深基坑施工、使用过程中，出现荷载、施工条件变化的可能性较大，设计计算值与支护结构的实际工作状况往往很不一致。因此，在基坑开挖过程中，必须进行系统的监控，以防不测。基坑工程事故调查表明，在发生重大事故前，或多或少都有预兆，如果能切实做好基坑监测工作，及时发现事故预兆并采取适当措施，则可避免许多重大基坑事故的发生，减少基坑事故所带来的经济损失和社会影响。目前，人们对于开展基坑现场监测可以避免基坑事故的发生已达成共识。《建筑基坑支护技术规程》(JGJ 120—2012)明确规定，在基坑开挖过程中，必须开展基坑工程监测。基坑支护设计应根据支护结构类型和地下水控制方法，按表 1-10 选择基坑监测项目，并应根据支护结构的具体形式、基坑周边环境的重要性及地质条件的复杂性确定监测点及数量。选用的监测项目及其监测部位应能够反映支护结构的安全状态和基坑周边环境受影响的程度。

**表 1-10　基坑监测项目**

| 监测项目 | 支护结构的安全等级 | | |
|---|---|---|---|
| | 一级 | 二级 | 三级 |
| 支护结构顶部水平位移 | 应测 | 应测 | 应测 |
| 基坑周边建(构)筑物、地下管线、道路沉降 | 应测 | 应测 | 应测 |
| 坑边地面沉降 | 应测 | 应测 | 宜测 |

续表

| 监测项目 | 支护结构的安全等级 | | |
| --- | --- | --- | --- |
| | 一级 | 二级 | 三级 |
| 支护结构深部水平位移 | 应测 | 应测 | 选测 |
| 锚杆拉力 | 应测 | 应测 | 选测 |
| 支撑轴力 | 应测 | 应测 | 选测 |
| 挡土构件内力 | 应测 | 宜测 | 选测 |
| 支撑立柱沉降 | 应测 | 宜测 | 选测 |
| 挡土构件、水泥土墙沉降 | 应测 | 宜测 | 选测 |
| 地下水水位 | 应测 | 应测 | 选测 |
| 土压力 | 宜测 | 选测 | 选测 |
| 孔隙水压力 | 宜测 | 选测 | 选测 |

由于基坑开挖到设计深度以后，土体变形，土压力和支护结构的内力仍会继续发展、变化，因此，基坑监测工作应从基坑开挖前制订监控方案开始，直至地下工程施工结束的全过程进行监测。基坑监控方案应包括监控目的、监控项目、监控报警值、监控方法及精度要求、监控点的布置、检测周期、工序管理和记录制度以及信息反馈系统等。

围护桩(墙)的顶面水平位移监测，是深基坑开挖施工监测的一项基本内容，通过围护桩(墙)顶面水平位移监测，可以掌握围护桩(墙)在基坑挖土施工过程顶面的平面变形情况，并与设计值进行比较，分析其对周围环境的影响，另外，围护桩(墙)顶面水平位移数值可以作为测斜、测试孔口的基准点。围护桩(墙)顶面水平位移测试一般选用精度为2″级的经纬仪。围护桩(墙)顶面水平位移监测点应沿其结构体延伸方向布设，水平位移观测点间距宜为10～15 m，其测试方法有准直线法、控制线偏离法、小角度法、交会法等。

基坑变形的监控值，若设计有指标规定，以设计要求为依据；如无设计指标，可按表1-11的规定执行。

**表1-11 基坑变形的监控值**

cm

| 基坑类别 | 围护结构墙顶位移监控值 | 围护结构墙体最大位移监控值 | 地面最大沉降监控值 |
| --- | --- | --- | --- |
| 一级基坑 | 3 | 5 | 3 |
| 二级基坑 | 6 | 8 | 6 |
| 三级基坑 | 8 | 10 | 10 |

注：1. 符合下列情况之一者，为一级基坑：

(1)重要工程或支护结构作主体结构的一部分。

(2)开挖深度大于10 m。

(3)与邻近建筑物、重要设施的距离在开挖深度以内的基坑。

(4)范围内有历史文物、近代优秀建筑、重要管线等需严加保护的基坑。

2. 三级基坑为开挖深度小于7 m，且周围环境无特别要求的基坑。

3. 除一级和三级以外的基坑都属于二级基坑。

4. 当周围已有的设施有特殊要求时，还应符合这些要求。

## 任务实施

### 一、实施条件

(1)基坑降水工作已经完成。

(2)确定基坑开挖方式或支护方案。

(3)工程地质、水文地质条件及土层性质。

拟开挖的矩形基坑底宽为 12 m，长为 16 m，基坑开挖深度为 4.5 m，挖土边坡坡度为 1∶0.5，基坑平面图如图 1-10 所示。

### 二、实施步骤

(1)基坑开挖前，应进行测量定位，抄平放线，定出开挖长度，按放线分段开挖。

(2)土方开挖前，应准确计算土方工程量，做好土方调配。计算挖方量与回填土方量，确保回填土方存量，用于回填的土方应集中堆至指定弃土处以备回填。

基坑底部尺寸为 12 m×16 m，边坡坡度为 1∶0.5，基坑深度为 4.5 m，则基坑顶部尺寸为 16.5 m×20.5 m，需开挖土方量为 1 178 $m^3$。

(3)根据工程地下水水位高低、施工机械条件、进度要求等选用 WY100 型反铲挖土机，斗容量为 1 $m^3$，采用载重量为 8 t 的自卸汽车配合运土。要求运土车辆数量能保证挖土机连续作业，已知 $K_c=0.9$，$K_s=1.15$，$K=K_B=0.85$，$t=40$ s，$l=1.3$ km，$V_c=20$ km/h。

挖土机的生产效率：

$$P=\frac{8\times 3\ 600}{t}\cdot q\cdot \frac{K_c}{K_s}\cdot K_B=\frac{8\times 3\ 600}{40}\times 1\times \frac{0.9}{1.15}\times 0.85=479(\text{m}^3/\text{台班})$$

准备采取单班制作业，为减少基坑暴露时间挖土工期限制在 2 d，则挖土机数量：

$$N=\frac{Q}{P}\times \frac{1}{T\cdot C\cdot K}=\frac{1\ 178}{479\times 2\times 1\times 0.85}=1.45(\text{台})\text{，取 2 台}$$

每车需装土次数：

$$n=\frac{Q_1}{q\cdot \frac{K_c}{K_s}\cdot \gamma}=\frac{8}{1\times \frac{0.9}{1.15}\times 1.7}=6(\text{次})\text{，取 6 次}$$

运土车辆每车装车时间：

$$t_1=n\cdot t=6\times 40=240(\text{s})=4\ \text{min}$$

运土车辆每一运土循环延续时间：

$$T_1=t_1+\frac{2l}{V_c}+t_2+t_3=4+\frac{2\times 1.3\times 1\ 000}{20\times \frac{1\ 000}{60}}+1+3=15.8(\text{min})$$

则每台挖土机配合的运土车辆数量：

$$N_1=\frac{T_1}{t_1}=\frac{15.8}{4}=3.95(\text{辆})\text{，取 4 辆}$$

两台挖土机所需运土车辆数量：

$$N=2\times 4=8(\text{辆})$$

## 拓展知识

基槽(坑)挖至基底设计标高后，必须通知勘察、设计、监理、建设部门会同验槽，经处理合格后签证，再进行基础工程施工。这是确保工程质量的关键程序之一。验槽的目的在于检查地基是否与勘察设计资料符合。

一般设计依据的地质勘察资料取自建筑物基础的有限几个点，无法反映钻孔之间的土质变化，只有在开挖后才能确切地了解。如果实际土质与设计地基土不符，则应由结构设计人员提出地基处理方案，处理后经有关单位签署后归档备查。

验槽主要以施工经验观察为主，而对于基底以下的土层不可见部位，要辅以钎探、夯探配合共同完成。

### 1. 验槽

验槽主要观察基槽基底和侧壁土质情况、土层构成及其走向是否有异常现象，以判断是否达到设计要求。由于地基土开挖后情况复杂、变化多样，这里只能将常见基槽观察的项目和内容进行简要说明，见表1-12。

**表1-12 验槽的观察部位和观察内容**

| 观察部位 | | 观察内容 |
|---|---|---|
| 槽壁土层 | | 土层分布情况及走向 |
| 重点部位 | | 柱基、墙角、承重墙下及其他受力较大部位 |
| 整个槽底 | 槽底土质 | 是否挖到老土层上(地基持力层) |
| | 土的颜色 | 是否均匀一致，有无异常，如过干过湿 |
| | 土的软硬 | 软硬是否一致 |
| | 土的虚实 | 有无震颤现象，有无空穴声音 |

### 2. 钎探

对于基槽底以下2～3倍基础宽度的深度范围内土的变化和分布情况，以及是否有空穴或软弱土层，需要用钎探探明。

钎探的方法是将一定长度的钢钎打入槽底以下的土层内，根据每打入一定深度的锤击次数，间接地判断地基土质的情况。打钎分人工和机械两种方法。

(1)钢钎的规格和数量。人工打钎时，钢钎用直径为22～25 mm的钢筋制成，钎尖为60°尖锥状，钎长为1.8～2.0 m。打钎用的锤重为1.63～2.04 kg，举锤高度为50～70 cm，将钢钎垂直打入土中，并记录每打入土层30 cm的锤击数。用打钎机打钎时，其锤重约为10 kg，锤的落距为50 cm，钢钎直径为25 mm，钎长为1.8 m。

(2)钎孔布置和钎探深度。钎孔布置和钎探深度应根据地基土质的复杂情况和基槽宽度、形状而定，一般可参考表1-13。

**表1-13 钎孔布置和钎探深度**

| 槽宽/cm | 排列方式 | 间距/m | 钎探深度/m |
|---|---|---|---|
| <80 | 中心一排 | 1～2 | 1.2 |
| 80～200 | 两排错开 | 1～2 | 1.5 |
| >200 | 梅花形 | 1～2 | 2.0 |
| 柱基 | 梅花形 | 1～2 | ≥1.5，且不浅于短边宽度 |
| 注：对于较软弱的新近沉积黏性土和人工杂填土的地基，钎孔间距应不大于1.5 m。 | | | |

(3)钎探记录和结果分析。先绘制基槽平面图，在图上根据要求确定钎探点的平面位置，并依次编号制成钎探平面图。钎探时按钎探平面图标定的钎探点顺序进行，最后整理成钎探记录，见表1-14。全部钎探完毕后，逐层分析研究钎探记录，逐点进行比较，将锤击数显著过多或过少的钎孔在钎探平面图上做上记号，然后再在该部位进行重点检查，如有异常情况，要认真进行处理。

**表1-14　钎探记录**

| 探孔号 | 打入长度/m | 每30 cm锤击数 | | | | | | | | 总锤击数 | 备注 |
|---|---|---|---|---|---|---|---|---|---|---|---|
| | | 1 | 2 | 3 | 4 | 5 | 6 | 7 | 8 | | |
| | | | | | | | | | | | |
| | | | | | | | | | | | |
| 打钎者 | | 施工员 | | | | | | 质量检查员 | | | |

**3. 夯探**

夯探较钎探方法更为简便，不用复杂的设备而是用铁夯或蛙式打夯机对基槽进行夯击，凭夯击时的声响来判断下卧后的强弱或有无土洞或暗墓。

# 任务五　土方回填施工

## 任务引入

在任务四中的矩形基坑开挖完成，并完成地基基础施工后，试进行基础与基坑壁间的土方回填施工。

**【任务分析】** 若要完成土方的回填，首先必须选择合适的土料和压实设备，那么应如何进行土料和压实方法的选择？

## 规范学习

《建筑地基基础工程施工质量验收规范》(GB 50202—2002)

6.3.1　土方回填前应清除基底的垃圾、树根等杂物，抽除坑穴积水、淤泥，验收基底标高。如在耕植土或松土上填方，应在基底压实后再进行。

6.3.2　对填方土料应按设计要求验收后方可填入。

6.3.3　填方施工过程中应检查排水措施，每层填筑厚度、含水量控制、压实程度。填筑厚度及压实遍数应根据土质、压实系数及所用机具确定。如无试验依据，应符合表6.3.3的规定。

6.3.4　填方施工结束后，应检查标高、边坡坡度、压实程度等，检验标准应符合表6.3.4的规定。

**相关知识**

## 一、土料选择

为了保证填方工程满足强度、变形和稳定性等方面的要求，既要正确地选择填土的土料，又要合理地选择填筑和压实方法。

选择的填方土料应符合设计要求，验收合格后方可填入。如设计无要求，应符合下列规定：

(1)碎石类土、砂土(使用细、粉砂时应取得设计单位同意)和爆破石渣，可用作表层以下的填料。

(2)含水量符合压实要求的黏性土，可用作各层填料。

(3)碎块草皮和有机质含量大于8%的土，仅用于无压实要求的填方工程，含有大量有机物的土，容易降解变形而降低承载能力。

(4)淤泥和淤泥质土一般不能用作填料，但在软土或沼泽地区，经过处理其含水量符合压实要求后，可用于填方中的次要部位。

(5)含盐量符合规定的盐渍土，一般可以使用，但填料中不得含有盐晶、盐块或含盐植物的根茎。含水溶性硫酸盐大于5%的土，在地下水的作用下，硫酸盐会逐渐溶解消失，形成孔洞，影响密实性。

(6)碎石类土或爆破石渣用作填料时，其最大粒径不得超过每层铺土厚度的2/3，当使用振动碾时，不得超过每层铺土厚度的3/4。铺填时，大块料不应集中，且不得填在分段接头处或填方与山坡连接处。填方内有打桩或其他特殊工程时，块(漂)石填料的最大粒径不应超过设计要求。

## 二、土料填筑要求

### 1. 施工要求

填方前，应根据工程特点、填料种类、设计压实系数、施工条件等合理选择压实机具，并确定填料含水量的控制范围、铺土厚度和压实遍数等参数。填方工程较重要或采用新型压实机具时，上述参数应通过填土压实试验确定。

填土时，应先清除基底的树根、积水、淤泥和有机杂物，并分层回填、压实。填土应尽量采用同类土填筑。如采用不同种类填料分层填筑，上层宜填筑透水性较小的填料，下层宜填筑透水性较大的填料。填方基土表面应留有适当的排水坡度，边坡不得用透水性较小的填料封闭。填方施工应接近水平的分层填筑。

当填方位于倾斜的地面时，应先将斜坡挖成阶梯状，然后分层填筑以防填土横向移动。

分段填筑时，每层接缝处应做成斜坡形，碾迹重叠0.5～1.0 m。上、下层错缝距离不应小于1 m。

### 2. 填土压实的质量检查

填土压实后要达到一定的密实度要求。填土的密实度要求和质量指标通常以压实系数$\lambda_c$表示。压实系数是土的施工控制干密度$\rho_d$和土的最大干密度$\rho_{dmax}$的比值。压实系数一般根据工程结构性质、使用要求以及土的性质确定，如未作规定，可采用表1-15中的数值。

表 1-15　填土压实系数

| 结构类型 | 填土部位 | 压实系数 $\lambda_c$ |
|---|---|---|
| 砌体承重结构和框架结构 | 在地基主要持力层范围内 | >0.96 |
| | 在地基主要持力层范围以下 | 0.93～0.96 |
| 简支结构和排架结构 | 在地基主要持力层范围内 | 0.94～0.97 |
| | 在地基主要持力层范围以下 | 0.91～0.93 |
| 一般工程 | 基础四周或两侧一般回填土 | 0.9 |
| | 室内地坪、管道地沟回填土 | 0.9 |
| | 一般堆放物件场地回填土 | 0.85 |

填土必须具有一定的密实度，以避免建筑物的不均匀沉陷。填土密实度以设计规定的控制干密度 $\rho_d$ 或规定压实系数 $\lambda_c$ 作为检查标准。利用填土作为地基时，设计规范规定了各种结构类型、各种填土部位的压实系数，见表 1-15。各种填土的最大干密度乘以设计的压实系数即得到施工控制干密度，即 $\rho_d=\lambda_c\rho_{dmax}$。

填土压实后的实际干密度，应有 90%以上符合设计要求，其余 10%的最低值与设计值的差不得大于 0.08 g/cm$^3$，且差值应较为分散。

填土压实后土的实际干密度的测定可采用环刀法取样，其取样组数为：基坑回填，每 20～50 m$^3$ 取样一组(每个基坑不少于一组)；基槽或管沟回填，每层按长度 20～50 m 取样一组；室内填土，每层按 100～500 m$^2$ 取样一组；场地平整填方，每层按 400～900 m$^2$ 取样一组。取样部位应在每层压实后的下半部。试样取出后，先称量出土的湿密度并测定其含水量，然后按下式计算土的实际干密度 $\rho_0$：

$$\rho_0=\frac{\rho}{1+0.01w} \tag{1-41}$$

式中　$\rho$——土的湿密度(g/cm$^3$)；

$w$——土的含水量(%)。

如用式(1-41)算得土的实际干密度 $\rho_0 \geqslant \rho_d$，则压实合格；若 $\rho_0 < \rho_d$，则压实不够，应采取相应措施，提高压实质量。

## 三、填土压实方法

填土压实方法一般有碾压法、夯实法、振动压实法以及利用运土工具压实。对于大面积填土工程，多采用碾压法和利用运土工具压实。对较小面积的填土工程，则宜用夯实机具进行压实。

### 1. 碾压法

碾压法是利用机械滚轮的压力压实土壤，使之达到所需的密实度。碾压机械有平碾、羊足碾和气胎碾。

平碾又称光碾压路机(图 1-39)，是一种以内燃机为动力的自行式压路机。其按重量等级可分为轻型(30～50 kN)、中型(60～90 kN)和重型(100～140 kN)三种，其适用于压实砂类土和黏性土，适用土类范围较广。轻型平碾压实土层的厚度不大，但土层上部变得较密实，当用轻型平碾初碾后，再用重型平碾碾压松土，就会取得较好的效果。例如，直接用重型平碾碾压松土，则由于强烈的起伏现象，其碾压效果较差。

羊足碾如图1-40所示。羊足碾一般无动力，靠拖拉机牵引，有单筒、双筒两种形式。根据碾压要求的不同，羊足碾又可分为空筒、装砂、注水三种。羊足碾虽然与土的接触面积小，但对单位面积的压力比较大，土的压实效果好。羊足碾只能用来压实黏性土。

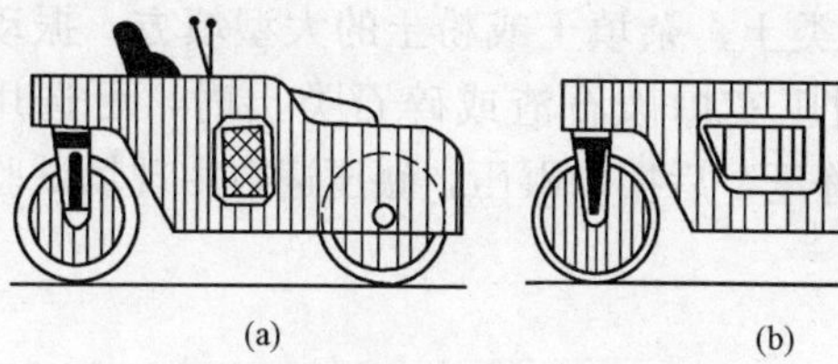


**图1-39 光碾压路机**

(a)两轴两轮；(b)两轴三轮

**图1-40 羊足碾**

气胎碾又称轮胎压路机，它的前后轮分别密排4个和5个轮胎，它们既是行驶轮，也是碾压轮。由于轮胎弹性大，在压实过程中，土与轮胎都会发生变形，而随着几遍碾压后铺土密实度的提高，沉陷量逐渐减少，因而轮胎与土的接触面积逐渐缩小，但接触应力则逐渐增大，最后使土料得到压实。由于气胎碾在工作时是弹性体，其压力均匀，填土质量较好。

碾压法主要用于大面积的填土，如场地平整、路基、堤坝等工程。

用碾压法压实填土时，铺土应均匀一致，碾压遍数应相同，碾压方向应从填土区的两边逐渐压向中心，每次碾压应有150～200 mm的重叠；碾压机械开行速度不宜过快，一般平碾开行速度不应超过2 km/h，羊足碾开行速度不应超过3 km/h，否则会影响压实效果。

**2. 夯实法**

夯实法是利用夯锤自由下落的冲击力来夯实土壤，主要用于小面积的回填土或作业面受到限制的环境。夯实法分人工夯实和机械夯实两种。人工夯实所用的工具有木夯、石夯等；机械夯实常用的工具有夯锤、内燃夯土机、蛙式打夯机和利用挖土机或起重机装上夯板后的夯土机等，其中，蛙式打夯机(图1-41)轻巧灵活，构造简单，在小型土方工程中应用最广泛。

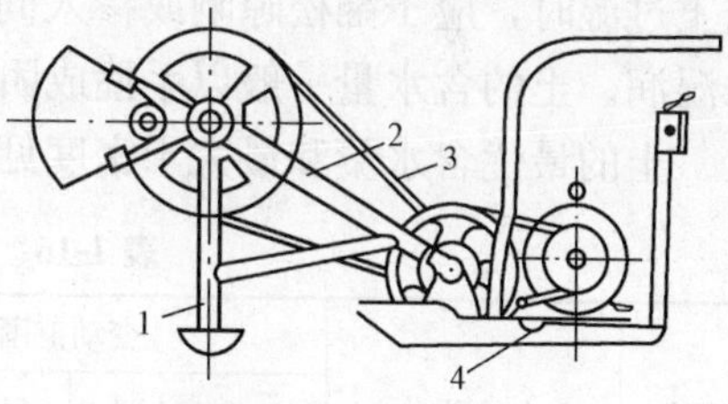


**图1-41 蛙式打夯机**

1—夯头；2—夯架；3—三角胶带；4—底盘

夯实法的优点是可以夯实较厚的土层。采用重型夯土机(如1 t以上的重锤)时，其夯实厚度可达1～1.5 m。但对木夯、石夯或蛙式打夯机等夯土工具，其夯实厚度则较小，一般均在200 mm以内。

人工打夯前应将填土初步整平，打夯要按一定方向进行，一夯压半夯，夯夯相接，行行相连，两遍纵横交叉，分层夯打。夯实基槽及地坪时，行夯路线应由四边开始，然后再夯向中间。

用蛙式打夯机等小型机具夯实时，一般填土厚度不宜大于250 mm，打夯之前对填土应初步平整，打夯机应依次夯打，均匀分布，不留间隙。

基(坑)槽回填应在两侧或四周同时进行回填与夯实。

### 3. 振动压实法

振动压实法是将振动压实机放在土层表面，借助振动机使压实机振动土颗粒，土的颗粒发生相对位移而达到紧密状态。用这种方法振实非黏性土效果较好。

近年来，又将碾压法和振动法结合起来设计并制造了振动平碾、振动凸块碾等新型压实机械。振动平碾适用于填料为爆破碎石渣、碎石类土、杂填土或粉土的大型填方；振动凸块碾则适用于粉质黏土或黏土的大型填方。当压实爆破石渣或碎石类土时，可选用8～15 t的振动平碾，铺土厚度为0.6～1.5 m，先静压，后振动碾压，碾压遍数由现场试验确定，一般为6～8遍。

## 四、影响填土压实质量的因素

### 1. 压实功的影响

填土压实后的密度与压实机械在其上所施加的功有一定的关系。当土的含水量一定，在开始压实时，土的密度急剧增加，待到接近土的最大密度时，压实功虽然增加许多，而土的密度则变化甚小。实际施工中，对于砂土需碾压或夯击2～3遍，对于粉土需3～4遍，对于粉质黏土或黏土需5～6遍。另外，松土不宜用重型碾压机械直接碾压，否则，土层产生强烈起伏，效率不高。先用轻碾压实，再用重碾压实，效果较好。

### 2. 含水量的影响

土的含水量对填土压实有很大影响。较干燥的土，由于土颗粒之间的摩擦力大，填土不易被夯实。若含水量较大，超过一定限度，土颗粒间的空隙全部被水充填而呈饱和状态，填土也不易被压实，容易形成橡皮土。只有当土具有适当的含水量，土颗粒之间的摩擦力由于水的润滑作用而减小，土才易被压实。为了保证填土在压实过程中具有最优的含水量，当土过湿时，应予翻松晾晒或掺入同类干土及其他吸水性材料。若土料过干，则应预先洒水湿润。土的含水量一般以手握成团，落地开花为宜。

土的最优含水量和最大干密度见表1-16。

**表1-16 土的最优含水量和最大干密度**

| 项次 | 土的种类 | 变动范围 | | 项次 | 土的种类 | 变动范围 | |
|---|---|---|---|---|---|---|---|
| | | 最优含水量/% | 最大干密度/(g·cm$^{-3}$) | | | 最优含水量/% | 最大干密度/(g·cm$^{-3}$) |
| 1 | 砂土 | 8～12 | 1.80～1.88 | 3 | 粉质黏土 | 12～15 | 1.85～1.95 |
| 2 | 黏土 | 19～23 | 1.58～1.70 | 4 | 粉土 | 16～22 | 1.61～1.80 |

注：1. 表中的最大干密度应以现场实际达到的数字为准。
2. 一般性的回填可不作此项测定。

### 3. 铺土厚度的影响

土在压实功的作用下，其应力随深度的增加而逐渐减小，在压实过程中，土的密实度也随深度的增加而逐渐增大，超过一定深度后，虽经反复碾压，土的密实度仍与未压实前一致。各种不同压实机械的压实影响深度与土的性质、含水量有关，因此，填方每层铺土的厚度，应根据土质、压实的密实度要求和压实机械的性能确定。填方每层的铺土厚度和压实遍数见表1-17。

**表 1-17　填方每层的铺土厚度和压实遍数**

| 项次 | 压实机具 | 分层厚度/mm | 每层压实遍数 |
|---|---|---|---|
| 1 | 平碾(8～12 t) | 200～300 | 6～8 |
| 2 | 羊足碾(5～16 t) | 200～350 | 6～16 |
| 3 | 蛙式打夯机(200 kg) | 200～250 | 3～4 |
| 4 | 振动碾(8～15 t) | 60～130 | 6～8 |
| 5 | 振动压路机 2 t，振动力 98 kN | 120～150 | 10 |
| 6 | 推土机 | 200～300 | 6～8 |
| 7 | 拖拉机 | 200～300 | 8～16 |
| 8 | 人工打夯 | ≤200 | 3～4 |

## 任务实施

(1)回填土前，应将基坑底或地坪上的垃圾等杂物清理干净，基槽回填前，必须清理到基础底标高，将回落的松散垃圾、砂浆、石子等杂物清除干净。

(2)检验回填土的质量有无杂物，粒径是否符合规定，以及回填土的含水量是否在控制的范围内，如含水量偏高可采用翻松、晾晒或均匀掺入干土等措施，如回填土的含水量偏低，可采用预先洒水润湿等措施。

(3)回填应分层铺摊。每层铺土厚度应根据土质、密实度要求和机具性能确定。一般蛙式打夯机每层铺土厚度为 200～250 mm，人工打夯不大于 200 mm。每层铺摊后，随之耙平。

(4)回填土每层至少夯打三遍。打夯时应一夯压半夯，夯夯相接，行行相连，纵横交叉，并且严禁采用水浇使土下沉的"水夯"法。

(5)深、浅两基槽回填时，应先填夯深基坑，填至与浅基坑相同的标高时，再与浅基础一起填夯。如必须分别填夯，交接处应填成梯形，梯形的高、宽比一般为 1∶2。上、下层错缝距离不小于 1.0 m。

(6)回填房心及管沟时，为防止管道中心线位移或损坏管道，应先用人工在管道两侧填土夯实，并应由管道两侧同时进行，直至管顶 0.5 m 以上时，在不损坏管道的情况下，方可采用蛙式打夯机夯实。在抹带接口处、防腐绝缘层或电缆周围，应回填细粒料。回填土每层填土夯实后，应按相关规范规定进行环刀取样，测出干土的质量密度，达到要求后，再进行上一层的铺土。

(7)修整找平，填土全部完成后，应进行表面拉线找平，对于超过标准高程的地方，及时依线铲平，对于低于标准高程的地方，应补土夯实。

## 复习思考题

### 一、单选题

1. 当基坑的土是细砂或粉砂时，宜选用的降水方法是(　　)。

A. 四周设排水沟与集水井　　B. 用抽水泵从基坑内直接抽水

C. 同时采用方法 A 与 B　　D. 轻型井点降水

2. 当用单斗挖土机开挖基槽时，宜采用的工作装置为(　　)。

A. 正铲　　B. 反铲　　C. 拉铲　　D. 抓铲

3. 在土方工程中，对于大面积场地平整、大型基坑开挖、堤坝和路基填筑等，宜首先选择的土方机械为(　　)。

A. 单斗挖土机　　B. 推土机　　C. 铲运机　　D. 多斗挖土机

4. 在同一压实功条件下，土的含水量对压实质量的影响是(　　)。

A. 含水量大，压实质量好　　B. 含水量小，压实质量好

C. 含水量为某一值，压实质量好　　D. 含水量为0，压实质量好

5. 降水深度不大，且土的渗透系数 $K<0.1$ m/d时，宜采用(　　)降水。

A. 轻型井点　　B. 喷射井点　　C. 电渗井点　　D. 管井井点

6. 对填土压实质量影响最大的因素是土的(　　)。

A. 可松性　　B. 干密度　　C. 含水量　　D. 渗透性

## 二、多选题

1. 土石方施工的机械主要有(　　)。

A. 推土机　　B. 铲运机　　C. 单斗挖土机　　D. 塔式起重机

E. 挖掘机

2. 土石方挖方边坡塌方的根治方法有(　　)。

A. 将坡度改缓　　B. 做好排水

C. 做好表面防护　　D. 如不能放坡，则加临时支护

E. 清除塌方，用块石填砌或回填灰土嵌补

3. 对于回填土方土料质量的要求，下列选项正确的有(　　)。

A. 有机质含量大于8%的土，只能用于无压实要求的填方

B. 淤泥和淤泥质土，可用于填方的次要部位

C. 水溶性硫酸盐含量>5%的土质不可用作回填土方

D. 若采用碎石类土作填料，当使用振动碾时，最大粒径不得超过每层铺土厚度的3/4

E. 回填土的含水量偏低时，可预先洒水润湿

4. (　　)会影响到场地平整设计标高的确定。

A. 土的渗透系数　　B. 历史最高洪水位

C. 土的可松性　　D. 土的密实度

E. 土的含水量

## 三、简答题

1. 土按开挖的难易程度可分为几类？各类的特征是什么？
2. 试述土的可松性，土的可松性对土方施工有何影响？
3. 基坑(槽)土方工程量应如何计算？
4. 确定场地设计标高时应考虑哪些因素？如何确定场地设计标高？
5. 简述场地平整土方量计算的步骤和方法。
6. 简述人工降低地下水水位的方法及适用范围。
7. 简述轻型井点系统的布置方案和设计步骤。
8. 试分析土壁塌方的原因和预防塌方的措施。

9. 基坑(槽)支护结构有哪些?

10. 简述流砂形成的原因以及因地制宜防治流砂的方法。

11. 简述推土机、铲运机的工作特点、适用范围及提高生产效率的措施。

12. 单斗挖土机有哪几种类型?其工作特点和适用范围是怎样的?

13. 正铲、反铲挖土机的开挖方式有哪几种?挖土机和运土车辆配套如何计算?

14. 简述选择土方机械的要点,如何确定土方机械和运输工具的数量?

15. 根据基坑安全等级要监测哪些基坑监测项目?

16. 填土压实有哪几种方法?其各有哪些特点?

17. 影响填土压实的主要因素有哪些?怎样检查填土压实的质量?

18. 简述土的最佳含水量。土的含水量和控制干密度对填土质量有何影响?

**四、计算题**

已知某基槽需挖土方为 400 $m^3$,基础体积为 200 $m^3$,土的最初可松性系数为 1.4,最终可松性系数为 1.1。试计算:

(1)预留回填土量(以松散状态下的体积计算)。

(2)弃土量(以松散状态下的体积计算)。

(3)若一车可以装 3 $m^3$ 土,弃土用车运需要多少次运完?

# 项目二　地基与基础工程施工

## 知识目标

1. 熟悉地基加固的常用方法；
2. 掌握地基加固的施工要点；
3. 熟悉浅基础的施工要点；
4. 掌握各类桩的成孔及浇筑施工方法；
5. 掌握桩基的安全施工措施。

## 能力目标

1. 能够选择和制订地基加固工程的合理施工方案；
2. 能够确定浅基础的施工方法；
3. 能够对浅基础施工进行技术交底；
4. 能够确定桩基的施工方法。

## 任务一　地基处理及加固

### 任务引入

某商品住宅楼工程，地上 27 层，地下 1 层，高为 78.60 m。该工程采用剪力墙结构，设计时暂定基础形式为筏形基础，相应于荷载效应标准组合的基础底面平均压力值 $P_k=$ 450 kPa,设计时要求地基承载力必须大于 $P_k$。据勘探揭露，该场地地基土层主要由第四系上更新统风积黄土、残积古土壤、冲击粉质黏土、粗砂组成，顶部为素填土。整个工程位于城市主要路段，地势平坦。试给出一种适合该工程的地基处理方法。

**【任务分析】** 若要进行建筑物的基础工程施工，首先要对其天然地基进行分析，在无法满足使用要求的情况下，就要进行地基的处理和加固。由于任务中要进行建筑物基础方案的选择，必须了解地基处理的各种方法，掌握地基加固的原则和适用条件。

### 相关知识

任何建筑物都要有可靠的地基。建筑物的全部荷载最终通过基础传给地基，因此，对某些地基的处理及加固就成为基础工程施工中的一项重要内容。

基础直接建造在未经加固的天然土层上时，这种地基称为天然地基。若天然地基不能满足地基强度和变形的要求，则必须进行人工加固处理后再建造基础，这种地基加固称为地基处理。

地基处理的原理是：将土质由松变实，将水的含量由高变低，即可达到地基加固的目的。常用的人工地基处理方法有换填法、重锤夯实法、机械碾压法、挤密桩法、深层搅拌法、化学加固法等。

## 一、地基局部处理

### 1. 土(砖)井及墓坑的处理

当土(砖)井在基础下时，应先用素土分层回填夯实至基础底下 2 m 处，将井壁周围松软部分挖去，有砖圈时，将砖拆至井底以下 1～1.5 m。若井内有水，应用中、粗砂及块石，碎石等回填至水位以上 0.5 m，再用上述方法处理。

如土(砖)井在室内基础附近时，可将水位降低到可能的最低限度，用中、粗砂及块石，卵石或碎石等回填到地下水水位以上 0.5 m。砖井应将四周砖圈拆至坑底以下 1 m 或更深，再用素土分层回填夯实。

当土(砖)井在室外，距基础边缘 5 m 以内时，应先用素土分层夯实，回填到室外地坪以下 1.5 m 处，将井壁周围砖拆除或松软部分挖去，然后用素土分层回填并夯实。

当土(砖)井在房屋转角处，基础部分或全部压在井上时，除用以上方法回填处理外，还应对基础加强处理。当基础压在井上部分较少时，采用从基础中挑梁的办法解决；当基础压在井上部分较多时，则可将基础沿墙长的方向向外延长出去，使延长部分落在天然土上且其总面积应大于或等于井圈范围内原有基础的面积，并在墙内配筋或用钢筋混凝土梁来加强。

当土(砖)井已淤填，但不密实时，可用大块石将下面的软土挤密，再用上述办法回填处理。

### 2. 松土坑(填土、墓穴等)的处理

当松土坑的范围较小时，可将坑中松软虚土挖除，使坑底及四壁均见天然土为止，然后采用与坑边的天然土层压缩性相近的材料回填。如果坑小，夯实质量不易控制，应选压缩模量大的材料。当天然土为砂土时，用砂或级配砂石回填，回填时应分层夯实，并用平板振捣器振密。若为较坚硬的黏性土，则用 3∶7 的灰土分层夯实；可塑的黏性土或新近沉积黏性土，多用 1∶9 或 2∶8 的灰土分层夯实。当面积较大，换填较厚(一般大于 3.0 m)，局部换土有困难时，可用短桩基处理，并适当加强基础和上部结构的刚度。

当松土坑的范围较大，且坑底标高不一致时，清除填土后，应先做踏步再分层夯实，也可将基础局部加深，并做 1∶2 的台阶，两段基础相连接。如石家庄某电厂烟筒及烟道场地原为农田，验槽时发现该基槽东部有一古砖墓坑，清理后发现西部浅，东部深，差异较大。处理方法为：清除全部填土，局部加深，并从东向西做 1∶2 的踏步夯实，2∶8 的灰土分层夯实与老土相接。

### 3. 局部软硬土的处理

基础下局部遇基岩、旧墙基、大孤石、老灰土或砖窑底等，均应尽可能挖去，以防建筑物由于局部落于坚硬地基上，造成不均匀沉降而使建筑物开裂；或将坚硬地基部分凿去 30～50 cm，再回填土砂混合物或砂作软性褥垫，使软硬部分可起到调整地基变形的作用，避免裂缝。

基础一部分落于基岩或硬土层上，一部分落于软弱土层上，基岩表面坡度较大时，则应在软土层上采用现场钻孔灌注桩至基岩；或在软土部位作混凝土或砌块石支承墙(或支

墩)至基岩；或将基础以下基岩凿去30～50 cm，填以中、粗砂或土砂混合物作软性褥垫，使之能调整岩土交界部位地基的相对变形，避免应力集中出现裂缝；或采取加强基础和上部结构的刚度，来克服软硬地基的不均匀变形。

基础一部分落于原土层上，一部分落于回填土地基上时，可在填土部位用现场钻孔灌注桩或钻孔爆扩桩直至原土层，使该部位上部荷载直接传至原土层，以避免地基的不均匀沉降。

**4. 管道的处理**

若在槽底以上设有下水管道，应采取防止漏水的措施，以免漏水浸湿地基造成不均匀沉降。当地基为素填土或有湿陷性的土层时，尤其应该注意。管道位于槽底以下时，最好拆迁改道，或将基础局部落低、埋深加大，否则需要采取防护措施，避免管道被基础压坏。此外，在管道穿过基础或基础墙时，必须在基础或基础墙上管道的周围，特别是上部留出足够的空间，使建筑物沉降后不致引起管道的变形或损坏，以免造成漏水渗入地基引起后患。

**5.“橡皮土”的处理**

当地基为黏性土，且含水量很大，趋于饱和时，夯拍后会使地基土变成踩上去有一种颤动感觉的“橡皮土”。出现这种现象时，不要继续夯拍，可采用晾槽或掺白灰的方法，以降低土的含水量，然后根据具体情况选择施工方法及基础类型。若地基土已发生了颤动，则应采取措施，利用碎石或卵石将淤泥挤紧，或将淤泥全部挖出，填以砂石或级配砂石。

采用以上各类地基处理方法时，必须在征得设计单位的同意和认可后方可进行施工。

## 二、地基的加固

当地基土的压缩性很大或强度不足，不能满足设计要求时，可针对不同情况对地基进行加固处理。其处理的目的是增加地基的强度和稳定性，减少地基变形。

地基处理方案必须根据工程和地基的具体情况而定，并考虑施工速度、加固的设备条件，对各种加固方案要进行综合比较，做到经济合理、技术可靠。

**1. 换土地基法**

当建筑物基础下的持力层比较软弱，不能满足上部荷载对地基的要求时，常采用换土地基法来处理软弱地基。这时先将基础下一定范围内承载力低的软土层挖去，然后回填强度较大的砂、碎石、戈壁土及灰土等，并夯至密实。换土地基法可以有效地处理地基承受荷载不大的建筑物地基问题，如单层或多层房屋建筑、路堤和桥梁工程等。

(1)砂和砂石地基。砂和砂石地基是采用级配良好、质地坚硬的中、粗砂和碎石、卵石等，经分层夯实，作为基础的持力层，提高基础下地基强度，降低地基的压应力，减少沉降量，加速软土层的排水固结作用。

砂和砂石地基应用范围广泛，施工工艺简单，用机械和人工都可以使地基密实，工期短，造价低；适用于3.0 m以内的软弱、透水性强的黏性土地基，不适用于加固湿陷性黄土和不透水的黏性土地基。

1)材料要求。砂和砂石地基所用的材料，宜采用颗粒级配良好、质地坚硬的中砂、粗砂、石屑、碎(卵)石等，含泥量不应超过5%，且不含草根、垃圾等杂质。兼作排水固结地基时，含泥量不应超过3%；在缺少中、粗砂的地区，若用细砂或石屑，因其不易压实，而且强度也不高，在用作换填材料时，应掺入粒径不超过50 mm、不少于总重30%的碎石或卵石并拌和均匀。若回填在碾压、夯、振地基上时，其最大粒径不超过 80 mm。

2)施工要点。

①铺设地基前应验槽，先将基底表面的浮土、淤泥、杂物等清理干净，两侧应设一定坡度，并防止塌方。基坑(槽)两侧附近如有低于地基的孔洞、沟和墓穴等，应将其填实后再做垫层。

②砂和砂石地基底面宜铺设在同一标高上，如深度不同，土面应挖成阶梯或斜坡，并按先深后浅的顺序施工，搭接处应夯压密实。分层铺实时，接头应做成斜坡或阶梯搭接，每层错开 0.5～1.0 m，并注意充分捣实。

③人工级配的砂石材料，施工前应充分拌匀，再铺夯压实。

④砂石地基压实机械应首选振动碾和振动压实机，其压实效果、分层填铺厚度、压实次数、最优含水量等应根据具体的施工方法及施工机械现场确定。如无试验资料，砂和砂石地基的每层填铺厚度及最优含水量可参考表 2-1，分层厚度可用样桩控制。施工时，下层的密实度经检验合格后，方可进行上层施工。

**表 2-1　砂和砂石的基每层铺筑厚度及最优含水量**

| 振捣方式 | 每层铺筑厚度/mm | 施工时最优含水量/% | 施工说明 | 备注 |
|---|---|---|---|---|
| 平振法 | 200～250 | 15～20 | 用平板式振捣器往复振捣 | |
| 插振法 | 振捣器插入深度 | 饱和 | (1)用插入式振捣器；<br>(2)插入间距可根据机械振幅大小确定；<br>(3)不应插入下卧黏性土层；<br>(4)插入式振捣器插入完毕所留的孔洞，应用砂填实 | 不宜用于细砂或含泥量较大的砂所铺筑的砂垫层 |
| 水撼法 | 250 | 饱和 | (1)注水高度应超过每次铺筑面；<br>(2)钢叉摇撼捣实，插入点间距为100 mm，钢叉分四齿，齿的间距为 800 mm，长 300 mm，木柄长 90 mm，重 40 N | 湿陷性黄土、膨胀土地区不得使用 |
| 夯实法 | 150～200 | 8～12 | (1)用木夯或机械夯；<br>(2)木夯重 40 kg，落距为 400～500 mm；<br>(3)一夯压半夯，全面夯实 | |
| 碾压法 | 150～350 | 8～12 | 60～100 kN 压路机往复碾压 | 适用于大面积施工的砂和砂石地基 |

⑤砂和砂石地基的材料可根据施工方法的不同控制最优含水量。最优含水量由工地试验确定，也可参考表 2-1 选择。对于矿渣，应充分洒水，湿透后进行夯实。

⑥当地下水水位高出基础底面时，应采取排、降水措施，要注意边坡稳定，以防止塌土混入地基中影响质量。

⑦当采用水撼法或插振法施工时，应在基槽两侧设置样桩，控制铺砂厚度，每层为 250 mm。铺砂后，灌水与砂面齐平，以振动棒插入振捣，依次振实，以不再冒气泡为准，

直至完成。地基接头应重复振捣，插入式振动棒振完所留孔洞应用砂填实。

⑧冬期施工时，砂石材料中不得夹有冰块，并应采取措施防止砂石内水分冻结。

3)质量检验。砂石垫层的施工质量检验，应随施工分层进行。检验方法主要有环刀法和贯入法。

①环刀法：在捣实后的砂地基中，用容积不小于 200 $cm^3$ 的环刀取样，测定其干密度，以不小于通过试验所确定的该砂料在中密状态时的干密度数值为合格。如是砂石地基，可在地基中设置纯砂检验点，在相同的试验条件下，用环刀取样测其干密度。

②贯入法：检验前先将垫层表面的砂刮去 30 mm 左右，用直径为 20 mm、长为 1 250 mm 的平头钢筋举至离砂层面 700 mm 处自由下落，或用水撼法使用的钢叉举至离砂层面 500 mm 处自由下落。以上钢筋或钢叉的插入深度，可根据砂的控制干密度预先进行小型试验确定。

(2)灰土地基。灰土地基是将基础底面以下一定范围内的软弱土挖去，用按一定体积配合比的石灰和黏性土拌和均匀，在最优含水量的情况下分层回填夯实(或压实)而成。该地基具有一定的强度、水稳定性和抗渗性，其施工工艺简单，取材容易，费用较低，适用于处理1～4 m 厚的软弱土层。

1)材料要求。灰土的土料宜采用就地挖出来的黏性土及塑性指数大于 4 的粉土，但应过筛，其颗粒直径不应大于 15 mm，土内有机物含量不得超过 5%。不宜使用块状的黏土和粉土、淤泥、耕植土、冻土。

用作灰土的熟石灰应使用达到国家三等石灰标准的生石灰，并应过筛，其粒径不应大于 5 mm，并不得夹有未熟化的生石灰块，也不得含有过多的水分。

灰土的配合比一般为 2∶8 或 3∶7(石灰∶土)。

2)施工要点。

①铺设垫层前应验槽，基坑(槽)内如发现有孔洞、沟和墓穴等，应及时挖除后用灰土分层回填夯实。

②灰土在施工前应充分拌匀，颜色一致，并适当控制其含水量。一般最优含水量为 16%左右，如水分过多或不足，应晾干或洒水湿润。在现场可按经验直接判断，其方法是：手握灰土成团，两指轻捏即碎，这时即可判定灰土达到最优含水量。

③铺灰应选用平碾和羊足碾、轻型夯实机及压路机，分层填铺夯实。每层虚铺厚度见表 2-2。每层灰土的夯打遍数，应根据设计要求的干密度在现场试验确定。

**表 2-2　灰土最大虚铺厚度**

| 夯实机具种类 | 质量/t | 虚铺厚度/mm | 备　注 |
|---|---|---|---|
| 石夯、木夯 | 0.04～0.08 | 200～250 | 人力送夯，落距为 400～500 mm，一夯压半夯，夯实后为 80～100 mm 厚 |
| 轻型夯实机械 | 0.12～0.4 | 200～250 | 蛙式打夯机、柴油打夯机，夯实后为 100～150 mm 厚 |
| 压路机 | 6～10 | 200～300 | 双轮 |

④分段施工时，不得在墙角、柱基及承重窗间墙下接缝，上、下两层的接缝距离不得小于 500 mm，接缝处应夯压密实。

⑤灰土应当日铺填夯压，入槽(坑)的灰土不得隔日夯打，如刚铺筑完毕或尚未夯实的灰土遭雨淋浸泡，应将积水及松软灰土挖去并填补夯实，受浸泡的灰土，应晾干后再夯打密实。

⑥灰土地基施工完后，应及时修建基础并回填基坑，或作临时遮盖，防止日晒雨淋，夯实后的灰土 30 d 内不得受水浸泡。

⑦冬期施工，必须在基层不冻的状态下进行，不得使用夹有冻土及冰块的土料，并采取有效的防冻措施。

3)质量检验。灰土地基的质量检验，宜用环刀取样，测定其干密度。质量标准可按压实系数鉴定，一般为 0.93～0.95。压实系数为土在施工时实际达到的干密度与室内采用击实试验得到的最大干密度之比。

若无设计规定，也可按表 2-3 的要求执行。若用贯入仪检查灰土质量，应先在现场进行试验以确定贯入度的具体要求。

**表 2-3　灰土质量要求**

| 土料种类 | 黏土 | 粉质黏土 | 粉土 |
|---|---|---|---|
| 灰土最小干密度/($t \cdot m^{-3}$) | 1.45 | 1.50 | 1.55 |

### 2. 强夯地基法

强夯地基法具有施工速度快、造价低、设备简单、能处理的土壤类别多等特点。

施工时，用起重机将夯锤起吊至一定高度后，使其自由落下，产生的巨大冲击能量和震动能量给地基以冲击和震动，从而在一定的范围内提高地基土的强度，降低其压缩性，达到改善地基受力性能的目的，这是我国目前最为常用和最经济的深层地基处理方法之一。

强夯地基法主要用于砂性土、非饱和黏性土与杂填土地基。

(1)机具设备。强夯施工的主要机具设备有起重机械、夯锤、脱钩装置等。

1)起重机械。起重机是强夯施工的主要设备，施工时宜选用起重能力大于 100 kN 的履带式起重机，为防止起重机起吊夯锤时倾翻和弥补起重重量的不足，也可在起重机臂杆端部设置辅助门架(图 2-1)。

图 2-1　辅助门架强夯施工

2)夯锤。夯锤的形状有圆台形和方形，夯锤的材料是整个铸钢(或铸铁)，或壳内填筑混凝土的钢板，夯锤的质量为 8～30 t，夯锤的底面积取决于表面土层，对于砂石、碎石、黄土，一般底面积为 2～4 $m^2$；对于黏性土，一般为 3～4 $m^2$；对于淤泥质土，为 4～6 $m^2$。为消除作业时夯坑对夯锤的气垫作用，夯锤上应对称设置 4～6 个直径为 250～300 mm 上下贯通的排气孔。

3)脱钩装置。用履带式起重机作强夯起重设备时，都采用通过动滑轮组用脱钩装置起落夯锤。脱钩装置用得较多的是工地自制的，它由吊环、耳板、销环、吊钩等组成，要求有足够的强度，使用灵活，脱钩快速、安全。

(2)施工要点。

1)施工前应进行试夯，选定夯锤质量、底面直径和落距，对试夯前后的变化情况进行对比，以确定正式夯击施工时的技术参数。

2)对场地应做好排水工作，地下水水位高时应采取降低水位措施，冬期施工要采取防冻措施。夯点的布置应根据基础底面的形状确定，施工时，按由内向外、隔行跳打的原则进行。夯实范围应大于基础边缘 3 m。

3)施工前应进行场地调查，查明施工范围内有无地下设施和各种地下管道等。

4)强夯前应平整场地，地下水水位较高时，可在场地内铺垫一层 0.5～2 m 厚度的粗颗粒砂砾石、碎石、矿渣等(不宜用砂)，以支承机械设备。

5)当强夯施工时产生的震动对临近的建筑物和设备会产生影响时，应挖防震沟，并设置相应的监测点。

6)注意现场安全，非强夯施工人员不得进入夯点 30 m 内，当夯锤起吊后，现场操作人员应迅速撤离 10 m 以外，以免飞石伤人。

(3)质量检查。现场测试方法有标准贯入度法、静力触探法、动力触探法等，选用两种或两种以上的测试数据综合确定施工质量。

检验的数量：每单位工程不少于 3 处，1 000 $m^2$ 以上工程，每 100 $m^2$ 至少应有 1 点；3 000 $m^2$ 以上工程，每 300 $m^2$ 至少应有 1 点。每一个独立基础下不少于 1 点，基槽每 20 m 应有 1 点。对于复杂场地或重要的建筑物应增加检测点数。

**3. 振冲地基法**

振冲地基法是指利用振冲器的强力振动和高压水冲加固土体的方法。该法适用于各类可液化土的加密和抗液化处理，以及碎石土、砂土、粉土、黏性土、人工填土、湿陷性土等地基的加固处理。采用振冲法地基处理技术，可以达到提高地基承载力、减小建(构)筑物地基沉降量、提高土石坝(堤)体及地基的稳定性、消除地基液化的目的，是地基加固的一种快速、经济有效的加固方法(图 2-2)。该法具有技术可靠、机具设备简单、施工操作简便、节省建筑材料、地基承载力高等特点。

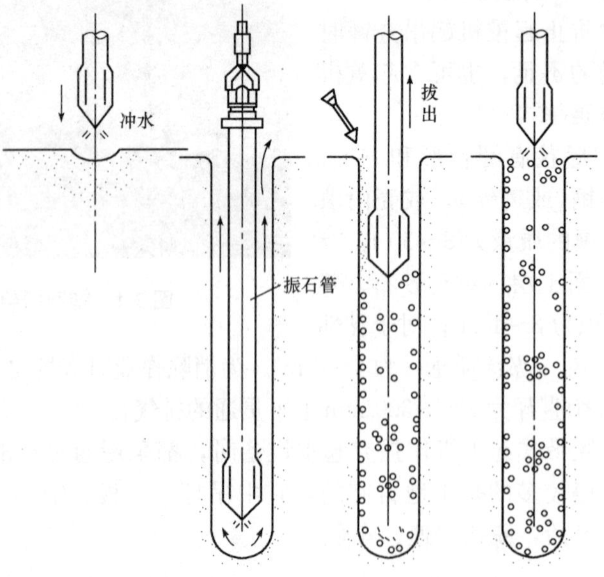


图 2-2 振冲地基

(1)机具设备。

1)振冲器：宜采用带潜水电机的振冲器，其功率、振动力、振动频率等参数，可按加固的孔径大小、达到的土体密实度选用。

2)起重机械：起重能力和提升高度均应符合施工和安全要求，起重能力一般为 80～150 kN。

3)水泵及供水管道：供水压力宜大于 0.5 MPa，供水量宜大于 20 $m^3/h$。

4)加料设备：可采用翻斗车、手推车或皮带运输机等，其能力需符合施工要求。

5)控制设备：控制电流操作台，附有 150 A 以上容量的电流表、500 V 电压表等。

(2)施工要点。

1)施工前应先在现场进行振冲试验，以确定成孔合适的水压、水量、成孔速度、填料方法、达到土体密实时的密实电流值、填料量和留振时间。

2)振冲前应按设计图定出冲孔中心位置并编号。

3)振冲器头对准桩位，启动高压水泵，出口水压控制为 400～600 kPa，水量可用 200～400 L/min，下沉速度控制为 1～2 m/min，使其徐徐沉入土中。待振冲器达到设计处理深度后，用铲车将料倒入孔内，其利用自重沿护筒下沉到孔底。启动振冲器，控制留振时间(30～60 s)，在密实电流达到规定控制值后将振冲器上提，边提边填料边振密。振冲器每次上提高度为 0.5～1.0 m。待以上工艺提升到桩顶设计标高后，转下一桩号。

4)振冲桩施工时桩顶部约 1 m 范围内的桩体密实度难以保证，一般应予挖除，另做地基，或用振动碾压使之压实。

5)冬期施工应将表层冻土破碎后成孔。每班施工完毕应将供水管和振冲器水管内的积水排净，以免残水冻结影响施工。

(3)质量检查。振冲成孔中心与设计定位中心的偏差不得大于 100 mm，完成后的桩位偏差不得大于 0.2 倍桩孔直径。

振冲效果应在砂土地基完工半个月或黏性土地基完工一个月后方可检验。可采用荷载试验、标准贯入、静力触探等方法来检验桩的承载力，以不小于设计要求的数值为合格。如在地震区进行抗液化加固地基，应进行现场孔隙水压力试验。

**4. 水泥土搅拌桩地基法**

水泥土搅拌桩地基法是用于加固饱和软黏土地基的方法之一，它利用水泥作固化剂的主剂，并用搅拌桩机将固化剂注入地基深处，并和软土充分搅拌均匀，使二者产生物理化学反应，最终使软土硬化成具有整体性、水稳定性和一定强度的优质地基(图 2-3)，可很快投入使用。其适用范围较广，但是不宜用于处理塑性指标高过 25 的黏土、具有腐蚀性的地下水以及有机质含量较高的地基。水泥搅拌桩地基法可分为湿法和干法两种。湿法以水泥浆为主，易于复搅；干法以水泥干粉为主，搅拌均匀性欠佳，很难全程复搅。当地基天然含水量小于 30%，黄土的含水量小于 25%或大于 70%或地下水的 pH 值<4 时，不宜采用干法施工。

**5. 预压地基法**

预压地基法是指为提高软弱地基的承载力和减少构造物建成后的沉降量，预先在拟建构造物的地基上施加一定静荷载，使地基土压密后再将荷载卸除的压实方法。对软土地基预先加压，使大部分沉降在预压过程中完成，相应地提高了地基强度。预压地基法适用于淤泥质黏土、淤泥与人工冲填土等软弱地基。预压地基法有堆载预压法和真空预压法两种。

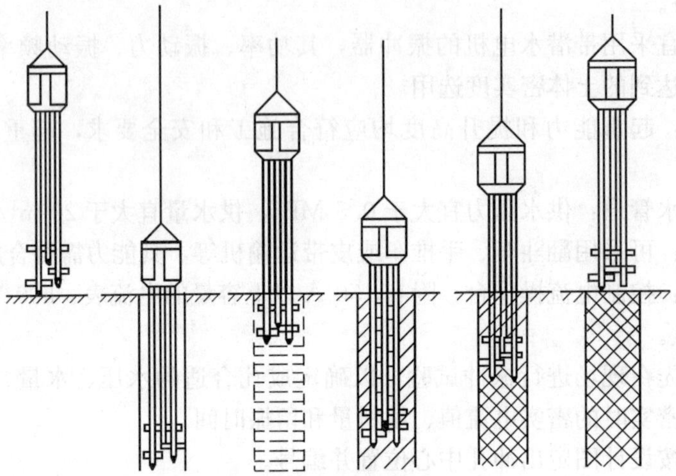

图 2-3 水泥土搅拌桩地基

实践证明，利用堆载预压法能取得一定的效果，但能否满足工程要求的实际效果，则取决于地基土层的固结特性、土层的厚度、预压荷载的大小和预压时间的长短等因素。因此，该方法在使用上受到一定的限制。

**6. 注浆地基法**

注浆地基法是指利用化学溶液或胶粘剂，通过压力灌注或搅拌混合等措施，将土粒胶结起来的地基处理方法。此方法具有设备工艺简单、加固效果好，可提高地基强度、消除土的湿陷性、降低压缩性等特点。

注浆地基法适用于局部加固新建或已建的建(构)筑物基础、稳定边坡以及防渗帷幕等，也适用于湿陷性黄土地基，对于黏性土、素填土、地下水水位以下的黄土地基，经试验有效时也可应用，但对于长期受酸性污水侵蚀的地基不宜采用。化学加固能否获得预期的效果，主要取决于能否根据具体的土质条件，选择适当的化学浆液和采用有效的施工工艺。

**7. 水泥粉煤灰碎石桩(CFG 桩)**

CFG 桩是用成桩机将碎石(或石屑)、粉煤灰和水泥加水制成的具有一定粘结强度的桩。CFG 桩与桩间土共同通过褥垫层形成新型的复合地基处理技术，是目前比较常见的方法之一(图 2-4)。CFG 桩的适用范围很广，在砂土、淤泥质土、粉(黏)土、杂填土等地基均有大量成功的实例。CFG 桩不仅适合承载力不高的土，对承载力较高，但变形不能满足要求的地基也可采用，以减少地基的变形。

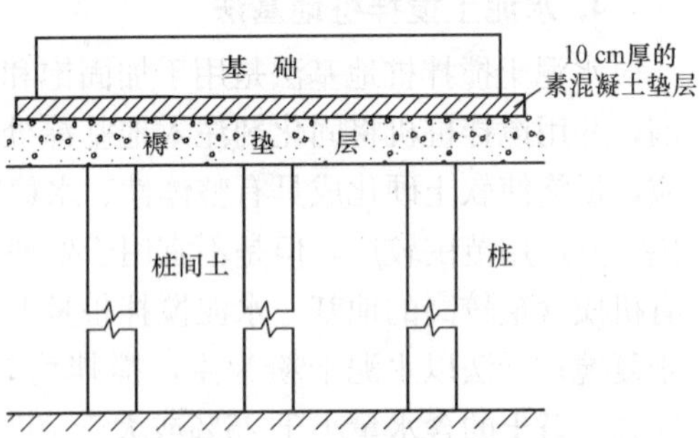


图 2-4 CFG 桩复合地基

大量工程实践表明，经 CFG 桩处理的地基的含水量、孔隙比、压缩系数会降低，而土的密度、压缩模量都会增加，可见桩间土已较好地被挤密。用 CFG 桩加固的地基，可将建筑物的沉降量控制为 20～40 mm。在上部存在软土的地基里，用 CFG 桩加固，桩端深入到底部好土层上，通过桩端阻力也能获得模量很高的复合地基。

**任务实施**

该工程选用 CFG 桩复合地基进行地基加固更为合理。

## 一、实施依据

CFG 桩是一种新型桩体，与桩基相比，由于 CFG 桩桩体材料可以掺入工业废料粉煤灰、不配筋以及充分发挥桩间土的承载能力，工程造价一般为桩基的 1/3～1/2，经济效益和社会效益非常显著，且具有施工速度快、工期短、质量容易控制等特点。此外，由于该工程地处城市主要路段，采用灌注桩施工时，泥浆外运矛盾突出，经济及环境效益较差。而 CFG 桩不需要排泥浆，不污染周围环境，经济及环境效益相对较好。

## 二、实施要点

CFG 桩的施工手段一般包括振动沉管打桩机、长螺旋钻孔孔内泵压 CFG 桩混合料成桩机。

这些工艺手段的振动及挤压作用会挤密桩间土，如果在饱和粉土中施工，还会在土体中产生一定的超孔隙水压力。透水性能良好的土层上存在透水性差的土层时，CFG 桩将会是一个良好的排水通道，孔隙水可以顺着桩体向上排出，直到 CFG 桩体结硬为止。

# 任务二　浅基础施工

**任务引入**

任务一中的某商品住宅楼工程，设计时可采用预制桩或灌注桩作为桩基，整个工程位于城市主要路段，地势平坦。试思考：筏形基础与桩基的共同作用的基础形式是什么？有哪些适用条件？为何考虑此基础形式？

**【任务分析】** 筏形基础为浅基础的一种形式，要进行基础施工，首先要了解浅基础的分类，掌握浅基础的施工要点。对于任务中筏形基础的选用，必须了解筏形基础的概念，掌握其施工原则。

**相关知识**

## 一、浅基础的类型

浅基础按受力特点可分为刚性基础和柔性基础。用抗压强度较大，而抗弯、抗拉强度较小的材料建造的基础，如砖、毛石、灰土、混凝土、三合土等基础均属于刚性基础。刚性基础的最大拉应力和剪应力必定在其变截面处，其值受基础台阶的宽高比影响很大。因此，刚性基础控制台阶的宽高比(称为刚性角)是一个关键点。

浅基础按构造形式可分为单独基础、带形基础、交梁基础、筏形基础等。单独基础也称为独立基础，多呈柱墩形，截面可做成阶梯形或锥形等。带形基础是指长度远大于其高度和宽度的基础，常见的带形基础是墙下条基，其材料有砖、毛石、混凝土和钢筋混凝土等。交梁基础是在柱下带形基础不能满足地基承载力要求时，将纵横带形基础连成整体而成，使基础纵横两向均具有较大的刚度。当地基承载力较低，而上部结构的荷重又较大时，可采用钢筋混凝土筏板基础。它类似一块倒置的楼盖，整体刚度大，有利于调整地基的不均匀沉降。

浅基础按材料的不同可分为砖基础、石基础、灰土基础、混凝土和毛石混凝土基础、碎石三合土基础和钢筋混凝土基础。

## 二、砖基础施工

砖基础主要是指由烧结普通砖和毛石砌筑而成的基础，其属于刚性基础范畴。这种基础的特点是抗压性能好，整体性，抗拉、抗弯、抗剪性能较差，材料易得，施工操作简便，造价较低。其适用于地基坚实、均匀，上部荷载较小，六层和六层以下的一般民用建筑和墙承重的轻型厂房基础工程。

基坑开挖前，在建筑物的主要轴部位设置龙门板，表明基础、墙身和轴线的位置。在挖土过程中，严禁碰撞或移动龙门板。

砖基础一般做成阶梯形，即大放脚，大放脚有等高式和间隔式两种，如图 2-5 所示。当地基承载力大于 150 kPa 时，采用等高式大放脚及两皮一收，两边各收进 1/4 砖长；当地基承载力小于 150 kPa 时，采用不等高式大放脚，即两皮一收与一皮一收相间隔，两边各收进 1/4 砖长。大放脚的底宽应根据计算而定，各层大放脚的宽度应为半砖长的整数倍。

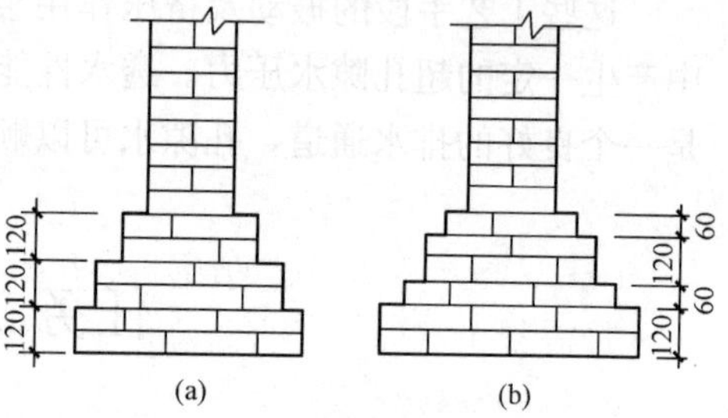


**图 2-5　基础大放脚形式**

(a)等高式；(b)间隔式

砖基础若不在同一深度，则应先由下往上砌筑。在高低台阶接头处，下面台阶要砌一定长度的实砌体，砌到上面后，与上面的砖一起退台。

砌筑时，灰缝砂浆要饱满，严禁用冲浆法灌缝。砖基础的水平灰缝厚度和垂直灰缝宽度宜为 10 mm。水平灰缝的砂浆饱满度不得小于 80%。砖基础底标高不同时，应从低处砌起，并应由高处向低处搭砌；当设计无要求时，搭砌长度不应小于砖基础大放脚的高度。砖基础的转角处和交接处应同时砌筑，当不能同时砌筑时，应留置斜槎。如因条件限制留成直槎，应按规范规定设置拉结筋。砖基础内宽度超过 300 mm 的预留孔洞，应砌筑平拱或设置过梁。

## 三、石基础施工

石基础可用毛石或毛条石，以铺浆法砌筑。灰缝厚度宜为 20～30 mm，砂浆应饱满。石基础宜分皮卧砌，并应上、下错缝，内、外搭接，不得采用外面侧立石块、中间填心的砌筑方法。每日砌筑高度不宜超过 1.2 m。在转角处及交接处应同时砌筑，如不能同时砌筑，应留置斜槎。

石基础的断面形式有阶梯形和梯形，基础的顶面宽度比墙厚大 200 mm，即每边宽出 100 mm，每阶高度一般为 300～400 mm，并至少砌 2 皮毛石。上阶梯的石块应至少压砌下级阶梯石块的 1/2，相邻阶梯的毛石应相互搭砌。砌第一层石块时，基底要坐浆，基础的最上一层石块宜选用较大的毛石砌筑。基础的第一层及转角、交接处和洞口处选用较大的平毛石砌筑。

## 四、混凝土和毛石混凝土基础施工

在浇筑混凝土基础时，应分层进行，并使用插入式振动器捣实。对阶梯形基础，每一阶高度应整分浇筑层。对于锥形基础要逐步地随浇筑随安装其斜面部分的模板，并注意边角处混凝土的密实。独立基础应连续浇筑完毕，不能分数次浇筑。

为了节约水泥，在浇筑混凝土时，可投入25%左右的毛石，这种基础称为毛石混凝土基础。毛石的最大粒径不超过150 mm，也不超过结构截面最小尺寸的1/4，毛石投放前应用水冲洗干净并晾干。投放时，应分层、均匀地投放，以保证毛石边缘包裹有足够的混凝土，并振捣密实。

当基坑深度超过2 m时，不能直接倾落混凝土，应用溜槽将混凝土送入基坑。混凝土浇筑完毕，终凝后要加以覆盖和浇水养护。

## 五、钢筋混凝土基础施工

钢筋混凝土基础的抗弯和抗剪性能良好，可在竖向荷载较大、地基承载力不高以及承受水平力和力矩荷载等情况下使用。与无筋基础相比，其基础高度较小，因此，其更适宜在基础埋置深度较小时使用。

### 1. 钢筋混凝土杯形基础

钢筋混凝土杯形基础主要用于装配式钢筋混凝土柱基，如图2-6所示。其一般形式为杯口基础，钢筋混凝土柱与杯口接头采用细石混凝土灌缝。

钢筋混凝土杯形基础的施工要点如下：

(1)混凝土一般应按台阶高度分层浇筑，并用插入式振动器振实。

(2)浇捣杯口混凝土时，应特别注意杯口模板尺寸和位置的准确性，以利柱子的安装。

(3)浇筑杯口混凝土时，应注意四侧要对称均匀进行，避免将杯口模板挤向一侧。

(4)施工时，应先浇筑杯底混凝土并振实，注意在杯底一般有50 mm厚的细石混凝土找平层，应仔细留出。待杯底混凝土沉实后，再浇筑杯口四周混凝土。基础浇筑完毕，在混凝土初凝后、终凝前将杯口模板取出，并将杯口内侧表面混凝土凿毛。

(5)施工高杯口基础时，可采用后安装杯口模板的方法施工，即当混凝土浇捣接近杯口底时，再安装固定杯口模板，继续浇筑杯口四周混凝土。

### 2. 钢筋混凝土条形基础

钢筋混凝土条形基础的抗弯和抗剪性能良好，可在竖向荷载较大、地基承载力不高以及承受水平力和力矩等荷载情况下使用，如图2-7所示。因高度不受台阶宽高比的限制，故其适用于需要“宽基浅埋”的场合。钢筋混凝土条形基础的主筋沿墙体横向放置在基础底面，直径一般为8～16 mm，分布筋沿纵向布置。混凝土保护层厚度可为35 mm(有垫层时)或70 mm(无垫层时)。

钢筋混凝土条形基础的施工要点：

(1)基坑(槽)应进行验槽，局部软弱土层应挖去，用灰土或砂砾分层回填夯实至基底相平。基坑(槽)内的浮土、积水、淤泥、垃圾、杂物应清除干净。验槽后垫层混凝土应立即浇筑，以免地基土被搅动。

(2)垫层混凝土达到一定强度后，在其上弹线、支模。铺放钢筋网片时底部用与混凝土保护层同厚度的水泥砂浆垫塞，以保证位置正确。

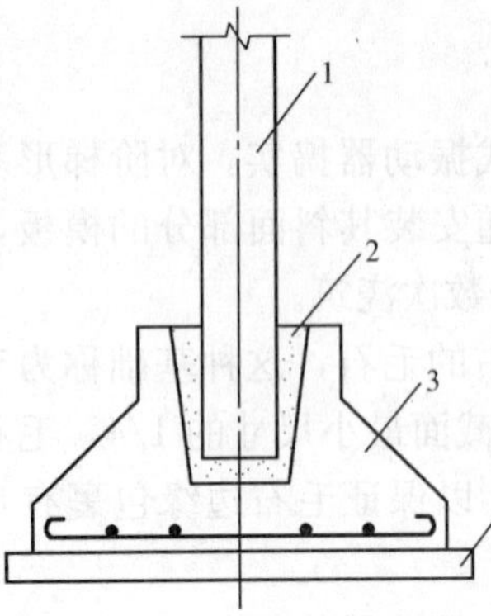


**图 2-6　钢筋混凝土杯形基础**

1—柱；2—杯口；3—杯形基础；4—垫层

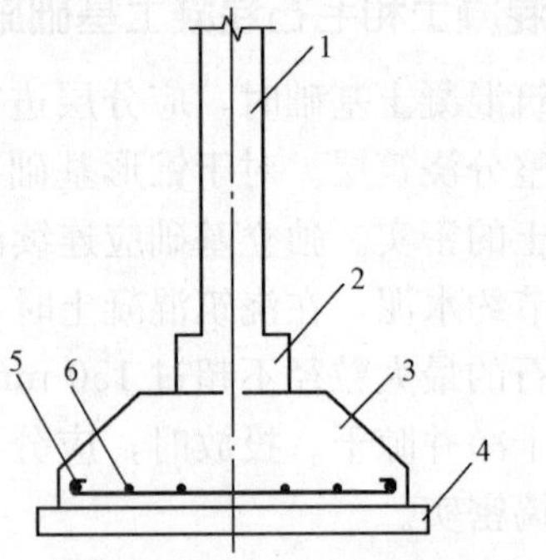


**图 2-7　钢筋混凝土条形基础**

1—柱；2—砖砌大放脚；3—底板；4—垫层；5—受力筋；6—分布筋

(3)在浇筑混凝土前，应清除模板上的垃圾、泥土和钢筋上的油污等杂物，模板应浇水加以润湿。

(4)基础混凝土宜分层连续浇筑完成。阶梯形基础的每一台阶高度内应整分浇捣层，每浇筑完成一台阶应稍停 0.5～1.0 h，待其初步获得沉实后，再浇筑上层，以防止下台阶混凝土溢出，在上台阶根部出现“烂脖子”，台阶表面应基本抹平。

(5)锥形基础的斜面部分模板应随混凝土浇捣分段支设并顶压紧，以防模板上浮变形，边角处的混凝土应注意捣实。严禁斜面部分不支模，用铁锹拍实。

(6)基础上有插筋时，要加以固定，保证插筋的位置正确，防止浇捣混凝土发生移位。混凝土浇筑完毕，外露表面应覆盖浇水养护。

**3. 钢筋混凝土筏形基础**

钢筋混凝土筏形基础由钢筋混凝土底板、梁等组成，适用于地基承载力较弱而上部建筑物结构荷载很大的基础。钢筋混凝土筏形基础在外形和构造上像倒置的钢筋混凝土楼盖，分为梁板式和平板式两类，如图 2-8 所示。前者用于荷载较大的情况，后者一般在荷载不大、柱网较均匀且间距较小的情况下采用。筏形基础由于整体刚度较大，能有效地将各柱子的沉降调整得较为均匀，故在多层和高层建筑中被广泛采用。

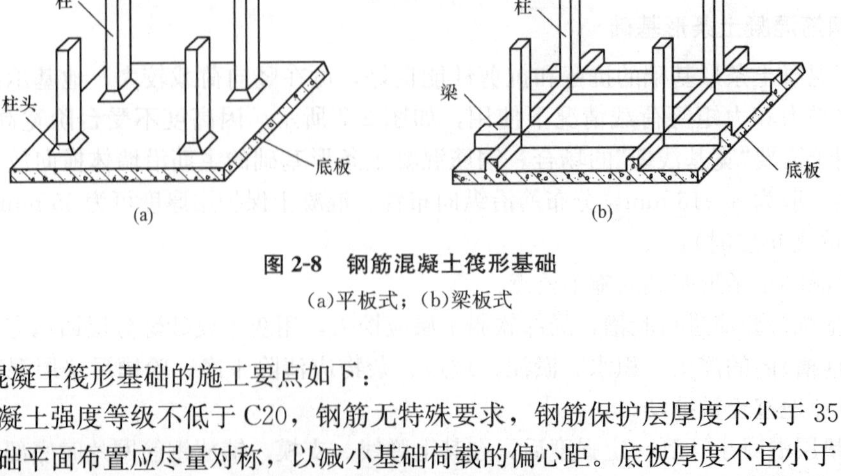


**图 2-8　钢筋混凝土筏形基础**

(a)平板式；(b)梁板式

钢筋混凝土筏形基础的施工要点如下：

(1)混凝土强度等级不低于 C20，钢筋无特殊要求，钢筋保护层厚度不小于 35 mm。

(2)基础平面布置应尽量对称，以减小基础荷载的偏心距。底板厚度不宜小于 200 mm，梁截面和板厚通过计算确定，梁顶高出底板顶面不小于 300 mm，梁宽不小于 250 mm。

(3)施工前，如地下水水位较高，可采用人工方法降低地下水水位至基坑底(不少于500 mm)，以保证在无水情况下进行基坑开挖和基础施工。

(4)施工时，可采用先在地基上绑扎底板、梁的钢筋和柱子锚固插筋，浇筑底板混凝土，待达到25%设计强度后，再在底板上支梁模板，继续浇筑完梁部分混凝土；也可一次同时支好底板和梁模板，混凝土一次连续浇筑完成，梁侧模板采用支架支撑并固定牢固。

(5)混凝土浇筑时一般不留施工缝，必须留设时，应按施工缝要求处理，并应设置止水带。

(6)混凝土浇筑完毕，在基础表面应覆盖草帘并洒水养护，且不少于7 d。待混凝土强度达到设计强度的25%以上时，即可拆除梁的侧模。

**4. 钢筋混凝土箱形基础**

钢筋混凝土箱形基础是由钢筋混凝土底板、顶板、外墙以及一定数量的内隔墙构成封闭的箱体(图2-9)，基础中部可在内隔墙开门洞作地下室。该基础具有整体性好、刚度大、调整不均匀沉降能力及抗震能力强、消除因地基变形使建筑物开裂的可能性、减少基底处原有地基自重应力、降低总沉降量等特点。钢筋混凝土箱形基础适用于软土地基，对于非软土地基，出于人防、抗震考虑和设置地下室时，也常采用钢筋混凝土箱形基础。

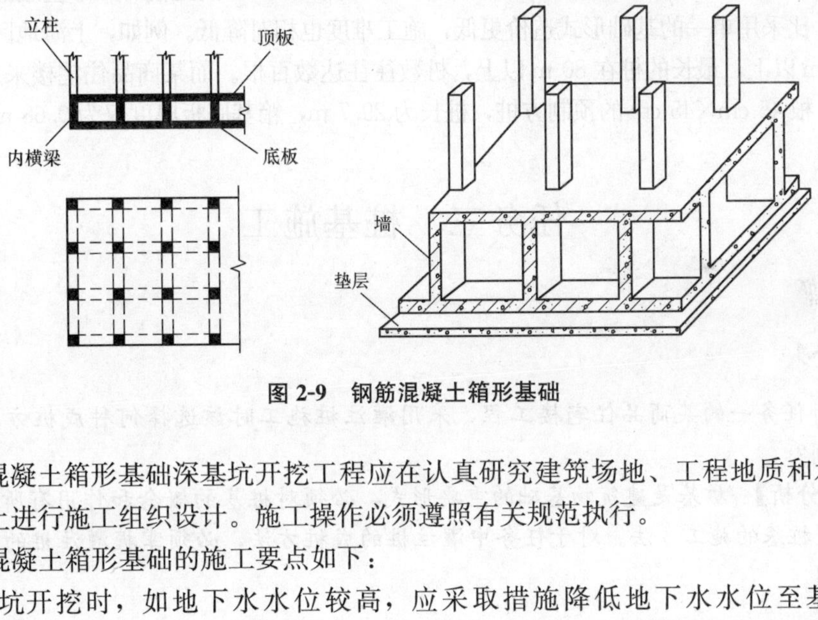


图2-9　钢筋混凝土箱形基础

钢筋混凝土箱形基础深基坑开挖工程应在认真研究建筑场地、工程地质和水文地质资料的基础上进行施工组织设计。施工操作必须遵照有关规范执行。

钢筋混凝土箱形基础的施工要点如下：

(1)基坑开挖时，如地下水水位较高，应采取措施降低地下水水位至基坑底以下500 mm处，并尽量减少对地基土的扰动。当采用机械开挖基坑时，在基坑底面以上200～400 mm厚的土层，应用人工挖除并清理，基坑验槽后，应立即进行基础施工。

(2)施工时，基础底板、内外墙和顶板的支模、钢筋绑扎和混凝土浇筑，可采取分块进行，其施工缝的留设位置和处理应符合《混凝土结构工程施工质量验收规范》(GB 50204—2015)的有关要求，外墙接缝应设止水带。

(3)基础的底板、内外墙和顶板宜连续浇筑完毕。为防止出现温度收缩裂缝，一般应设置贯通后浇带，带宽不宜小于800 mm，在后浇带处钢筋应贯通，顶板浇筑后，相隔2～4周，用比设计强度提高一级的细石混凝土将后浇带填灌密实，并加强养护。

(4)基础施工完毕，应立即进行回填土操作。停止降水时，应验算基础的抗浮稳定性，抗浮稳定系数不宜小于1.2，如不能满足，应采取有效措施，如继续抽水直至上部结构荷载加上后能满足抗浮稳定系数要求为止，或在基础内采取灌水或加重物等措施，以防止基础上浮或倾斜。

**任务实施**

筏形基础与桩基共同作用的基础形式为桩筏基础。

### 一、桩筏基础的适用条件

桩筏基础适用于软土地基上的筒体结构、框剪结构和剪力墙结构，借助高层建筑的巨大刚度来弥补基础刚度的不足。若为端承桩基，则可用于框架结构。

### 二、选用桩筏基础的依据

桩筏基础在高层建筑中的优势主要体现在技术经济上。例如，在软土地基上建高层建筑，由于荷载大，采用桩基，不但桩数多，桩径大，而且桩很长；若采用筏(箱)形基础，地基承载力又不够，筏板做得过厚，虽可提高基础刚度，但自重和造价随之增大，沉降量也加大。如果采用桩筏(箱)基础，则不但桩基的桩数、桩径和桩长可以减少很多，而且筏(箱)形基础的结构也可以精简很多，比采用单一的基础形式造价更低，施工难度也相对降低。例如，上海地区的桩基，桩长多在 50 m 以上，最长的桩在 80 m 以上，桩数往往达数百根。而某商品住宅楼采用桩箱基础，仅用了 203 根 45 cm×45 cm 的预制方桩，桩长为 29.7 m，箱基底板厚度仅为 0.68 m。

# 任务三　桩基施工

**任务引入**

试分析任务一的某商品住宅楼工程，采用灌注桩施工时该选择何种成桩方法？如何进行施工控制？

**【任务分析】** 桩基是建筑物基础的重要形式，必须对桩基的概念和作用有所了解，并掌握不同类型桩基的施工方法。对于任务中灌注桩的成桩方法，必须掌握灌注桩的施工要素及其适用原则。

**相关知识**

一般建筑物充分利用地基土层的承载能力，尽量采用浅基础。当天然地基上的浅基础沉降量过大或基础稳定性不能满足建筑物的要求时，常采用桩基，桩基由桩和桩顶的承台组成，是一种深基础的形式。深基础主要有桩基、墩基础、沉井和地下连续墙等几种类型，其中以桩基最为常用。

### 一、桩基的作用和分类

**1. 桩基的作用**

桩基一般由设置于土中的桩和承载上部结构的承台组成。桩的作用在于将上部建筑物的荷载传递到深处承载力较大的土层上，或挤压软弱土层，以提高土壤的承载力和密实度，保证建筑物的稳定性和减少地基沉降。

大多数桩基的桩数不止一根，各根桩在上端通过承台连成一体。根据承台与地面的相对位置不同，一般有低承台桩基与高承台桩基之分。前者的承台底面位于地面以下，而后者则高出地面。一般来说，采用高承台主要是为了减少水下施工作业和节省基础材料，常用于桥梁和港口工程中。而低承台桩基承受荷载的条件比高承台好，特别在水平荷载作用下，承台周围的土体可以发挥一定的作用。在一般房屋建筑中，多使用低承台桩基。

**2. 桩的分类**

(1)按桩的受力情况，桩可分为摩擦桩和端承桩，如图 2-10 所示。摩擦桩是指在极限承载力状态下，桩顶荷载由桩侧摩擦力和桩端阻力共同承受的桩；端承桩是指在极限承载力状态下，桩顶荷载由桩端承受的桩。

(2)按桩的制作工艺，桩可分成预制桩和灌注桩。预制桩是指在构件预制厂或施工现场制作的桩，如木桩、钢筋混凝土方桩、预应力混凝土管桩等，施工时用沉桩设备将其沉入土中；灌注桩是在施工现场的桩位上用机械或人工成孔，然后在孔内灌注混凝土、钢筋混凝土而成的桩。

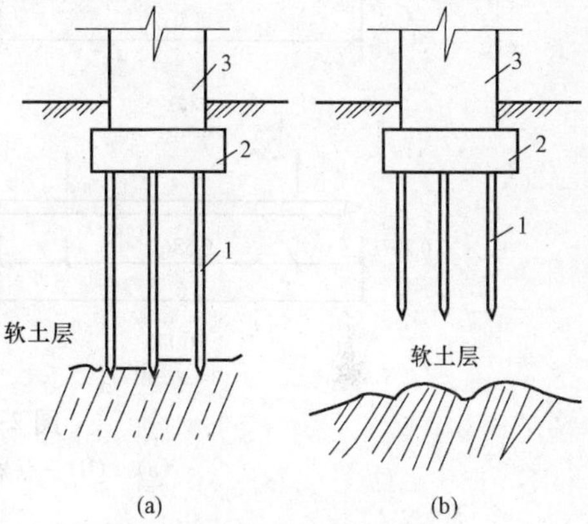

**图 2-10 端承桩与摩擦桩**

(a)端承桩；(b)摩擦桩

1—桩；2—承台；3—上部结构

(3)按桩身材料的不同，桩可分为混凝土桩、钢桩、组合材料桩。

(4)按成桩方式的不同，桩可分为挤土桩(挤土灌注桩、挤土预制桩)、非挤土桩(干作业法桩、泥浆护壁法桩、套筒护壁法桩)、部分挤土桩(部分挤土灌注桩、预钻孔打入式预制桩等)。

## 二、钢筋混凝土预制桩施工

钢筋混凝土预制桩主要有实心桩和预应力管桩两种，沉桩方式有锤击式、振动式和静力压桩，其中以锤击式最为普遍。预制桩制作方便，承载力较大、施工速度快，桩身质量易于控制，不受地下水水位的影响，不存在泥浆排放的问题，是最常用的一种桩型。

**1. 预制桩的制作、起吊、运输和堆放**

(1)预制桩的制作。预制桩较短的(10 m 内)可在预制厂加工，较长的因不便运输，一般在施工现场露天制作(长桩可分节制作)。

预制桩的制作程序为：现场布置→场地地基处理、整平→场地地坪浇筑混凝土→支模→绑扎钢筋、安设吊环→浇筑混凝土→养护至 30%强度拆模→支间隔端头模板、刷隔离剂、绑扎钢筋→浇筑间隔桩混凝土→同法，间隔重叠制作第二层桩→养护至 70%强度起吊→达 100%强度后运输、打桩。

方形桩边长通常为 200～450 mm，在现场预制时采用重叠法，重叠层数不宜超过4 层，预应力管桩都在工厂内采用离心法制作，直径为 300～550 mm。

预制桩钢筋骨架的主筋连接宜采用对焊，同一截面内主筋接头不得超过 50%，桩顶 1 m 内不应有接头，钢筋骨架的偏差应符合有关规定。

桩的混凝土强度等级应不低于C30，浇筑时从桩顶向桩尖进行，应一次浇筑完毕，严禁中断。制作完成后应洒水养护不少于7 d，上层桩制作应待下层桩的混凝土强度达到设计强度的30％才可进行。

(2)预制桩的起吊、运输和堆放。桩身强度达到设计强度的70％方可起吊，达到100％才能运输。预制桩在起吊和搬运时，必须做到吊点符合设计要求，如无吊环，且设计又无要求，则应符合最小弯矩原则，按图2-11所示的位置起吊。起吊时，应平稳并不得损坏。

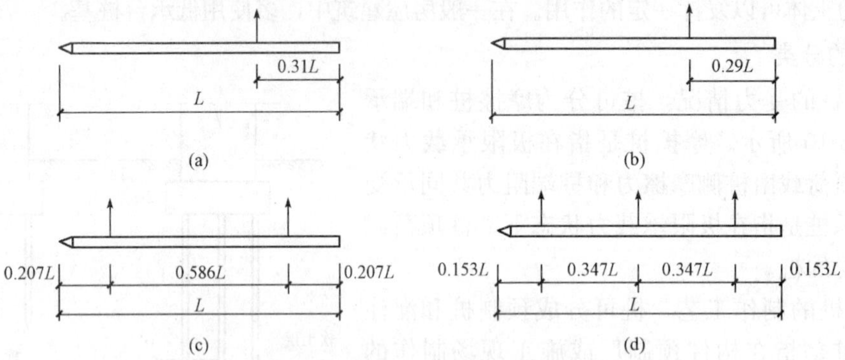


**图2-11　预制桩吊点位置**

(a)、(b)一点吊法；(c)二点吊法；(d)三点吊法

桩的堆放场地应平整、坚实。垫木与吊点的位置应相同，并保持在同一平面内。同桩号的桩应堆放在一起，而桩尖均指向一端。多层垫木上下对齐，最下层的垫木要适当加宽。堆放层数一般不宜超过4层。

打桩前，桩应运到现场或桩架处以备打桩，应根据打桩顺序随打随运，以免二次搬运。当现场运距不大时，可用起重机吊运或在桩下垫以滚筒用卷扬机拖拉，距离较远时，可采用汽车或轻便轨道小平板车运输。

**2. 预制桩打桩机具**

打桩机具主要包括桩锤、桩架和动力装置三部分。

(1)桩锤。桩锤是对桩施加冲击力，将桩打入土中的主要机具，施工中常用的桩锤有落锤、单动气锤、双动气锤、柴油锤和振动桩锤。桩锤的适用范围见表2-4。用锤击法沉桩时，选择桩锤是关键。桩锤的选用应根据施工条件先确定桩锤的类型，再确定锤的质量，锤的质量应大于或等于桩重；打桩时宜采用“重锤低击”，即锤的质量大而落距短，这样，桩锤不易产生回跳，桩头不容易损坏，而且桩容易被打入土中。

**表2-4　打桩机具**

| 桩锤种类 | 适用范围 | 优缺点 | 附注 |
|---|---|---|---|
| 落锤 | 适宜打各种桩；黏土、含砾石的土和一般土层均可使用 | 构造简单，使用方便，冲击力大，能随意调整落距，但锤打速度慢，效率较低 | 落锤是指桩锤用人力或机械拉升，然后自由落下，利用自重夯击桩顶 |
| 单动气锤 | 适用于各种桩 | 构造简单，落距短，不宜打坏设备和桩头，打桩速度较落锤大(即冲击力较落锤大)，效率较高 | 利用蒸汽或压缩空气的压力将锤头上举，然后由锤的自重向下冲击沉桩 |

续表

| 桩锤种类 | 适用范围 | 优缺点 | 附注 |
|---|---|---|---|
| 双动气锤 | 适宜打各种桩，便于打斜桩；使用落锤空气时，可在水下打桩；可用于拔桩 | 冲击次数多，冲击力大，工作效率高，可不用桩架打桩，但设备笨重，移动较困难 | 利用蒸汽或压缩空气的压力将锤头上举及下冲，增加夯击能量 |
| 柴油锤 | 适宜打木桩、钢板桩；不适于在过硬或过软的土中打桩 | 附有桩架、动力等设备，机架轻、移动便利，打桩快，燃料消耗少 | 利用燃油爆炸推动活塞，引起锤头跳动，具有质量小和不需要外部能源等优点 |
| 振动桩锤 | 适宜打钢板桩、钢管桩、钢筋混凝土和木桩；适用于砂土、塑性黏土及松软砂黏土；在卵石夹砂及紧密黏土中效果较差 | 沉桩速度快，适应性强，施工操作简易安全，能打各种桩并帮助卷扬机拔桩 | 利用偏心轮引起激振，通过刚性连接的桩帽传到桩上 |

(2)桩架。桩架是将桩吊到打桩位置，并在打桩过程中引导桩的方向不致发生偏移，保证桩锤能沿要求方向冲击。桩架的种类和高度的选择，应根据桩锤的种类、桩的长度、施工地点的条件等确定。目前应用最多的桩架是多功能桩架、步履式桩架和履带式桩架。

多功能桩架主要由底盘、导向杆、斜撑、滑轮组和动力设备等组成。它的适应性和机动性较强，在水平方向可作360°回转，导架可伸缩和前后倾斜。底盘上的轨道轮可沿着轨道行走。这种桩架可用于各种预制桩和灌注桩的施工。其缺点是机构比较庞大，现场组装和拆卸、转运较困难。

履带式桩架以履带式起重机为底盘，增加了立柱、斜撑、导杆等。这种桩架性能灵活、移动方便，可用于各种预制桩和灌注桩的施工。

(3)动力装置。动力装置是落锤以电源为动力，再配置电动卷扬机、变压器、电缆等。蒸汽锤以高压蒸汽为动力，配以蒸汽锅炉、蒸汽绞盘等；气锤以压缩空气为动力，配以空气压缩机、内燃机等；柴油锤的桩锤本身有燃烧室，不需要外部动力。

**3. 预制桩打桩施工**

(1)打桩前的准备工作。

1)测定桩的轴线位置和标高，并经过检查办理预检手续。

2)处理完高空和地下的障碍物。如影响邻近建筑物或构筑物的使用或安全时，应会同有关单位采取有效措施，予以处理。

3)根据轴线放出桩位线，用木橛或钢筋头钉好桩位，并用白灰作标志，以便施打。

4)场地应碾压平整，排水畅通，保证桩机的移动和稳定垂直。

5)打试验桩。施工前必须打试验桩，其数量不少于2根。确定贯入度并校验打桩设备、施工工艺以及技术措施是否适宜。

6)要选择和确定打桩机进出路线和打桩顺序，制订施工方案，做好技术交底。

7)准备好桩基沉桩记录和隐蔽工程验收记录，并安排好记录和监理人员。

(2)打桩顺序。打桩顺序是否合理，直接影响打桩的进度和施工质量，确定打桩顺序时要综合考虑桩的密集程度、桩的深度、现场地形条件、土质情况及打桩机移动是否方便等。

打桩顺序一般分为由一侧开始向单一方向逐排打、自中央向两边打、自两边向中央打、分段打等方式，如图2-12所示。

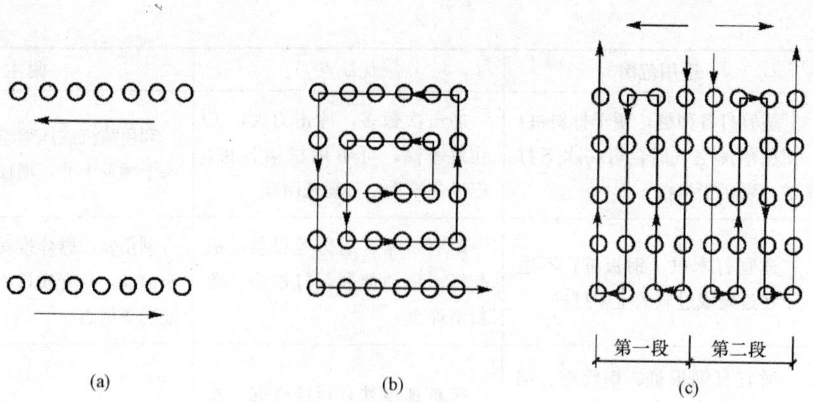


**图 2-12　打桩顺序**

(a)由一侧开始向单一方向逐排打；(b)自中央向两边打；(c)分段打

确定打桩顺序应遵循以下原则：

1)桩基的设计标高不同时，打桩顺序宜先深后浅。

2)不同规格的桩，宜先大后小。

3)在桩距大于或等于 4 倍桩径时，则桩基的设计标高和桩的规格与打桩顺序无关，只需从提高效率出发确定打桩顺序，选择倒行和拐弯次数最少的顺序。

4)应避免自外向内，或从周边向中央进行，以避免中间土体被挤密，桩难以打入，或虽勉强打入，但使邻桩侧移或上冒。

(3)打桩的施工工艺。

1)预制桩施工的工艺流程：打桩机就位→起吊预制桩→稳桩→打桩→接桩→送桩→中间检查验收→移机至下一个桩位。

2)操作工艺。

①打桩机就位。打桩机就位时，应对准桩位，保证垂直稳定，在施工中不发生倾斜、移动。

②起吊预制桩。先拴好吊桩用的钢丝绳和索具，然后应用索具捆住桩上端吊环附近处，一般不宜超过 30 cm，再启动机器起吊预制桩，使桩尖垂直对准桩位中心，缓缓放下插入土中，位置要准确；再在桩顶扣好桩帽或桩箍，即可除去索具。

③稳桩。桩尖插入桩位后，先用较小的落距冷锤 1～2 次，桩插入土一定深度，再使桩垂直稳定。10 m 以内短桩可目测或用线坠双向校正；10 m 以上或打接桩必须用线坠或经纬仪双向校正，不得用目测。桩插入时垂直度偏差不得超过 0.5%。桩在打入前，应在桩的侧面或桩架上设置标尺，以便在施工中观测、记录。

3)接桩方式：多节桩的接桩，可用焊接、法兰或硫磺胶泥锚接，前两种接桩方式适用于各类土层，硫磺胶泥接桩只适用于软弱土层。各类接桩方式均应严格按规范执行。

4)送桩：当桩顶标高较低，需送桩入土时，应用钢制送桩放于桩顶上，锤击送桩将桩送入土中。

(4)打桩过程中，如遇下列情况应暂停，应及时与有关单位研究处理：

1)贯入度剧变。

2)桩身突然发生倾斜、位移或有严重回弹。

3)桩顶或桩身出现严重裂缝或破碎。

(5)打桩的质量控制。

1)摩擦桩位于一般土层时，以控制桩端设计标高为主，贯入度可作参考。

2)端承桩的入土深度以最后贯入度控制为主；桩端标高作参考。

3)当贯入度已达到，而桩顶标高未达到时，应继续锤击 3 阵，按每阵 10 击的贯入度不大于设计规定的数值加以确定。

(6)常见的质量问题。

1)桩身断裂。由桩身弯曲过大、强度不足及地下有障碍物等原因造成，或桩在堆放、起吊、运输过程中产生断裂，没有发现所致；应及时检查。

2)桩顶碎裂。由桩顶强度不够及钢筋网片不足、主筋距桩顶面太近，或桩顶不平、施工机具选择不当等原因所造成；应加强施工准备时的检查。

3)桩身倾斜。由场地不平、打桩机底盘不水平或稳桩不垂直、桩尖在地下遇见硬物等原因所造成；应严格按工艺操作规定执行。

4)接桩处拉脱开裂。由连接处表面不干净、连接铁件不平、焊接质量不符合要求、接桩上下中心线不在同一条线上等原因所造成；应保证接桩的质量。

## 三、静力压桩施工

静力压桩是用静力压桩机或锚杆将预制钢筋混凝土桩分节压入地基土中的一种沉桩施工工艺。

静力压桩适用于软土、填土及一般黏性土层，特别适用于居民稠密及危房附近、环境要求严格的地区沉桩，但不宜用于地下有较多孤石、障碍物或有厚度大于 2 m 的中密以上砂夹层，以及单桩承载力超过 1 600 kN 的情况。

### 1. 静力压桩设备

静力压桩机有机械式和液压式两种。机械式静力压桩机由桩架、卷扬机、加压钢丝滑轮组和活动压梁组成，如图 2-13 所示，施压部分在桩顶端部，施加静压力为 600～2 000 kN，这种压桩机装配费用较低，但设备高大笨重，行走移动不便，压桩速度较慢。液压式静力压桩机由压拔装置、行走机构及起吊装置等组成，如图 2-14 所示，其采用液压操作，自动化程度高，结构紧凑，行走方便快速，施压部分在桩身侧面，它是当前国内采用较广泛的一种新型压桩机械。

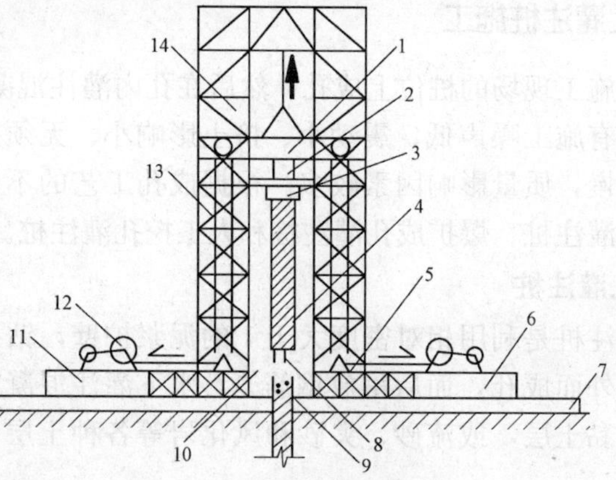


**图 2-13　机械式静力压桩机**

1—活动压梁；2—油压表；3—桩帽；4—上段桩；5—压重；6—底盘；7—轨道；8—上段接状锚筋；9—下段接状锚筋孔；10—导笼口；11—操作平台；12—卷扬机；13—加压钢丝滑轮组；14—桩架导向笼

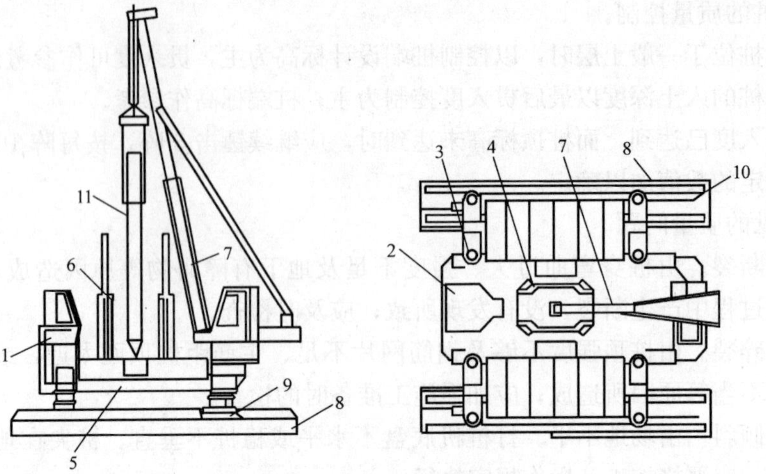


**图 2-14　液压式静力压桩机**

1—操纵室；2—电控系统；3—液压系统；4—导向架液压起重机；5—配重；6—夹持及拔桩装置；7—吊桩把杆；8—支腿式底盘结构；9—横向行走与回转装置；10—纵向行走装置；11—桩

### 2. 压桩工艺

压桩工艺一般是先进行场地平整，并使其具有一定的承载力，压桩机安装就位，按额定的总质量配置压重，调整机架的水平和垂直度，将桩吊入夹持机构中并对中，垂直将桩夹持住，正式压桩，压桩过程中应经常观察压力表，控制压桩阻力，记录压桩深度，做好压桩施工记录。入围多节桩，中途接桩可采用浆锚法或焊接法。压桩的终压控制，应按设计要求确定，一般摩擦桩以压入长度控制，压桩阻力作为参考；端承桩以压桩阻力控制，压入深度作为参考。

### 3. 施工要点

(1)静力压桩机应根据设计和土质情况配足额定质量。

(2)桩帽、桩身和送桩的中心线应重合。

(3)压同一根桩时应缩短停歇时间。

(4)采取技术措施，减小静力压桩的挤土效应。

(5)注意限制压桩速度。

## 四、钢筋混凝土灌注桩施工

灌注桩是直接在施工现场的桩位上成孔，然后在孔内灌注混凝土或钢筋混凝土而成的。与预制桩相比，它具有施工噪声低、震动小、挤土影响小、无须接桩等优点。但其成桩工艺复杂，施工速度较慢，质量影响因素较多。根据成孔工艺的不同，灌注桩可分为泥浆护壁钻孔灌注桩、沉管灌注桩、爆扩成孔灌注桩和人工挖孔灌注桩。

### 1. 泥浆护壁钻孔灌注桩

泥浆护壁钻孔灌注桩是利用相对密度大于 1 的泥浆护壁，钻孔时通过循环泥浆将钻头切削下的土渣排出孔外而成孔，而后吊放钢筋笼，水下灌注混凝土而成的桩。其适用于地下水水位较高的含水黏土层，或流砂、夹砂和风化岩等各种土层中的桩基成孔施工，因而使用范围较广。

(1)分类。泥浆护壁钻孔灌注桩按成孔工艺和成孔机械的不同可分为冲击成孔灌注桩、冲抓成孔灌注桩、回转钻成孔灌注桩和潜水钻成孔灌注桩。其中，以回转钻成孔灌注桩应用最多，为国内应用范围较广的成桩方式。

回转钻机具有钻头回转切削、泥浆循环排土、泥浆保护孔壁的特点，施工时是一种湿作业方式，可用于各种地质条件。

泥浆具有排渣和护壁作用。根据泥浆循环方式，泥浆循环成孔分为正循环和反循环两种施工方法(图 2-15)。

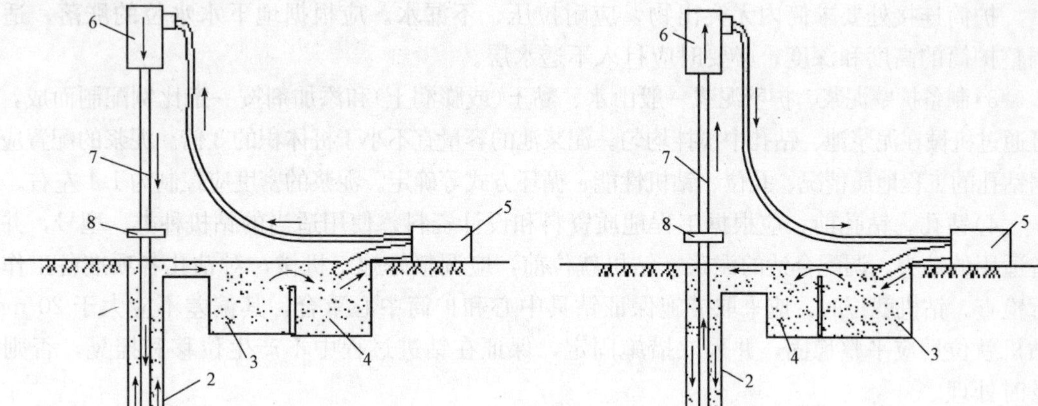


**图 2-15　泥浆循环成孔工艺**

(a)正循环；(b)反循环

1—钻头；2—泥浆循环方向；3—沉淀池；4—泥浆池；5—泥浆泵；6—砂石泵；7—水龙头；8—钻杆

正循环回转钻机成孔的工艺原理是由空心钻杆内部通入泥浆或高压水，从钻杆底部喷出，携带钻下的土渣沿孔壁向上流动，由孔口将土渣带出流入泥浆池。正循环具有设备简单、操作方便、费用较低等优点，适用于小直径孔($\phi<0.8$ m)，但排渣能力较弱。

从反循环回转钻机成孔的工艺原理可以看出，泥浆带渣流动的方向与正循环回转钻机成孔的情况相反。反循环工艺泥浆上流的速度较高，能携带大量的土渣。反循环回转钻机成孔是目前大直径桩成孔的一种有效的施工方法，适用于大直径孔($\phi>0.8$ m)。

(2)施工工艺流程。泥浆护壁钻孔灌注桩的施工工艺流程如图 2-16 所示。

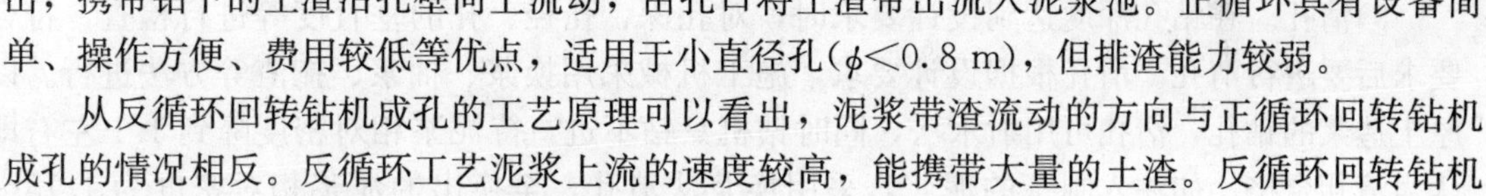


**图 2-16　泥浆护壁钻孔灌注桩的施工工艺流程**

1)测定桩位。平整清理好施工现场后，设置桩基轴线定位点和水准点，根据桩位平面布置施工图，定位出每根桩的位置，并做好标志。施工前，对桩位要检查复核，以防被外界因素影响而造成偏移。

2)埋设护筒。护筒一般由钢板卷制而成，钢板厚度视孔径大小采用 4～8 mm，护筒内径宜比设计桩径大 100 mm，其上部宜开设 1～2 个溢流孔。一般情况下，护筒埋置深度在黏性土中不宜小于 1 m，在砂土中不宜小于 1.5 m，其高度还应满足护筒内泥浆面高度大于地下水水位的要求。对淤泥等软弱土层应增加护筒埋深，护筒顶面宜高出地面 300 mm，护筒内径应比钻头直径大100 mm。

旱地、筑岛处护筒可采用挖坑埋设法，护筒底部和四周回填黏性土并分层夯实；水域护筒设置应严格注意平面位置，竖向倾斜，护筒沉入可采用压重、震动、锤击并辅以护筒内取土的方法。护筒埋设完毕，护筒中心竖直线应与桩中心重合，除设计另有规定外，平面允许误差为50 mm，竖直线倾斜不大于1%。

护筒连接处要求筒内无突出物，应耐拉压、不漏水。应根据地下水水位的涨落，适当调整护筒的高度和深度，必要时应打入不透水层。

3)制备护壁泥浆。护壁泥浆一般由水、黏土(或膨润土)和添加剂按一定比例配制而成，其可通过机械在泥浆池、钻孔中搅拌均匀。泥浆池的容量宜不小于桩体积的3倍。泥浆的配置应根据钻孔的工程地质情况、孔位、钻机性能、循环方式等确定。泥浆的密度应控制为1.1左右。

4)钻孔。钻孔前，应根据工程地质资料和设计资料，使用适当的钻机种类、型号，并配备适用的钻头，调配合适的泥浆。钻机就位前，应调整好施工机械，对钻孔各项准备工作进行检查。钻机就位时，应采取措施保证钻具中心和护筒中心重合，其偏差不应大于20 mm。钻机就位后应平整稳固，并采取措施固定，保证在钻进过程中不产生位移和摇晃，否则应及时处理。

钻孔作业应分班连续进行，认真填写钻孔施工记录，交接班时应交代钻进情况及下一班注意事项。应经常对钻孔泥浆进行检测和试验，注入的泥浆密度应控制为1.1左右，排出的泥浆密度宜为1.2～1.4，不符合要求时应随时纠正。应经常注意土层变化，在土层变化处均应捞取渣样，判明后记入记录中并与地质剖面图核对。

开钻时，在护筒下一定范围内应慢速钻进，待导向部位或钻头全部进入土层后，方可加速钻进。在钻孔、排渣或因故障停钻时，应始终保持孔内具有规定的水位和要求的泥浆相对密度和黏度。

5)清孔。在钻孔深度达到设计要求时，对孔深、孔径、孔的垂直度等进行检查，符合要求后要进行清孔。清孔根据设计要求，施工机械采用换浆、抽浆、掏渣等方法进行。以原土造浆的钻孔，清孔可用射水法，同时钻机只钻不进，待泥浆相对密度降到1.1左右即认为清孔合格；如注入制备的泥浆，采用换浆法清孔，至换出的泥浆相对密度为1.15～1.25时方为合格。

最终清孔达到如下标准才算合格：浇筑混凝土前，孔底沉渣允许厚度符合标准规定，即摩擦桩≤300 mm，端承桩≤50 mm，摩擦端承桩或端承摩擦桩≤100 mm；泥浆性能指标在浇筑混凝土前，孔底500 mm以内的相对密度≤1.25，黏度≤28 s，含砂率≤8%。

不论采用何种清孔方法，在清孔排渣时，必须注意保持孔内水头，防止塌孔。

6)吊放钢筋笼。清孔后应立即安放钢筋笼、浇筑混凝土。当钢筋笼全长超过12 m时，钢筋笼宜分段制作、吊放，接头处用焊接连接。为增加钢筋笼的纵向刚度和灌注桩的整体性，每隔2 m焊一个$\phi$12的加强环箍筋。吊放钢筋笼时应保持垂直、缓慢放入，防止碰撞孔壁。吊放完毕经检查符合设计标高后将钢筋笼临时固定，以防移动。

7)灌注桩施工。混凝土开始灌注时，应先搅拌0.5～1.0 $m^3$同混凝土强度的水泥砂浆放在料斗的底部。料斗下的封水塞可采用预制混凝土塞、木塞或充气球胆。混凝土运至灌注地点后，应检查其均匀性和坍落度，如不符合要求应进行第二次拌和，两次拌和后仍不符合要求时不得使用。混凝土应连续灌注，严禁中途停止。

在灌注过程中，导管埋在混凝土中的深度应控制为2～6 m。严禁导管提出混凝土面，并有专人测量导管埋深及管内外混凝土面的高差，同时填写水下混凝土灌注记录。应时刻注意观测孔内泥浆返出情况，倾听导管内混凝土下落声音，如有异常必须采取相应处理措施。灌注时宜使导管在一定范围内上下窜动，防止混凝土凝固，增加灌注速度。

为防止钢筋骨架上浮，当灌注的混凝土顶面距钢筋骨架底部 1 m 左右时，应降低混凝土的灌注速度；当混凝土拌合物上升到距骨架底口 4 m 以上时，提升导管，使其底口高于骨架底部 2 m 以上，即可恢复正常灌注速度。灌注的桩顶标高应比设计高出一定高度，一般为 0.5～1.0 m，以保证桩头混凝土强度，多余部分接桩前必须凿除，桩头应无松散层。在灌注将近结束时，应核对混凝土的灌入数量，以确保所测混凝土的灌注高度正确。

**2. 沉管灌注桩**

沉管灌注桩是指用锤击或振动的方法，将带有预制混凝土桩尖或钢活瓣桩尖的钢套管沉入土中，待沉到规定的深度后，立即在管内浇筑混凝土或在管内放入钢筋笼后再浇筑混凝土，随后拔出钢套管，并利用拔管时的冲击或振动使混凝土捣实成桩。沉管灌注桩是目前建筑工程中常用的一种灌注桩，主要应用于黏性土、淤泥、淤泥质土、稍密的砂土及杂填土。图 2-17 所示为沉管灌注桩施工过程。

按沉管方式的不同，沉管灌注桩分为振动沉管灌注桩和锤击沉管灌注桩两种。

(1)振动沉管灌注桩。振动沉管灌注桩采用激振器或振动冲击锤沉管，其设备如图 2-18 所示。施工时先安装好桩机，将桩管下活瓣合起来，对准桩位，徐徐放下桩管压入土中，即可开动振动器沉管。桩管在激振力的作用下以一定的频率和振幅产生振动，减少了桩管与周围土体间的摩擦力，钢管在加压作用下沉入土中。

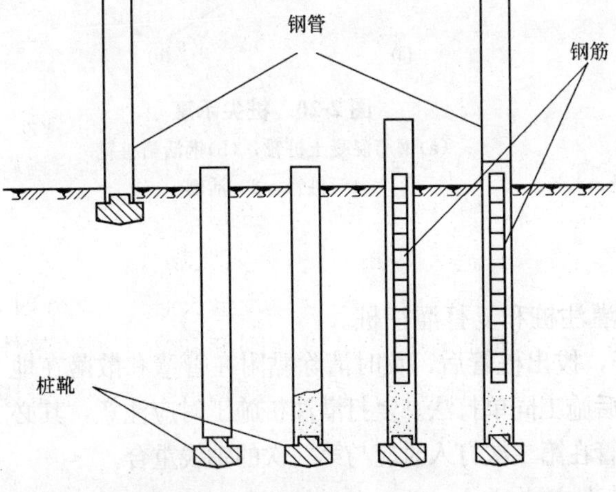


**图 2-17　沉管灌注桩施工过程**

(a)就位；(b)沉套管；(c)开始灌注混凝土；(d)安放钢筋笼继续浇筑混凝土；(e)拔管成型

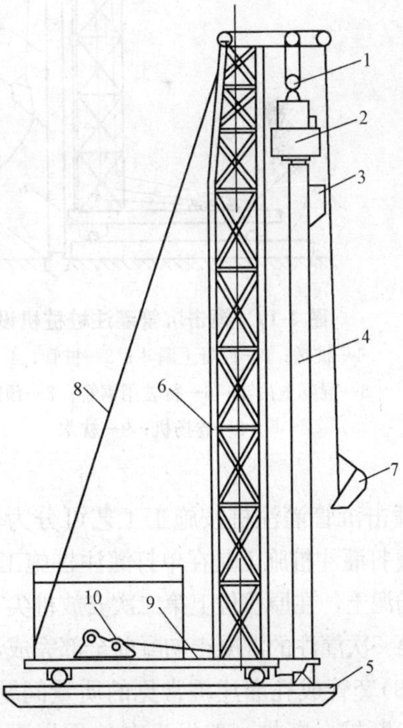


**图 2-18　振动沉管灌注桩桩机设备**

1—导向滑轮；2—振动桩锤；3—混凝土漏斗；4—桩管；5—枕木；6—桩架；7—混凝土吊斗；8—加压钢丝绳；9—行驶用钢管；10—卷扬机

振动沉管灌注桩可采用单振法、复振法和反插法施工。

1)单振法。单振法即一次拔管法，在管内灌满混凝土后，先振动 5～10 s，再开始拔管，应边振边拔，每提升 0.5 m 停拔，振动 5～10 s 后再拔管 0.5 m，再振动5～10 s，如此反复进行直至地面。

2)复振法。在同一桩孔内进行两次单振，或根据需要进行局部复打。复振法施工必须在第一次浇筑的混凝土初凝之前完成，同时前后两次沉管的轴线必须重合。

3)反插法。在套管内灌满混凝土后，先振动再拔管，每次拔管高度为 0.5～1.0 m，再把钢管下沉 0.3～0.5 m。在拔管时分段添加混凝土，如此反复进行并始终保持振动，直到钢管被全部拔出地面。反插法能使桩的截面增大，从而提高桩的承载力，宜在较差的软土地基上应用。施工时，应严格控制拔管速度不大于 0.5 m/min。

(2)锤击沉管灌注桩。锤击沉管灌注桩是用锤击打桩机(图 2-19)，将带活瓣桩尖(靴)或设置钢筋混凝土预制桩尖(图 2-20)的钢套管锤击沉入土中，然后边浇筑混凝土边用卷扬机拔管成桩。锤击沉管灌注桩应用于一般黏性土、淤泥质土、砂土和人工填土地基。

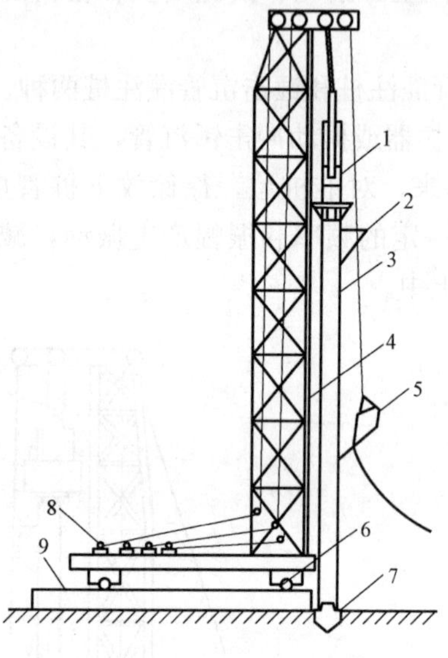


**图 2-19　锤击沉管灌注桩桩机设备**

1—桩锤；2—混凝土漏斗；3—桩管；4—桩架；5—混凝土吊斗；6—行驶用钢管；7—预制桩靴；8—卷扬机；9—枕木

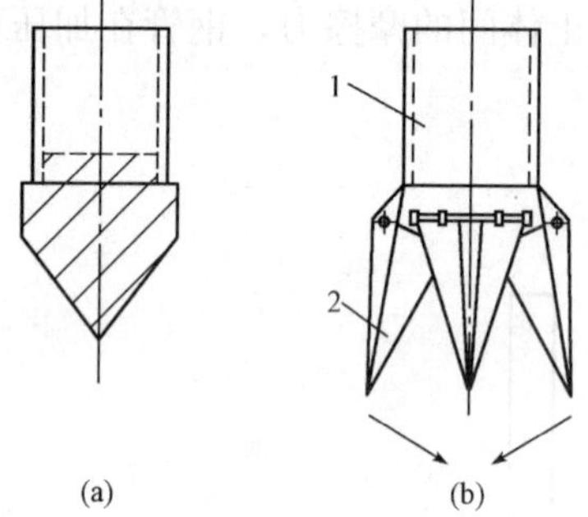


**图 2-20　桩尖示意**

(a)钢筋混凝土桩靴；(b)钢活瓣桩靴

1—桩管；2—活瓣

锤击沉管灌注桩按施工工艺可分为单打灌注桩和复打灌注桩。

复打灌注桩施工是在单打灌注桩施工完毕，拔出桩管后，及时清除黏附在管壁和散落在地面上的泥土，在原桩位上第二次安放桩尖，以后施工同单打法。复打灌注桩施工时应注意，其必须在第一次灌注的混凝土初凝前全部完成，桩管在第二次打入时应与第一次的轴线重合。

(3)套管成孔灌注桩常见的质量问题及处理方法。

1)断桩。断桩一般发生在地面以下软、硬土层的交接处，并多数发生在黏性土中，在砂石和松土中很少出现。产生断桩的主要原因：桩距过小，受邻桩施打时挤土造成的影响；软、硬土层间传递水平力大小不同，对桩产生剪应力；混凝土终凝不久，强度弱，受振动和外力扰动；拔管时速度过快，混凝土来不及下落，周围的土迅速回缩，形成断桩。

避免断桩的措施：布桩不宜过密，桩间距宜大于 3.5 倍桩径；合理制定打桩顺序和桩架行走路线以减少振动的影响；采用跳打法施工，跳打应在相邻成形的桩达到设计强度的60%以上进行；认真控制拔管速度，一般以 1.2～1.5 m/min 为宜。

如已查出断桩，应将断桩段拔出，将孔清理干净后，略增大面积或加上箍筋后，再重新浇筑混凝土。

2)缩颈桩。缩颈桩又称为瓶颈桩，桩身局部直径小于设计直径。其产生的主要原因是：在含水率很高的软土层中沉桩管时，土受挤压产生很高的空隙水压，拔管后挤向新灌的混凝土而造成桩径截面缩小；拔管速度过快，混凝土流动性差或混凝土装入量少，混凝土出管时的扩散差也造成缩颈现象。

预防措施：施工时，每次应尽量多向桩管内装混凝土，使之有足够的扩散压力；严格控制拔管速度。

处理方法：若桩轻度缩颈，可采用反插法；若桩局部缩颈，可采用半复打法；若桩身多处缩颈，可采用复打法。

3)吊脚桩。吊脚桩是指桩底部混凝土隔空或混凝土中混进泥砂而形成松软层。其形成的原因是预制桩尖质量差，沉管时被破坏，泥砂和水挤入桩管。

处理方法：将桩管拔出，纠正桩尖或将砂回填桩孔后重新沉管。

## 五、人工挖孔灌注桩

人工挖孔灌注桩是用人工挖土成孔，然后安放钢筋笼，浇筑混凝土成桩。人工挖孔灌注桩的特点是施工的机具设备简单，操作工艺简便，作业时无震动、无噪声、无环境污染，对周围建筑物影响小；施工速度快(可多桩同时进行)；施工费用低；当土质复杂时，可直接观察或检验分析土质情况；桩端可以人工扩大，以获得较大的承载力，满足一柱一桩的要求；桩底的沉渣能清除干净，施工质量可靠。人工挖孔灌注桩是目前大直径灌注桩施工的一种主要工艺方式。其缺点是桩成孔工艺劳动强度较大，单桩施工速度较慢，安全性较差。

人工挖孔灌注桩的直径一般为 0.8～2 m，最大直径可达 3.5 m；桩的长度一般为 20 m 左右，最大可达 40 m。

### 1. 人工挖孔灌注桩的主要施工过程

(1)挖孔。国内主要采用人工挖土成孔，而国外一般为机械挖土。施工人员在保护圈内用常规挖土工具(如短柄铁锹、镐、锤、钎)进行挖土，将土运出孔的提升机具主要有卷扬机或电动葫芦、活底吊桶。

(2)辅助工程。其主要包括支护、通风、降水。为防止坍孔和保证操作安全，应根据桩径的大小和地质情况采用可靠的支护孔壁施工，支护方法有钢筋混凝土护圈、沉井护圈和钢套管护圈。

钢筋混凝土护圈一般每节高 0.8～1 m，施工时护圈上下搭接 50～75 mm，厚 8～15 cm，混凝土强度等级为 C20 或 C25，中间配适量的钢筋。钢筋混凝土护圈应用最多(图 2-21)。沉井护圈和钢套管护圈主要应用于强透水土层。通风设备主要有鼓风机和送风管，用于向桩孔中强制送入新鲜空气。地下水渗出较少时，可将其随吊桶一起吊出；大量渗水时，可设置集水井，用泵将水抽出井外；涌水量很大时，可选一桩超前开挖，用泵进行抽水，以起到深井降水的作用。

(3)钢筋混凝土工程。钢筋笼的制作与一般灌注桩的方法相同，钢筋就位用小型吊运机具或履带吊进行；混凝土用强度等级为 42.5 级的普通水泥或矿渣水泥，下料采用串桶或溜管，连续分层浇捣，每层厚度不超过 1.5 m，施工完后养护时间不少于 7 d。

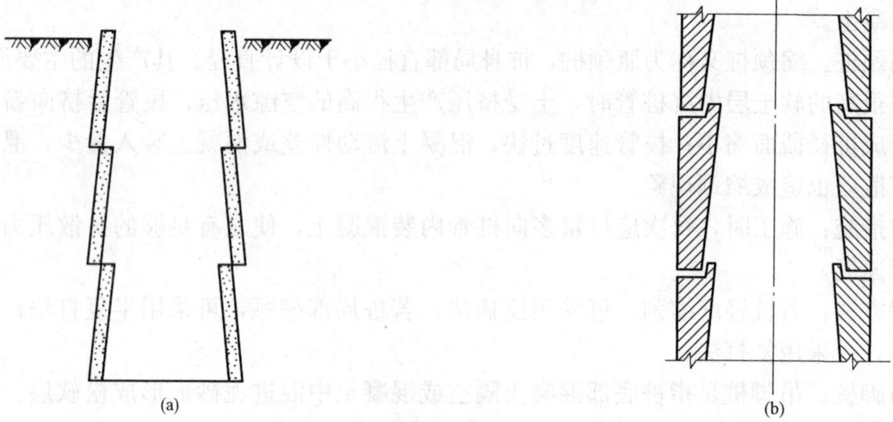


**图 2-21　钢筋混凝土护圈形式**

(a)外齿式护圈；(b)内齿式护圈

**2. 人工挖孔灌注桩常见的问题及处理方法**

人工挖孔灌注桩常见的问题主要有塌孔、井涌(流泥)、护壁裂缝、淹井、截面变形和超量六种。

塌孔主要是由于地下水渗流比较严重，土层变化部位挖孔深度大于土体稳定极限高度和支护不及时。施工时要连续降水，使孔底不积水，防止偏位和超挖并及时支护。对塌方严重的孔壁，用砂、石子填塞并在护壁的相应部位增加泄水孔，用以排除孔洞内的积水。

井涌的发生是由于土颗粒较细，当地下水水位差很大时，土颗粒悬浮在水中成流态泥土从井底上涌。当出现流动性的涌土、涌砂时，可采取减少护壁高度(护壁的高度为 300～500 mm)，随挖随浇筑混凝土的方法进行施工。

护壁裂缝产生的主要原因是护壁过厚，其自重大于土体的极限摩擦力，因而导致下滑，引起裂缝，如过度抽水、塌方使护壁失去支撑土体也可使护壁产生裂缝。因此，护壁不宜太大，应尽量减轻自重，在护壁内适当配置竖向钢筋。裂缝一般可不处理，但要加强施工监视、观察，以便发现问题及时处理。

淹井的发生是由于井孔内遇较大泉眼或遇到渗透系数较大的砂砾层，附近的地下水在井孔中集中。处理方法是在群桩中设置深井并用水泵抽水以降低地下水水位。当施工完成后，该深井用砂砾封堵。

截面变形是由于挖孔时桩的中心线与半径未及时量测，护壁支护未严格控制尺寸，所以在挖孔时，每节支护都要量测桩的中心线和半径，遇松软土层要加强支护，严格认真控制支护尺寸。

超量的产生往往是由于每层未控制好截面，孔壁塌落。遇有地下土洞、下水道、古墓和坑穴等时均会出现超挖。要求在施工未出现特殊原因时尽量不要超挖，当遇有上述孔洞时，可用 3∶7 的灰土或其他地基加固材料填补并拍、夯实。

### 3. 人工挖孔灌注桩的特殊安全措施

人工挖孔灌注桩应采取以下特殊安全措施：

(1)桩孔内必须设置应急软爬梯供人员上、下井，不得使用麻绳和尼龙绳吊挂或脚踏井壁凸缘上、下。

(2)每日开工前必须检测井下是否含有有毒有害气体，并应有足够的安全防护措施；桩孔开挖深度超过 10 m 时，应有专门向井下送风的设备，风量不宜少于 25 L/s。

(3)孔口四周必须设置不小于 0.8 m 高的围护护栏。

(4)挖出的土石方应及时运离孔口，不得堆放在孔口四周 1 m 范围内，机动车辆的通行不得对井壁的安全造成影响。

(5)孔内使用的电缆、电线必须有防磨损、防潮、防断等措施，照明应采用安全矿灯或 12 V 以下的安全灯，并遵守各项安全用电的规范和规章制度。

## 六、桩基检测与验收

### 1. 桩基检测

成桩的质量检验有两种基本方法：一种是静荷载试验法(或称破坏试验)；另一种是动测法(或称无破坏试验)。

静荷载试验是对单根桩进行竖向抗压(抗拔或水平)试验，通过静荷载加压，确定单桩的极限承载力。在打桩后经过一定的时间，待桩身与土体的结合趋于稳定，才能进行试验。对于预制桩，若土质为砂类土，打桩完毕到试验的时间应不少于 10 d，如为粉土或黏性土，则不应少于 15 d，对于淤泥或淤泥质土，则不应少于 25 d。灌注桩在桩身混凝土强度达到设计等级的前提下，对于砂类土不少于 10 d，对于黏性土不少于 20 d，对于淤泥或淤泥质土不少于 30 d。桩的静荷载试验根数应不少于总桩数的 1%，且不少于 3 根，当总桩数少于 50 根时，应不少于 2 根。应对桩身质量进行检验，检验数不少于总数的 20%，且每个柱子承台下不得少于 1 根。

一般静荷载试验可直观地反映桩的承载力和混凝土的浇筑质量且数据可靠，但其装置较复杂笨重，装、卸操作费工费时，成本高，测试数量有限，并且易破坏桩基。

动测法是检测桩基承载力及桩身质量的一项新技术，可作为静荷载试验的补充。动测法是相对于静荷载试验而言的，它是对桩土体系进行适当的简化处理，建立起数学-力学模型，借助现代电子技术与量测设备采集桩、土体系在给定的动荷载作用下所产生的振动参数，结合实际桩土条件进行计算，将所得结果与相应的静荷载试验结果进行比较，在积累一定数量的动、静荷载试验对比结果的基础上，找出两者之间的某种相关关系，并以此作为标准来确定桩基承载力。应用波在混凝土介质内的传播速度、传播时间和反射情况，可检验、判定桩身是否存在断裂、夹层、颈缩、空洞等质量缺陷。

动测法的仪器轻便灵活，检测快速(单桩检测时间仅为静荷载试验的 1/50)，不破坏桩基，相对也较准确，费用低，可进行普查。其不足之处是需要做大量的测试数据，需静荷载试验来充实完善，需编写计算机程序，所测的极限承载力有时与静荷载值离散性较大等。

单桩承载力的动测方法很多，国内有代表性的方法有动力参数法、锤击贯入法、水电效应法、共振法、机械阻抗法、波动方程法等，最常用的是动力参数法和锤击贯入法两种。

### 2. 桩基验收

(1)当桩顶设计标高与施工场地标高相同时，桩基工程的验收应在施工结束后进行。

(2)当桩顶设计标高低于施工场地标高时，可对护筒位置作中间验收，待承台或底板开挖到设计标高后，再作最终验收。

**3. 桩验收**

(1)预制桩。预制混凝土方桩、先张法预应力管桩(PHC 桩)、钢桩桩位的允许偏差见表 2-5。

**表 2-5　预制桩(PHC 桩、钢桩)桩位的允许偏差**

| 项次 | 项目 | 允许偏差/mm |
|---|---|---|
| 1 | 盖有基础梁的桩：<br>(1)垂直基础梁的中心线；<br>(2)沿基础梁的中心线 | <br>$100+0.01H$<br>$150+0.01H$ |
| 2 | 桩数为 1～3 根桩基中的桩 | 100 |
| 3 | 桩数为 4～6 根桩基中的桩 | 1/2 桩径或边长 |
| 4 | 桩数大于 16 根桩基中的桩：<br>(1)最外边的桩；<br>(2)中间桩 | <br>1/3 桩径或边长<br>1/2 桩径或边长 |
| 注：$H$ 为施工现场地面标高与桩顶设计标高的距离。 | | |

(2)灌注桩。灌注桩在成桩后的桩位偏差应符合表 2-6 的规定，桩顶标高至少要比设计标高高出500 mm。桩底清孔按规范要求进行。每浇筑 50 $m^3$ 必须有一组试件，混凝土量小于 50 $m^3$ 的桩，每根桩必须有一组试件。

**表 2-6　灌注桩的桩径、桩位和垂直度的允许偏差**

| 序号 | 成孔方法 | | 桩径的允许偏差/mm | 垂直度的允许偏差/% | 桩位的允许偏差/mm | |
|---|---|---|---|---|---|---|
| | | | | | 1～3 根、单排桩基垂直于中心线方向和群桩基的边桩 | 条形桩基沿中心线方向和群桩基的中间桩 |
| 1 | 泥浆护壁钻孔桩 | $D\leqslant$1 000 mm | ±50 | <1 | $D/6$，且不大于 100 | $D/4$，且不大于 150 |
| | | $D>$1 000 mm | ±50 | | $100+0.01H$ | $150+0.01H$ |
| 2 | 套管成孔灌注桩 | $D\leqslant$500 mm | −20 | <1 | 70 | 150 |
| | | $D>$500 mm | | | 100 | 150 |
| 3 | 干成孔灌注桩 | | −20 | <1 | 70 | 150 |
| 4 | 人工挖孔灌注桩 | 混凝土护壁 | +50 | <0.5 | 50 | 150 |
| | | 钢套管护壁 | +50 | <1 | 100 | 200 |

注：1. 桩径的允许偏差的负值是指个别端面。
2. 采用复打、反插法施工的桩，其桩径的允许偏差不受表 2-5 的限制。
3. $H$ 为施工现场地面标高与桩顶设计标高的距离，$D$ 为设计桩径。

**4. 桩基资料验收**

(1)工程地质勘察报告、桩基施工图、图纸会审记要、设计变更及材料代用通知单等。

(2)经审定的施工组织设计、施工方案及执行中的变更情况。

(3)桩位测量放线图，包括工程桩位复核签证单。

(4)成桩质量检查报告。

(5)单桩承载力检测报告。

(6)基坑挖至设计标高的基桩竣工平面图及桩顶标高图。

**5. 桩基工程安全施工**

(1)打桩前应对现场进行详细的踏勘和调查，对地下的各类管道和周边的建筑物有影响的，应采取有效的加固措施或隔离措施，以确保施工的安全。

(2)机具进场要注意危桥、陡坡、陷地并防止碰撞电杆、房屋等，以免造成事故。

(3)施工前应全面检查机械，发现问题及时解决，严禁带病作业。

(4)机械设备操作人员必须经过专门培训，熟悉机械操作性能，经专业部门考核取得操作证后方能上岗作业。不违规操作，杜绝机械和车辆事故发生。

(5)在打桩过程中遇有地坪隆起或下陷时，应随时对桩架及路轨调平或垫平。

(6)对护筒埋设完毕、灌注混凝土完毕的桩坑应加以保护，避免人和物品掉入而发生人身事故。

(7)打桩时，桩头垫料严禁用手拨正，不要在桩锤未打到桩顶即起锤或过早刹车，以免损坏桩机设备。

(8)操作成孔桩机时，应注意钻机安定平稳，以防止钻架突然倾倒或钻具突然下落而发生事故。

(9)所有现场作业人员应佩戴安全帽，特种作业人员应佩戴专门的防保工具。

(10)施工现场的一切电源、电路的安装和拆除必须由持证电工操作；电器必须严格接地、接零和使用漏电保护器。

**6. 环保要求**

(1)受工程影响的一切公共设施与结构物，在施工期间应采取适当措施加以保护。

(2)使用机械设备时，要尽量减少噪声、废气等的污染；施工场地的噪声应符合《建筑施工场界环境噪声排放标准》(GB 12523—2011)的规定。

(3)施工废水、生活污水不得直接排入农田、耕地、灌溉渠和水库，不得排入饮用水源。

(4)施工时，有粉尘产生的施工场地应有防尘设备，在运输细料和松散料时用帆布、盖套等遮盖物覆盖。

(5)应对驶出施工现场的车辆进行清理，避免其携带泥土。

## 任务实施

本工程宜选用长螺旋钻孔灌注成桩的施工方法。

### 一、实施依据

长螺旋钻孔灌注成柱的施工方法适用于地下水水位以上的黏性土、粉土、素填土、中等密实以上的砂土等，属于非挤土成桩工艺。该工艺具有穿透能力强、噪声低、无震动、无泥浆污染等特点，要求桩长范围内无地下水，以保证成孔时不会发生坍孔现象。本工程处于市区，对环境要求比较严格，选用该施工方法不必考虑泥浆外运，且对周围居民干扰较小，因此适宜施工。

## 二、实施步骤

**1. 桩位放样**

场地平整后，要进行桩位放样，放样人员应具有相应的操作资质。实施步骤：钉好“十”字保护桩，并复核测量基槽边线、水准点及桩位，记录放样数据备案。

**2. 埋设护筒**

在埋设护筒前要检查桩位的偏差情况，一般采用拉线法，要求边桩的允许偏差为1/6桩径，内桩的允许偏差为1/4桩径。

**3. 钻机就位**

在设计钻机的平面图之前，可以参考钻机的工作半径，以及基坑的平面尺寸，钻机的进出场路线、就位以及成桩顺序需要整体考虑，如果根据桩间距大小，应采用连续成孔成桩，以提高效率，缩短工期。

**4. 成孔**

成孔步骤：①以桩长在钻杆上标定尺寸；②在钻孔过程中，需要实时确保桩长和桩径，以地层的不同变化调整角度和速度；③使用转盘转速以及进尺来控制钻头适应不同层次的土质结构，如钻头进入较硬的砂层或强风层，可能会发生钻锥跳动或偏斜的情况，钻杆会大幅摆动，这时要降低档位和速度，转盘的参数取值范围为13～40 r/min，孔的深度以设计为准。

**5. 钢筋笼设置**

在打桩机成孔达到设计要求后，需要下放钢筋笼，钢筋笼的制作要严格遵照设计图纸，焊接时要符合规范，主筋及箍筋必须搭配均匀，长度和焊缝也要符合规范。另外，还要安装护块，目的是保证钢筋笼的保护层厚度及周正。制作时发生的偏差必须在设计规范要求范围之内。

**6. 混凝土浇筑**

为了顺利挤出混凝土隔水栓，隔水栓需要吊放在靠近泥浆面的位置，底端到孔底距离约为0.4 m。另外，储料斗内混凝土量应不少于1.0 $m^3$，这样可使隔水栓被挤出导管后，导管底端能被埋入水下混凝土0.8 m以上，根据情况提升或拆卸导管，确保导管底端埋入混凝土面以下1～4 m，灌注要连续进行。在发生导管堵塞进水或者停电、停水、机器故障时，要及时处理，尽早恢复灌注。对发生的意外情况需要及时记录。

## 复习思考题

### 一、单选题

1. 填土压实在土的(　　)含水量下可获得最大的干密度。

A. 最小　　B. 最佳　　C. 最小　　D. 一般

2. 开挖停机面以上或以下不深地方的土石，最适用于选择(　　)。

A. 正铲　　B. 反铲　　C. 抓铲　　D. 铁铲

3. 正铲挖土机的挖土特点是(　　)。

A. 后退向下，强制切土　　B. 前进向上，强制切土

C. 后退向下，自重切土　　　　　　　　　D. 前进向上，自重切土

4. 灰土挤密桩法的桩孔宜按(　　)布置。

A. 直线形　　　　B. 等边三角形　　　　C. 圆形　　　　D. 梯形

5. 打桩时宜(　　)。

A. 重锤低击　　　　B. 轻锤重击　　　　C. 重锤重击　　　　D. 轻锤轻击

6. 施工时无噪声，无震动，对周围环境干扰小，适合在城市中施工的是(　　)。

A. 锤击沉桩　　　　B. 振动沉桩　　　　C. 静力压桩　　　　D. 人工打桩

7. 预制桩在运输和打桩时，其混凝土强度必须达到设计强度的(　　)。

A. 50%　　　　B. 75%　　　　C. 100%　　　　D. 75%

8. 强夯法一般不宜加固(　　)。

A. 杂填土　　　　B. 碎石土　　　　C. 软黏土　　　　D. 粉质黏土

**二、简答题**

1. 地基处理方法一般有哪几种？各有什么特点？
2. 换填法的材料要求及施工要点有哪些？
3. 简述强夯的地基加固机理。
4. 预制桩吊点位置的确定原则是什么？
5. 打桩顺序有哪些？如何确定打桩顺序？
6. 简述正循环、反循环钻孔灌注桩的应用条件。
7. 打桩对周围环境有什么影响？如何防治？
8. 预制桩和灌注桩各有哪些优缺点？
9. 泥浆的作用是什么？
10. 人工挖孔桩有哪些特点？在施工中应注意哪些问题？

# 项目三　模板工程施工

**知识目标**

1. 熟悉模板工程施工中常用的设施和设备；
2. 熟悉模板工程施工中常见质量、安全问题及质量、安全验收规范；
3. 掌握模板工程施工的原理及方法；
4. 掌握模板工程施工中必要的计算方法。

**能力目标**

1. 能选择模板工程的合理施工方案；
2. 能完成模板的设计与计算；
3. 能进行模板工程的质量检查和验收。

## 任务一　模板体系及分类

**任务引入**

某商业门市房工程为两栋结构形式相同的二层现浇钢筋混凝土框架楼。单个建筑面积为 3 623.48 $m^2$，总建筑面积为 7 246.96 $m^2$。

结构设计：抗震设防烈度为 6 度，标准冻深为 0.85 m，基础采用独立基础，以场地土层中第三层卵石层作为基础持力层；主体结构为全现浇钢筋混凝土框架结构，砌体隔墙做法为：0.9 m 标高以下墙体和女儿墙采用 M5 水泥砂浆、MU10 高掺量粉煤灰烧结砖砌筑，0.9 m 标高以上墙体采用 M5 混合砂浆、加气混凝土砌块砌筑。

梁模板的设计数据：模板支架搭设高度为首层 3.6 m、二层 3.4 m。基本尺寸为：梁截面尺寸为 $B \times D$=250 mm×1 150 mm、250 mm×600 mm、250 mm×500 mm、250 mm×450 mm、250 mm×400 mm 五种规格。本工程取 $B \times D$=250 mm×1 150 mm 计算。梁支撑立杆的横距(跨度方向)$I$=0.80 m，立杆的步距 $h$=1.50 m，梁底增加一道承重立杆。采用钢管类型为 $\phi 48 \times 3.5$。

试问：本工程中选用何种模板及支撑系统？有何要求？

**【任务分析】** 模板工程是钢筋混凝土工程的重要部分，要进行模板施工，首先要了解模板的组成体系及不同类型模板的使用要求。要正确选择任务中的模板，必须掌握模板的几种主要类型和基本构成。

**相关知识**

## 一、模板的体系构成和基本要求

模板可分为面板和支撑两部分。面板部分是指与混凝土直接接触，使混凝土具有规定形状的模型；支撑部分是指支撑面板，承受荷载，并使面板保持所要求的形状、大小、位置的结构。现浇混凝土结构所用模板工程的造价约占钢筋混凝土工程总造价的30%、总用工量的50%。采用先进的模板技术，可大大提高工程质量，加快施工速度，提高劳动生产效率和降低工程成本。

模板及其支撑系统必须符合如下基本要求：

(1)保证结构和构件各部分的形状、尺寸和位置的正确性。

(2)具有足够的强度、刚度和稳定性。

(3)构造简单，装拆方便，能多次周转使用。

(4)接缝严密，不易漏浆。

(5)成本低。

模板工程的施工工艺一般包括模板的选材、选型、设计、制作、安装、拆除和修整。初步进行模板设计的技术人员，在了解模板工程基本构造的基础上，应根据上述基本要求，进行材料的选择和结构计算等，最后给出整个模板工程的合理施工方案。

## 二、模板的分类

### 1. 按现浇钢筋混凝土结构类型分类

按现浇钢筋混凝土结构类型分类，模板主要可分为基础模板、柱模板、梁模板、楼板模板、楼梯模板、墙模板、壳模板等多种类型。

### 2. 按建筑材料分类

按建筑材料分类，模板可分为木模板、钢木模板、钢模板、胶合板模板、塑料模板、玻璃钢模板和铝合金模板等。

### 3. 按施工方法分类

按施工方法分类，模板可分为现场装拆式模板、固定式模板和移动式模板三种。

(1)现场装拆式模板是在施工现场按照设计要求的结构形状、尺寸及空间位置现场组装的模板，当混凝土达到拆模强度后拆除模板。现场装拆式模板多用定型模板和工具式支撑。

(2)固定式模板多用于制作预制构件，是按照构件的形状、尺寸在现场或预制厂制作，涂刷隔离剂，浇筑混凝土，待混凝土达到规定强度后立即脱模、清理模板，再重新涂刷隔离剂，制作下一批构件。各种胎模也属于固定式模板。

(3)移动式模板是随混凝土的浇筑，模板可沿垂直方向或水平方向移动，如墙柱混凝土浇筑时采用的滑升模板、提升模板等。

## 三、木模板

木模板一般是在木工车间或木工棚加工成基本组件，然后在现场进行拼装。拼板由板条用拼条钉成，如图3-1所示。板条厚度一般为25～50 mm，宽度不大于200 mm，以保证在干缩时缝隙均匀，浇水后易于密封，受潮后不易翘曲。梁底的拼板由于受到较大荷载需要加厚至 40～50 mm。拼条根据受力情况可平放或立放。拼条间距取决于所浇筑混凝土的侧压力和板条厚度，一般为 400～500 mm。

**1. 基础模板**

若土质较好，阶梯形基础模板的最下一级可不用模板进行原槽浇筑。安装模板时，要保证上、下模板不发生相对位移。如有杯口，还应在其中放入杯口模板。

**2. 柱模板**

柱模板由两块相对的内拼板夹在两块外拼板之间拼成，也可用短横板(门子板)代替外拼板钉在内拼板上，如图 3-2 所示。

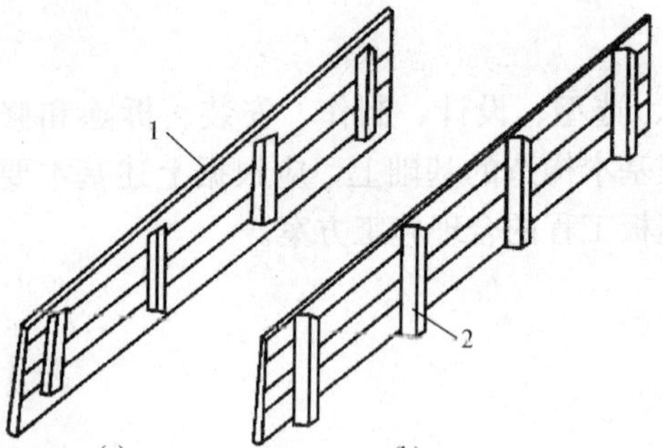


**图 3-1　拼板的构图**

1—板条；2—拼条

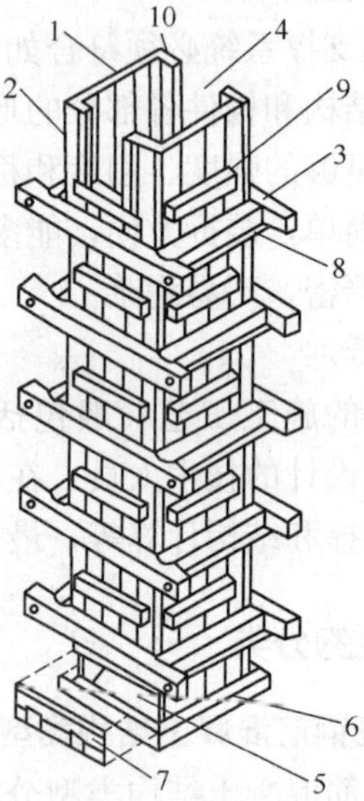


**图 3-2　柱模板**

1—内拼板；2—外拼板；3—柱箍；4—梁缺口；5—清理孔；6—木框；7—盖板；8—拉紧螺栓；9—拼条；10—三角板

柱子底部混凝土侧压力较大，因此，柱底一般有一个钉在底部混凝土上的木框，用来固定柱模板底板的位置。柱模板底部开有清理孔，沿高度每间隔 2 m 开有浇筑孔。模板顶部根据需要开有与梁模板连接的缺口。为承受混凝土的侧压力和保持模板形状，拼板外面要设柱箍。柱箍间距与混凝土侧压力、拼板厚度有关。由于柱子底部混凝土侧压力较大，因而柱模板越靠近下部柱箍越密。

**3. 梁模板**

梁模板由底模板和侧模板等组成。梁底模板承受垂直荷载，一般较厚，下面有支架支撑。支架的立柱最好做成可以伸缩的，以便调整高度，底部应支撑在坚实的地面、楼面上或垫以木板。在多层框架结构施工中，应使上层支架的立柱对准下层支架的立柱。支架间应用水平和斜向的拉杆拉牢，以增强整体稳定性。当层间高度大于 5 m 时，宜选用桁架作为模板的支架，以减少支架的数量。梁侧模板主要承受混凝土的侧压力，底部用钉把支架顶部的夹条夹住，顶部可由支撑楼板的搁栅或支撑顶住。

高大的梁，可在侧板中上位置用钢丝或螺栓相互撑位，梁跨度大于或等于 4 m 时，底模板应起拱，如设计无要求，起拱高度宜为全跨长度的(1～3)/1 000。

**4. 楼板模板**

楼板模板主要承受竖向荷载，目前多用定型模板。它支撑在搁栅上，搁栅支撑在梁侧模板外的横档上，跨度大的楼板，搁栅中间可以再加支撑作为支架系统。

## 四、组合钢模板

组合钢模板(图 3-3)由钢模板和钢模配板两大部分组成，它可以拼成不同尺寸、不同形状的模板，以适应基础、梁、柱、板、墙施工的需要。组合钢模板尺寸适中、组装灵活、装拆方便，适用于人工装拆或预制大模板、台模等的施工。

图 3-3　组合钢模板

**1. 钢模板**

钢模板是用混凝土浇筑成型的钢制模板，分为通用模板和专用模板两类。

通用模板包括平模，阴、阳角模，连接角模，其代号分别为 P、E、Y、L。例如，P3004 表示平模，宽为 300 mm，长为 450 mm。专用模板包括倒棱、柔性、搭接、可调及嵌补模板等。

平模由面板、边框、纵横肋构成。其边框与面板常用 2.5～3.0 mm 厚钢板冷轧冲压整体成型，纵横肋用 3 mm 厚的扁钢与面板边框焊成。为了便于连接，边框上有连接孔，边框的长向及短向的孔距均一致，以便横竖都能拼接。平模的长度有 1 800 mm、1 500 mm、1 200 mm、900 mm、750 mm、600 mm、450 mm 共 7 种规格，宽度有 100～600 mm 共 11 种规格，因而可组成不同尺寸的模板。在构件接头处及一些特殊部位，可用专用模板嵌补。不足模数的空缺也可用少量木模补缺，用钉子或螺栓将方木与平模边框孔洞连接。阴、阳角模用于成型混凝土结构的阴、阳角，连接角模用作两块平模拼成 90°的连接件。

**2. 钢模配板**

采用组合钢模时，同一构件的模板展开可用于不同规格的钢模作多种方式的组合排列，因而形成不同的配板方案。配板方案对支模效率、工程质量和施工成本都有影响。合理的配板方案应满足以下原则：

(1)宜选用大规格通用钢模。

(2)应根据所配模板的形状、几何尺寸和支承形式进行模板配板。

(3)钢模板的长向接缝宜错开布置，以增加模板的整体刚度和平整度。钢楞与木桁架的间缝可不受接缝位置的限制。

(4)预埋件和预留孔的位置应用虚线在配板图上注明，并注明其固定方法。钢模板上需钻孔设置拉筋时，应考虑孔洞周围的情况。

(5)若构造上无特殊要求，转角可不用阳角模，而用连接角模代替。阴角模宜用于两侧长度的转角处，转角部位短的可用方木代替。

组合钢模板具有强度高、刚度大、坚固耐久、规格齐全、装配灵活、通用性好、板面平整、拼缝严密等优点。其近年来被广泛应用于建筑行业，取代了传统的木制模板。

任务实施

## 一、模板及支撑系统的选用

(1)采用定形组合钢模板作为模板的主要材料。

(2)采用 $\phi$48 mm×3.5 mm 的 Q235A 碳素结构钢制造的焊接钢管为满堂模板支架的立柱、纵横向扫地杆、纵横向水平杆、剪刀斜撑的材料。

(3)采用 KTH330-08 可锻铸铁制作的直角扣件、对接扣件、旋转扣件为支架钢管的连接和固定件。

## 二、模板及支撑系统的要求

**1. 钢模板**

钢模板应表面平整、尺寸规整、无变形及生锈。

**2. 钢管**

钢管必须有有效的产品质量合格证书、材质检验报告和厂家的生产许可证。钢管两端面必须平整，外观表面应光滑、无裂纹、分层、压痕、划道和硬弯；无锈蚀，有防锈处理；不得使用电焊对接的钢管和中间有孔眼的钢管。

**3. 扣件**

扣件必须有有效的产品质量合格证书、材质检验报告和厂家的生产许可证。扣件不得有裂纹、气孔、缩松、砂眼和其他影响质量的铸造缺陷；扣件活动部位应能灵活转动，旋转扣件和两旋转面的间隙应小于 1 mm；当扣件夹紧时，开口处的最小距离应不小于 5 mm；扣件表面应有防锈处理。

# 任务二　模板的设计与施工

任务引入

试进行任务一中某商业门市房工程的梁模板的设计。

【任务分析】 若要进行模板的设计，首先应掌握模板设计的基本规定及计算方法，熟悉各类型模板的施工要点和适用范围。对于任务中梁模板的设计，必须对其相应的荷载设计和计算方法进行学习。

相关知识

## 一、模板设计

定型模板和常用的模板拼板，在其适用范围内一般不需要进行设计或验算。而对于重要结构的模板、特殊形式结构的模板或超出适用范围的一般模板，应根据工程结构形式、荷载大小、地基类别、施工设备和材料供应等条件进行设计，以确保质量和施工安全，防止浪费。模板及其支架应具有足够的承载能力、刚度和稳定性，能可靠地承受浇筑混凝土的质量、侧压力及施工荷载。

**1. 荷载**

在计算模板及支架时，可采用下列荷载设计或验算：

(1)模板及支架自重。模板及支架自重可根据模板设计图纸或实物计算确定。肋形楼板及无梁楼板模板的自重标准值见表 3-1。

**表 3-1 肋形楼板及无梁楼板模板的自重标准值** kN/$m^2$

| 模板构件 | 木模板 | 定型组合钢模板 |
|---|---|---|
| 平模及小楞自重 | 0.3 | 0.5 |
| 楼板模板自重(包括梁模板) | 0.5 | 0.75 |
| 楼板模板及支架自重(楼层高度≤4 m) | 0.75 | 1.1 |

(2)新浇筑混凝土的自重标准值。普通混凝土用 24 kN/$m^3$，其他混凝土根据实际质量确定。

(3)钢筋自重标准值。根据工程图纸确定。一般梁板结构每立方米钢筋混凝土的钢筋质量：楼板为 1.1 kN，梁为 1.5 kN。

(4)施工人员及施工设备荷载标准值。计算模板及直接支撑模板的小楞时，均布活荷载为 2.5 kN/$m^2$，并以集中荷载 2.5 kN 进行验算，取两者中较大的弯矩值。

计算直接支承小楞的构件时，均布活荷载为 1.5 kN/$m^2$。

计算支架立柱及其他支承结构构件时，均布活荷载为 1.0 kN/$m^2$。

对大型浇筑设备，如上料平台，混凝土输送泵等按实际情况计算。如混凝土堆料高度超过 100 mm，则按实际情况计算。如模板单块小于 150 mm，集中荷载可分布在相邻两块板上。

(5)振捣混凝土时产生的荷载标准值(作用范围在有效压头高度之内)。水平面模板荷载为 2.0 kN/$m^2$，垂直面模板荷载为 4.0 kN/$m^2$。

(6)新浇筑混凝土对模板的侧压力标准值。当采用内部振捣器时，新浇筑的混凝土作用于模板的最大侧压力可按下式计算，并取两式中的较小值：

$$F=0.22\gamma_c t_0 \beta_1 \beta_2 V^{1/2} \tag{3-1}$$

$$F=\gamma_c H \tag{3-2}$$

式中 $F$——板的最大侧压力(kN/$m^2$)；

$\gamma_c$——混凝土的重力密度(kN/$m^3$)；

$t_0$——新浇混凝土的初凝时间(h)，可按实测确定，当缺乏试验资料时，可采用 $t_0=200/(T+15)$计算，$T$ 为混凝土的温度(℃)；

$V$——混凝土的浇筑速度(m/h)；

$H$——混凝土侧压力计算位置至新浇筑混凝土顶面的总高度(m)；

$\beta_1$——外加剂影响修正系数，不掺外加剂时取 1.0，掺具有缓凝作用的外加剂时取 1.2；

$\beta_2$——混凝土坍落度影响修正系数，当坍落度小于 30 mm 时，取 0.85；当坍落度为 50～90 mm 时，取 1.0；当坍落度为 110～150 mm 时，取 1.15。

(7)倾倒混凝土时产生的荷载标准值。倾倒混凝土时对垂直面模板产生的水平荷载：用溜槽、串筒或导管向模内灌混凝土时为 2 kN/m²；用容量≤0.2 m³ 的运输器具向模内倾倒混凝土时为 2 kN/m²；用容量为 0.2～0.8 m³ 的运输器具向模内倾倒混凝土时为 4 kN/m²；用容量>0.8 m³ 的运输器具向模内倾倒混凝土时为 6 kN/m²。

(8)风荷载按《建筑结构荷载规范》(GB 50009—2012)的有关规定计算。

(9)计算模板及其支架时的荷载分项系数。计算模板及其支架时的荷载设计值，应采用荷载标准值乘以相应荷载分项系数求得。荷载分项系数如下：

1)当荷载类别为模板及支架自重或新浇筑混凝土自重或钢筋自重时，为 1.35。

2)当荷载类别为施工人员及施工设备荷载或振捣混凝土时产生的荷载时，为 1.4。

3)当荷载类别为新浇筑混凝土对模板的侧板的侧压力时，为 1.35。

4)当荷载类别为倾倒混凝土时产生的荷载时，为 1.4。

**2. 计算规定**

(1)模板荷载组合。计算模板和支架时，应根据表 3-2 的规定进行荷载组合。

(2)验算模板及支架的刚度时，允许的变形值：结构表面外露的模板，为模板构件跨度的 1/400；结构表面隐蔽的模板，为模板构件跨度的 1/250；支架压缩变形值或弹性挠度，为相应结构计算跨度的 1/1 000。

**表 3-2　计算模板及其支架的荷载组合**

| 项次 | 项　目 | 荷载类别 | |
|---|---|---|---|
| | | 计算强度用 | 验算刚度用 |
| 1 | 平板和薄壳模板及其支架 | (1)+(2)+(3)+(4) | (1)+(2)+(3) |
| 2 | 梁和拱模板的底板 | (1)+(2)+(3)+(5) | (1)+(2)+(3) |
| 3 | 梁、拱、柱(边长≤300 mm)、墙(厚≤100 mm)的侧面模板 | (5)+(6) | (6) |
| 4 | 厚大结构、柱(边长>300 mm)、墙(厚>100 mm)的侧面模板 | (6)+(7) | (6) |

## 二、模板施工

**1. 模板的配置与安装**

(1)模板的配置。建筑模板的配置方法主要有以下四种：

1)按图纸尺寸直接配置建筑模板。结构形体简单的构件，如基础、梁、柱、板、墙等构件建筑模板的配置，可根据结构施工图直接按尺寸列出建筑模板规格和数量进行配置。建筑模板、横档及楞木的断面和间距，以及支撑系统的配置，都可按一般规定或查表选用。

2)用放大样方法配置建筑模板。形体复杂的结构构件，如楼梯、线脚、挑檐、异圆形结构建筑，都可采用放大样的方法配置建筑模板。放大样即在平整的地面上，按结构图，用足尺画出结构构件的实样，量出各部分建筑模板的准确尺寸或套制样板，同时确定建筑模板及其安装的节点构造，进行建筑模板的制作。

3)用计算方法配置建筑模板。形体复杂的结构构件，用放大样的方法配置建筑模板虽然准确，但比较麻烦，还需要一定的场地。对于许多结构构件都是有规律的几何形体，楼梯、线脚、挑檐、异圆形建筑，也可以用计算方法或用计算及放大样相结合的方法，进行建筑模板的配置。

4)用结构表面展开法配置建筑模板。复杂的挑檐及线脚，其建筑模板的配制也适合使用结构表面展开法，即画出建筑模板的平面图和展开图，再进行配模设计和建筑模板的制作。

(2)模板的安装。合理的模板安装顺序，一般是自下而上。在安装过程中应注意模板的稳定，可设临时支撑稳住模板，待安装完毕且校正无误后方可固定。上、下层模板的立柱，应当在一条竖向中心线上，这有利于荷载有效传递。底层支柱必须坐落在坚实的地基上，并有足够的支撑面积。

模板安装要与钢筋绑扎、水电安装密切配合，相互创造条件。如有预埋件，先在模板的相应位置画线作出标记，后将预埋件紧贴在模板上加以固定。

模板的安装应考虑拆除方便，宜在不拆梁底板及支架的情况下拆除梁侧板和平板底板，可周转使用。在模板安装过程中应注意垂直度、中心线、标高及各部尺寸正确。浇捣混凝土时，要观察模板的变形，若发现位移、胀模、下沉、漏浆、支架松动、地基下沉等现象，应及时采取措施对模板进行加固处理。

**2. 模板的拆除**

模板及支架的拆除应符合《混凝土结构工程施工规范》(GB 50666—2011)的规定和施工方案的要求。现浇混凝土结构模板的拆除日期取决于结构的性质、模板的用途和混凝土硬化速度，及时拆模可提高模板的周转，为后续工作创造条件。如过早拆模，因混凝土未达到一定强度，过早承受荷载会产生变形，甚至会造成重大的质量事故。

(1)拆除模板的规定。

1)非承重模板(如侧板)，应在混凝土强度能保证其表面及棱角不因拆除而受损坏的条件下，方可拆除。

2)承重模板应在与结构同条件养护的试块达到表3-3规定的强度时，方可拆除。

**表3-3　整体式结构拆模时所需的混凝土强度**

| 项次 | 结构类型 | 结构跨度/m | 按设计混凝土强度的标准值百分率计/% |
|---|---|---|---|
| 1 | 板 | ≤2<br>>2，≤8<br>>8 | 50<br>75<br>100 |
| 2 | 梁、拱、壳 | ≤8<br>>8 | 75<br>100 |
| 3 | 悬臂梁构件 | ≤2<br>>2 | 75<br>100 |

3)在拆除模板的过程中，如发现混凝土有影响结构安全的质量问题，应暂停拆除。经过处理后方可继续拆除。

4)已拆除模板及其支架的结构，应在混凝土强度达到设计强度后才允许承受全部计算荷载。当承受施工荷载大于计算荷载时，必须经过核算，加设临时支撑。

(2)拆除模板的注意事项。

1)拆模时不要用力过猛，拆下来的模板要及时运走、整理、堆放，以便再用。

2)模板及其支架拆除的顺序及安全措施应按施工技术方案执行。拆模顺序一般应是后支的先拆，先拆除非承重部分，后拆除承重部分，一般是谁安谁拆。拆除重大复杂模板时，应制事先订拆模方案。

3)拆除框架结构模板的顺序，首先是柱模板，然后是楼板底板、梁侧模板，最后是梁底模板。拆除跨度较大的梁下支柱时，应先从跨中开始，分别拆向两端。

4)楼层板支柱的拆除，应按下列要求进行：上层楼板正在浇筑混凝土时，下一层楼板的模板支柱不得拆除，再下一层楼板模板的支柱仅可拆除一部分；跨度为 4 m 及 4 m 以上的梁下均应保留支柱，其间距不应大于 3 m。

5)拆模时，应尽量避免混凝土表面或模板受到损坏，注意整块板落下伤人。

**3. 模板工程质量验收**

模板工程施工必须符合《混凝土结构工程施工质量验收规范》(GB 50204—2015)及相关规范的要求，即“模板及支架应根据安装、使用和拆除工况进行设计，并应满足承载力、刚度和整体稳固性要求”。

(1)主控项目。

1)模板及支架用材料的技术指标应符合国家现行有关标准的规定。进场时应抽样检验模板和支架材料的外观、规格和尺寸。

检查数量：按国家现行相关标准的规定确定。

检验方法：检查质量证明文件，观察，尺量。

2)现浇混凝土结构模板及支架的安装质量，应符合国家现行有关标准的规定和施工方案的要求。

检查数量：按国家现行相关标准的规定确定。

检验方法：按国家现行相关标准的规定执行。

3)后浇带处的模板及支架应独立设置。

检查数量：全数检查。

检验方法：观察。

4)支架竖杆和竖向模板安装在土层上时，应符合下列规定：

①土层应坚实、平整，其承载力或密实度应符合施工方案的要求。

②应有防水、排水措施，对冻胀性土，应有预防冻融的措施。

③支架竖杆下应有底座或垫板。

检查数量：全数检查。

检验方法：观察，检查土层密实度检测报告、土层承载力验算或现场检测报告。

(2)一般项目。

1)模板安装质量应符合下列规定：

①模板的接缝应严密。

②模板内不应有杂物、积水或冰雪等。

③模板与混凝土的接触面应平整、清洁。

④用作模板的地坪、胎膜等应平整、清洁，不应有影响构件质量的下沉、裂缝、起砂或起鼓。

⑤对清水混凝土及装饰混凝土构件，应使用能达到设计效果的模板。

检查数量：全数检查。

检验方法：观察。

2)隔离剂的品种和涂刷方法应符合施工方案的要求。隔离剂不得影响结构性能及装饰施工；不得沾污钢筋、预应力筋、预埋件和混凝土接槎处；不得对环境造成污染。

检查数量：全数检查。

检验方法：检查质量证明文件，观察。

3)模板的起拱应符合《混凝土结构工程施工规范》(GB 50666—2011)的规定，并应符合设计及施工方案的要求。

检查数量：在同一检验批内，对梁，跨度大于 18 m 时应全数检查，跨度不大于 18 m 时应抽查构件数量的 10%，且不应少于 3 件；对板，应按有代表性的自然间抽查 10%，且不应少于 3 间；对大空间结构，板可按纵、横轴线划分检查面抽查 10%，且不应少于 3 面。

检验方法：水准仪或尺量。

4)现浇混凝土结构多层连续支模应符合施工方案的规定。上、下层模板支架的竖杆宜对准。竖杆下垫板的设置应符合施工方案的要求。

检查数量：全数检查。

检验方法：观察。

5)固定在模板上的预埋件和预留孔洞不得遗漏，且应安装牢固。有抗渗要求的混凝土结构中的预埋件，应按设计及施工方案的要求采取防渗措施。

预埋件和预留孔洞的位置应满足设计和施工方案的要求。当设计无具体要求时，其位置偏差应符合表 3-4 的规定。

**表 3-4　预埋件和预留孔洞安装的允许偏差**

| 项　目 | | 允许偏差/mm |
|---|---|---|
| 预埋板中心线位置 | | 3 |
| 预埋管、预留孔洞中心线位置 | | 3 |
| 插筋 | 中心线位置 | 5 |
| | 外露长度 | +10，0 |
| 预埋螺栓 | 中心线位置 | 2 |
| | 外露长度 | +10，0 |
| 预留洞 | 中心线位置 | 10 |
| | 尺寸 | +10，0 |

注：检查中心线位置时，沿纵、横两个方向量测，并取其中偏差的较大值。

检查数量：在同一检验批内，对梁、柱和独立基础，应抽查构件数量的 10%，且不应少于 3 件；对墙和板，应按有代表性的自然间抽查 10%，且不应少于 3 间；对大空间结构，墙可按相邻轴线间高度 5 m 左右划分检查面，板可按纵、横轴线划分检查面，抽查 10%，且均不应少于 3 面。

检验方法：观察，尺量。

6)现浇结构模板安装的允许偏差及检验方法应符合表 3-5 的规定。

**表 3-5　现浇结构模板安装的允许偏差及检验方法**

| 项　　目 | | 允许偏差/mm | 检验方法 |
|---|---|---|---|
| 轴线位置 | | 5 | 尺量 |
| 底模上表面标高 | | ±5 | 水准仪或拉线、尺量 |
| 模板内部尺寸 | 基础 | ±10 | 尺量 |
| | 梁、墙、柱 | ±5 | 尺量 |
| | 楼梯相邻踏步高差 | ±5 | 尺量 |
| 垂直度 | 柱、墙层高≤6 m | 8 | 经纬仪或吊线、尺量 |
| | 柱、墙层高>6 m | 10 | 经纬仪或吊线、尺量 |
| 相邻两块模板表面高差 | | 2 | 尺量 |
| 表面平整度 | | 5 | 2 m 靠尺和塞尺量测 |
| 注：检查轴线位置当有纵、横两个方向时，沿纵、横两个方向量测，并取其中偏差的较大值。 | | | |

检查数量：在同一检验批内，对梁、柱和独立基础，应抽查构件数量的 10%，且不应少于 3 件；对墙和板，应按有代表性的自然间抽查 10%，且不应少于 3 间；对大空间结构，墙可按相邻轴线间高度 5 m 左右划分检查面，板可按纵、横轴线划分检查面，抽查 10%，且均不应少于 3 面。

7)预制构件模板安装的偏差及检验方法应符合表 3-6 的规定。

**表 3-6　预制构件模板安装的允许偏差及检验方法**

| 项　　目 | | 允许偏差/mm | 检　验　方　法 |
|---|---|---|---|
| 长度 | 梁、板 | ±4 | 尺量两侧边，取其中较大值 |
| | 薄腹梁、桁架 | ±8 | |
| | 柱 | 0，−10 | |
| | 墙板 | 0，−5 | |
| 宽度 | 板、墙板 | 0，−5 | 尺量两端及中部，取其中较大值 |
| | 梁、薄腹梁、桁架 | +2，−5 | |
| 高(厚)度 | 板 | +2，−3 | 尺量两端及中部，取其中较大值 |
| | 墙板 | 0，−5 | |
| | 梁、薄腹梁、桁架、柱 | +2，−5 | |
| 侧向弯曲 | 梁、板、柱 | $L$/1 000 且≤15 | 拉线、尺量最大弯曲处 |
| | 墙板、薄腹梁、桁架 | $L$/1 500 且≤15 | |
| 板的表面平整度 | | 3 | 2 m 靠尺和塞尺量测 |
| 相邻两板表面高低差 | | 1 | 尺量 |
| 对角线差 | 板 | 7 | 尺量两对角线 |
| | 墙板 | 5 | |
| 翘曲 | 板、墙板 | $L$/1 500 | 水平尺在两端量测 |
| 设计起拱 | 薄腹梁、桁架、梁 | ±3 | 拉线、尺量跨中 |
| 注：$L$ 为构件长度(mm)。 | | | |

检查数量：首次使用及大修后的模板应全数检查；使用中的模板应抽查 10%，且不应少于 5 件，不足 5 件时应全数检查。

## 任务实施

### 一、模板面板的计算

面板为受弯结构，需要验算其抗弯强度和刚度。模板面板按照多跨连续梁计算。作用荷载包括梁与模板自重荷载、施工活荷载等。

**1. 荷载的计算**

(1)钢筋混凝土梁自重。

$$q_1=25.5\times1.15\times0.25=7.33(\text{kN/m})$$

(2)模板的自重线荷载。

$$q_2=0.350\times1.15\times0.25=0.1(\text{kN/m})$$

(3)活荷载为施工荷载标准值与振捣混凝土时产生的荷载。

经计算，活荷载标准值　$P_1=(1.0+2.0)\times0.25\times0.4=0.3(\text{kN})$

均布荷载　$q=1.2\times7.33+1.2\times0.1=8.9(\text{kN/m})$

集中荷载　$P=1.4\times0.3=0.42(\text{kN})$

面板的截面惯性矩 $I$ 和截面抵抗矩 $W$ 分别为

$$I=40.00\times1.80\times1.80\times1.80/12=19.44(\text{cm}^4)$$

$$W=40.00\times1.80\times1.80/6=21.60(\text{cm}^3)$$

从左到右各支座力为

$$N_1=N_2=1.99\text{ kN}$$

最大弯矩　$M=0.22\text{ kN}\cdot\text{m}$

最大变形　$V=0.7\text{ mm}$

**2. 抗弯强度计算**

经计算，面板抗弯强度计算值　$f=0.22\times1\,000\times1\,000/21\,600=10.19(\text{N/mm}^2)$

面板的抗弯强度设计值　$[f]=15.00\text{ N/mm}^2$

面板的抗弯强度验算 $f<[f]$，满足要求。

**3. 抗剪计算**

截面抗剪强度计算值　$T=1\,900/(250\times18)=0.42(\text{N/mm}^2)$

截面抗剪强度设计值　$[T]=1.40\text{ N/mm}^2$

截面的抗剪强度验算 $T<[T]$，满足要求。

**4. 挠度计算**

面板最大挠度计算值　$\upsilon=0.7\text{ mm}$

面板的最大挠度小于 400/250，满足要求。

### 二、模板支架荷载标准值(立杆轴力)

(1)作用于模板支架的荷载包括静荷载、活荷载和风荷载。

静荷载标准值包括以下内容：

脚手架自重　$NG_1=0.129\times4.100=0.529(\text{kN})$

模板自重　$NG_2=0.350\times0.800\times0.800=0.224(\text{kN})$

钢筋混凝土楼板自重　$NG_3=14.000\times0.100\times0.800\times0.800=0.896(\text{kN})$

经计算，静荷载标准值　$NG=NG_1+NG_2+NG_3=1.649(\text{kN})$

(2)活荷载为施工荷载标准值与振捣混凝土时产生的荷载。

经计算，活荷载标准值　$NQ=(1.000+2.000)\times0.800\times0.800=1.920(\text{kN})$

(3)不考虑风荷载时，立杆的轴向压力设计值计算公式为：$N=1.2NG+1.4NQ$。

**拓展知识**

## 一、新型模板体系

目前，常见的新型模板体系有台模体系、大模板体系、滑模体系、爬升模板体系、永久性模板体系。

## 二、新型模板体系施工

### 1. 台模施工

台模是一种由平台板、梁、支架、支撑、调节支腿及配件组成的工具式模板。它适用于高层建筑大柱网、大空间的现浇钢筋混凝土的楼盖施工，尤其适用于无柱帽的无梁楼盖结构。它可以整体支设、脱模、运转，并借助起重机械从浇筑完的楼盖下吊出，转移到上一层重复使用，中途不再落地，所以也称“飞模”。

台模的规格尺寸，主要根据建筑物结构的开间(柱网)和进深尺寸以及起重机械的吊运能力来确定。一般按开间进深尺寸设置一台或多台。

台模的类型较多，大致分为立柱式、桁架式、悬架式三类。

(1)立柱式台模。立柱式台模是由组合钢模板、钢管脚手架组装的台模。其包括钢管组合式台模和门架式台模等，是台模最基本的类型，应用比较广泛。它所承受的荷载由立柱直接传给楼面。

台模安装就位后，用千斤顶调整标高，然后在立柱下垫上垫块并上木楔。拆模时，用千斤顶顶住台模，撤去垫块和木模，随即装上车轮，然后将台模推至楼层外侧临时搭设的平台上，再用起重机吊运至下一施工位置。

(2)桁架式台模。桁架式台模是将台模的面板和龙骨放置在两榀或多榀上、下弦平行的桁架上，以桁架作为台模的竖向承重构件。其适用于大柱网(大开间)、大进深、无柱帽的板柱(板墙)结构施工。

(3)悬架式台模。悬架式台模是一种无支腿式台模，即台模不是支设在楼面上，而是支设在建筑物的墙、柱结构所设置的托架上。因此，台模的支设不需要考虑楼面结构的强度，从而可以减少台模需要多层配置的问题。另外，这种台模不受建筑物层高不同的影响，只需按开间(柱网)和进深进行设计即可。

另外，为了脱模时台模顺利推出，悬架式台模的纵向两侧装有可翻转 90°的活动翼板，活动翼板下部用铰链与固定平板连接。

### 2. 大模板施工

大模板施工技术是采用工具式大型模板，配以相应的起重吊装机械，以工业化的生产方式在施工现场浇筑混凝土墙体的一种成套模板技术。其工艺特点是：以建筑物的开间、进深、层高的标准化为基础，以大型工业化模板为主要施工手段，以现浇钢筋混凝土墙体为主导工序，组织有节奏的均衡施工。目前，大模板工艺已成为剪力墙结构工业化施工的主要方法之一。

大模板工程建筑体系大体上分为三类，即内墙现浇、外墙预制(简称内浇外挂)；内外墙全现浇(简称全现浇)；内墙现浇外墙砌筑(简称内浇外砌)。

(1)大模板构造。大模板由面板系统、支撑系统、操作平台和附件组成，如图 3-4 所示。

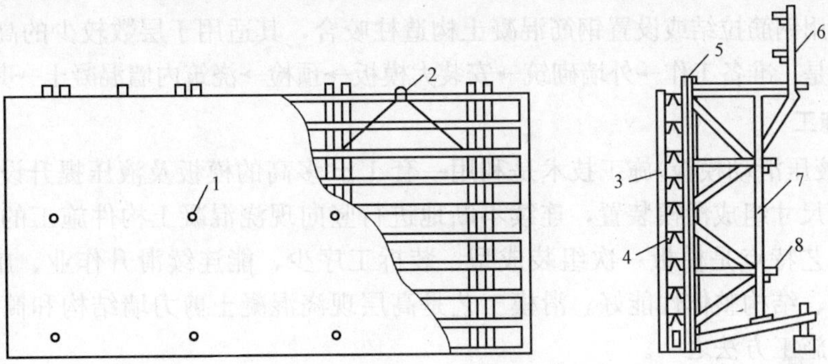


**图 3-4 大模板构造示意**

1—穿墙螺栓孔；2—吊环；3—面板；4—横肋；5—竖肋；
6—栏杆；7—支撑立杆；8—支撑横杆

1)面板系统。面板系统包括面板、横肋、竖肋等。面板是直接与混凝土接触的部分，要求表面平整、拼缝严密、刚度较大、能多次重复使用。竖肋和横肋是面板的骨架，用于固定面板，阻止面板变形，并将混凝土的侧压力传给支撑系统。为调整模板安装时的水平标高，一般在面板底部两端各安装一个地脚螺栓。

面板一般采用厚 4～6 mm 的整块钢板焊成，或用厚 2～3 mm 的定型组合钢模板拼装，还可采用 12～24 mm 厚的多层胶合板、敷膜竹胶合板以及铸铝模板、玻璃钢面板等。

2)支撑系统。支撑系统包括支撑架和地脚螺栓。其作用是传递水平荷载，防止模板倾覆。除了必须具备足够的强度外，还应保证模板的稳定。

每块大模板设 2～4 个支撑架，支撑架上端与大模板竖肋用螺栓连接，下部横杆端部设有地脚螺栓，用以调节模板的垂直度。

3)操作平台。操作平台包括平台架、脚手板和防护栏杆。它是施工人员操作的场所和运输的通道，平台架插放在焊于竖肋上的平台套管内，脚手板铺在平台架上。每块大模板还设有铁爬梯，供操作人员上、下使用。

4)附件。大模板附件主要包括穿墙螺栓和上口铁卡子等。

(2)大模板工程施工程序。

1)内浇外挂工程。内浇外挂工程是以单一材料或复合材料的预制混凝土墙板作为高层建筑的外墙，内墙采用大模板支模，现场浇筑混凝土。其主要施工程序是：准备工作→安装大模板→安装外墙板→固定模板上口→预检→浇筑内墙混凝土→其他工序。

准备工作主要包括模板编号、抄平放线、敷设钢筋、埋设管线、安装门窗洞口模板或门窗框等。其他工序主要包括拆模、墙面修整、墙体养护、板缝防水处理、水平结构施工及内外装饰等。

大模板组装前要进行编号，并绘制单元模板组合平面图。每道墙的内、外两块大模板取同一数字编号，并应标正号、反号以示区分。

2)内外墙全现浇工程。内外墙全现浇工程是以现浇钢筋混凝土外墙取代预制外墙板。其主要施工程序是：准备工作→挂外架子→安装内横墙大模板→安装内纵墙大模板→安装角模→安装外墙内侧大模板→合模前钢筋隐检→安装外墙外侧大模板→预检→浇筑墙体混凝土→其他工序。

3)内浇外砌工程。内浇外砌工程是内墙采用大模板现浇混凝土，外墙为砖墙砌筑，内、外墙交接处采用钢筋拉结或设置钢筋混凝土构造柱咬合，其适用于层数较少的高层建筑。其主要施工程序是：准备工作→外墙砌筑→安装大模板→预检→浇筑内墙混凝土→其他工序。

**3. 滑模施工**

滑模(即液压滑动模板)施工技术是利用一套 1 m 多高的模板及液压提升设备，按照工程设计的平面尺寸组成滑模装置，连续不断地进行竖向现浇混凝土构件施工的一种成套模板技术。其工艺特点是模板一次组装成型、装拆工序少、能连续滑升作业、施工速度快、工业化程度高、结构整体性能好。滑模工艺是高层现浇混凝土剪力墙结构和筒体结构采用的主要工业化施工方法之一。

滑模装置主要由模板系统、操作平台系统、液压提升系统及施工精度控制系统等部分组成(图 3-5)。

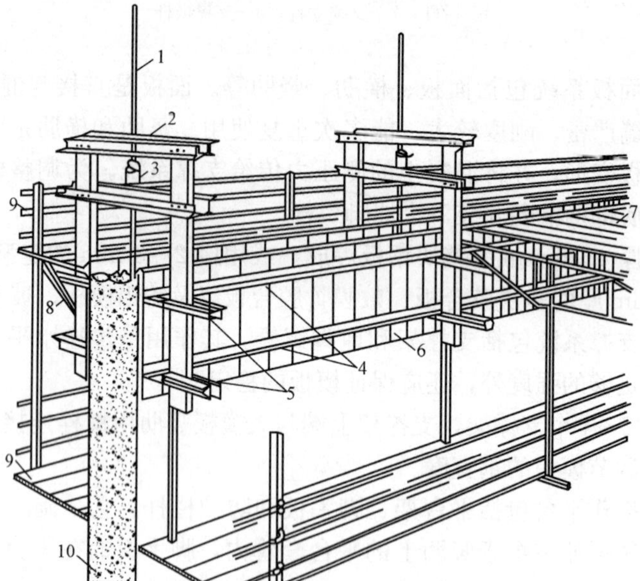


**图 3-5　滑模装置构造示意**

1—支承杆；2—提升架；3—千斤顶；4—围圈；5—围圈支托；
6—模板；7—操作平台；8—外挑三脚架；9—内(外)吊平台；10—混凝土墙

(1)模板系统。模板系统包括模板、围圈、提升架等。

1)模板。模板又称作围板，依靠围圈带动沿混凝土的表面向上滑动。其主要作用是承受混凝土的侧压力、冲击力和滑升时的摩擦力，并使混凝土按设计要求的截面形状成型。模板按其所在部位和作用的不同，可分为内模板、外模板、堵头模板、角模以及阶梯形变截面处的衬模板、圆形变截面结构中的收分模板等。模板一般以钢模板为主。

2)围圈。围圈又称作围檩，其主要作用是使模板保持组装的平面形状，并将模板与提升架连接成整体。围圈可用角钢、槽钢或工字钢制作，通常按建筑物所需要的结构形状上、下各布置一道，其间距一般为500～700 mm。当提升架之间的布置距离大于2.5 m或操作平台的桁架直接支承在围圈上时，可在上、下围圈之间加设腹杆，形成平面桁架。

3)提升架。提升架又称作千斤顶架，是安装千斤顶并与围圈、模板连接成整体的主要构件。其主要作用是控制模板、围圈由于混凝土的侧压力和冲击力而产生的位移变形，同时承受作用于整个模板上的竖向荷载，并将这些荷载传递给千斤顶和支承杆。当提升机具工作时，其通过提升架带动围圈、模板及操作平台等一起向上滑动。

(2)操作平台系统。操作平台系统包括操作平台，内、外吊脚手架及某些增设的辅助平台等。

1)操作平台。滑模的操作平台是绑扎钢筋、浇筑混凝土、提升模板等的操作场所，也是钢筋、混凝土、预埋件等材料和千斤顶、振捣器等小型备用机具的暂时存放场地。按楼板施工工艺的不同要求，操作平台可分为固定式或活动式。

2)吊脚手架。吊脚手架又称下辅助平台或吊架，主要用来检查墙(柱)混凝土质量并进行修饰，以及调整和拆除模板(包括洞口模板)，引设轴线、标高，支设梁底模板等。外吊脚手架悬挂在提升架外侧立柱和三脚挑架上，内吊脚手架悬挂在提升架内侧立柱和操作平台上。

(3)液压提升系统。液压提升系统包括液压千斤顶、液压控制台、油路系统和支承杆等。

1)液压千斤顶又称为穿心式液压千斤顶或爬升器。其中心穿过支承杆，在液压动力作用下沿支承杆爬升，以带动提升架、操作平台和模板随之一起上升。按其卡头形式的不同分为滚珠式和楔块式。

2)液压控制台是液压提升系统的控制中心，主要由电动机、齿轮油泵、换向阀、溢流阀、液压分配器和油箱等组成。

3)油路系统是连接控制台到千斤顶的液压通路，主要由油管、管接头、液压分配器和截止阀等元件组成。油管一般采用高压无缝钢管和高压橡胶管两种，其耐压力不得小于油泵额定压力的1.5倍。油管与液压千斤顶连接处宜采用高压橡胶管。

4)支承杆又称爬杆、千斤顶杆等，是千斤顶向上爬升的轨道，也是滑模的承重支柱。它支承着作用于千斤顶的全部荷载。

支承杆按使用情况分为工具式和非工具式两种。工具式支承杆可以回收，非工具式支承杆直接浇筑在混凝土中。为了节约钢材用量，应尽可能采用可回收的工具式支承杆。

直径为25 mm的圆钢支承杆常采用螺纹连接、榫接连接和坡口焊接连接三种连接方法，如图3-6所示。

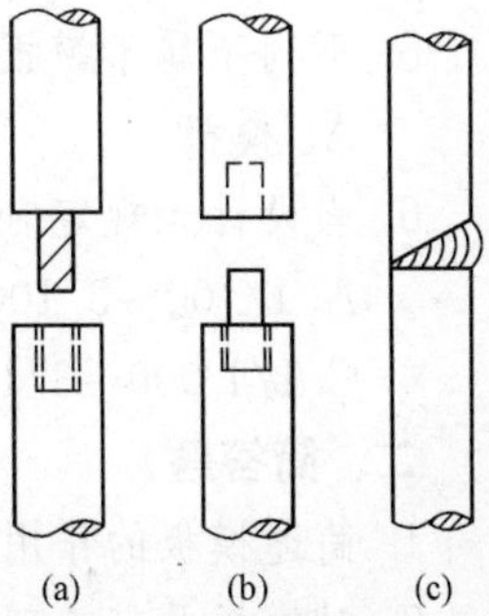


**图3-6　支承杆的连接**

(a)螺纹连接；(b)榫接连接；(c)坡口焊接连接

根据《高层建筑混凝土结构技术规程》(JGJ 3—2010)的规定，高层建筑混凝土结构采用滑模施工，宜选用额定起重量为6 t以上的大吨位千斤顶及与之配套的钢管支承杆。

#### 4. 爬升模板施工

爬升模板简称爬模，是综合大模板与滑模工艺特点形成的一种成套模板技术。它适用于高层建筑外墙外侧和电梯井筒内侧无楼板阻隔的现浇混凝土竖向结构施工，其他竖向现浇混凝土构件仍采用大模板或组合式中小型模板施工。在采取适当的措施后，外墙内侧和电梯井筒外侧的模板也可同时采用爬模施工。

爬模施工工艺分为模板与爬架互爬、爬架与爬架互爬、模板与模板互爬及整体爬模等类型。

爬升模板采用整片式大平模，由面板及肋组成，不需要支撑系统；提升设备采用电动螺杆提升机、液压千斤顶或倒链。其既保持了大模板的优点，又有滑模利用自身小型设备使模板自行向上爬升而不依赖塔式起重机的优点。

**5. 永久性模板施工**

永久性模板是一种浇灌混凝土后不再拆除的模板，它是构成永久结构的一部分。永久性模板已有多年的历史，但是最近才取得较大的发展。在多层建筑施工中，浇灌混凝土楼板时采用大量临时支撑是很不适宜的，因此，目前趋于发展采用永久性模板的施工法，即把施工荷载传递到建筑物的主要承重构件上，以减少支撑。这种施工方法不必考虑混凝土的脱模时间，也不需考虑支拆模板的费用。永久性模板在近年来迅速发展的原因，主要是预制工业目前能有效地生产外表美观的永久性模板和这种施工法可以减少或取消支撑。

## 复习思考题

**一、单选题**

1. 梁模板支承时，根据其跨度为 6 m，梁中间要把木模板支起的拱度至少为(　　)mm。

A. 6　　B. 9　　C. 12　　D. 18

2. 一个跨度为 7.4 m 的钢筋混凝土梁，拆底模时混凝土强度应达到其设计强度标准值的(　　)。

A. 50%　　B. 75%　　C. 85%　　D. 100%

3. 向模板内倾倒混凝土的自由高度不应超过(　　)。

A. 1 m　　B. 2 m　　C. 2 m 以上　　D. 1.5 m

4. 混凝土强度达到(　　)$N/mm^2$ 前，不得在其上踩踏或安装模板及支架。

A. 1.2　　B. 2.4　　C. 3.6　　D. 4.8

5. 下列不属于模板系统组成的是(　　)。

A. 模板　　B. 支架　　C. 紧固件　　D. 脚手板

6. 当设计无规定时，梁或板底模起拱高度宜为全跨长度的(　　)。

A. 1/100～3/100　　B. 1/100～2/100

C. 1/1 000～3/1 000　　D. 3/1 000～5/1 000

**二、简答题**

1. 简述模板的作用。

2. 对模板及其支架的基本要求有哪些?

3. 模板有哪些类型? 其各有何特点? 适用范围怎样?

4. 简述定型组合钢模板的特点、组成及组合钢模配板原则。

5. 试分析柱、梁、楼板模板计算荷载及计算简图。模板支架、顶撑的承载能力如何计算?

# 项目四　钢筋工程施工

知识目标

1. 熟悉钢筋进场验收程序；
2. 了解钢筋的加工工艺；
3. 掌握钢筋的连接方法；
4. 掌握钢筋下料的顺序及方法；
5. 熟悉钢筋质量验收标准及检测方法。

能力目标

1. 能够完成钢筋的进场验收；
2. 能够合理地安排钢筋的保管；
3. 能够进行钢筋的下料；
4. 能够进行钢筋替换。

## 任务一　钢筋进场验收

### 一、钢筋基本知识回顾

对于钢筋混凝土工程，钢筋与混凝土相互协调，共同承受结构荷载。普通的钢筋根据生产工艺的不同可以分为热轧钢筋、冷轧钢筋、预应力钢筋、钢绞线等。工程中常用的热轧钢筋有 HPB300(符号 Φ)、HRB335(符号 Φ)、HRB400(符号 Φ)。钢筋根据外形的不同可分为光圆钢筋、带肋钢筋；冷加工钢筋主要有冷轧带肋钢筋与冷轧扭钢筋。钢筋按照其在构件中的作用的不同而被加工成不同的形状，构件中常见的钢筋可以分为主钢筋(纵向受力筋)、箍筋、架立筋、腰筋、拉筋等。

### 二、进场验收

钢筋的质量直接影响结构的正常使用和安全，所以，钢筋供应商提供的钢筋在进入场地之前需要对其进行检验。通常，质量检验包括外观检查和力学性能检验。检验的内容主要有：

(1)首先查看是否有出厂质量证明书或试验报告单。

(2)标牌检查。每捆(盘)都应用标牌，如图 4-1 所示，标牌上应有清楚的厂标钢号、批号、尺寸等。另外，应同时检查钢筋的实际品种、直径等是否与标牌符合。

**图 4-1 钢筋出场标牌**

(3)外观检查。钢筋应平直、无损伤，表面必须清洁，不得带有颗粒状或片状铁锈、裂纹、结疤、折叠、油渍和漆污等，外形尺寸必须符合规定。

(4)力学性能和工艺性能检验。对于进场的钢筋应分批次做力学性能试验进行验收。按照规定检测其屈服强度、抗拉强度、伸长率、弯曲性能和重量偏差等力学指标，检测结果必须符合相关标准的规定。

(5)如钢筋在加工过程中发生脆断、可焊性差或者力学性能显著不正常，应进行钢筋化学成分分析。

## 规范学习

《混凝土结构工程施工质量验收规范》(GB 50204—2015)

主控项目

5.2.1 钢筋进场时，应按国家现行相关标准的规定抽取构件作屈服强度、抗拉强度、伸长率、弯曲性能和重量偏差检验，检验结果应符合相应标准的规定。

检查数量：按进场批次和产品的抽样检验方案确定。

检验方法：检查质量证明文件和抽样检验报告。

5.2.2 成型钢筋进场时，应抽取试件作屈服强度、抗拉强度、伸长率和重量偏差检验，检验结果必须符合相关标准的规定。

检验数量：同一工程、同一类型、同一原材料来源、同一组生产设备生产的成型钢筋，检验批容量不应大于 30 t。

检验方法：检查质量证明文件和抽样复验报告。

一般项目

5.2.4 钢筋应平直、无损伤，表面不得有裂纹、油污、颗粒状或片状老锈。

检查数量：全数检查。

检验方法：观察。

5.2.5 成型钢筋的外观质量和尺寸偏差应符合现行国家有关标准的规定。

检查数量：同一厂家、同一类型的成型钢筋，不超过 30 t 为一批，每批随机抽取 3 个成型钢筋试件。

检验方法：观察，尺量。

钢筋的进场检验，应按照现行国家标准《钢筋混凝土用钢　第 1 部分：热轧光圆钢筋》(GB 1499.1)、《钢筋混凝土用钢　第 2 部分：热轧带肋钢筋》(GB 1499.2)规定的组批规则、取样数量和方法进行检验，检验结果应符合上述标准的规定。一般钢筋检验断后伸长率即可，牌号带 E 的钢筋检验最大拉力下的总伸长率。钢筋的质量证明文件主要为产品合格证和出厂检验报告。

考虑到目前钢筋场外加工的实际情况，箍筋、纵筋、焊接网、钢筋笼等成型钢筋进场时，应抽取试件作屈服强度、抗拉强度、伸长率和重量偏差检验，检验结果必须符合相关标准的规定。

根据《混凝土结构工程施工质量验收规范》(GB 50204—2015)的规定，钢筋进场检验，当满足下列条件之一时，其检验批容量可扩大一倍：

(1)经产品认证符合要求的钢筋。

(2)同一工程、同一厂家、同一牌号、同一规格的钢筋、成型钢筋，连续三次进场检验均一次检验合格。

检查数量和检查方法应该严格按照《混凝土结构工程施工质量验收规范》(GB 50204—2015)中规定的内容进行。对于钢筋进行进场检验应做好检验记录，见表 4-1，检验记录要在相关人员签字认可后妥善保存。

**表 4-1　钢筋原材料进场联合验收**

<table>
<tr><td colspan="2">工程名称</td><td colspan="2"></td><td colspan="2">供货单位</td><td colspan="2"></td></tr>
<tr><td colspan="2">施工单位</td><td colspan="2"></td><td colspan="2">生产厂家</td><td colspan="2"></td></tr>
<tr><td colspan="2">生产厂家资质证号</td><td colspan="2"></td><td colspan="2">进场日期</td><td colspan="2"></td></tr>
<tr><td rowspan="2">序号</td><td colspan="7">自检项目</td></tr>
<tr><td>外观尺寸</td><td>规格型号</td><td>炉号</td><td>数量</td><td>出厂日期</td><td>出厂编号</td><td>合格证号</td></tr>
<tr><td></td><td></td><td></td><td></td><td></td><td></td><td></td><td></td></tr>
<tr><td></td><td></td><td></td><td></td><td></td><td></td><td></td><td></td></tr>
<tr><td colspan="8">验收单位</td></tr>
<tr><td colspan="2">建设单位</td><td colspan="2">施工单位</td><td colspan="2">建立单位</td><td colspan="2"></td></tr>
<tr><td colspan="2">结论：<br>采购人：<br>项目负责人：<br>年　月　日</td><td colspan="2">结论：<br>材料员：<br>质检员：<br>技术负责人：<br>年　月　日</td><td colspan="2">结论：<br>监理工程师：<br>年　月　日</td><td colspan="2"></td></tr>
</table>

### 三、钢筋的存放与保管

钢筋在运输时，较长的钢筋要用吊架装车和卸车，不能用钢丝绳拦腰捆绑进行装卸，运输过程中钢筋的一端不得拖地。经过进场检验进入场地的钢筋，需要合理的存放与妥善的保管，以防钢筋锈蚀、混淆，进而影响钢筋的后续加工及使用。钢筋在存放时应遵循以下原则：

(1)严格按照批次、规格和长度分别挂牌堆放，并表明数量。

(2)钢筋的成品或半成品要按照工程名称、构件名称和编号顺序存放，同类、同一工程、同一构件的钢筋存放在一起，不能将不同单项工程的钢筋混放在一起，以防在使用时拿错、拿乱，造成施工现场混乱，进而影响施工进度或造成工程质量事故。

(3)选择合适的场所进行堆放。钢筋尽量堆放在仓库或者料棚内，条件不具备时，应选择地势较高、通风干燥、平坦露天的场地存放，同时，钢筋的底部应垫高200 mm以上，以保持钢筋底部通风。

(4)钢筋堆垛之间应预留足够的通道以便查找、起送和存放。堆放限高≤1.2 m，采用搭钢管架子堆放限高≤2 m。

(5)堆放场地的周围应设置排水沟，防止地面积水。同时，场地周围应避免堆放酸、盐、油等腐蚀性的物品，防止钢筋锈蚀，影响钢筋的性能。

(6)建立严格的验收、保管和领取制度。

## 任务二　钢筋的配料

**任务引入**

某框架房屋一层有3根梁$L_1$，梁长$L_1$=3.5 m，截面尺寸$b\times h$=300 mm×450 mm，配筋图如图4-2所示，环境类别为二类。请计算该梁中所用钢筋的下料长度并填写配料单。

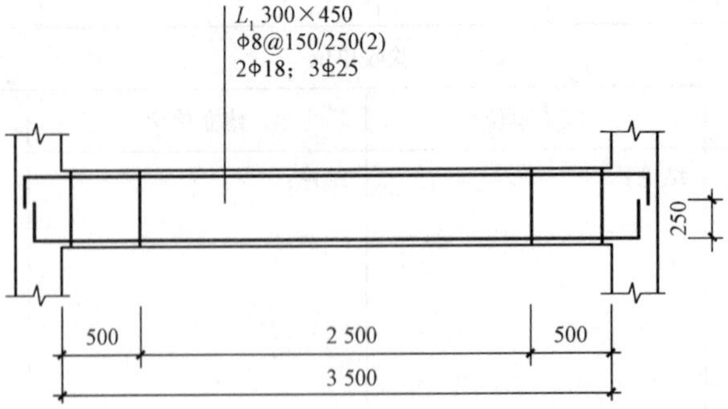


**图4-2　梁配筋图**

**【任务分析】** 首先平法读图，了解构件中所包含钢筋的类型及规格，对钢筋进行编号，了解钢筋下料计算的原则，计算每种钢筋的下料长度，填写钢筋配料单。

钢筋进入场地后，就可以进行加工准备工作，由于结构构件的类型、尺寸和配筋方式不同，所需钢筋的形状、尺寸和数量也不同，所以在钢筋加工前，根据构件的配筋施工图、施工工艺和计算规则等，准确计算所需加工钢筋的形状、尺寸、数量，避免加工时出现偏差，影响后续的施工或造成材料的浪费，这一项工作称为钢筋配料。在编制钢筋配料单之前，首先应该熟悉图纸，能够快速地将结构施工图中钢筋的种类整理汇总成明细表，并且准确读出钢筋的设计尺寸。

相关知识

## 一、钢筋下料长度计算

钢筋混凝土构件中的钢筋，由于设计与规范的要求，需要被加工成不同的形状，钢筋在配料时，由于钢筋的弯曲或弯钩其长度会发生变化，实际的下料长度不能直接按照图样中标识的数据直接下料，而应该综合考虑钢筋弯曲形状、弯钩长度、混凝土保护层厚度以及钢筋的搭接长度等因素。一般钢筋的下料长度计算公式为

直钢筋下料长度＝构件长度($l$)－混凝土保护层厚度($2c$)＋弯钩增加长度

箍筋下料长度＝箍筋外皮周长＋箍筋调整值

## 二、影响因素分析

### 1. 混凝土保护层

钢筋混凝土构件中，为了保护钢筋不被锈蚀，同时保证钢筋与混凝土之间的粘结性，按照相关规范的规定应设有混凝土保护层，混凝土保护层的厚度是指从最外层钢筋的外边缘至构件外边缘的距离。

通常，施工图上不标明混凝土保护层厚度，其取值根据环境类别按照《混凝土结构设计规范(2015 年版)》(GB 50010—2010)中规定的值选取，见表 4-2。

**表 4-2　混凝土保护层的最小厚度 $c$**

mm

| 环境类别 | 板、墙、壳 | 梁、柱、杆 |
|---|---|---|
| 一 | 15 | 20 |
| 二 a | 20 | 25 |
| 二 b | 25 | 35 |
| 三 a | 30 | 40 |
| 三 b | 40 | 50 |

注：1. 混凝土强度等级不大于 C25 时，表中保护层厚度数值应增加 5 mm。

2. 钢筋混凝土基础宜设置混凝土垫层，基础中钢筋的混凝土保护层厚度应从垫层顶面算起，且不应小于 40 mm。

### 2. 钢筋弯曲调整值

钢筋在弯曲后，弯曲处形成圆弧，同时内皮收缩，外皮延伸，轴线长度不变。带有弯钩的钢筋的测量长度为外包尺寸，如图 4-3 所示。钢筋的实际下料长度小于测量尺寸，两者之间的差值称为弯曲调整值。

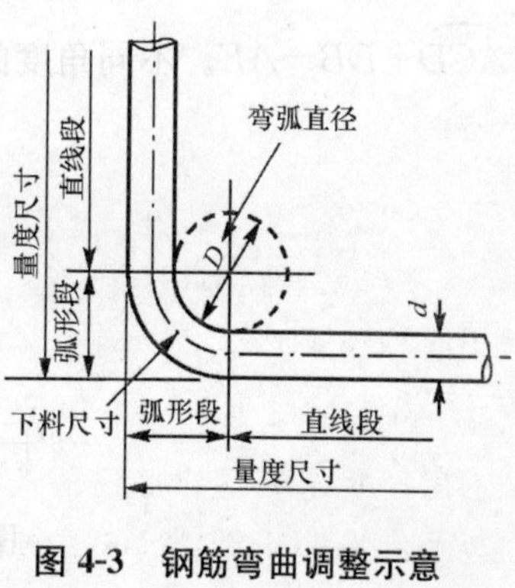

图 4-3　钢筋弯曲调整示意

为了防止弯弧内径太小使钢筋弯折后弧外侧出现裂缝，《混凝土结构工程施工质量验收规范》(GB 50204—2015)对弯弧内径的最小值有要求，见下文“规范学习”。根据规范要求，对于带肋钢筋，当弯曲为 30°、45°、60°、90°、135°时，弯曲内径 $D$ 取 $5d$，对于光圆钢筋取规范规定的最小值 $2.5d$。

弯曲调整值根据理论计算以及工程经验确定，见表 4-3。

**表 4-3 钢筋弯曲调整值**

| 弯曲角度 | 30° | 45° | 60° | 90° | 135° |
|---|---|---|---|---|---|
| 弯曲调整值 | 0.35$d$ | 0.5$d$ | 0.85$d$ | 2$d$ | 2.5$d$ |
| 注：$d$ 为钢筋直径。 | | | | | |

**规范学习**

《混凝土结构工程施工质量验收规范》(GB 50204—2015)

5.3.1 钢筋弯折的弯弧内直径应符合下列规定：

(1)光圆钢筋，不应小于钢筋直径的 2.5 倍。

(2)335 MPa 级、400 MPa 级带肋钢筋，不应小于钢筋直径的 4 倍。

(3)500 MPa 级带肋钢筋，当直径为 28 mm 以下时不应小于钢筋直径的 6 倍；当直径为 28 mm 及以上时不应小于钢筋直径的 7 倍。

(4)箍筋弯折处尚不应小于纵向受力钢筋的直径。

检查数量：按每工作班同一类型钢筋、同一加工设备抽查不应少于 3 件。

检验方法：尺量。

**3. 钢筋平直段长度**

工程中常用的弯钩形式有三种，即半圆弯钩(180°)、直弯钩(90°)、斜弯钩(135°)，如图 4-4 所示。180°弯钩常用于 HPB300 级钢筋；90°弯钩常用于柱立筋的下部、附加钢筋和无抗震要求的箍筋；135°弯钩常用于 HRB335、HRB400 级钢筋和有抗震要求的箍筋。

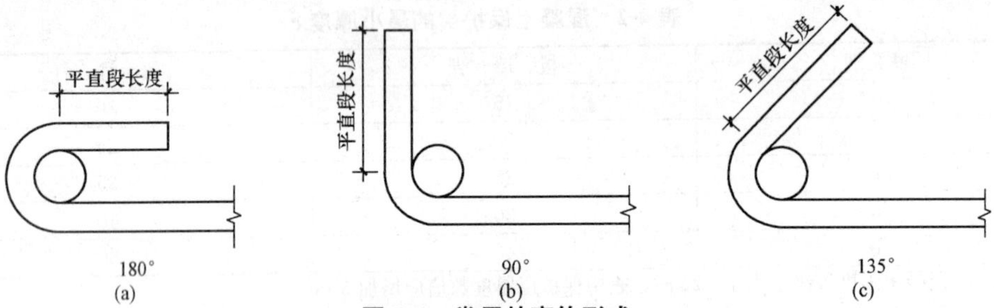


**图 4-4 常用的弯钩形式**

(a)半圆弯钩；(b)直弯钩；(c)斜弯钩

综合调整钢筋弯钩长度与平直段长度，如图 4-5 所示，每个弯钩的增加长度为：$AB'=\overset{\frown}{ACD}+DB-AE$。不同角度的综合调整值的取值见表 4-4。

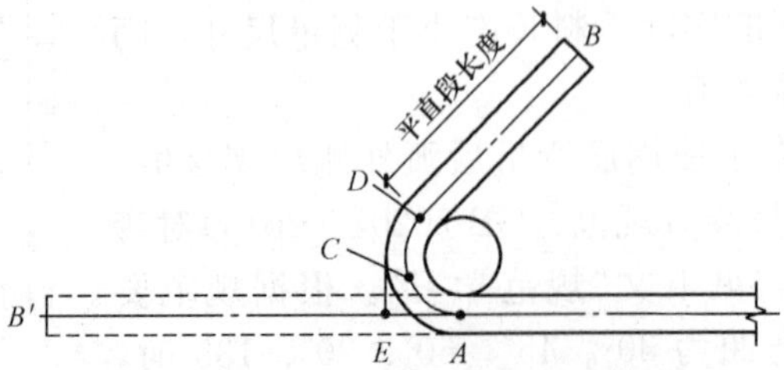


**图 4-5 钢筋弯钩综合调整增加值计算示意**

**表 4-4　钢筋弯钩综合调整增加值**

| 弯钩角度 | 弯弧内经 | 钢筋中轴线长度 | 平直段长度 | 增加值的计算过程 | 增加值 |
|---|---|---|---|---|---|
| 90° | $D=5d$ | $(D+d)\pi/4$ | $5d$ | $(D+d)\pi/4+5d-(D/2+d)$ | $6.21d$ |
| | | | $10d$ | $(D+d)\pi/4+10d-(D/2+d)$ | $11.21d$ |
| 135° | $D=2.5d$ | $(D+d)3\pi/8$ | $5d$ | $(D+d)3\pi/8+5d-(D/2+d)$ | $6.87d$ |
| | $D=4d$ | | | | $8.64d$ |
| | $D=2.5d$ | | $10d$ | $(D+d)3\pi/8+10d-(D/2+d)$ | $11.87d$ |
| | $D=4d$ | | | | $13.64d$ |
| 180° | $D=2.5d$ | $(D+d)\pi/2$ | $5d$ | $(D+d)\pi/2+5d-(D/2+d)$ | $8.25d$ |
| | | | $10d$ | $(D+d)\pi/2+10d-(D/2+d)$ | $16.5d$ |

**规范学习**

《混凝土结构工程施工质量验收规范》(GB 50204—2015)

5.3.2　纵向受力钢筋的弯折后平直段长度应符合设计要求。光圆钢筋末端做 180°弯钩时，弯钩的平直段长度不应小于钢筋直径的 3 倍。

检查数量：按每工作班同一类型钢筋、同一加工设备抽查不应少于 3 件。

检查方法：尺量。

### 4. 箍筋弯钩长度

箍筋中除焊接封闭式箍筋外，在箍筋的端部应做弯钩，常用的弯钩形式有半圆弯钩(180°)、斜弯钩(135°)、直弯钩(90°)。箍筋的调整值为弯钩增加长度和弯曲调整值两项之和。箍筋的度量方法有两种：一种是测量外包尺寸；另一种是测量内包尺寸，如图 4-6 所示。箍筋调整值见表 4-5。

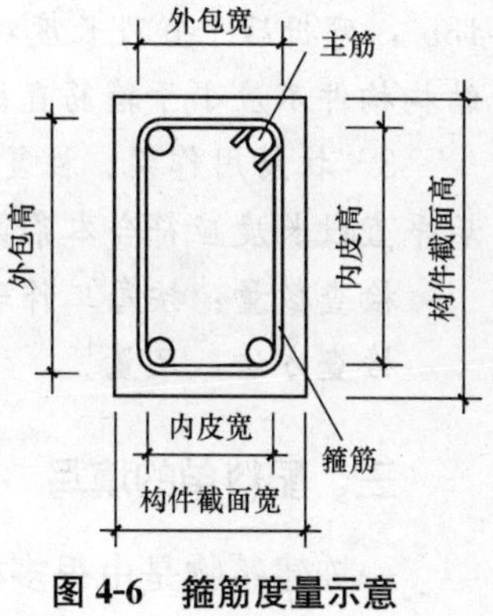


图 4-6　箍筋度量示意

**表 4-5　箍筋调整值**　mm

| 箍筋度量方法 | 箍筋直径 | | | |
|---|---|---|---|---|
| | 4～5 | 6 | 8 | 10～12 |
| 量外包尺寸 | 40 | 50 | 60 | 70 |
| 量内包尺寸 | 80 | 100 | 120 | 150～170 |

由于新规范规定保护层厚度由原来受力筋的外边缘变成最外层钢筋的边缘到混凝土外边缘厚度，所以箍筋的下料长度为

箍筋下料长度＝构件周长－混凝土保护层厚度($8c$)＋箍筋外包尺寸调整值

《混凝土结构工程施工质量验收规范》(GB 50204—2015)对箍筋和拉筋平直段长度也作了相应要求，见表 4-6。

表 4-6 箍筋和拉筋平直段长度的要求

| 构件类型 | 弯折角度 | 弯钩长度 |
| --- | --- | --- |
| 一般构件 | ≥90° | ≥5$d$ |
| | ≥135°(有抗震要求) | 10$d$ |
| 构件搭接 | ≥135° | ≥5$d$ |
| | | 10$d$(有抗震要求) |
| 拉筋 | ≥135° | ≥5$d$ |
| | | 10$d$(有抗震要求) |

**规范学习**

《混凝土结构工程施工质量验收规范》(GB 50204—2015)

5.3.3 箍筋、拉筋的末端应按设计要求做弯钩，并应符合下列规定：

1 对一般结构构件，箍筋弯钩的弯折角度不应小于 90°，弯折后平直段长度不应小于箍筋直径的 5 倍；对有抗震设防要求或设计有专门要求的结构构件，箍筋弯钩的弯折角度不应小于 135°，弯折后平直段长度不应小于箍筋直径的 10 倍。

2 圆形箍筋的搭接长度不应小于其受拉锚固长度，且两末端弯钩的弯折角度不应小于 135°，弯折后平直段长度对一般结构构件不应小于箍筋直径的 5 倍，对有抗震设防要求的结构构件不应小于箍筋直径的 10 倍。

3 拉筋用作梁、柱复合箍筋中的单肢箍筋两端弯钩的弯折角度均不应小于 135°，弯折后平直段长度应符合本条第 1 款对箍筋的有关规定。

检查数量：按每工作班同一类型钢筋、同一加工设备抽查不应小于 3 件。

检查方法：尺量。

## 三、配料单的填写

一栋建筑物是由很多构件组成的，不同的构件所需要配置钢筋的品种、规格、尺寸也不相同，所以在施工前，需要根据施工图纸对每一根构件中的钢筋品种、规格、尺寸等进行编号，确定钢筋的下料长度、根数、质量等，同时，采用明确清晰的表格形式表达出来，这就是钢筋的配料单。钢筋的配料单是钢筋加工的依据，是提出总的材料计划、签发任务单和限额领料的依据，同时，也为合理确定钢筋的连接、简化施工、节约材料提供了依据。

钢筋配料计算完毕即可填写配料单，配料单一般由构件名称、钢筋编号、下料长度、根数及质量组成。作为钢筋工下料的依据，钢筋配料单的通用格式见表 4-7。其中，每米钢筋的质量 $n=\pi(D/2)^2\times 7\,850/10^6=0.006\,17\times D^2$，$D$ 为钢筋的直径(mm)。

配料计算时应注意，在设计图纸中，钢筋细节未注明时，一般按照构造要求进行，钢筋配料计算除钢筋的形状和尺寸满足图纸外，还应该考虑钢筋的运输与安装；在钢筋配料满足要求的前提下，尽可能利用库存规格材料；在使用搭接焊和绑扎接头时，下料长度的计算应考虑搭接长度。

表 4-7　钢筋配料单

| 构件名称 | 编号 | 计算简图 | 钢号 | 直径/mm | 下料长度/mm | 单位根数 | 合计根数 | 质量/kg |
|---|---|---|---|---|---|---|---|---|
| | | | | | | | | |
| | | | | | | | | |
| | | | | | | | | |
| | | | | | | | | |
| | | | | | | | | |
| | | | | | | | | |
| | | | | | | | | |
| | | | | | | | | |

为了区别用于各工程项目、构件和各种编号的钢筋，以防在堆放、运输、安装过程中混淆，在编制好钢筋配料单后，需要对某一构件、某一编号的钢筋制作料牌。

料牌通常可用 70 mm×100 mm 的薄木板、纤维板制作。制作料牌时应该严格校对，准确无误地填写。某工程①号钢筋的料牌正反面如图 4-7 所示。

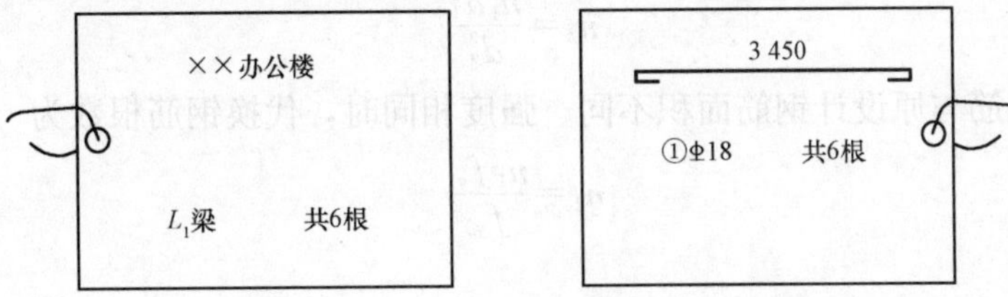


正面　　反面

图 4-7　钢筋料牌

## 四、钢筋的代换

### 1. 钢筋的代换原则

在施工过程中，工地所库存的钢筋无法供应设计图纸要求的钢筋品种和规格时，允许根据库存条件或规格的钢筋进行代换。代换时可按以下原则进行：

(1)等强度代换。结构构件按强度控制时，按强度相等原则进行代换。

(2)等面积代换。结构构件按最小配筋率控制时，按面积相等的原则进行代换。

(3)按裂缝宽度或挠度验算结果代换。结构构件按裂缝宽度或挠度控制时，代换需进行裂缝宽度或挠度验算。

在进行钢筋代换时，还应注意以下要求：

(1)对抗裂性能要求高的构件，不宜用光圆钢筋代换变形钢筋。

(2)钢筋代换时不宜改变构件的有效计算高度 $h_0$，即单排筋改双排筋。

(3)梁的纵向受力钢筋与弯起钢筋应分别代换，以保证正截面与斜截面强度。

(4)除满足强度外，还应满足相关规范规定的最小配筋率、钢筋间距、根数、最小钢筋直径及锚固长度等要求。

(5)重要构件或预应力构件，代换应征得设计院同意。

(6)有抗震要求的框架，不宜以强度等级较高的钢筋代替原设计中的钢筋。

(7)同一截面内配置不同种类和直径的钢筋代换时，钢筋的直径差异不宜过大。

(8)偏心构件在进行钢筋代换时，不取整个截面配筋量计算，应该按照受力面(受压或手拉)分别进行代换。

**2. 钢筋等强度代换方法**

钢筋等强度代换时，原配筋与代换后的配筋强度相等，由 $n_1\pi\dfrac{d_1^2}{4}f_{y1}=n_2\pi\dfrac{d_2^2}{4}f_{y2}$ 可得

$$n_2=\frac{n_1 f_{y1} d_1^2}{d_2^2 f_{y2}}$$

式中 $n_2$——代换钢筋根数；

$n_1$——原设计钢筋根数；

$d_2$——代换钢筋直径；

$d_1$——原设计钢筋直径；

$f_{y2}$——代换钢筋抗拉强度设计值；

$f_{y1}$——原设计钢筋抗拉强度设计值。

(1)当代换钢筋与原设计钢筋强度相同、面积不同时，代换钢筋根数为

$$n_2=\frac{n_1 d_1^2}{d_2^2}$$

(2)当代换钢筋与原设计钢筋面积不同、强度相同时，代换钢筋根数为

$$n_2=\frac{n_1 f_{y1}}{f_{y2}}$$

## 任务实施

**1. 读图**

该构件中有 3 种类型的钢筋，分别为上部架立筋、下部受力纵筋及箍筋。

建筑环境类别为二类的混凝土保护层厚度 $c=25$ mm，梁下部为 3Φ25 钢筋，上部为 2Φ18 的架立筋，梁两端加密区配箍筋 Φ8@150，加密区长度为 500 mm，非加密区配筋为 8@250。HRB335 做 90°弯钩，弯起段长度为 250 mm，HPB300 做 90°弯钩，箍筋采用 135°弯钩。

**2. 直钢筋的下料长度计算**

将上部架立筋设为①号钢筋，由表 4-4 可查两段弯钩增加长度 8.25$d$，①号钢筋下料长度=3 500－25×2＋2×8.25×18=3 747(mm)。

下部受力筋设为②号钢筋，由表 4-3 可查两段弯钩调整值为 2$d$，下料长度=3 500－25×2＋2×2×25＋2×250=4 050(mm)。

**3. 箍筋下料长度计算**

将箍筋设为③号钢筋，由表 4-5 可查箍筋调整值为 60 mm，箍筋的下料长度=(300＋450)×2－8×25＋60=1 360(mm)。

单侧加密区长度为 500 mm，所需箍筋根数 $n_1=500/150=3.33$(根)，取 $n_1=4$ 根，非加密区长度=3 500－25×2＋2×500=2 450(mm)，所需箍筋根数 $n_2=\dfrac{2\,450}{250}=9.8$(根)，取 $n_2=10$ 根。箍筋总根数$=n_1\times2+n_2=4\times2+10=18$(根)。

**4. 配料单的填写**

配料单的填写见表 4-8。

**表 4-8　配料单的填写**

| 构件名称 | 编号 | 计算简图 | 钢号 | 直径/mm | 下料长度/mm | 单位根数 | 合计根数 | 质量/kg |
|---|---|---|---|---|---|---|---|---|
| 梁 | ① | 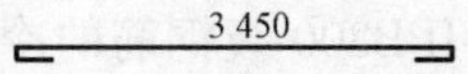  | ϕ | 18 | 3 747 | 2 | 6 | 45 |
| 梁 | ② |   | Φ | 25 | 4 050 | 3 | 9 | 140 |
| 梁 | ③ | 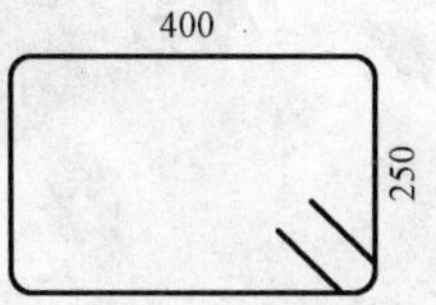  | ϕ | 8 | 2 450 | 18 | 54 | 52.2 |

# 任务三　钢筋加工与安装施工

在清楚钢筋所需要的具体形状、尺寸和下料长度后，即可针对目前施工进度安排按照编号对钢筋进行加工。由于钢筋在存放一段时间后，表面发生氧化，产生锈迹，需要在加工之前进行除锈和防锈处理；盘条供应的钢筋，需要进行调直处理后方可下料；不同构件所需要的钢筋的长度也各不相同，根据下料的长度对钢筋进行切割；由设计需要和钢筋需要，加工成不同形状的弯钩。以上这些，在钢筋加工前，进行除锈、调直、切断、弯曲等工作统称为钢筋加工。

钢筋加工一般集中在车间采用流水作业法进行，然后运至工地进行安装和绑扎。钢筋加工顺序为：钢筋调直→除锈→下料剪切→接长→弯曲。

## 一、钢筋加工

**1. 钢筋调直**

钢筋直径在 10 mm 以下的光圆钢筋通常以盘卷供货，针对盘卷供货的钢筋需要在加工之前进行调直。钢筋调直的方法有手工调直与机械调直。

手工调直冷拔低碳钢筋可以通过导轮牵引调直，如图 4-8 所示，通过后若有局部慢弯，可以用小锤敲到调直。盘卷钢筋可以用绞盘拉直，直条粗钢筋弯曲拉直较缓慢，可以用扳手就势调直。

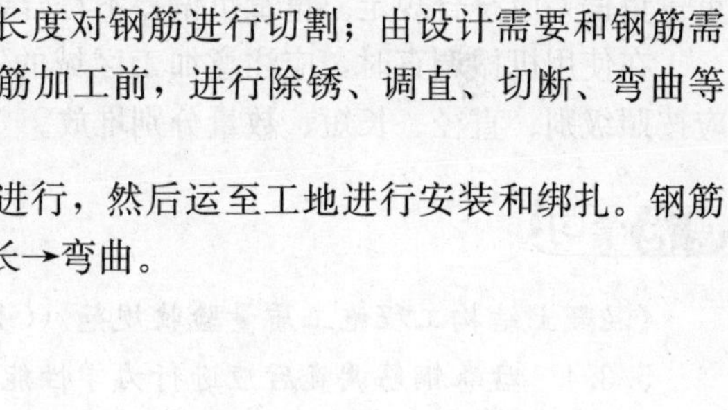

**图 4-8　钢筋手工调直示意**

机械调直是通过钢筋调直机或卷扬机调直，钢筋调直机可以用于调直直径为 6～14 mm

的圆盘钢筋，并且根据需要长度自动切断钢筋，在调直过程中将钢筋表面的氧化物、铁锈和污物直接除掉。

钢筋调直机主要是通过高速飞转的调直筒，带动调直块将钢筋连续地矫正，从而完成钢筋的调直工作。数控调直机在原调直机的基础上应用电子控制仪，可以准确地控制钢筋的断料长度，并能自动计数，如图 4-9 所示。

卷扬机拉直设备，两端采用地锚承载力。冷拉滑动组回程采用荷重架，标尺伸长，如图 4-10 所示。在使用卷扬机拉直时应注意控制冷拉率，HPB300 级钢筋的冷拉率不宜大于 4%，HRB335 级、HRB400 级钢筋的冷拉率不宜大于 1%。

**图 4-9　数控调直机**

**图 4-10　卷扬机**

根据《混凝土结构工程施工质量验收规范》(GB 50204—2015)的规定，盘卷钢筋调直后应进行力学性能和重量偏差检验，其强度应符合现行国家有关标准的规定，其断后伸长率、重量负偏差应符合规定。重量负偏差不符合要求时，调直钢筋不得复检。

在使用机械调直时，应注意加工区域的安全，防止发生安全事故。对于调直好的钢筋应按照级别、直径、长短、数量分别堆放。

**规范学习**

《混凝土结构工程施工质量验收规范》(GB 50204—2015)

5.3.4　盘卷钢筋调直后应进行力学性能和重量偏差检验，其强度应符合国家现行有关标准的规定，其断后伸长率、重量负偏差应符合表 5.3.4 的规定。力学性能和重量偏差检验应符合下列规定：

1　应对 3 个试件先进行重量偏差检验，再取其中 2 个试件进行力学性能检验。

2　重量偏差应按下式计算：

$$\Delta=\frac{W_d-W_0}{W_0}\times100\% \qquad (5.3.4)$$

式中　$\Delta$——重量偏差(%)；

$W_d$——3 个调直钢筋试件的实际质量之和(kg)；

$W_0$——钢筋理论质量(kg)，取每米理论质量(kg/m)与 3 个调直钢筋试件长度之和(m)的乘积。

3　检验重量偏差时，试件切口应平滑并与长度方向垂直，其长度不应小于 500 mm；长度和质量的量测精度分别不应低于 1 mm 和 1 g。

采用无延伸功能的机械设备调直的钢筋，可不进行本条规定的检验。

检查数量：同一加工设备、同一牌号、同一规格的调直钢筋，质量不大于 30 t 为一批，每批见证抽取 3 个试件。

检验方法：检验抽样检验报告。

**表 5.3.4　盘卷钢筋调直后的断后伸长率、重量偏差要求**

| 钢筋牌号 | 断后伸长率 $A$/% | 重量偏差/% | |
|---|---|---|---|
| | | 直径 6～12 mm | 直径 14～16 mm |
| HPB300 | ≥21 | ≥−10 | — |
| HRB335 | ≥16 | ≥−8 | ≥−6 |
| HRB400、HRBF400 | ≥15 | | |
| RRB400 | ≥13 | | |
| HRB500、HRBF500 | ≥14 | | |
| 注：断后伸长率 $A$ 的量测标距为 5 倍钢筋直径。 | | | |

**2. 钢筋除锈**

为保证钢筋与混凝土之间的粘结力，《混凝土结构工程施工质量验收规范》(GB 50204—2015)中规定钢筋表面不得有锈片状老锈，针对产生锈蚀的钢筋应除锈。在加工钢筋之前，首先应对钢筋的表面进行检查，根据实际状况确定合适的处理方法。

首先是锈迹的识别。根据锈迹的分布状况、色泽变化以及钢筋表面的光滑和粗糙程度等来确定锈蚀程度。一般的锈蚀现象有浮锈、陈锈和老锈三种。

(1)浮锈处于钢筋锈蚀的初期，钢筋表面附着较均匀的细粉末，呈黄色或淡红色。一般不影响混凝土与钢筋的粘结力，用麻布袋等将表面的锈迹擦拭干净即可。

(2)陈锈的锈迹粉末较粗，用手捻略有微粒感，颜色为红色或红褐色。其处理方法有人工除锈、机械除锈和酸洗除锈。

1)人工除锈常用钢丝刷、砂盘等擦拭钢筋表面，或者将钢筋在砂盘上来回拉动。人工除锈方法简单，但是劳动强度较大。

2)机械除锈常用钢筋除锈机除锈或者喷砂除锈。

①盘卷钢筋通过冷拉或调直机自动除锈，较粗的钢筋除锈，利用动力带动圆盘钢丝刷高速旋转，来清刷钢筋上的铁锈，这种除锈机一般由钢筋加工单位自制。

②喷砂除锈利用空气压缩机、储砂罐、喷头等设备，通过空气压缩机产生强大的气流形成高压砂流除锈。这种方法适用于大量除锈工作，除锈效果好。

3)酸洗除锈是将盘卷钢筋放入硫酸或盐酸溶液中，经过化学反应除锈。一般在酸洗除锈前进行机械除锈，可以缩短 50%的酸洗时间，节约 80%的酸洗溶液。

(3)老锈的锈迹明显，有麻坑，出现起层的片状分离现象，锈斑遍布整个钢筋表面，颜色变暗深褐色，严重的接近黑色。对老锈如果不作处理直接使用，将会导致混凝土出现裂缝，从而影响结构的承载力。对于老锈的处理，首先用小锤敲击掉起层的锈片，再用砂盘或者除锈机彻底除锈。

除锈的检验：经过除锈处理的钢筋表面，不应有颗粒状或片状的老锈，在除锈过程中，发现钢筋表面的氧化皮脱落严重并且已经损伤钢筋截面的应该降级使用或剔除不用。除锈后钢筋表面仍有严重麻坑、斑点腐蚀界面时，也应降级使用或剔除不用。

**3. 钢筋的下料剪切**

为使加工过程更加快速，同时避免钢材的浪费，钢筋在切断前应做好以下准备工作：

(1)复核。根据钢筋配料单，复核料牌上所标注的钢筋直径、尺寸、数量是否正确。

(2)确定下料方案。根据场地内的库存情况确定下料方案，长短搭配，减少损耗。

(3)度量准确。避免使用短尺量长料，防止产生累积误差。

(4)试切钢筋。调试好设备后，先试切 1～2 根，尺寸无误后再成批加工。

钢筋切断的方法有人工切断与机械切断两种。人工切断常用断线钳、手压切断器和手动液压切断器。手动切断可用于切断 16 mm 以下的 HPB300 级钢筋。机械切断常用机械切断机，操作时要保证断料准确，钢筋与切断机口要垂直，切断过程中若发现钢筋有劈裂、缩头、严重弯头的弯头，必须切除。在使用机械切断时，应注意人身安全，按照操作规程进行推料、切料，防止加工过程中刀片崩刃、刀口伤人。

**4. 钢筋弯曲**

为了保证钢筋弯曲加工的准确性，在进行弯曲前应做好以下准备工作：

(1)熟悉被加工钢筋的规格、形状和各部分尺寸。

(2)画线。在下好料的钢筋上，根据加工形状，在需要弯曲的位置上用石笔做出标记。

(3)试弯。取一根钢筋进行试弯，完成后核对其与设计尺寸是否符合，完全符合即可进行成批生产。

钢筋弯曲的方法同样也有两种，即手工弯曲和机械弯曲。钢筋的弯曲均应在常温下进行，严禁将钢筋加热后弯曲。手工弯曲成型设备简单，成型正确；机械弯曲成型可以降低劳动强度，提高工作效率。机械弯曲的设备主要有钢筋弯曲机和钢筋弯箍机。

钢筋加工完成后，应该按照规定对加工好的钢筋进行检查，钢筋加工的形状、尺寸应符合设计要求。

在工程中，部分直径较小的钢筋采用盘卷供货，其余钢筋均采用直条供应。直条钢筋受生产、运输和加工条件的限制，供货长度一般为 6～9 m，但实际构件中所需要的钢筋会超过供货长度，这时钢筋就需要接长。另外，在钢筋下料时，为了节约钢材，合理利用下料后剩余的钢筋，也需要将钢筋接长后继续使用。因此，钢筋的连接是钢筋加工过程中非常重要的一道工序。

钢筋连接有焊接、机械连接、绑扎搭接三种方法。在进行钢筋连接时，应注意以下问题：

(1)钢筋接头宜设置在受力较小处，同一根钢筋不宜设置 2 个以上接头，同一构件中的纵向受力钢筋接头宜相互错开。

(2)直径大于 12 mm 以上的钢筋，应优先采用焊接接头或机械连接接头。

(3)轴心受拉和小偏心受拉构件的纵向受力钢筋、直径 $d>28$ mm 的受拉钢筋、直径 $d>32$ mm 的受压钢筋不得采用绑扎搭接接头。

(4)直接承受动力荷载的构件、纵向受力钢筋不得采用绑扎搭接接头。

**规范学习**

《混凝土结构工程施工质量验收规范》(GB 50204—2015)

5.3.5 钢筋加工的形状、尺寸应符合设计要求，其偏差应符合表 5.3.5 的规定。

检查数量：按每工作班同一类型钢筋、同一加工设备抽查不应少于3件。

检验方法：尺量。

表 5.3.5 钢筋加工的允许偏差

| 项　目 | 允许偏差/mm |
|---|---|
| 受力钢筋沿长度方向的净尺寸 | ±10 |
| 弯起钢筋的弯折位置 | ±20 |
| 箍筋外廓尺寸 | ±5 |

**5. 钢筋的焊接**

钢筋连接采用焊接连接时，可节约钢材、改善结构的受力性能、提高工效、降低成本。常用的焊接方法有闪光对焊、电阻点焊、气压焊、电弧焊、电渣压力焊等。

对焊是钢筋接触对焊的简称，具有成本低、质量好、工效高的优点。闪光对焊的原理是：通电后，两钢筋轻微接触，通过低电压的强电流，产生高温电阻热，金属熔化后，产生强烈的飞溅，轴向加压顶锻，形成镦粗节点，使两根钢筋连接在一起。图 4-11 所示为钢筋对焊原理。

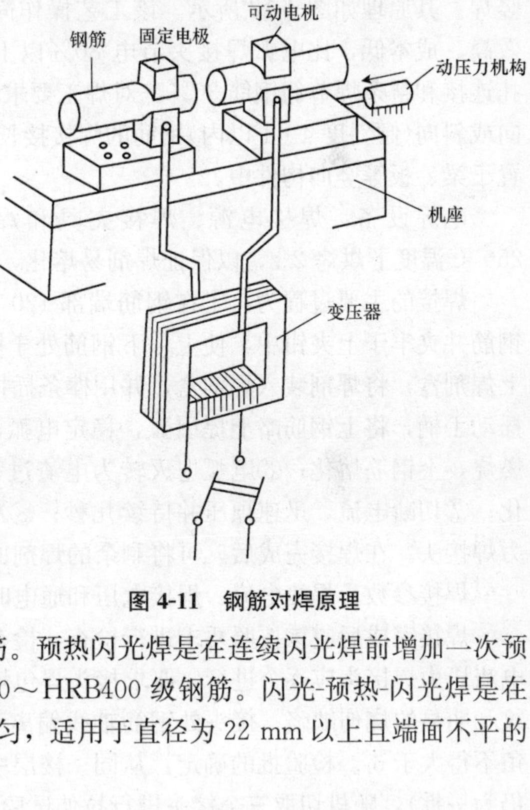

图 4-11 钢筋对焊原理

闪光对焊按照焊接工艺的不同可分为连续闪光焊、预热闪光焊、闪光-预热-闪光焊三种。

连续闪光焊工艺过程包括闪光和顶锻。施焊时，使钢筋两端面轻微接触，形成连续闪光，闪光到预定长度(即钢筋端头加热到熔点时)，以一定的压力迅速顶锻，焊接接头即告完成，其适用于直径为 20(HPB300 级和 HRB400 级)～22 mm(HRB335 级)的钢筋。预热闪光焊是在连续闪光焊前增加一次预热过程，适用于直径为 22 mm 以上的 HRB300～HRB400 级钢筋。闪光-预热-闪光焊是在预热闪光焊前再增加一次闪光过程，使预热均匀，适用于直径为 22 mm 以上且端面不平的 HPB300～HRB400 级钢筋。

对焊的主要参数：

(1)调伸长度。焊接前，两钢筋从电极钳口伸出的长度，HPB300 级钢筋为(0.75～1.25)$d$；HRB335～HRB400 级钢筋为(1.0～1.5)$d$，直径较小时取大值。

(2)闪光留量与闪光速度。闪出金属所消耗的钢筋长度。闪光留量一般为两钢筋切断时严重压伤部分之和另加 8～10 mm；闪光速度由慢到快，开始 0→约 1 mm/s→终止时 1.5～2 mm/s。

(3)预热留量与预热频率。其用来控制预热程度。

(4)变压器级次。其用来调节焊接电流的大小。

不同直径钢筋可以对焊，但其截面面积之比不得超过 1.5。焊接完成后应该按照要求进行检查，检查主要有外观检查和力学性能检测。

外观检查：全数检查。要求接头处表面无裂纹和明显烧伤；接头处有适当镦粗的均匀的毛刺；接头处的弯折角不得大于3°；接头处的轴线偏移不大于0.1$d$，且不大于2 mm。外观检查不合格的接头，可将距接头左右各15 mm处切除，重焊。

机械性能试验：同一台班、同一焊工完成的300个同牌号、同直径接头为一批；当同一台班完成的接头数量较少，可在一周内累计计算，仍不足300个时应作为一批计算。从每批接头中随机切取6个接头，其中3个做抗拉试验，3个做弯曲试验。3个热轧钢筋接头试件的抗拉强度均不得小于该级别钢筋规定的抗拉强度。

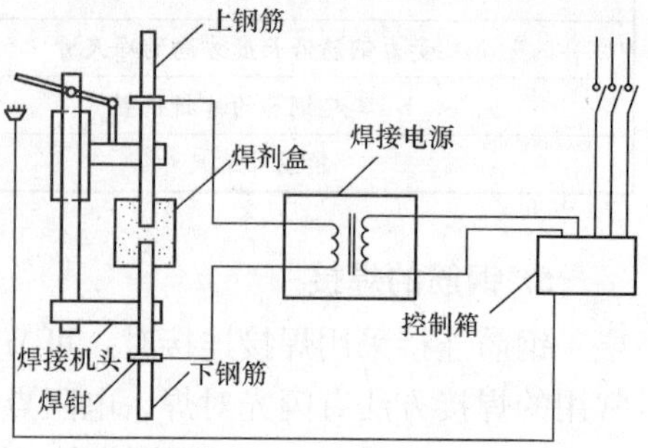

**图 4-12　电渣压力焊原理**

电渣压力焊是利用电流通过渣池产生的电阻热将钢筋端部熔化，再施加压力使钢筋焊合，又称为竖焊。其原理如图4-12所示。该工艺操作简单、工效高、成本低，比电弧焊接头节电80%以上，比绑扎连接和帮条焊节约钢筋30%，对焊工要求较高，多用于施工现场直径为14～40 mm的竖向或斜向(倾斜度4：1以内)钢筋的焊接接长。需要注意的是，不得将竖向焊接后的钢筋横置于梁、板等竖向构件中。

电焊设备：焊接电源、焊接夹具和焊剂盒。焊剂采用431焊药时，使用前应在250 ℃温度下烘烤2 h，以保证焊剂易熔化，形成渣池。

焊接的主要过程为：①在钢筋端部120 mm范围内除锈，用夹钳夹住下钢筋，扶直上钢筋并夹牢于上夹钳中，使上、下钢筋处于同一铅垂线上；②安装引弧导电钢丝圈；③套上焊剂盒，将焊剂装入焊剂盒，并用棒条插捣；④将焊机的负极线连接于上钢筋，通电后，摇动手柄，将上钢筋略上提引弧，稳定电弧，使上、下钢筋两端面均匀烧化；⑤电弧稳定燃烧，上钢筋熔化；⑥电弧熄灭转为电渣过程，渣池产生大量电阻热，使钢筋端部继续熔化；⑦切断电流，迅速顶压并持续几秒；⑧冷却后敲除渣壳，露出具有金属光泽的电渣压力焊接头。在焊接完成后，可将剩余的焊剂回收，重复使用。

焊接参数：焊接电流、焊接电压和通电时间。主要根据钢筋直径进行选择。

焊接完成后应该按照要求进行检查，检查主要有外观检查和力学性能检测。外观检查：电渣压力焊接头应逐个进行，要求接头焊包均匀，突出部分高出钢筋表面4 mm，不得有裂纹和明显的烧伤缺陷；接头处钢筋轴线偏离不超过0.1$d$，且不大于2 mm；接头处的弯折角不得大于3°。检验批的确定：从同一楼层中以300个同类型接头作为一批(不足300个时仍为一批)，随机切取三个接头进行拉伸试验。

电弧焊的原理是电焊机送出低压强电流，使焊条与焊件之间产生高温电流，将焊条与焊件金属熔化，凝固后形成一条焊缝，如图4-13所示。电弧焊在现浇结构中的钢筋接长、装配式结构中的钢筋接头、钢筋与钢板的焊接中应用广泛。

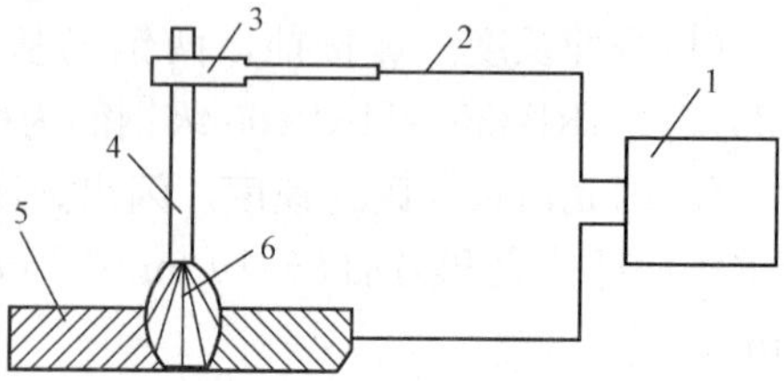

**图 4-13　电弧焊原理**

1—电焊机；2—电线；3—焊钳；
4—焊条；5—焊件；6—焊缝

电弧焊接头形式主要有帮条焊、搭接焊、坡口焊、窄间隙焊和熔槽帮条焊等。下面主要介绍帮条焊、搭接焊、坡口焊。

帮条焊宜采用双面焊，不能采用双面焊时方

可采用单面焊。帮条焊适用于焊接直径为10～40 mm的热轧钢筋、直径为10～25 mm的余热处理钢筋。帮条搭接的长度$l$：当被焊钢筋为HPB300级钢筋时，单面焊$l \geqslant 8d$($d$为主筋直径)，双面焊$l \geqslant 4d$；当被焊钢筋为HRB335、HRB400级钢筋时，单面焊$l \geqslant 10d$，双面焊$l \geqslant 5d$。帮条焊时，两主筋端面的间隙为2～5 mm。正式施焊前，帮条焊应在帮条和主筋之间用四点定位焊固定，施焊时，引弧应在帮条钢筋的一端开始；收弧时，应在帮条钢筋端头上。

搭接焊宜采用双面焊，不能采用双面焊时方可采用单面焊，如图4-14所示。搭接焊前，先将钢筋端部按搭接长度预弯，保证被焊的两钢筋的轴线在同一直线上。搭接焊的搭接长度$l$与帮条长度相同。施焊前，两主筋之间用两点定位焊固定，定位焊缝应距搭接端部20 mm以上。施焊时，引弧应在搭接钢筋的一端开始，收弧应在搭接钢筋端头上。

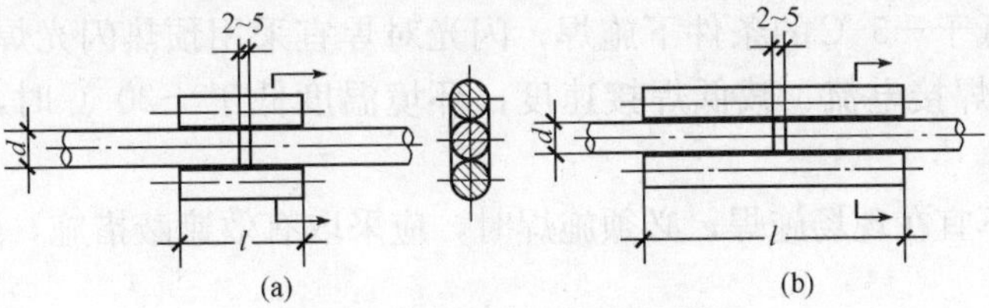


**图4-14　搭接焊的焊接接头形式**

(a)双面焊；(b)单面焊

坡口焊有平焊和立焊两种形式，如图4-15所示，其适用于焊接直径为18～40 mm的热轧钢筋、直径为18～25 mm的余热处理钢筋。焊前应检查钢筋坡口面是否平顺，凹凸不平度是否不超过1.5 mm；坡口平焊时，V形坡口角度为55°～65°；立焊时，坡口角度为45°～55°，其中下钢筋为0°～10°，上钢筋为35°～45°。平焊时，钢筋根部间距为4～6 mm；立焊时，钢筋根部间距为3～5 mm，最大间隙均不宜超过10 mm。加强焊缝的宽度应超过V形坡口的边缘2～3 mm，其高度也为2～3 mm。坡口焊目前使用得较少。

预埋件T形接头电弧焊的接头形式分贴角焊和穿孔塞焊两种，如图4-16所示。采用贴角焊时，焊缝的焊角$K$为$0.5d$(HPB300级钢筋)～$0.6d$(HRB335级、HRB400级钢筋)。采用穿孔塞焊时，钢筋的孔洞应做成喇叭口，其内口直径应比钢筋直径$d$大4 mm，倾斜角为45°，钢筋缩进2 mm。施焊时，电流不宜过大，严禁烧伤钢筋。钢筋与钢板搭接焊时，搭接长度不应小于$4d$(HPB300级钢筋)～$5d$(HRB335级、HRB400级钢筋)，焊缝宽度$b$不应小于$0.6d$，焊缝厚度$s$不应小于$0.35d$。

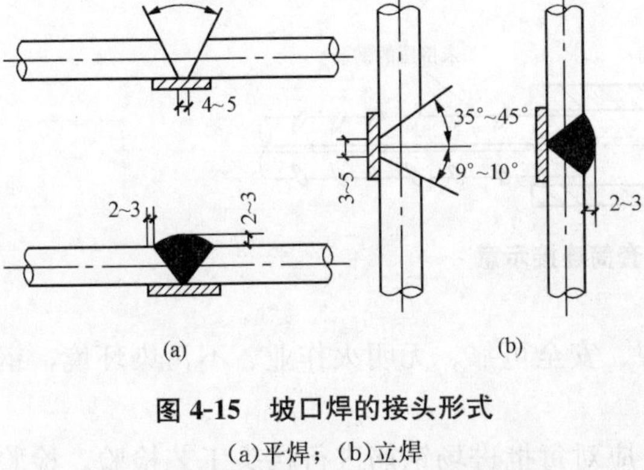


**图4-15　坡口焊的接头形式**

(a)平焊；(b)立焊

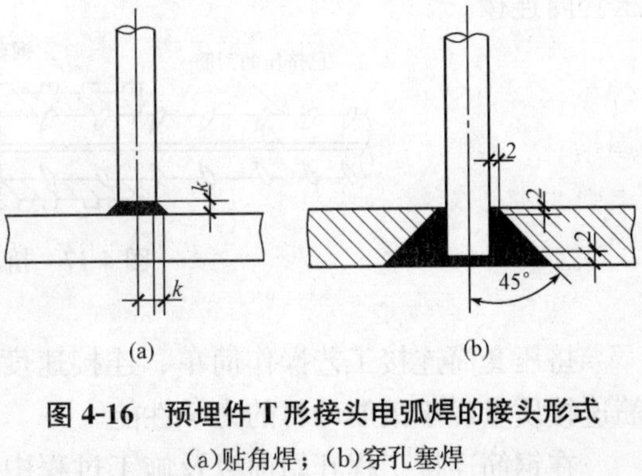


**图4-16　预埋件T形接头电弧焊的接头形式**

(a)贴角焊；(b)穿孔塞焊

焊接完成后应按照要求进行检查，检查主要有外观检查和力学性能检测。外观检查：焊缝表面应平整，不得有凹陷或焊瘤，焊接接头区域不得有肉眼可见的裂纹，坡口焊、熔槽帮条焊和窄间隙焊接头的焊缝高度不得大于 3 mm。检验批的确定：从同一楼层中以 300 个同类型接头作为一批(不足 300 个时仍为一批)，随机切取 3 个接头进行拉伸试验；在装配式结构中，可按生产条件制作模拟件，每批 3 个，做拉伸试验，试验结果不符合时，应进行复检。复检应从现场焊接中切取。

为了保证焊接的质量，在焊接施工时要按照以下规定进行：

(1)焊工必须持证操作，施焊前应进行现场条件下的焊接工艺试验，试验合格后方可正式实施焊接。

(2)焊剂应存放在干燥的库房内，受潮时，使用前应在 250 ℃～300 ℃温度下烘焙 2 h。

(3)在环境温度低于−5 ℃的条件下施焊，闪光对焊宜采用预热闪光焊或闪光-预热-闪光焊；电弧焊宜增大焊接电流、减低焊接速度；环境温度低于−20 ℃时，不宜进行各种焊接。

(4)雨天、雪天不宜在现场施焊，必须施焊时，应采取有效遮蔽措施，焊后未冷却接头不得碰到冰雪。

(5)进行闪光对焊、电阻点焊、电渣压力焊、埋弧压力焊时，应观察电源电压的波动情况，当电源电压下降 5%～8%时，应提高焊接变压器级数；当电源电压大于或等于 8%时，不得进行焊接。

(6)妥善管理氧气、乙炔、液化石油气等易燃易爆品，制定并实施各项安全技术措施，防止烧伤、触电、火灾、爆炸以及烧坏焊接设备事故的发生。

**6. 钢筋的机械连接**

钢筋的机械连接是通过钢筋与连接件的机械咬合作用或钢筋段难免的承压作用，将一根钢筋的力传到另一根钢筋上。钢筋机械连接又称为“冷连接”。

钢筋的机械连接接头类型有很多种，包括挤压套筒接头、锥螺纹套接头、直螺纹套接头、水泥灌浆充填套筒接头等。这里主要介绍挤压套筒连接和螺纹套筒连接。

挤压套筒连接是将两根待连接钢筋插入一个特制钢套管内，采用挤压机和压模在常温下对套管加压，使两根钢筋紧固成一体。连接示意如图 4-17 所示。其适用于 HRB335 级、HRB400 级、RRB400 级直径为(18～40)$d$ 的钢筋，同时异径差不大于 5 mm。按挤压方式的不同，连接方式又可分为径向挤压套筒连接和轴向挤压套管连接。轴向挤压套筒连接现场施工不方便且接头质量不够稳定，因而，在工程中使用的套筒挤压连接接头都是径向挤压套筒连接。

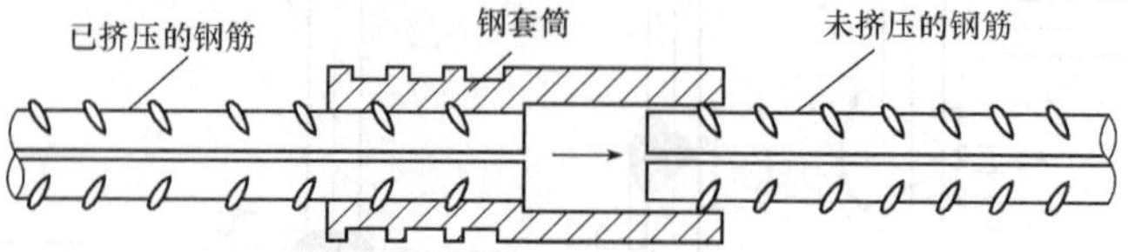


**图 4-17　挤压套筒连接示意**

挤压套筒连接工艺操作简单、连接速度快、安全可靠、无明火作业、不污染环境，钢筋连接质量优于钢筋母材的力学性能。

在钢筋连接工程开始前以及施工过程中，应对每批进场钢筋进行接头工艺检验。检验的主要内容：套管的规格合格，极限、屈服强度比钢筋大10%以上；钢筋无污、肋纹无损；压痕道数符合要求[(3～8)×2道]，压痕外径为0.8～0.9倍套管原外径；接头处无裂纹，弯折角度不大于4°。强度检验：同等级、同形式、同规格接头以500个为检验批，取3个，1个不合格，加倍抽样复验；满足A级(母材极限、高延性、反复拉压)或B级(1.35倍屈服)抗拉强度要求。现场截取抽样试件后，原接头位置的钢筋允许采用同等规格的钢筋进行搭接连接，或采用焊接及机械连接方法补救。

螺纹套筒连接是将两根待接钢筋的端部和套管预先加工成螺纹，然后用手和力矩扳手将两根钢筋端部旋入套筒，形成机械式钢筋接头。螺纹套筒连接可分为锥形螺纹连接和直螺纹连接两种，如图4-18所示。

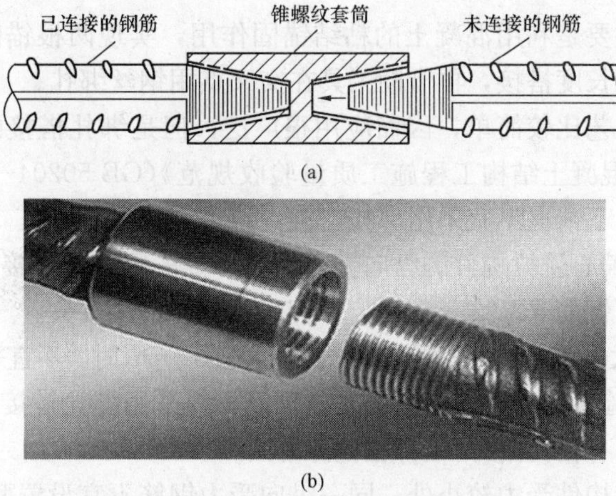


**图4-18　螺纹套筒连接**

(a)锥形螺纹连接；(b)直螺纹连接

螺纹套筒连接能在现场连接14～40 mm的同径、异径的竖向、水平或任何倾角的钢筋，异径差不大于9 mm，它连接速度快、对中性好、工艺简单、安全可靠、节约钢材和能源，可全天候施工。其可用于一、二级抗震设防的工业与民用建筑的梁、板、柱、墙、基础的施工，但不得用于预应力钢筋或承受反复动荷载及高应力疲劳荷载的结构中。螺纹套筒由专业厂家提供，其采用优质碳素钢制作，套筒的受拉承载力不小于钢筋抗拉强度的1.1倍。钢筋连接端的螺纹采用钢筋剥肋滚丝机在现场加工。

连接时，先取下连接端的塑料保护帽，检查丝扣是否完好无损，规格与套筒是否一致；确认无误后，把拧上连接套一头钢筋拧到被连接钢筋上，并用力矩扳手按规定的力矩值拧紧钢筋接头。当听到扳手发出“咔嗒”声时，表明钢筋接头已被拧紧，做好标记，以防钢筋接头漏拧。

螺纹套筒连接现场施工工艺与挤压套筒连接相同。

**规范学习**

《混凝土结构工程施工质量验收规范》(GB 50204—2015)

5.4.1　钢筋的连接方式应符合设计要求。

检查数量：全数检查。

检验方法：观察。

5.4.2　钢筋采用机械连接或焊接时，钢筋机械连接接头、焊接接头的力学性能、弯曲性能应符合现行国家有关标准的规定。接头试件应从工程实体中截取。

检查数量：应按现行行业标准《钢筋机械连接技术规程》(JGJ 107)和《钢筋焊接及验收规程》(JGJ 18)的规定确定。

检验方法：检查质量证明文件和抽样检验报告。

5.4.3　螺纹接头应检验拧紧扭矩值，挤压接头应量测压痕直径，检验结果应符合现行行业标准《钢筋机械连接技术规程》(JGJ 107)的相关规定。

检查数量：按现行行业标准《钢筋机械连接技术规程》(JGJ 107)的规定确定。

检验方法：采用专用扭力扳手或专用量规检查。

**7. 钢筋的绑扎搭接**

钢筋的绑扎搭接主要是利用混凝土的粘结锚固作用，实现两根锚固钢筋的传递。基本做法是先将钢筋按规定长度搭接，再借助工具在交叉点用钢丝绑扎。

绑扎搭接的施工工艺比较简单，因而应用很广泛，但是绑扎搭接的可靠性与焊接或者机械相比较弱。根据《混凝土结构工程施工质量验收规范》(GB 50204—2015)对绑扎搭接的应用范围进行限制，以下情况不宜采用绑扎连接：

(1)轴心受拉及小偏心受拉构件的纵向受力钢筋不得采用绑扎搭接接头；当受拉钢筋的直径 $d>28$ mm 及受压钢筋 $d>32$ mm 时，不宜采用绑扎搭接接头。

(2)受拉钢筋直径大于 28 mm，即受压钢筋直径大于 32 mm 时，不宜采用绑扎搭接接头。

(3)需要进行疲劳验算的构件，其纵向受拉钢筋不得采用绑扎搭接，也不宜采用焊接接头，且严禁在钢筋上焊有任何附件(端部锚固除外)。

钢筋接头宜设置在构件受力较小处，同一纵向受力钢筋不宜设置两个或两个以上接头，接头末端至钢筋弯起点的距离不应小于钢筋直径的 10 倍。同一构件中相邻纵向受力钢筋的绑扎搭接接头宜相互错开，位于同一连接区段内(钢筋搭接长度的 1.3 倍)的受拉钢筋搭接接头面积百分率：对梁类、板类及墙类构件不宜大于 25%，对柱类构件不宜大于 50%。

同一构件中受力钢筋的机械连接接头或焊接接头宜相互错开，位于同一连接区段内(长度为受力钢筋中较大直径的 35 倍，且不小于 500 mm)的纵向受力钢筋接头面积百分率在受拉区不宜大于 50%，接头不宜设在有抗震要求的框架梁端、柱端的箍筋加密区。无法避开时，对等强度、高质量的机械连接接头不大于 50%。

根据《混凝土结构设计规范(2015 年版)》(GB 50010—2010)的规定，受拉钢筋的搭接长度 $l_l$ 应按下式计算：

$$l_l=\zeta_l l_a$$

式中　$l_l$——钢筋绑扎搭接长度；

$\zeta_l$——纵向受拉钢筋的搭接长度修正系数，见表 4-9；

$l_a$——受拉钢筋的锚固长度。

**表 4-9　纵向受拉钢筋的搭接长度修正系数**

| 纵向受拉钢筋的搭接长度修正系数/% | ≤25 | ≤50 | ≤100 |
|---|---|---|---|
| $\zeta_l$ | 1.2 | 1.4 | 1.6 |

纵向受力钢筋的最小搭接长度：当纵向受拉钢筋的绑扎搭接接头的百分率不大于 25%时，最小搭接长度应符合表 4-10 的规定。

表 4-10 纵向受拉钢筋的最小搭接长度

| 钢筋类型 | | 混凝土强度等级 | | | | | | | | |
|---|---|---|---|---|---|---|---|---|---|---|
| | | C20 | C25 | C30 | C35 | C40 | C45 | C50 | C55 | ≥C60 |
| 光圆钢筋 | 300 级 | 48$d$ | 41$d$ | 37$d$ | 34$d$ | 31$d$ | 29$d$ | 28$d$ | — | — |
| 带肋钢筋 | 335 级 | 46$d$ | 40$d$ | 36$d$ | 33$d$ | 30$d$ | 29$d$ | 27$d$ | 26$d$ | 25$d$ |
| | 400 级 | — | 48$d$ | 43$d$ | 39$d$ | 36$d$ | 34$d$ | 33$d$ | 31$d$ | 30$d$ |
| | 500 级 | — | 58$d$ | 52$d$ | 47$d$ | 43$d$ | 41$d$ | 39$d$ | 38$d$ | 36$d$ |
| 注：$d$ 为钢筋直径；两根直径不同的钢筋的搭接长度，以较细钢筋的直径计算。 | | | | | | | | | | |

同一构件中相邻纵向受力钢筋的绑扎搭接接头宜相互错开，各接头的横向净距不应小于钢筋直径，且不应小于 25 mm。接头连接区段的长度为 1.3 倍搭接长度，凡接头中点位于该连接区段长度内的接头均应属于同一连接区段。

钢筋接头搭接处，应在中心和两端用钢丝扎牢；绑扎接头的搭接长度应符合设计要求，且不得小于规范规定的最小搭接长度(受拉钢筋为 300 mm，受压钢筋为 200 mm)。

应特别注意板上部的负筋，一要保证其绑扎位置准确；二要防止施工人员踩踏，尤其是雨篷、挑檐、阳台等悬臂板，防止其拆模后断裂、垮塌。

## 规范学习

《混凝土结构工程施工质量验收规范》(GB 50204—2015)

5.4.4 钢筋接头的位置应符合设计和施工方案要求。在有抗震设防要求的结构中，梁端、柱端箍筋加密区范围内不应进行钢筋搭接。接头末端至钢筋弯起点的距离不应小于钢筋直径的 10 倍。

检查数量：全数检查。

检验方法：观察，尺量。

5.4.5 钢筋机械连接接头、焊接接头的外观质量应符合现行行业标准《钢筋机械连接技术规程》(JGJ 107)和《钢筋焊接及验收规程》(JGJ 18)的规定。

检查数量：应按现行行业标准《钢筋机械连接技术规程》(JGJ 107)和《钢筋焊接及验收规程》(JGJ 18)的规定确定。

检验方法：观察，尺量。

5.4.6 当纵向受力钢筋采用机械连接接头或焊接接头时，同一连接区段内纵向受力钢筋的接头面积百分率应符合设计要求；当设计无具体要求时，应符合下列规定：

1 受拉接头，不宜大于 50%；受压接头，可不受限制；

2 直接承受动力荷载的结构构件中，不宜采用焊接；当采用机械连接时，不应超过 50%。

检查数量：同一检验批内，对梁、柱和独立基础，应抽查构件数量的 10%，且不应少于 3 件；对墙和板，应按有代表性的自然间抽查 10%，且不应少于 3 间；对大空间结构，墙可按相邻轴线间高度 5 m 左右划分检查面，板可按纵横轴线划分检查面，抽查 10%，且均不应少于 3 面。

检查方法：观察，尺量。

注：1 接头连接区段是指长度为 35$d$ 且不小于 500 mm 的区段，$d$ 为相互连接两根钢筋的直径较

小值。

2　同一连接区段内纵向受力钢筋接头面积百分率为接头中点位于该连接区段内的纵向受力钢筋截面面积与全部纵向受力截面面积的比值。

5.4.7　当纵向受力钢筋采用绑扎搭接接头时，接头的设置应符合下列规定：

(1)接头的横向净间距不应小于钢筋直径，且不应小于 25 mm。

(2)同一连接区段内，纵向受拉钢筋的接头面积百分率应符合设计要求；当设计无具体要求时，应符合下列规定：

1)梁类、板类及墙类构件，不宜超过 25%；基础筏板，不宜超过 50%。

2)柱类构件，不宜超过 50%。

3)当工程中确有必要增大接头面积百分率时，对梁类构件，不应大于 50%。

检查数量：在同一检验批内，对梁、柱和独立基础，应抽查构件数量的 10%，且不应少于 3 件；对墙和板，应按有代表性的自然间抽查 10%，且不应少于 3 间；对于大空间结构，墙可按相邻轴线间高度 5 m 左右划分检查面，板可按纵横轴线划分检查面，抽查 10%，且均不应少于 3 面。

检查方法：观察，尺量。

注：1　接头连接区段是指 1.3 倍搭接长度的区段。搭接长度取相互连接两根钢筋中较小直径计算。

2　同一连接区段内纵向受力钢筋接头面积百分率为接头中点位于该连接区段长度内的纵向受力钢筋截面面积与全部纵向受力钢筋截面面积的比值。

5.4.8　梁、柱类构件的纵向受力钢筋搭接长度范围内箍筋的设置应符合设计要求；当设计无具体要求时，应符合下列规定：

1　箍筋直径不应小于搭接钢筋较大直径的 1/4；

2　受拉搭接区段的箍筋间距不应大于搭接钢筋较小直径的 5 倍，且不应大于 100 mm；

3　受压搭接区段的箍筋间距不应大于搭接钢筋较小直径的 10 倍，且不应大于 200 mm；

4　当柱中纵向受力钢筋直径大于 25 mm 时，应在搭接接头两个端面外 100 mm 范围内各设置两个箍筋，其间距宜为 50 mm。

检查数量：在同一检验批内，应抽查构件数量的 10%，且不应少于 3 件。

检查方法：观察，尺量。

## 二、钢筋安装施工

### 1. 安装施工的工具

钢筋绑扎安装所用的工具有钢筋钩子、带扳口的小撬棍、绑扎架、钢丝刷、粉笔、尺子等。

钢筋钩子是绑扎钢筋的主要工具，如图 4-19 所示。

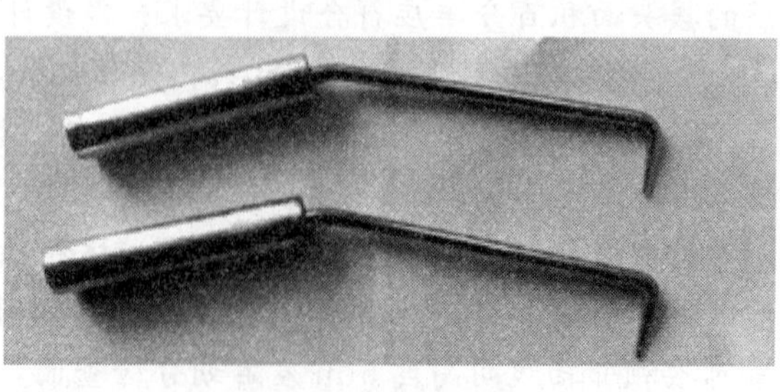

图 4-19　钢筋钩子

带扳口的小撬棍主要用来调整钢筋间距、矫直钢筋的部分弯曲以及放置保护层垫块。

绑扎架主要用于预先绑扎再现场安装的工艺中。

钢筋在安装绑扎时，还需要一些辅助材料，主要有绑扎用的钢丝、垫块等。

钢筋绑扎用的钢丝，主要采用 20～22 号钢丝。其中，22 号钢丝只用于绑扎直径为 12 mm以下的钢筋。钢丝长度可参考表 4-11 的数值采用。因钢丝是成盘供应的，故习惯上是按每盘钢丝周长的几分之一来切断。

**表 4-11　钢筋绑扎钢丝长度参考表**

| 钢筋直径/mm | 3～5 | 6～8 | 10～12 | 14～16 | 18～20 | 22 | 25 | 28 | 32 |
|---|---|---|---|---|---|---|---|---|---|
| 3～5 | 120 | 130 | 150 | 170 | 190 | | | | |
| 6～8 | | 150 | 170 | 190 | 220 | 250 | 270 | 290 | 320 |
| 10～12 | | | 190 | 220 | 250 | 270 | 290 | 310 | 340 |
| 14～16 | | | | 250 | 270 | 290 | 310 | 330 | 360 |
| 18～20 | | | | | 290 | 310 | 330 | 350 | 380 |
| 22 | | | | | | 330 | 350 | 370 | 400 |

垫块主要是为了保证钢筋位置的正确，满足钢筋所需的混凝土保护层厚度，事先做好垫块，以支撑钢筋骨架。垫块宜用与结构强度相同的细石混凝土制成，也可以采用塑料卡、拉筋、支撑筋等，如图 4-20 所示。

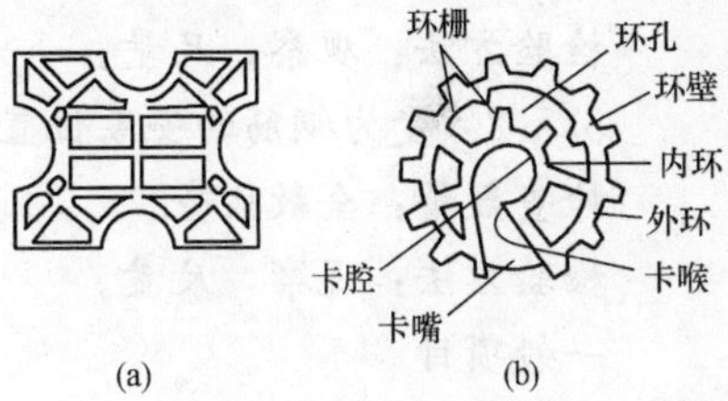


图 4-20　垫块

(a)塑料垫块；(b)塑料环圈

为使安装准确、高效，现场安装钢筋前应先做好准备工作。首先，核对成品钢筋的钢号、直径、形状、尺寸和数量等是否与料单、料牌相符。如有错漏，应纠正增补；准备绑扎用的钢丝、绑扎工具(如钢筋钩、带扳口的小撬棍)、绑扎架、水泥砂浆垫块或塑料卡等；画出钢筋位置线，对平板或墙板的钢筋，在模板上画柱的箍筋，在两根对角线主筋上画点，对梁的箍筋，则在架立筋上画点，对基础的钢筋，在两向各取一根钢筋画点或在垫层上画线；绑扎形式复杂的结构部位时，应先逐根研究钢筋穿插就位的顺序，并与模板工联系讨论支模和绑扎钢筋的先后次序，以减少绑扎困难。

**2. 梁板钢筋的安装要点**

(1)安装顺序。梁的钢筋安装主要按照以下顺序进行：布置主筋，布置上层架立筋，画箍筋的位置线，穿套箍筋，按照位置线将上层架立筋与箍筋固定，绑扎下层主筋，绑扎侧梁构造筋与主筋。

板的钢筋绑扎主要按照以下顺序进行：弄清楚钢筋的布置情况，画线，摆放主筋，绑扎主筋，摆放、绑扎板面构造钢筋，绑扎完成后在底模上放置垫块。

(2)安装注意事项。在安装绑扎梁板钢筋时要注意：纵向受力钢筋采用双层排列时，两排钢筋之间应垫以直径≥25 mm 的短钢筋，以保持其设计距离。箍筋的接头(弯钩叠合处)应交错布置在两根架立钢筋上，其余同柱。板的钢筋网绑扎与基础相同，但应注意板上部的负筋，要防止其被踩下；特别对于雨篷、挑檐、阳台等悬臂板，要严格控制负筋位置，以免拆模后断裂。板、次梁与主梁的交叉处，板的钢筋在上，次梁的钢筋居中，主梁的钢筋在下；当有圈梁或垫梁时，主梁的钢筋在上。框架节点处钢筋穿插十分稠密时，应特别注意梁顶面主筋间的净距要有 30 mm，以利于浇筑混凝土。梁钢筋的绑扎与模板安装之间的配合关系：①梁的高度较小时，梁的钢筋架空在梁顶上绑扎，然后再落位；②梁的高度较大(≥1.0 m)时，梁的钢筋宜在梁底模上绑扎，其两侧模或一侧模后装。梁板钢筋绑扎时，应防止水电管线将钢筋抬起或压下。钢筋安装完成之后，在浇筑混凝土之前，应进行钢筋隐蔽工程验收，其内容包括：纵向受力钢筋的品种、规格、数量、位置等；钢筋连接方式、接头位置、接头数量、接头面积百分率等；箍筋、横向钢筋的品种、规格、数量、间距等；预埋件的规格、数量、位置等。

钢筋隐蔽工程验收前，应提供钢筋出厂合格证与检验报告及进场复验报告、钢筋焊接接头和机械连接接头力学性能试验报告。

## 规范学习

《混凝土结构工程施工质量验收规范》(GB 50204—2015)

主控项目

5.5.1　安装钢筋时，受力钢筋的牌号、规格和数量必须符合设计要求。

检查数量：全数检查。

检验方法：观察，尺量。

5.5.2　受力钢筋的安装位置、锚固方式应符合设计要求。

检查数量：全数检查。

检验方法：观察，尺量。

一般项目

5.5.3　钢筋安装的允许偏差及检验方法应符合表5.5.3的规定。梁板类构件上部受力钢筋保护层厚度的合格点率应达到90%及以上，且不得有超过表中数值1.5倍的尺寸偏差。

检查数量：在同一检验批内，对梁、柱和独立基础，应抽查构件数量的10%，且不应少于3件；对墙和板，应按有代表性的自然间抽查10%，且不应少于3间；对大空间结构，墙可按相邻轴线间高度5 m左右划分检查面，板可按纵、横轴线划分检查面，抽查10%，且均不应少于3面。

**表5.5.3　钢筋安装的允许偏差及检验方法**

| 项目 | | 允许偏差/mm | 检验方法 |
|---|---|---|---|
| 绑扎钢筋网 | 长、宽 | ±10 | 尺量 |
| | 网眼尺寸 | ±20 | 尺量连续三档，取最大偏差值 |
| 绑扎钢筋骨架 | 长 | ±10 | 尺量 |
| | 宽、高 | ±5 | 尺量 |
| 纵向受力钢筋 | 锚固长度 | −20 | 尺量 |
| | 间距 | ±10 | 尺量两端、中间各一点，取最大偏差值 |
| | 排距 | ±5 | |
| 纵向受力钢筋、箍筋的混凝土保护层厚度 | 基础 | ±10 | 尺量 |
| | 柱、梁 | ±5 | 尺量 |
| | 板、墙、壳 | ±3 | 尺量 |
| 绑扎箍筋、横向钢筋间距 | | ±20 | 尺量连续三档，取最大偏差值 |
| 钢筋弯起点位置 | | 20 | 尺量，沿纵、横两个方向量测，并取其中偏差的较大值 |

续表

| 项目 | | 允许偏差/mm | 检验方法 |
|---|---|---|---|
| 预埋件 | 中心线位置 | 5 | 尺量 |
| | 水平高差 | +3，0 | 塞尺检查 |

## 复习思考题

**一、单选题**

1. 钢筋进场时，应按现行国家标准的规定抽取试件做(　　)检验，其质量必须符合有关标准的规定。

   A. 尺寸规格　　B. 表面粗糙度　　C. 局部外观　　D. 力学性能

2. 箍筋末端弯后平直部分长度，对有抗震等要求的结构不应小于箍筋直径的(　　)倍。

   A. 5　　B. 8　　C. 10　　D. 15

3. 钢筋的接头宜设置在(　　)。

   A. 跨中 1/3 范围内　　B. 支座上　　C. 箍筋加密区　　D. 受力较小处

4. 多用于竖向钢筋的接长，且适于焊接 $\phi 14 \sim \phi 40$ 的 HPB300 级、HRB335 级钢筋的是(　　)。

   A. 电渣压力焊　　B. 电阻点焊　　C. 气压焊　　D. 闪光对焊

**二、简答题**

1. 简述钢筋进行进场验收的要点。
2. 简述钢筋工程的一般施工顺序。
3. 计算图 4-21 所示钢筋的下料长度。

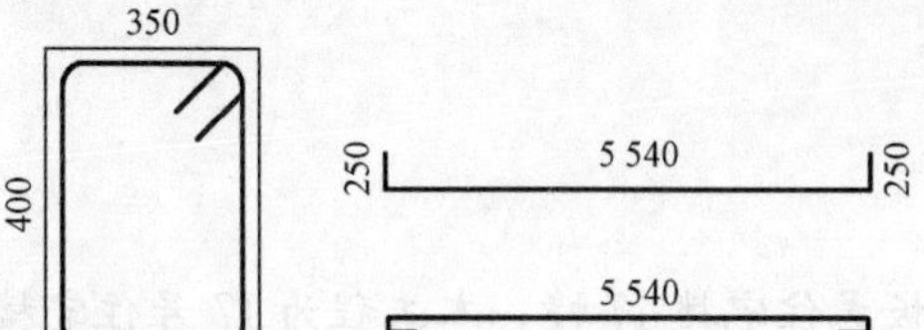


**图 4-21　题 3 图**

4. 简述梁、板钢筋的安装要点。

# 项目五　混凝土工程施工

**知识目标**

1. 掌握混凝土制备的材料要求及施工配合比的计算方法；
2. 掌握混凝土搅拌和运输的方法；
3. 掌握混凝土浇筑和振捣的方法及施工要点；
4. 掌握混凝土养护和拆模的具体要求；
5. 熟悉混凝土施工过程中的质量控制要求。

**能力目标**

1. 能完成混凝土的制备、搅拌与运输；
2. 能选择合适的混凝土浇筑与振捣方法，并完成施工；
3. 能根据具体施工环境完成混凝土的养护；
4. 能进行混凝土施工过程的质量控制。

## 任务一　混凝土的制备、搅拌与运输

**任务引入**

某小区内共布置高层板式住宅楼17幢，本工程为17号住宅楼，建筑面积为37 717.7 $m^2$。地下共2层，地下一层为设备层，层高为3.9 m，地下二层为六级人防地下室，层高为3.3 m；地上共23层，均为单元式住宅，层高为3.0 m，一梯两户，五个单元，顶部电梯机房层高为5.15 m，室内外高差为0.9 m。试完成该建筑用C35混凝土的制备和运输。

**【任务分析】** 对于C35混凝土的制备，要清楚配制混凝土需要哪些原料、原料之间的比例关系如何、配制完成后如何运输到施工现场。

**相关知识**

混凝土工程施工应保证结构具有设计的外形和尺寸，施工后混凝土应符合设计要求的强度等级，有良好的整体性，并满足设计和施工的特殊要求。混凝土工程包括混凝土的制备、搅拌、运输、浇筑振捣和养护等施工过程。各个施工过程既相互联系又相互影响，在混凝土施工过程中除按有关规定控制混凝土原材料的质量外，任一施工过程处理不当都会影响混凝土的最终质量，因此，如何在施工过程中控制每一施工环节，是混凝土工程需要研究的课题。

## 一、混凝土的制备

混凝土的制备应采用符合质量要求的原材料，按规定的配合比配料，混合料应拌和均匀，以保证结构设计所规定的混凝土强度等级，满足设计提出的特殊要求(如抗冻、抗渗等)和施工和易性的要求，并应符合节约水泥、降低劳动强度等原则。

**规范学习**

《混凝土结构工程施工规范》(GB 50666—2011)

7.1.1 混凝土结构施工宜采用预拌混凝土。

7.1.2 混凝土的制备应符合下列规定：

1 预拌混凝土应符合现行国家标准《预拌混凝土》(GB 14902)的有关规定；

2 现场搅拌混凝土宜采用具有自动计量装置的设备集中搅拌；

3 当不具备本条第1、2款规定的条件时，应采用符合现行国家标准《混凝土搅拌机》(GB/T 9142)的搅拌机进行搅拌，并应配备计量装置。

7.1.3 混凝土运输应符合下列规定：

1 混凝土宜采用搅拌运输车运输，运输车辆应符合国家现行有关标准的规定；

2 运输过程中应保证混凝土拌合物的均匀性和工作性；

3 应采取保证连续供应的措施，并应满足现场施工的需要。

7.1.4 混凝土原材料的主要技术指标应符合本规范附录G和国家现行有关标准的规定。

### 1. 混凝土的材料

混凝土的材料主要包括水泥、细集料(如砂)、粗集料(如石子)、水和外加剂等。

(1)水泥。水泥进场时必须有出厂合格证和试验报告单，并应对其品种、级别、包装或散装仓号、出厂日期等进行检查，并对其强度、安定性及其必要的性能指标进行复验，其质量必须符合现行国家标准《通用硅酸盐水泥》(GB 175)的规定。当对水泥质量有怀疑或水泥出厂超过3个月(快硬硅酸盐水泥超过1个月)时，应复查试验并按试验结果使用。钢筋混凝土结构、预应力混凝土结构中，严禁使用含氯化物的水泥。

常用的水泥品种有硅酸盐水泥、普通硅酸盐水泥、矿渣硅酸盐水泥、火山灰质硅酸盐水泥和粉煤灰硅酸盐水泥等。特种水泥有快硬水泥、膨胀水泥等。

(2)砂。混凝土用砂一般以中、粗砂为宜。砂必须符合有害杂质最大含量的要求。砂中的有害杂质影响混凝土的质量，如云母、黑云母、淤泥和黏土、硫化物和硫酸盐、有机物等。有害杂质会对混凝土的强度、抗冻性、抗渗性等方面产生不良影响或腐蚀钢筋，影响结构的耐久性。

(3)石子。混凝土所选用的石子有卵石和碎石之分。卵石天然形成，表面光滑，空隙率与总表面积较小，故拌制混凝土时水泥用量少，但与水泥浆的粘结力较差，所以卵石混凝土强度较低；碎石由人工破碎，表面粗糙，空隙率和总表面积较大，故所需的水泥浆较多，与水泥浆的粘结力强，因此，碎石混凝土强度较高。

选择适宜的石子级配和最大粒径对混凝土质量影响较大。级配好，其空隙率及总表面积小，不仅能降低砂率、节约水泥，而且能改善混凝土的和易性，提高其密实性。

由于结构断面、钢筋间距及施工条件的限制，一般规定石子的最大粒径不得超过钢筋最小净距的3/4；不得超过结构截面最小尺寸的1/4；不得超过实心板厚度的1/3，且不应超过40 mm；在任何情况下，石子不得大于150 mm。对于人工拌制的混凝土，石子最大粒径则以不超过80 mm为宜。

(4)水。拌制混凝土一般用自来水或其他可饮用水。要求水中不含有影响水泥正常硬化的有害杂质、油脂和糖类物质。因此，污水、工业废水、酸性水和硫酸盐含量超过水重1%的水，均不得用于混凝土中。海水对钢筋有腐蚀作用，不能用来拌制配筋结构的混凝土。

(5)外加剂。为适应新结构、新技术发展的需要，人们日益注重混凝土性能的改进，注重水泥新品种的研制以及外加剂的应用等。应用于混凝土的外加剂种类繁多，已成为混凝土中除水泥、砂、石和水之外的第五种原料。外加剂按作用的不同，可分为减水剂、早强剂、速凝剂、缓凝剂、加气剂和抗冻剂等。

**规范学习**

《混凝土结构工程施工规范》(GB 50666—2011)

7.2.2 粗集料宜选用粒形良好、质地坚硬的洁净碎石或卵石，并应符合下列规定：

1 粗集料最大粒径不应超过构件截面最小尺寸的1/4，且不应超过钢筋最小净间距的3/4；对实心混凝土板，粗集料的最大粒径不宜超过板厚的1/3，且不应超过40 mm；

2 粗集料宜采用连续粒级，也可用单粒级组合成满足要求的连续粒级；

3 含泥量、泥块含量指标应符合本规范附录G的规定。

7.2.3 细集料宜选用级配良好、质地坚硬、颗粒洁净的天然砂或机制砂，并应符合下列规定：

1 细集料宜选用Ⅱ区中砂。当选用Ⅰ区砂时，应提高砂率，并应保持足够的胶凝材料用量，满足混凝土的工作性要求；当采用Ⅲ区砂时，宜适当降低砂率。

2 混凝土细集料中的氯离子含量应符合下列规定：

1)对钢筋混凝土，按干砂的质量百分率计算不得大于0.06%；

2)对预应力混凝土，按干砂的质量百分率计算不得大于0.02%。

3 含泥量、泥块含量指标应符合本规范附录G的规定。

4 海砂应符合现行行业标准《海砂混凝土应用技术规范》(JGJ 206)的有关规定。

7.2.9 未经处理的海水严禁用于钢筋混凝土和预应力混凝土的拌制与养护。

**2. 混凝土的配制强度($f_{cu,0}$)**

当设计强度等级小于C60时，混凝土的配制强度应按下式计算：

$$f_{cu,0} \geq f_{cu,k} + 1.645\sigma$$

式中 $f_{cu,0}$——混凝土的配制强度(MPa)；

$f_{cu,k}$——混凝土立方体抗压强度标准值(MPa)；

$\sigma$——混凝土强度标准差(MPa)。

混凝土强度标准差宜根据同类混凝土的统计资料按下式计算确定：

$$\sigma = \sqrt{\frac{\sum_{i=1}^{n} f_{cu,i}^2 - nm_{f_{cu}}^2}{n-1}}$$

式中 $f_{cu,i}$——统计周期内同一品种混凝土第 $i$ 组试件的强度值(MPa)；

$m_{f_{cu}}$——统计周期内同一品种混凝土 $n$ 组试件的强度平均值(MPa)；

$n$——统计周期内同一品种混凝土试件的总组数，$n \geqslant 25$。

对于强度等级小于或等于C30的混凝土，计算得到的 $\sigma \geqslant 3.0$ MPa时，应按计算结果取值；计算得到的 $\sigma < 3.0$ MPa时，$\sigma$ 应取3.0 MPa。对于强度等级大于C30且小于C60的混凝土，计算得到的 $\sigma \geqslant 4.0$MPa时，应按计算结果取值；计算得到的 $\sigma < 4.0$ MPa时，$\sigma$ 应取4.0 MPa。

对预拌混凝土厂和预制混凝土构件厂，其统计周期可取为1个月；对现场拌制混凝土的施工单位，其统计周期可要按实际情况确定，但不宜超过3个月。

施工单位如没有近期的同品种混凝土强度资料，其混凝土强度标准差 $\sigma$ 可按表5-1取用。

**表5-1 标准差 $\sigma$ 值** MPa

| 混凝土强度标准值 | ≤C20 | C25～C45 | C50～C55 |
|---|---|---|---|
| $\sigma$ | 4.0 | 5.0 | 6.0 |

**3. 混凝土的施工配合比**

混凝土的配合比是在试验室根据混凝土的配制强度经过试配和调整而确定的，称为试验室配合比。试验室配合比所用的砂、石都是不含水分的。而施工现场的砂、石都有一定的含水率，且含水率的大小随气温等条件不断变化。如果不考虑现场的砂、石含水率，还按试验室配合比投料，其结果是改变了实际的砂石用量和水用量，而造成各种原材料用量的实际比例不符合原来的配合比的要求。为保证混凝土的质量，施工中应按砂、石的实际含水率对试验室配合比进行调整。根据施工现场砂、石含水率调整后的配合比称为施工配合比。

假定试验室配合比为水泥∶砂∶石＝1∶$x$∶$y$，水胶比为 $W/C$，现场砂、石含水率分别为 $W_x$、$W_y$，则混凝土的施工配合比为水泥∶砂∶石＝1∶$x(1+W_x)$∶$y(1+W_y)$，水胶比 $W/C$ 不变，但加水量应扣除砂、石中的含水量。

施工配料是确定每拌一次需要用的各种原材料的量，它根据施工配合比和搅拌机的出料容量计算。

**【例5-1】** 某工程用混凝土试验室配合比为水泥∶砂∶石＝1∶2.28∶4.47；水胶比 $W/C=0.63$，每1 $m^3$ 混凝土水泥用量 $C=285$ kg，现场实测砂的含水率为3%，石子的含水率为1%，求混凝土的施工配合比及每1 $m^3$ 混凝土中各种材料的用量。

**解：** 施工配合比 1∶$x(1+W_x)$∶$y(1+W_y)$

＝1∶2.28×(1＋3%)∶4.47×(1＋1%)＝1∶2.35∶4.51

按施工配合比得到1 $m^3$ 混凝土各组成材料用量为：

水泥：$C=285$ kg；

砂：$S=285\times2.35=669.75$(kg)；

石：$G=285\times4.51=1\ 285.35$(kg)；

水：$W=(W/C-W_x-W_y)C=(0.63-2.28\times3\%-4.47\times1\%)\times285=147.32$(kg)。

## 二、混凝土的搅拌

混凝土的搅拌是将各种组成材料拌制成质地均匀、颜色一致、具备一定流动性的混凝土拌合物。如果混凝土搅拌得不均匀，就不能获得密实的混凝土，影响混凝土的质量，所以搅拌是混凝土施工工艺中很重要的一道工序。

混凝土的搅拌分为人工搅拌和机械搅拌两种。由于人工搅拌的混凝土质量差、使用水泥多，而且劳动强度大，所以只有在工程量很小或没有搅拌机时才用人工搅拌，一般均采用机械搅拌。

### 1. 混凝土搅拌机

混凝土搅拌机按其搅拌原理，分为自落式和强制式两类。

(1)自落式搅拌机。自落式搅拌机的搅拌筒内壁焊有弧形叶片，当搅拌筒绕水平轴旋转时，叶片不断将物料提升到一定高度，利用重力的作用自由落下。各物料颗粒下落的时间、速度、落点和滚动距离不同，从而使物料颗粒达到混合的目的。自落式搅拌机适用于搅拌塑性混凝土和低流动性混凝土。

锥形反转出料搅拌机是自落式搅拌机中较好的一种，由于它的主、副叶片分别与拌筒轴线成45°和40°夹角，故搅拌时叶片使物料作轴向窜动，所以搅拌运动比较剧烈，它正转搅拌，反转出料，功率消耗大。这种搅拌机构造简单，质量小，搅拌效率高，出料干净，维修保养方便。其常用机型有JZ150、JZ250、JZ350等。

(2)强制式搅拌机。强制式搅拌机的轴上装有叶片，通过叶片强制搅拌装在搅拌筒中的物料，使物料沿环向、径向和竖向运动，拌和成均匀的混合物。这种搅拌机体现的是剪切拌合原理。强制式搅拌机和自落式搅拌机相比，搅拌作用强烈、均匀，搅拌时间短，生产效率高，质量好而且出料干净。它适用于搅拌低流动性混凝土、干硬性混凝土和轻集料混凝土。

强制式搅拌机按其构造特征，可分为立轴式和卧轴式两类。其常用机型有JD250、JW250、JW500、JD500。

(3)搅拌机的工艺参数。搅拌机每次(盘)可搅拌出的混凝土体积，称为搅拌机的出料容量。每次可装入干料的体积称为进料容量，搅拌筒内部体积称为搅拌机的几何容量。为使搅拌筒内装料后仍有足够的搅拌空间，一般进料容量与几何容量的比值为0.22～0.50，称为搅拌筒的利用系数。出料容量与进料容量的比值称为出料系数，一般为0.60～0.70。在计算出料量时，可取出料系数为0.65。

### 2. 混凝土搅拌制度

为了获得质量优良的混凝土拌合物，除了正确选择搅拌机外，还必须正确确定搅拌制度，即投料顺序、搅拌时间和进料容量等。

(1)投料顺序。投料顺序应从提高搅拌质量，减少叶片、衬板的磨损，减少拌合物与搅拌筒的粘结，减少水泥飞扬，改善工作条件等方面综合考虑确定。常用的方法有一次投料法和二次投料法。

1)一次投料法，即在上料斗中先装石子，再加水泥和砂，然后一次投入搅拌机。在鼓筒内先加水或在料斗提升进料的同时加水。这种上料顺序使水泥夹在石子和砂中间，上料时不致飞扬，又不致粘住斗底，而且水泥和砂先进入搅拌筒形成水泥砂浆，可缩短包裹石子的时间。

2)二次投料法又分为预拌水泥砂浆法和预拌水泥净浆法。预拌水泥砂浆法是先将水泥、砂和水加入搅拌筒内进行充分搅拌，使之成为均匀的水泥砂浆，再投入石子搅拌成均匀的混凝土。二次投料法与一次投料法相比较，混凝土强度约提高15%，在强度相同的情况下，可节约15%～20%的水泥。

(2)搅拌时间。搅拌时间是影响混凝土质量及搅拌机生产效率的重要因素之一，时间过短，拌和不均匀，会降低混凝土的强度及和易性；时间过长，不仅会影响搅拌机的生产效率，而且会使混凝土的和易性降低或产生分层离析现象。搅拌时间与搅拌机的类型、鼓筒尺寸、集料的品种和粒径以及混凝土的坍落度等有关，混凝土搅拌的最短时间(即自全部材料装入搅拌筒中起到卸料止)可按表5-2采用。

**表5-2　混凝土搅拌的最短时间**　　s

| 混凝土坍落度/mm | 搅拌机机型 | 搅拌机出料容量/L | | |
|---|---|---|---|---|
| | | <250 | 25～500 | >500 |
| ≤40 | 强制式 | 60 | 90 | 120 |
| >40且<100 | 强制式 | 60 | 60 | 90 |
| ≥100 | 强制式 | 60 | | |

注：1. 混凝土搅拌的最短时间是指全部材料装入搅拌筒中起，到开始卸料止的时间。
2. 当掺有外加剂与矿物掺合料时，搅拌时间应适当延长。
3. 采用自落式搅拌机时，搅拌时间宜延长30 s。
4. 当采用其他形式的搅拌设备时，搅拌的最短时间也可按设备说明书的规定或经试验确定。

(3)进料容量(干料容量)。其为搅拌前各种材料的体积之和。进料容量与搅拌机搅拌筒的几何容量有一定的比例关系，一般情况下两者的比值为0.22～0.4，鼓筒式搅拌机可用较小值。如进料容量超过10%，就会使材料在搅拌筒内没有充分的空间进行拌和，影响混凝土拌合物的均匀性；如装料过少，则又不能充分发挥搅拌机的效率。进料容量可根据搅拌机的出料容量，按混凝土的施工配合比计算。

**规范学习**

《混凝土结构工程施工规范》(GB 50666—2011)

7.4.3　采用分次投料搅拌方法时，应通过试验确定投料顺序、数量及分段搅拌的时间等工艺参数。掺合料宜与水泥同步投料，液体外加剂宜滞后于水和水泥投料；粉状外加剂宜溶解后再投料。

7.4.4　混凝土宜采用强制式搅拌机搅拌，并应搅拌均匀。混凝土搅拌的最短时间可按表7.4.4采用。当能保证搅拌均匀时，可适当缩短搅拌时间。搅拌强度等级C60及以上的混凝土时，搅拌时间应适当延长。

## 三、混凝土的运输

### 1. 对混凝土拌合物运输的要求

(1)应保持混凝土的均匀性，避免产生分层离析现象，混凝土运至浇筑地点，应符合浇筑时所规定的坍落度。

(2)混凝土应以最少的中转次数、最短的时间，从搅拌地点运至浇筑地点，保证混凝土从搅拌机卸出后到浇筑完毕的延续时间不超过规范的规定。

(3)运输工作应保证混凝土的浇筑工作连续进行。

(4)运送混凝土的容器应严密，其内壁应平整、光洁，不吸水、不漏浆，粘附的混凝土残渣应经常清除，并应防止暴晒、雨淋和冻结。

**2. 混凝土运输工具的选择**

混凝土由拌制地点运至浇筑地点的运输工作分为水平运输(地面水平运输和楼面水平运输)和垂直运输。

(1)水平运输。常用的水平运输设备有手推车、机动翻斗车、混凝土搅拌运输车、自卸汽车等。如运距较远，可采用自卸汽车或混凝土搅拌运输车；工地范围内的运输多用载重量为1 t的小型机动翻斗车，近距离也可采用双轮手推车。

(2)垂直运输。常用的垂直运输设备有龙门架、井架、塔式起重机、混凝土泵等。目前，多用塔式起重机、井架，也可采用混凝土泵。塔式起重机运输的优点是地面运输、垂直运输和楼面运输都可以采用，混凝土在地面由水平运输工具或搅拌机直接卸入吊斗吊起，运至浇筑部位进行浇筑。

混凝土的垂直运送，除采用塔式起重机外，还可使用井架。混凝土在地面用双轮手推车运至井架的升降平台上，然后井架将双轮手推车提升到数层上，再将手推车沿铺在楼面上的跳板推到浇筑地点。另外，井架可以兼运其他材料，利用率较高。由于在浇筑混凝土时已立好模板、扎好钢筋，因此，需铺设手推车行走用的跳板。

泵送混凝土设备有混凝土泵、输送管和布料装置。

**规范学习**

《混凝土结构工程施工规范》(GB 50666—2011)

7.5.3 采用搅拌运输车运送混凝土，当坍落度损失较大不能满足施工要求时，可在运输车罐内加入适量的与原配合比相同成分的减水剂。减水剂加入量应事先由试验确定，并应做出记录。加入减水剂后，混凝土罐车应快速旋转、搅拌均匀，并应达到要求的工作性能后再泵送或浇筑。

7.5.4 当采用机动翻斗车运输混凝土时，道路应通畅，路面应平整、坚实，临时坡道或支架应牢固，铺板接头应平顺。

**任务实施**

(1)水泥强度等级选用42.5 MPa。

(2)石子选用碎石。

(3)经试配强度的计算和调整，确定C35混凝土的试验室常用配合比为1∶1.225∶2.485，水胶比为0.44，砂率为33%，按此配合比进行配料、搅拌。

## 任务二　混凝土的浇筑与振捣

混凝土浇筑要保证混凝土的均匀性和密实性，要保证结构的整体性、尺寸准确和钢筋预埋件的位置正确，拆模后混凝土表面要平整、光洁。

浇筑前应检查模板、支架、钢筋和预埋件的正确位置，并进行验收。由于混凝土工程属于隐蔽工程，因而对混凝土量大的工程、重要工程或重点部位的浇筑，以及其他施工中的重大问题，均应随时填写施工记录。

**相关知识**

## 一、混凝土的浇筑

### 1. 浇筑要求

(1)防止离析。混凝土浇筑时，混凝土拌合物由料斗、漏斗、混凝土输送管、运输车内卸出时，如自由倾落高度过大，粗集料在重力作用下，克服黏着力后的下落动能大，下落速度较砂浆快，因而可能形成混凝土离析。为此，混凝土自高处倾落的自由高度不应超过2 m，在竖向结构(如柱、墙等)中限制自由倾落高度不宜超过 3 m，否则应使用串筒或溜槽等下料。

(2)分层灌注、分层捣实，并应在前层混凝土凝结前，将次层混凝土浇筑完毕，以保证混凝土的密实性和整体性。分层厚度应使混凝土捣固密实，当采用插入式振动器时，为振动棒长的 1.25 倍；当采用表面振动器时，为 200 mm；当采用人工捣固时，根据钢筋疏密程度的不同，一般为 250～150 mm。

(3)正确地留置施工缝。混凝土结构大多要求整体浇筑，如因技术或组织上的原因，混凝土不能连续浇筑完毕，且停顿时间有可能超过混凝土的初凝时间，则应预先确定在适当位置留置施工缝。

1)施工缝的位置。宜留在结构剪力较小的部位，同时要方便施工，柱子宜留在基础顶面，梁或吊车梁牛腿的下面，吊车梁的上面，无梁楼盖柱帽的下面，和板连成整体的大截面梁应留在板底面以下 20～30 mm 处；当板下有梁托时，留置在梁托下部。单向板应留在平板短边的任何位置，有主交梁的楼盖宜顺着次梁方向浇筑，施工缝应留在次梁跨度中间 1/3 的长度范围内。墙可留在门洞口过梁跨中 1/3 的范围内，也可留在纵横墙的交接处。双向受力的楼板、大体积混凝土结构、拱、薄壳、多层框架等及其他复杂结构，应按设计要求留置施工缝。

2)施工缝的处理。在施工缝处继续浇筑混凝土时，应除掉水泥浮浆和松动石子，并用水冲洗干净，待已浇筑混凝土的强度不低于 1.2 MPa 时才允许继续浇筑，在结合面应先铺抹一层水泥浆或与混凝土砂浆成分相同的砂浆；在重新浇筑混凝土的过程中，施工缝处应仔细捣实，使新旧混凝土结合牢固。

### 2. 大体积混凝土结构浇筑

大体积混凝土结构在工业建筑中多为设备基础、高层建筑基础等；在高层建筑工地中多为厚大的桩基承台或基础底板等，整体性要求较高，往往不允许留施工缝，要求一次连续浇筑完毕。

为保证结构的整体性，混凝土应连续浇筑，要求每一处的混凝土在初凝前就被后部分混凝土覆盖并捣实成整体。根据结构特点的不同，可分为全面分层、分段分层、斜面分层等浇筑方案(图 5-1)。

(1)全面分层浇筑。当结构平面面积不大时，可将整个结构分为若干层进行浇筑，即第一层全部浇筑完毕，再浇筑第二层，如此逐层连续浇筑，直到结束。为保证结构的整体性，要求次层混凝土在前层混凝土初凝前浇筑完毕。

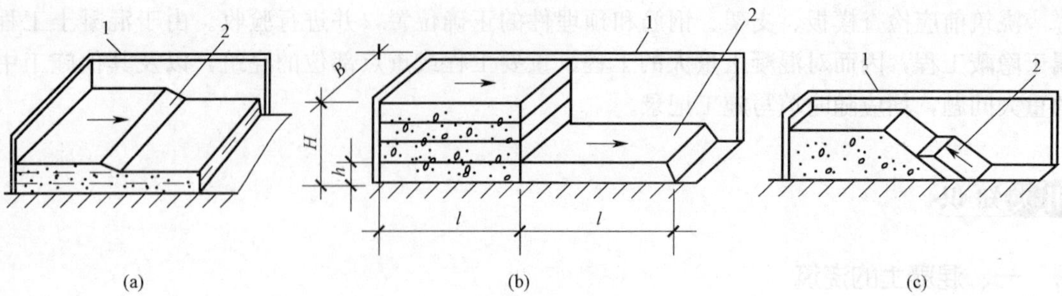


**图 5-1　大体积混凝土浇筑方案**

(a)全面分层浇筑；(b)分段分层浇筑；(c)斜面分层浇筑

1—模板；2—新浇筑的混凝土

(2)分段分层浇筑。当结构平面面积较大时，全面分层已不适用，这时可采用分段分层浇筑方案，即将结构划分为若干段，每段又分为若干层，先浇筑第一段各层，然后浇筑第二段各层，如此逐层连续浇筑，直至结束。为保证结构的整体性，要求次段混凝土应在前段混凝土初凝前浇筑，并与之捣实成整体。

(3)斜面分层浇筑。当结构的长度超过厚度的 3 倍时，可采用斜面分层浇筑方案。这里，振捣工作应从浇筑层斜面下端开始，逐渐上移，且振动器应与斜面垂直。

## 二、混凝土的振捣

混凝土浇灌到模板中后，由于集料间的摩擦力和水泥浆的粘结作用，不能自动充满模板，其内部是疏松的，有一定体积的空洞和气泡，不能达到要求的密实度，而混凝土的密实性直接影响其强度和耐久性，所以在混凝土浇灌到模板内后，必须进行捣实，使之具有设计要求的结构形状、尺寸和设计的强度等级。

混凝土捣实方法有人工捣实法和机械振捣法。施工现场主要采用机械振捣法。

**1. 人工捣实法**

人工捣实法是用人力的冲击(夯或插)使混凝土密实、成型。一般只有在采用塑性混凝土，而且是在缺少机械或工程量不大的情况下，才采用人工振捣。振捣时要注意插匀、插全。实践证明，增加振捣次数比加大振捣力的效果好。重点要捣好下列部位：主钢筋的下面、钢筋密集处、石子多的地点、模板阴角处、钢筋与侧模板之间。

(1)人工捣实采用的捣实工具，对于基础、梁、柱，可用竹杆、钢管；对于楼板、地坪、小梁，可用铲、锹、平底锤等。

(2)操作方法：①边下料，边捣插；②以轻插、多插、密插为佳，不宜用力猛插；③插点应均匀分布，钢筋、外模板及边角多插；④截面较大的梁柱，可同时用木槌在模板外轻敲。

(3)密实、饱满现象：①不再冒出气泡；②不再显著下沉；③表面泛浆；④表面基本形成水平面；⑤模板拼缝出现浆水。

**2. 机械振捣法**

(1)混凝土机械振捣原理。混凝土振捣机械振动时，将具有一定频率和振幅的振动力传给混凝土，使混凝土发生强迫振动，新浇筑的混凝土在振动力的作用下，颗粒之间的黏着力和摩擦力大大减小，流动性增加。振捣时，粗集料在重力的作用下下沉，水泥浆均匀分布填充集料空隙，气泡逸出，孔隙减少，游离水分被挤压上涨，使原来松散堆积的混凝土充满模型，提高密实度。振动停止后，混凝土重新恢复其凝聚状态，逐渐凝结硬化。机械振捣比人工振捣效果好，混凝土密实度提高，水胶比可以减小。

(2)混凝土机械振捣设备。混凝土振捣机械按其传递振动的方式，分为内部振动器、表面振动器、外部振动器和振动台。在施工工地，主要使用内部振动器和表面振动器。

1)内部振动器。内部振动器又称为插入式振动器(振动棒)，多用于振捣现浇基础、柱、梁、墙等结构构件和厚大体积设备基础的混凝土捣实。

插入式振动器按产生振动的原理，分为偏心式和行星式；按振动频率，分为低频(1 500～3 000 次/min)、中频(5 000～8 000 次/min)和高频(10 000 次/min)。

建筑工地常用带软轴的插入式振动器，主要有中频偏心软轴插入式振动器和高频行星滚锥软轴插入式振动器。

2)表面振动器。表面振动器又称平板振动器，是将一个带偏心块的电动振动器安装在钢板或木板上，振动力通过平板传给混凝土，表面振动器的振动作用深度小，适用于振捣表面积大而厚度小的结构，如现浇楼板、地坪或预制板。平板振动器底板大小的确定，应以使振动器能浮在混凝土表面上为准。

3)外部振动器。外部振动器是将一个带偏心块的电动振动器利用螺栓或钳形夹具固定在构件模板的外侧，不与混凝土接触，将振动力通过模板传给混凝土的器具。外部振动器的振动作用深度小，适用于振捣钢筋密、厚度小及不宜使用插入式振动器的构件，如墙体、薄腹梁等。

表面振动器和外部振动器都是在混凝土的外表面施加振动，从而使混凝土振捣密实。

4)振动台。振动台是一个支承在弹性支座上的工作台。工作台框架由型钢焊成，台面为钢板。工作台下面装设振动机构，振动机构转动时，即带动工作平台强迫振动，使平台上的构件混凝土被振实。

振动时应将模板牢固地固定在振动台上(可利用电磁铁固定)，否则模板的振幅和频率将小于振动台的振幅和频率，振幅沿模板的分布也不均匀，影响振动效果，振动时噪声也过大。

**3. 振动器的使用**

(1)插入式振动器的使用。

1)启动前应检查电动机接线是否正确，电动机运转方向应与机壳上箭头方向一致。电动机运转方向正确时，振捣棒应发出“呜呜”的叫声，振动稳定有力，如振捣棒发出“哗哗”声而不振动，可摇晃棒头或将棒头对地轻磕两下，待振捣器发出“呜呜”的叫声且振动正常后，方可投入使用。

2)使用时，前手应紧握在振动棒上端约 50 cm 处，以控制插点，后手扶正软轴，前后手相距 40～50 cm，使振捣棒自然沉入混凝土内。切忌用力硬插或斜推。振捣器的振捣方向有直插和斜插两种。

3)插入式振捣器操作时，应做到“快插慢拔”，快插是为防止表面混凝土先振实而下面混凝土发生分层、离析现象。慢拔是为使混凝土能填满振捣棒抽出时所造成的空洞。振捣器插入混凝土后应上下抽动，抽动幅度为 5～10 cm，以保证混凝土振捣密实。

4)混凝土分层灌注时，每层的厚度不应超过振捣棒的 1.5 倍。在振捣上一层混凝土时，要将振捣棒插入下一层混凝土中约 5 cm，使上、下层混凝土结合成一整体。振捣上层混凝土，要在下层混凝土初凝前进行。

5)振捣器插点排列要均匀，可按“行列式”或“交错式”的次序移动，两种排列形式不宜混用，以防漏振。普通混凝土的移动间距不宜大于振捣器作用半径的 1.5 倍；轻集料混凝土的移动间距不宜大于振捣器作用半径的 1 倍，振捣器距离模板不应大于作用半径的 1/2，并应避免碰撞钢筋、模板、芯管、预埋件等。

6)准确掌握好每个插点的振捣时间。时间过长、过短都会引起混凝土离析、分层。每一插点的振捣延续时间，一般以混凝土表面呈水平、混凝土拌合物不显著下沉、表面泛浆和不出现气泡为准。

(2)平板振捣器的使用应注意以下几个方面：

1)平板振捣器因设计时不考虑轴承承受轴向力，故在使用时，电动机轴承应呈水平状。

2)平板振捣器在每一位置上连续振动的时间，正常情况下为 25～40 s，以混凝土表面均匀出现泛浆为准。移动时应成排依次振捣前进，前后位置和排与排之间，应保证振捣器的平板覆盖已振实部分的边缘，一般以重叠 3～5 cm 为宜，以防漏振。移动方向应与电动机转动方向一致。

3)平板振捣器的有效作用深度，在无筋和单筋平板中为 20 cm，在双筋平板中约为 12 cm。因此，混凝土的厚度一般不超过振捣器的有效作用深度。

4)大面积的混凝土楼地面，可采用两台振捣器以同一方向安装在两条木杠上；通过木杠的振动使混凝土密实，但两台振捣器的频率应保持一致。

5)振捣带斜面的混凝土时，振捣器应由低处逐渐向高处移动，以保证混凝土密实。

(3)外部振捣器的操作和使用应掌握以下三点：

1)附着式振捣器的有效作用深度约为 25 cm。如构件较厚，可在构件对应两侧安装振捣器，同时进行振捣。

2)在同一模板上同时使用多台外部振捣器时，各振捣器的频率需保持一致，两面的振捣器应错开位置排列。其位置和间距视结构形状、模板坚固程度、混凝土坍落度及振捣器功率的大小而定，经试验确定，一般每隔 1～1.5 m 设置一台振捣器。

3)当结构构件断面较深、较狭时，可采用边浇灌、边振捣的方法。但对于其他垂直构件，需在混凝土浇灌高度超过振捣器的高度时，方可开动振捣器进行振捣。在混凝土成一水平整体且无气泡出现时，可停止振捣。

**任务实施**

(1)确定施工缝的位置，按规范分层完成混凝土的浇筑。

(2)采用插入式振动器(振动棒)，按规范要求完成构件混凝土的振捣。

## 任务三　混凝土的养护与拆模

**相关知识**

混凝土浇筑后逐渐凝结硬化，强度也不断增加，这个过程主要由水泥的水化作用来实现。而水泥的水化作用又必须在适当的温、湿度条件下才能完成，如果混凝土浇筑后即处在炎热、干燥、风吹、日晒的气候环境中，混凝土中的水分就会很快蒸发，这会影响混凝土中水泥的正常水化作用。其轻则使混凝土表面脱皮、起砂和出现干缩裂缝；重则会因混凝土内部疏松，降低混凝土的强度并使混凝土遭到破坏。因此，混凝土养护绝不是一件可有可无的工作，而是混凝土施工过程中的一个重要环节。

## 一、混凝土的养护

混凝土浇筑后，必须根据水泥品种、气候条件和工期要求加强养护措施。混凝土养护的方法很多，通常按其养护工艺分为自然养护和人工养护两大类。

### 1. 自然养护

自然养护又分为浇水养护和喷膜养护，施工现场则以浇水养护为主要养护方法。

(1)浇水养护。浇水养护是指混凝土终凝后，在日平均气温高于 5 ℃的自然气候条件下，用草帘、草袋将混凝土表面覆盖并经常浇水，以保持覆盖物充分湿润。对于楼地面混凝土工程，也可采用蓄水养护的办法加以解决。浇水养护时，必须注意以下事项：

1)当环境最高气温低于 25 ℃时，混凝土浇筑完后应在 12 h 内加以覆盖和浇水；最高气温高于 25 ℃时，应在 6 h 内开始养护。

2)在已浇筑的混凝土强度达到 1.2 $N/mm^2$ 以后，方可在其上允许操作人员行走和安装模板及支架等。

3)混凝土浇水养护日期视水泥品种而定，硅酸盐水泥、普通硅酸盐水泥、矿渣硅酸盐水泥拌制的混凝土，不得少于 7 d；掺用缓凝型、外加剂或有抗渗要求的混凝土，不得少于 14 d；采用其他品种的水泥时，混凝土的养护时间应根据水泥的技术性能确定。

4)养护用水应与拌制用水相同，浇水的次数应以能保持混凝土具有足够的润湿状态。

5)在养护过程中，如发现因遮盖不好、浇水不足，致使混凝土表面泛白或出现干缩细小裂缝时，应立即仔细加以遮盖，充分浇水，加强养护，并延长浇水养护日期加以补救。

6)平均气温低于 5 ℃时，不得浇水养护。

(2)喷膜养护。喷膜养护是将一定配合比的塑料溶液，用喷洒工具喷洒在混凝土表面，待溶液挥发后，塑料在混凝土表面结成一层薄膜，使混凝土表面与空气隔绝，封闭混凝土中水分的蒸发而完成水泥的水化作用，从而达到养护的目的。

喷膜养护适用于不易浇水养护的高耸构筑物和大面积混凝土的养护，也可用于表面积大的混凝土施工和缺水地区。

一般待混凝土收水后，混凝土表面以手指轻按无指印时即可喷洒喷膜养护剂，施工温度应在 10 ℃以上。

### 2. 人工养护

人工养护就是用人工来控制混凝土的养护温度和湿度，使混凝土强度增加，如蒸汽养护、热水养护、太阳能养护等。其主要用来养护预制构件，现浇构件大多用自然养护。

蒸汽养护是将构件放在充有饱和蒸汽或蒸汽、空气混合物的养护室内，在较高的温度和相对湿度的环境中进行养护，以加快混凝土的硬化。

蒸汽养护制度包括养护阶段的划分，静停时间，升、降温速度，恒温养护的温度与时间，养护室的相对湿度等。

常压蒸汽养护过程分为四个阶段：静停阶段、升温阶段、恒温阶段及降温阶段。

(1)静停阶段。构件在浇筑成型后先在常温下放一段时间，称为静停。静停时间一般为2～6 h，以防止构件表面产生裂缝和疏松现象。

(2)升温阶段。升温阶段构件由常温升到养护温度的过程。升温温度不宜过高，以免由于构件表面和内部产生过大温差而出现裂缝。升温速度为：薄型构件不超过 25 ℃/h，其他构件不超过 20 ℃/h，用干硬性混凝土制作的构件不得超过 40 ℃/h。

(3)恒温阶段。恒温阶段是温度保持不变的持续养护过程。恒温养护阶段应保持 90%～100%的相对湿度，恒温养护温度不得大于 95 ℃。恒温养护时间一般为 3～8 h。

(4)降温阶段。降温阶段指恒温养护结束后，构件由养护最高温度降至常温的散热降温过程。降温速度不得超过 10 ℃/h。构件出池后，其表面温度与外界温差不得大于 20 ℃。

对大面积结构可采用蓄水养护和塑料薄膜养护。大面积结构如地坪、楼板可采用蓄水养护。贮水池一类结构，可在拆除内模板、混凝土达到一定强度后浇水养护。

## 二、混凝土的拆模

现浇混凝土结构模板的拆除日期，取决于混凝土的强度、结构的性质、模板的用途、混凝土硬化速度及混凝土硬化时的气温。及时拆模，可提高模板的周转率，为后续工作创造条件。如过早拆模，因混凝土未达到一定强度，过早承受荷载会产生变形，甚至会造成重大的质量事故。

### 1. 模板拆除的规定

(1)非承重模板(如侧模板)，应在混凝土强度能保证其表面及棱角不因拆除模板而受损坏时，方可拆除。

(2)承重模板，如梁、板等底模板，应在与结构同条件养护的混凝土试块达到表 5-3 所规定的强度后，方可拆除。

**表 5-3　整体式结构拆模时所需的混凝土强度**

| 项次 | 结构类型 | 结构跨度/m | 按设计混凝土强度的标准值百分率/% |
|---|---|---|---|
| 1 | 板 | ≤2 | 50 |
| | | >2，≤8 | 75 |
| | | >8 | 100 |
| 2 | 梁、拱、壳 | ≤8 | 75 |
| | | >8 | 100 |
| 3 | 悬臂梁构件 | ≤2 | 75 |
| | | >2 | 100 |

(3)在拆除模板的过程中，如发现混凝土有影响结构安全的质量问题，应暂停拆除。经处理后方可继续拆除。

(4)已拆除模板及其支架的结构，应在混凝土强度达到设计强度后才允许承受全部计算荷载。当承受施工荷载大于计算荷载时，必须经过核算，加设临时支撑。

已拆除承重模板的结构，应在混凝土达到规定的强度等级后，才允许承受全部设计荷载。拆模后应由监理(建设)单位、施工单位对混凝土的外观质量和尺寸偏差进行检查，并做好记录。如发现缺陷，应进行修补。对面积小、数量不多的蜂窝或露石的混凝土，先用钢丝刷或压力水洗刷基层，然后用 1∶2～1∶2.5 的水泥砂浆抹平；对较大面积的蜂窝、露石、露筋，应按其全部深度凿去薄弱的混凝土层，然后用钢丝刷或压力水冲刷，再用比原混凝土强度等级高一个级别的细集料混凝土填塞，并仔细捣实。对影响结构性能的缺陷，应与设计单位研究处理。

**2. 拆除模板的注意事项**

(1)拆模时不要用力过猛，拆下来的模板要及时运走、整理、堆放，以便再次使用。

(2)模板及其支架的拆除顺序及安全措施应按施工技术方案执行。拆模程序一般应是“先支的后拆、后支的先拆，先拆除非承重部分、后拆除承重部分”。一般是谁安谁拆。重大复杂模板的拆除，事先应制订拆模方案。

(3)拆除框架结构模板的顺序，首先是柱模板，然后是楼板底板、梁侧模板，最后是梁底模板。拆除跨度较大的梁下支柱时，应先从跨中开始，分别拆向两端。

(4)楼层板支柱的拆除，应按下列要求进行：上层楼板正在浇筑混凝土时，下一层楼板的模板支柱不得拆除，再下一层楼板模板的支柱仅可拆除一部分；跨度为 4 m 及 4 m 以上的梁下均应保留支柱，其间距不大于 3 m。

(5)拆模时，应尽量避免混凝土表面或模板受到损坏，注意整块板落下伤人。

## 任务实施

(1)确定养护方法，按规范要求的时间完成混凝土的养护。

(2)混凝土达到设计要求的强度后，按照模板拆除顺序及原则完成构件模板的拆除。

## 拓展知识

### 一、混凝土工程施工质量检查

混凝土工程的施工质量验收应按《混凝土结构工程施工质量验收规范》(GB 50204—2015)中的主控项目和一般项目规定的检验方法进行检验。

检验批的质量验收应包括实物检查和资料检查，并应符合下列规定：主控项目的质量经抽样检验均应合格；一般项目的质量经抽样检验应合格，当采用计数抽样检验时，除有专门要求外，一般项目的合格点率应不小于 80%，且不得有严重缺陷；检验批的质量验收应具有完整的质量检验记录，重要工序应具有完整的施工操作记录。

**1. 主控项目**

(1)水泥进场时，应对其品种、代号、强度等级、包装或散装编号、出厂日期等进行检查，并应对水泥的强度、安定性和凝结时间进行检验，检验结果应符合现行国家标准《通用硅酸盐水泥》(GB 175)等的相关规定。

检查数量：按同一厂家、同一品种、同一代号、同一强度等级、同一批号且连续进场的水泥，袋装不超过 200 t 为一批，散装不超过 500 t 为一批，每批抽样数量不应少于一次。

检验方法：检查质量证明文件和抽样检验报告。

(2)混凝土外加剂进场时，应对其品种、性能、出厂日期等进行检查，并应对外加剂的相关性能指标进行检验，检验结果应符合现行国家标准《混凝土外加剂》(GB 8076)和《混凝土外加剂应用技术规范》(GB 50119)等的规定。

检查数量：按同一厂家、同一品种、同一性能、同一批号且连续进场的混凝土外加剂，不超过 50 t 为一批，每批抽样数量不应少于一次。

检验方法：检查质量证明文件和抽样检验报告。

(3)预拌混凝土进场时，其质量应符合现行国家标准《预拌混凝土》(GB/T 14902)的规定。

检查数量：全数检查。

检查方法：检查质量证明文件。

(4)混凝土拌合物不应离析。

检查数量：全数检查。

检验方法：观察。

(5)混凝土中氯离子含量和碱总含量应符合现行国家标准《混凝土结构设计规范》(GB 50010)的规定和设计要求。

检查数量：同一配合比的混凝土检查不应少于一次。

检验方法：检查原材料试验报告和氯离子、碱的总含量计算书。

(6)对首次使用的混凝土配合比应进行开盘鉴定，其原材料、强度、凝结时间、稠度等应满足设计配合比的要求。

检查数量：同一配合比的混凝土检查不应少于一次。

检验方法：检查开盘鉴定资料和强度试验报告。

(7)混凝土的强度等级必须符合设计要求。用于检验混凝土强度的试件应在浇筑地点随机抽取。

检验数量：对同一配合比的混凝土，取样与试件留置应符合下列规定：

①每拌制 100 盘且不超过 100 $m^3$ 时，取样不得少于一次；

②每工作班拌制不足 100 盘时，取样不得少于一次；

③连续浇筑超过 1 000 $m^3$ 时，每 200 $m^3$ 取样不得少于一次；

④每一楼层取样不得少于一次；

⑤每次取样应至少留置一组试件。

检验方法：检查施工记录及混凝土强度试验报告。

(8)现浇结构的外观质量不应有严重缺陷。对已经出现的严重缺陷，应由施工单位提出技术处理方案，并经监理单位认可后进行处理。对裂缝或连接部位的严重缺陷及其他影响结构安全的严重缺陷，技术处理方案还应经设计单位认可。对经处理的部位应重新验收。

检验数量：全数检查。

检验方法：观察，检查处理记录。

(9)现浇结构不应有影响结构性能或使用功能的尺寸偏差；混凝土设备基础不应有影响结构性能或设备安装的尺寸偏差。对超过尺寸允许偏差且影响结构性能或安装、使用功能的部位，应由施工单位提出技术处理方案，并经监理、设计单位认可后进行处理。对经处理的部位应重新验收。

检验数量：全数检查。

检验方法：量测，检查处理记录。

**2. 一般项目**

(1)混凝土用矿物掺合料进场时，应对其品种、技术指标、出厂日期等进行检查，并应对矿物掺合料的相关技术指标进行检验，检验结果应符合国家现行有关标准的规定。

检查数量：按同一厂家、同一品种、同一技术指标、同一批号且连续进场的矿物掺合料，粉煤灰、石灰石粉、磷渣粉和钢铁渣粉不超过 200 t 为一批，粒化高炉矿渣粉和复合矿渣掺合料不超过 500 t 为一批，沸石粉不超过 120 t 为一批，硅灰不超过 30 t 为一批，每批抽样数量不应少于一次。

检验方法：检查质量证明文件和抽样检验报告。

(2)混凝土原材料中的粗集料、细集料质量应符合现行行业标准《普通混凝土用砂、石质量及检验方法标准》(JGJ 52)的规定，使用经过净化处理的海砂应符合现行行业标准《海砂混凝土应用技术规范》(JGJ 206)的规定，再生混凝土集料应符合现行国家标准《混凝土用再生粗骨料》(GB/T 25177)和《混凝土和砂浆用再生细骨料》(GB/T 25176)的规定。

检查数量：按现行行业标准《普通混凝土用砂、石质量及检验方法标准》(JGJ 52)的规定确定。

检验方法：检查抽样检验报告。

(3)混凝土拌制及养护用水应符合现行行业标准《混凝土用水标准》(JGJ 63)的规定。采用饮用水时，可不检验；采用中水、搅拌站清洗水、施工现场循环水等其他水源时，应对其成分进行检验。

检查数量：同一水源检查不应少于一次。

检验方法：检查水质检验报告。

(4)混凝土拌合物稠度应满足施工方案的要求。

检验数量：对同一配合比的混凝土，取样应符合下列规定：

①每拌制 100 盘且不超过 100 $m^3$ 时，取样不得少于一次；

②每工作班拌制不足 100 盘时，取样不得少于一次；

③连续浇筑超过 1 000 $m^3$ 时，每 200 $m^3$ 取样不得少于一次；

④每一楼层取样不得少于一次。

检验方法：检查稠度抽样检验记录。

(5)混凝土有耐久性指标要求时，应在施工现场随机抽取试件进行耐久性检验，其检验结果应符合国家现行有关标准的规定和设计要求。

检验数量：同一配合比的混凝土，取样不应少于一次，留置试件数量应符合国家现行标准《普通混凝土长期性能和耐久性能试验方法标准》(GB/T 50082)和《混凝土耐久性检验评定标准》(JGJ/T 193)的规定。

检验方法：检查试件耐久性试验报告。

(6)混凝土有抗冻要求时，应在施工现场进行混凝土含气量检验，其检验结果应符合国家现行有关标准的规定和设计要求。

检验数量：同一配合比的混凝土，取样不应少于一次，取样数量应符合现行国家标准《普通混凝土拌合物性能试验方法标准》(GB/T 50080)的规定。

检验方法：检查混凝土含气量试验报告。

(7)后浇带的留设位置应符合设计要求。后浇带和施工缝的留设及处理方法应符合施工方案要求。

检验数量：全数检查。

检验方法：观察。

(8)混凝土浇筑完毕应及时进行养护，养护时间以及养护方法应符合施工方案要求。

检验数量：全数检查。

检验方法：观察，检查混凝土养护记录。

(9)现浇结构的外观质量不应有一般缺陷。对已经出现的一般缺陷，应由施工单位按技术处理方案进行处理。对经处理的部位应重新验收。

检验数量：全数检查。

检验方法：观察，检查处理记录。

(10)现浇结构的位置和尺寸允许偏差及检验方法应符合表 5-4 的规定。

检查数量：按楼层、结构缝或施工段划分检验批。

在同一检验批内，对梁、柱和独立基础，应抽查构件数量的 10%，且不应少于 3 件；对墙和板，应按有代表性的自然间抽查 10%，且不应少于 3 间；对大空间结构，墙可按相邻轴线间高度 5 m 左右划分检查面，板可按纵、横轴线划分检查面，抽查 10%，且均不少于 3 面；对电梯井，应全数检查。对设备基础，应全数检查。

**表 5-4 现浇结构的位置和尺寸允许偏差及检验方法**

| 项目 | | | 允许偏差/mm | 检验方法 |
|---|---|---|---|---|
| 轴线位移 | 整体基础 | | 15 | 经纬仪及尺量 |
| | 独立基础 | | 10 | 经纬仪及尺量 |
| | 柱、墙、梁 | | 8 | 尺量 |
| 标高 | 层高 | | ±10 | 水准仪或拉线，尺量 |
| | 全高 | | ±30 | |
| 截面尺寸 | 基础 | | +15，−10 | 尺量 |
| | 柱、梁、板、墙 | | +10，−5 | 尺量 |
| | 楼梯相邻踏步高差 | | 6 | 尺量 |
| 垂直度 | 层高 | ≤6 m | 10 | 经纬仪或吊线，尺量 |
| | | >6 m | 12 | |
| | 全高($H$)≤300 m | | $H$/30 000+20 | 经纬仪、尺量 |
| | 全高($H$)>300 m | | $H$/10 000 且≤80 | |
| 表面平整度 | | | 10 | 2 m 靠尺和塞尺量测 |
| 预埋件中心位置 | 预埋板 | | 10 | 尺量 |
| | 预埋螺栓 | | 5 | |
| | 预埋管 | | 5 | |
| | 其他 | | 10 | |
| 电梯井 | 中心位置 | | 10 | |
| | 长、宽尺寸 | | +25，0 | |
| 预留洞中心线位置 | | | 15 | 尺量 |

注：检查轴线、中心线位置时，应沿纵、横两个方向量测，并取其中偏差的较大值。$H$ 为全高(mm)。

(11)现浇设备基础的位置和尺寸应符合设计和设备安装的要求。其位置和尺寸允许偏差及检验方法应符合表 5-5 的规定。

检查数量：全数检查。

**表 5-5　现浇设备基础的位置和尺寸允许偏差及检验方法**

| 项　目 | | 允许偏差/mm | 检验方法 |
|---|---|---|---|
| 坐标位置 | | 20 | 经纬仪及尺量 |
| 不同平面的标高 | | 0，$-20$ | 水准仪或拉线，尺量 |
| 平面外形尺寸 | | $\pm 20$ | 尺量 |
| 凸台上平面外形尺寸 | | 0，$-20$ | |
| 凹穴尺寸 | | $+20$，0 | |
| 平面水平度 | 每米 | 5 | 水平尺，塞尺量测 |
| | 全长 | 10 | 水准仪或拉线，尺量 |
| 垂直度 | 每米 | 5 | 经纬仪或吊线，尺量 |
| | 全高 | 10 | |
| 预埋地脚螺栓 | 中心位置 | 10 | 尺量 |
| | 中心距 | $\pm 2$ | 尺量 |
| | 顶标高 | $+20$，0 | 水准仪或拉线，尺量 |
| | 垂直度 | 5 | 吊线、尺量 |
| 预埋地脚螺栓孔 | 中心线位置 | 10 | 尺量 |
| | 截面尺寸 | $+20$，0 | 尺量 |
| | 深度 | $+20$，0 | 尺量 |
| | 垂直度 | $h/100$ 且 $\leqslant 10$ | 吊线，尺量 |
| 预埋活动地脚螺栓锚板 | 标高 | $+20$，0 | 水准仪或拉线，尺量 |
| | 中心线位置 | 5 | 尺量 |
| | 带槽锚板平整度 | 5 | 直尺，塞尺量测 |
| | 带螺纹孔锚板平整度 | 2 | |

注：检查坐标、中心线位置时，应沿纵、横两个方向量测，并取其中偏差的较大值。$h$ 为预埋地脚螺栓孔孔深(mm)。

## 二、混凝土质量缺陷的修整

若混凝土结构构件拆模后发现缺陷，应查清原因，根据具体情况处理。严重影响结构性能的，要会同设计等有关部门研究处理。

**1. 混凝土质量缺陷的分类和产生原因**

(1)表面缺陷。

1)麻面。麻面是指结构构件表面上呈现无数的小凹点，但无露筋现象。这种现象是模板湿润不够，拼缝不严密而漏浆，振捣时间不足、漏振，气泡未排出，混凝土过干等原因造成的。

2)露筋。露筋是指钢筋暴露在混凝土外面。其产生原因是钢筋紧贴模板，混凝土保护层厚度不够或浇筑时垫块移位。有时，也因保护层的混凝土振捣不密实或模板吸水过多，造成掉角而露筋。

3)蜂窝。蜂窝是指结构构件中有蜂窝形状的窟窿，集料间有空隙存在。其产生的原因主要有混凝土配合不当产生离析，钢筋过密、石子粒径偏大，卡在钢筋上使其产生间隙，搅拌不匀、浇筑方法不当，振捣不足或漏振，以及模板拼缝不严而产生严重漏浆等。

4)孔洞。孔洞是指混凝土内部存在空隙，局部部位全部没有混凝土。这种现象主要是由于混凝土浇筑方法不当、钢筋布置太密或一次下料过多，下部无法振捣。混凝土受冻也可能产生孔洞。

5)裂缝。裂缝分表面裂缝和深度裂缝，而后者一般为结构裂缝，应高度重视。其产生的原因有结构设计承载能力不够，施工荷载过重、太集中，施工缝设置不当，或大面积混凝土施工时气温发生突变等。

(2)内部缺陷。混凝土内部缺陷主要包括混凝土强度不足、保护性能不良。前者产生的原因是多方面的，如配合比设计不当、水胶比控制不严、含砂率过高、搅拌不匀、养护不及时等。后者产生的原因主要是混凝土保护层严重不足、钢筋外露发生锈蚀、铁锈膨胀引起混凝土开裂。另外，过量使用氯盐外掺剂会造成钢筋锈蚀，严重的可使混凝土脱落而露筋。

**2. 混凝土质量缺陷的修整方法**

(1)表面抹浆修补法。

1)对数量不多的小蜂窝、麻面、露筋、露石的混凝土表面缺陷，可用1∶2～2.5的水泥砂浆进行抹面修整。抹浆前，需用钢丝刷或加压的水清洗润湿，抹浆初凝后要加强养护。

2)经检查确认，对结构构件承载力无影响而数量不多的细小裂缝，可将裂缝加以冲洗，用水泥浆抹补。裂缝较大、较深时，应将裂缝附近的混凝土表面凿毛，或沿裂缝方向凿成深为15～20 mm、宽为100～200 mm的V形凹槽，扫净并洒水湿润，先刷一层水泥浆，然后用1∶(2～2.5)水泥砂浆分2～3层涂抹，将总厚度控制在10～20 mm并压实抹光。

(2)细石混凝土填补法。

1)当蜂窝比较严重或露筋较深时，应除去有缺陷处的不密实混凝土和突出的集料颗粒，用清水洗刷干净并充分湿润后，再用比设计强度等级高一级的细石混凝土填补并仔细捣实。

2)对孔洞事故的处理，可将孔洞周围疏松的混凝土和突出的石子剔掉，用清水刷洗干净并保持72 h湿润后，再用比设计混凝土强度等级高一级的细石混凝土捣实。为减少新旧混凝土之间的孔隙，水胶比宜控制在0.5以内，并掺水泥用量万分之一的铝粉，分层捣实并加强养护。

(3)灌浆法。对于影响结构承载力和具有防水、防渗性能的裂缝，应根据裂缝的宽度、结构性质和施工条件，采用砂浆输送泵灌浆的方法予以修补。对宽度小于0.5 mm的裂缝，宜采用化学灌浆；对宽度大于0.5 mm的裂缝，可采用水泥灌浆材料，常用的有环氯树脂浆液等；防渗堵漏用的灌浆材料，常用的有聚氨酯和丙凝等。

对于混凝土质量有严重缺陷并影响结构承重的，一般也用结构补强方法进行处理，以确保工程的使用。

## 复习思考题

### 一、单选题

1. 浇筑柱子混凝土时，其根部应先浇(　　)。

A. 5～10 mm厚水泥浆　　　B. 5～10 mm厚水泥砂浆

C. 50～100 mm 厚水泥砂浆　　　　D. 500 mm 厚石子增加一倍的混凝土

2. 大体积混凝土浇筑时，宜采用(　　)。

A. 硅酸盐水泥　　　　B. 普通硅酸盐水泥

C. 矿渣硅酸盐水泥　　　　D. 火山灰质硅酸盐水泥

3. 振捣柱、梁及基础混凝土宜采用(　　)。

A. 内部振动器　　B. 外部振动器　　C. 表面振动器　　D. 振动台

4. 采用插入式振动器浇灌混凝土时，宜(　　)振捣混凝土。

A. 慢插慢拔　　B. 快插慢拔　　C. 快插快拔　　D. 慢插快拔

**二、简答题**

1. 混凝土工程施工包括哪几个施工过程?

2. 混凝土施工配合比如何根据试验室配合比求得? 施工配料如何计算?

3. 什么是混凝土搅拌一次投料、二次投料? 其各有何特点? 二次投料为什么会提高混凝土强度?

4. 混凝土运输有哪些要求? 有哪些运输工具机械? 各适用于何种情况?

5. 混凝土浇筑的基本要求有哪些? 怎样防止离析?

6. 什么是混凝土的自然养护? 自然养护有哪些方法? 具体做法怎样? 混凝土拆模强度怎样?

# 项目六　砌体工程施工

**知识目标**

1. 掌握常见砌体的工艺流程，熟悉施工要点；
2. 掌握砌体工程专业质量验收规范主控项目、一般项目与质量控制资料的基本内容；
3. 熟悉砌体工程安全技术交底的基本要点；
4. 熟悉砌体工程施工中所需配备的垂直运输设施和设备。

**能力目标**

1. 能了解砌体工程的概念；
2. 能完成砖砌体工程材料及主要机具的正确选取；
3. 能编写砖砌体工程施工技术交底；
4. 能进行砌体工程的质量检查和验收。

## 任务一　砖砌体施工

**任务引入**

在砖砌体的组砌形式中，各种形式都有着自身的特点。现有一栋砖砌体的承重墙结构，需要在设计初期选择基础的组砌形式。如果采用24墙厚，那么选择哪一种组砌形式会使得单个墙体的整体稳定性最高?

**【任务分析】** 在墙体厚度一定时，单个墙体的稳定性和组砌形式密切相关。要合理选择组砌形式，就要对各种组砌形式的特征有全面的了解，掌握墙体稳定性在不同组砌形式中的关键因素。

**相关知识**

### 一、砌体施工概述

#### (一)术语

**1. 砌体结构**

砌体结构是由块体和砂浆砌筑而成的墙、柱作为建筑物主要受力构件的结构，是砖砌体、砌块砌体和石砌体结构的统称。

**2. 配筋砌体**

配筋砌体是由配置钢筋的砌体作为建筑物主要受力构件的结构，是网状配筋砌体柱、水平配筋砌体墙、砖砌体和钢筋混凝土面层或钢筋砂浆面层组合砌体柱(墙)、砖砌体和钢筋混凝土构造柱组合墙和配筋小砌块砌体剪力墙结构的统称。

**3. 块体**

块体是砌体所用各种砖、石、小砌块的总称。

**4. 小型砌块**

小型砌块是块体主规格的高度大于 115 mm 而又小于 380 mm 的砌块，包括普通混凝土小型空心砌块、轻集料混凝土小型空心砌块、蒸压加气混凝土砌块等，简称小砌块。

**5. 产品龄期**

产品龄期是烧结砖出窑，蒸压砖、蒸压加气混凝土砌块出釜，混凝土砖、混凝土小型空心砌块成型后至某一日期的天数。

**6. 施工质量控制等级**

施工质量控制等级是按质量控制和质量保证若干要素对施工技术水平所作的分级。

**7. 瞎缝**

瞎缝是砌体中相邻块体之间无砌筑砂浆，又彼此接触的水平缝或竖向缝。

**8. 假缝**

假缝是为掩盖砌体灰缝内在质量缺陷，砌筑砌体时仅在靠近砌体表面处抹有砂浆，而内部无砂浆的竖向灰缝。

**9. 通缝**

通缝是砌体中上、下皮块体搭接长度小于规定数值的竖向灰缝。

**10. 芯柱**

芯柱是在小砌块墙体的孔洞内浇灌混凝土形成的柱，有素混凝土芯柱和钢筋混凝土芯柱。

**11. 实体检测**

实体检测是由有检测资质的检测单位采用标准的检验方法，在工程实体上进行原位检测或抽取试样在试验室进行检验的活动。

**12. 混水墙**

混水墙是指墙体砌成之后，墙面需进行装饰处理才能满足使用要求的墙体。

**13. 清水墙**

清水墙是指表面墙面不加其他覆盖装饰面层，只作勾缝处理，保持砖本身质地的一种做法。混水墙和清水墙两种砌体施工的工艺方法差不多，但清水墙的技术要求及质量要求比较高。

**14. 百格网**

百格网是检查块材底面砂浆的粘结痕迹面积(即水平灰缝饱满度)的工具。

**(二)砌筑材料**

砌筑材料主要包括两大类：砌块和砂浆。

**1. 砖**

(1)烧结普通砖。烧结普通砖是以黏土、页岩、煤矸石或粉煤灰为主要原料，经过焙烧而成的实心或具有一定的孔洞率，外形尺寸符合规定的砖。根据烧结原材料，可分为烧结黏土砖、烧结页岩砖、烧结煤矸石砖、烧结粉煤灰砖等。其外形尺寸为 240 mm×115 mm×53 mm。

(2)烧结多孔砖。烧结多孔砖是以黏土、页岩、煤矸石为主要原料经焙烧而成的，孔洞率不小于 15%，孔形为圆孔或非圆孔，孔的尺寸小而数量多，主要适用于承重部位的砖，简称多孔砖。目前，多孔砖分为 P 型砖和 M 型砖。外形尺寸为 240 mm×115 mm×90 mm 的砖简称 P 型砖；外形尺寸为 190 mm×190 mm×90 mm 的砖简称 M 型砖。

烧结普通砖、烧结多孔砖等的强度分为 MU30、MU25、MU20、MU15 和 MU10 五个等级。

(3)蒸压灰砂砖。蒸压灰砂砖是以石灰和砂为主要原料，经过坯料制备，压制成型，蒸压养护而成的实心砖。

(4)蒸压粉煤灰砖。蒸压粉煤灰砖是以煤灰、石灰为主要原料，掺加适量石膏和集料经坯料制备，压制成型，高压蒸汽养护而成的实心砖。

蒸压灰砂砖、蒸压粉煤灰砖的强度分为 MU25、MU20、MU15 和 MU10 四个等级。

(5)砖的检验。砖的外观尺寸应准确，没有或很少有缺棱掉角现象，表面平整，无裂纹。用于清水墙、柱的砖应边角整齐，色泽均匀。

砖的抽样检验：每一生产厂家的砖到场后按烧结砖 15 万块，多孔砖 5 万块，灰砂砖及粉煤灰砖 10 万块各为一检验批，在每一检验批中随机抽取 15 块进行抗压和抗折检验。

**2. 砌块**

砌块的种类较多。砌块按形状可分为实心砌块和空心砌块。砌块按规格可分为小型砌块，高度为 180～350 mm；中型砌块，高度为 360～900 mm。常用的有普通混凝土小型空心砌块、轻集料混凝土小型空心砌块、蒸压加气混凝土砌块、粉煤灰砌块。

(1)普通混凝土小型空心砌块。其是由普通混凝土或轻集料混凝土制成，主规格尺寸为 390 mm×190 mm×190 mm，空心率为 25%～50%的空心砌块，简称混凝土砌块或砌块。砌块的强度分为 MU25、MU20、MU15、MU10、MU7.5 和 MU5 六个等级。

(2)轻集料混凝土小型空心砌块。轻集料混凝土小型空心砌块以水泥、砂、轻集料加水预制而成。其主规格尺寸为 390(290、190)mm×190(290、240、140、90)mm×190(90)mm。其按孔的排数分为单排孔、双排孔、三排孔和四排孔四类。其根据抗压强度分为 MU10、MU7.5、MU5、MU3.5、MU2.5、MU1.5 六个强度等级。

(3)蒸压加气混凝土砌块。蒸压加气混凝土砌块是以水泥、矿渣、砂、石灰等为主要原料，加入发气剂，经搅拌成型、蒸压养护而成的实心砌块。其规格为长度 600 mm，高度 200 mm、240 mm、250 mm、300 mm，宽度 100 mm、120 mm、125 mm、150 mm、180 mm、200 mm、240 mm、250 mm、300 mm。

砌块按强度和干密度分级，强度有 A1.0、A2.0 、A2.5 、A3.5 、A5.0 、A7.5、A10.0(注：1.0 表示 1.0 MPa，余同)七个级别；干密度有 B03、B04、B05、B06、B07、B08(注：03 表示 300 kg/m$^3$，余同)六个级别。砌块按尺寸偏差与外观质量、干密度、抗压强度和抗冻性分为优等品(A)、合格品(B)两个等级。

(4)粉煤灰砌块。粉煤灰砌块是以粉煤灰、石灰、石膏和轻集料为原料，加水搅拌，振动成型，蒸汽养护而成的密实砌块。其主规格尺寸为880 mm×380 mm×240 mm、880 mm×430 mm×240 mm。砌块端面应加灌浆槽，坐浆面宜设抗剪槽。其根据抗压强度分为MU13、MU10两个强度等级。

**3. 石材**

砌筑用石有毛石和料石两类。所选石材应质地坚实，无风化剥落和裂纹。用于清水墙、柱表面的石材，还应色泽均匀。

毛石分为乱毛石和平毛石。乱毛石是指形状不规则的石块；平毛石是指形状不规则，但有两个平面大致平行的石块。毛石应呈块状，其中部厚度不宜小于150 mm。

料石按其加工面的平整程度，分为细料石、粗料石和毛料石三种。料石的宽度、厚度均不宜小于200 mm，长度不宜大于厚度的4倍。

砌筑用石根据抗压强度分为MU100、MU80、MU60、MU50、MU40、MU30、MU20七个强度等级。

**4. 砌筑砂浆**

砂浆是由胶结料、细集料、掺加料(为改善砂浆和易性而加入的无机材料，如石灰膏、电石膏、粉煤灰、黏土膏等)和水配制而成的建筑工程材料。其在建筑工程中起粘结、衬垫和传递应力的作用，主要包括水泥砂浆和水泥混合砂浆。

(1)砂浆中的原材料。

1)水泥。除分批对其强度、安定性进行复验外，不同品种的水泥不得混合使用。

2)砂。宜选用中砂并应过筛，不得含有草根等有害杂物。对水泥砂浆和强度等级不小于M5的水泥混合砂浆，含泥量不应超过5%；对强度等级小于M5的水泥混合砂浆，砂的含泥量不应超过10%。

3)石灰膏。生石灰熟化成石灰膏时，应用孔径不大于3 mm×3 mm的网过滤，熟化时间不得少于7 d，其稠度一般为12 cm；磨细生石灰粉的熟化时间不得少于2 d。对沉淀池中储存的石灰膏，应采取防止干燥、冻结和污染的措施。严禁使用脱水硬化的石灰膏。

4)水。采用不含有害物质的洁净水，具体应符合有关规范的规定。

5)外加剂。凡在砂浆中掺入有机塑化剂、早强剂、缓凝剂、防冻剂等，应经检验和试配符合要求后方可使用。有机塑化剂应有砌体强度的型式检验报告。

(2)砂浆的质量要求。砂浆的强度分为M2.5、M5、M7.5、M10、M15、M20六个等级，M10及M10以下宜采用水泥混合砂浆。水泥砂浆可用于潮湿环境中的砌体，混合砂浆宜用于干燥环境中的砌体。为便于操作，砌筑砂浆应有较好的和易性，即良好的流动性(稠度)和保水性(分层度)。和易性好的砂浆能保证砌体灰缝饱满、均匀、密实，并能提高砌体强度。水泥砂浆分层度不应大于30 mm，水泥混合砂浆分层度一般不应超过20 mm；水泥砂浆的最小水泥用量不宜小于200 kg/m$^3$。如果水泥用量太少，不能填充砂子孔隙，稠度、分层度将无法保证。

砌体砂浆的稠度见表6-1。

**表6-1 砌体砂浆的稠度**

| 砌体种类 | 砂浆稠度/mm |
|---|---|
| 烧结普通砖砌体 | 70～90 |
| 蒸压粉煤灰砖砌体 | 70～90 |

续表

| 砌体种类 | 砂浆稠度/mm |
|---|---|
| 混凝土实心砖、混凝土多孔砖砌体<br>普通混凝土小型实心砖块砌体<br>蒸压灰砂砖砌体 | 50～70<br>50～70<br>50～70 |
| 烧结多孔砖、空心砖砌体<br>轻集料小型空心砌块砌体<br>蒸压加气混凝土砌块砌体 | 60～80<br>60～80<br>60～80 |
| 石砌体 | 30～50 |

(3)砂浆的制备与使用。砌筑砂浆应通过试配确定配合比，砂浆现场拌制时，各组分材料采用质量计量。对于计量精度，水泥为±2%，砂、灰膏控制在±5%以内。

砌筑砂浆应采用砂浆搅拌机进行拌制。自投料完算起，搅拌时间应符合下列规定：水泥砂浆和混合砂浆不得少于 2 min；掺用外加剂的砂浆不得少于 3 min；掺用有机塑化剂的砂浆，应为 3～5 min。掺用外加剂时，应先将外加剂按规定浓度溶于水中。在拌合水时投入外加剂溶液，外加剂不得直接投入拌制的砂浆中。

施工中，当采用水泥砂浆代替水泥混合砂浆时，应重新确定砂浆强度等级。

砂浆应随拌随用，水泥砂浆和水泥混合砂浆应分别在 3 h 和 4 h 内使用完毕；当施工期间最高气温超过 30 ℃时，应分别在拌成后 2 h 和 3 h 内使用完毕。对掺用缓凝剂的砂浆，其使用时间可根据具体情况延长。

(4)砌筑砂浆质量验收。砌筑砂浆立方体抗压试件每组 6 块，其尺寸为 70.7 mm×70.7 mm×70.7 mm。

1)取样：每一楼层或 250 $m^3$ 砌体、每一工作班、每种配合比至少一组。

2)试件制作：将无底试模放在预先铺有吸水较好的纸(新闻纸或其他未粘过胶凝材料的纸)的烧结普通砖上，在试模内壁事先涂刷薄层机油或脱模剂；向试模内一次注满砂浆，用振捣棒均匀地由外向里按螺旋方向插捣 25 次，插捣完后砂浆应高出试模顶面 6～8 mm；当砂浆表面开始出现麻斑状态时(15～30 min)，将高出部分的砂浆沿试模顶面削去抹平，按规定进行养护。

3)试块养护至 28 d 即送检。砌筑砂浆试块强度验收时，其强度合格标准必须符合以下规定：同一检验批砂浆试块抗压强度平均值必须大于或等于设计强度等级所对应的立方体抗压强度；同一检验批砂浆试块抗压强度的最小一组平均值必须大于或等于设计强度所对应的立方体抗压强度的 0.75 倍。

**(三)砌筑执行的标准规范**

按照自 2012 年 5 月 1 日起施行的《砌体结构工程施工质量验收规范》(GB 50203—2011)的规定，砌筑工程施工主要是砖砌体工程、混凝土小型空心砌块工程、石砌体工程、配筋砌体工程、填充墙砌体工程等分项工程的施工。

必须指出的是，施工时应该全面控制各种影响质量的要素。砌体的强度既不是砌块的强度，也不是砂浆的强度，砌体的强度是砌块的强度、砂浆的强度、水平灰缝砂浆饱满度、砌体的平整度和垂直度、水平灰缝厚度等多种因素共同作用的结果。

对砌体质量有显著影响的块材、水泥、钢筋、外加剂等主要材料应进行性能的复试，合格后方可使用。严禁使用国家明令淘汰的材料。

## 二、砖砌体施工工艺

### (一)砖砌体施工的准备工作

砖砌体施工前要做好各项准备工作，包括砖、砌筑砂浆、施工工具和机械设备等的准备。

**1. 砖的准备**

砖的等级必须要符合设计要求，并应按照规范要求进行抽检与验收。

砖应提前 1～2 d浇水湿润，烧结普通砖、多孔砖的含水率宜为 10%～15%；灰砂砖、粉煤灰砖的含水率宜为 8%～12%。现场检验砖含水率的简易方法是断砖法。当砖截面四周洇水深度为 15～20 mm 时，视为符合要求的适宜含水率。

**2. 砌筑砂浆的准备**

砌筑砂浆的准备主要是砂浆的材料和拌制。拌制水泥混合砂浆时，应先将砂与水泥干拌均匀，再加掺加料(石灰膏、黏土膏)和水拌和均匀。拌制水泥粉煤灰砂浆时，应先将水泥、粉煤灰、砂干拌均匀，再加水拌和均匀。掺用外加剂时，应先将外加剂按规定浓度溶于水中，在拌合水投入时投入外加剂溶液，外加剂不得直接投入拌制的砂浆中。砂浆拌成后使用时，均应盛入储灰器中。如砂浆出现泌水现象，应在砌筑前再次拌和。

**3. 施工工具和机械设备的准备**

砌筑工程开始前，必须按照施工组织设计的要求，组织砂浆搅拌机械、垂直和水平运输机械的进场、安装和调试。同时，还要准备脚手架、砌筑工具(如皮数杆)等。

### (二)烧结普通砖的组砌形式

**1. 砖墙的组砌形式**

砖墙根据其厚度不同，可采用全顺(120 mm)、两平一侧(180 mm 或 300 mm)、全丁、一顺一丁、梅花丁或三顺一丁的砌筑形式(图 6-1)。

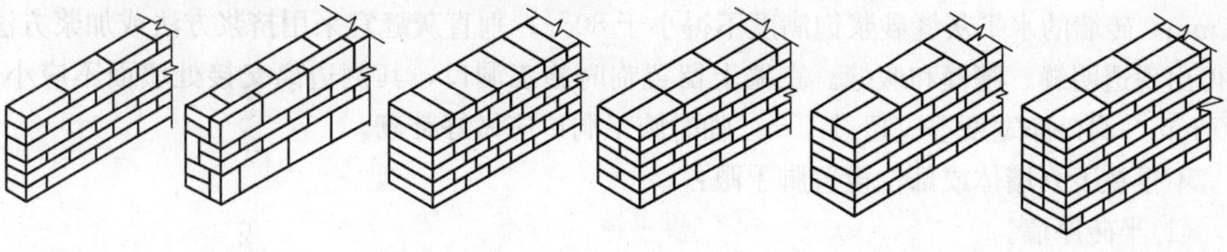

(a) (b) (c) (d) (e) (f)

**图 6-1 砖墙的组砌形式**

(a)全顺；(b)两平一侧；(c)全丁；(d)一顺一丁；(e)梅花丁；(f)三顺一丁

全顺：各皮砖均顺砌，上、下皮垂直灰缝相互错开半砖长(120 mm)，适合砌半砖厚(115 mm)墙。

两平一侧：两皮顺(或丁)砖与一皮侧砖相间，上、下皮垂直灰缝相互错开 1/4 砖长(60 mm)以上，适合砌 3/4 砖厚(180 mm 或 300 mm)墙。

全丁：各皮砖均采用丁砌，上、下皮垂直灰缝相互错开 1/4 砖长，适合砌一砖厚(240 mm)墙。

一顺一丁：一皮顺砖与一皮丁砖相间，上、下皮垂直灰缝相互错开 1/4 砖长，适合砌一砖及一砖以上厚墙。

梅花丁：同皮中顺砖与丁砖相间，丁砖的上、下均为顺砖，并位于顺砖中间，上、下皮垂直灰缝相互错开 1/4 砖长，适合砌一砖厚墙。

三顺一丁：三皮顺砖与一皮丁砖相间，顺砖与顺砖上、下皮垂直灰缝相互错开 1/2 砖长；顺砖与丁砖上、下皮垂直灰缝相互错开 1/4 砖长。适合砌一砖及一砖以上厚墙。

一砖厚承重墙的每层墙的最上一皮砖、砖墙的阶台水平面上及挑出层，应采用整砖丁砌。砖墙的转角处、交接处，根据错缝需要应加砌配砖。图 6-2 所示为一砖厚墙一顺一丁转角处分皮砌法，配砖为 3/4 砖(俗称“七分头砖”)，位于墙外角。

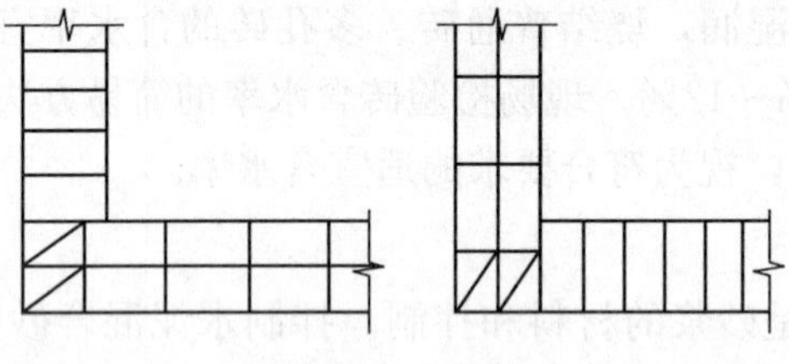

**图 6-2　一砖厚墙一顺一丁转角处分皮砌法**

图 6-3 所示为一砖厚墙一顺一丁交接处分皮砌法，配砖为 3/4 砖，位于墙交接处外面，仅在丁砌层设置。

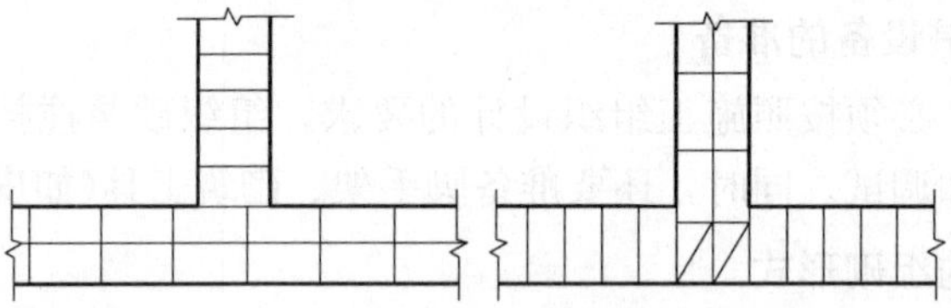

**图 6-3　一砖厚墙一顺一丁交接处分皮砌法**

砖墙的水平灰缝厚度和垂直灰缝宽度宜为 10 mm，但不应小于 8 mm，也不应大于 12 mm。砖墙的水平灰缝砂浆饱满度不得小于 80%；垂直灰缝宜采用挤浆方法或加浆方法，不得出现透明缝、瞎缝和假缝。在墙上留置临时施工洞口，其侧边离交接处墙面不应小于 500 mm，洞口净宽度不应超过 1 m。临时施工洞口应做好补砌。

不得在下列墙体或部位设置脚手眼：

(1)半砖厚墙。

(2)过梁上与过梁成 60°的三角形范围及过梁净跨度 1/2 的高度范围内。

(3)宽度小于 1 m 的窗间墙。

(4)墙体门窗洞口两侧 200 mm 和转角处 450 mm 范围内。

(5)梁或梁垫下及其左、右 500 mm 范围内。

(6)设计不允许设置脚手眼的部位。

施工脚手眼补砌时，灰缝应填满砂浆，不得用干砖填塞。设计要求的洞口、管道、沟槽应于砌筑时正确留出或预埋，未经设计同意，不得打凿墙体和在墙体上开凿水平沟槽。宽度超过 300 mm 的洞口上部，应设置钢筋混凝土过梁。砖墙每日砌筑高度不得超过 1.8 m，雨天不得超过 1.2 m。砖墙工作段的分段位置，宜设在变形缝、构造柱或门窗洞口处；

相邻工作段的砌筑高度不得超过一个楼层高度，也不宜大于 4 m。

**2. 基础的组砌形式**

砖基础砌筑在垫层之上，一般砌筑在混凝土砖基础的下部为大放脚，上部为基础墙，大放脚的宽度为半砖长的整数倍。混凝土垫层厚度一般为 100 mm，宽度每边比大放脚最下层宽 100 mm。大放脚有等高式和间隔式。等高式大放脚是每砌 2 皮砖，两边各收进 1/4 砖长(60 mm)；间隔式大放脚是每砌 2 皮砖及 1 皮砖，两边轮流各收进 1/4 砖长(60 mm)。特别要注意，等高式和间隔式大放脚(不包括基础下面的混凝土垫层)的共同特点是最下层都应为 2 皮砖砌筑，如图 6-4 所示。

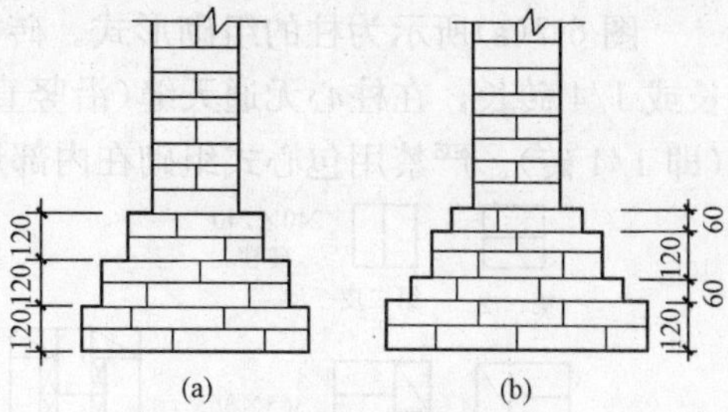


**图 6-4　砖基础大放脚形式**

(a)等高式；(b)间隔式

砖基础大放脚一般采用一顺一丁砌筑形式，即一皮顺砖与一皮丁砖相间，上、下皮垂直灰缝相互错开 1/4 砖(60 mm)。砖基础的转角处、交接处，为错缝需要应加砌配砖(3/4 砖、半砖或 1/4 砖)。图 6-5 所示是底宽为 2 砖半等高式砖基础大放脚转角处分皮砌法。

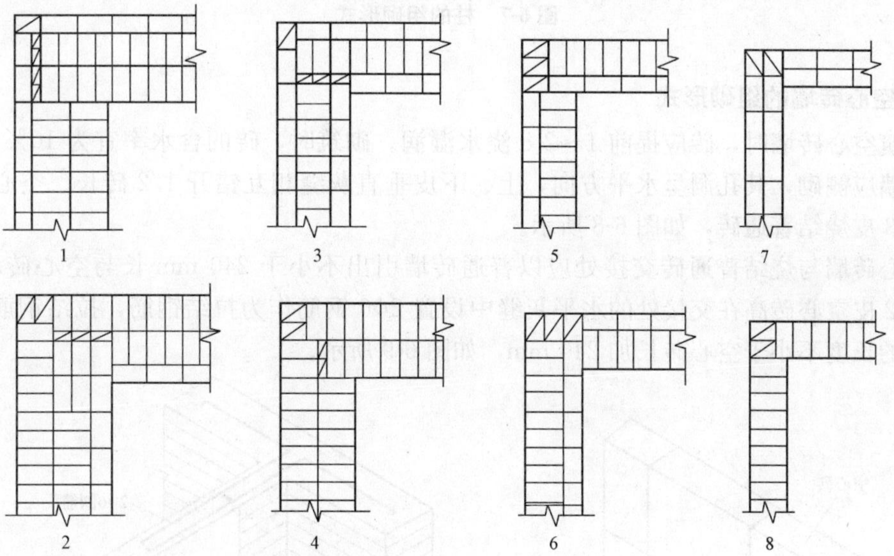


**图 6-5　底宽为 2 砖半等高式砖基础大放脚转角处分皮砌法**

砖基础的水平灰缝厚度和垂直灰缝宽度宜为 10 mm。水平灰缝的砂浆饱满度不得小于 80%。砖基础的底标高不相同时，应从低处开始砌筑，并应由低处向高处搭砌，当设计无要求时，搭砌长度不应小于砖基础大放脚的高度，如图 6-6 所示。

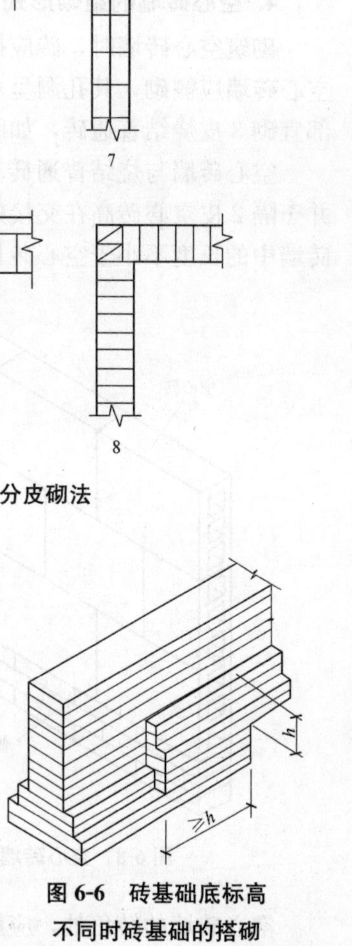


**图 6-6　砖基础底标高不同时砖基础的搭砌**

砖基础的转角处和交接处应同时砌筑，当不能同时砌筑时，应留置斜槎(踏步槎)。基础墙的防潮层，当设计无具体要求时，宜用 1∶2 的水泥砂浆加适量防水剂铺设，其厚度宜为20 mm。防潮层位置宜在室内地面标高以下 1 皮砖(－0.060 m)处。砖基础砌筑完成后应有一定的养护时间，再进行回填土方。回填时，砖基础的两边应同时对称回填，以避免砖基础移位或倾覆。

### 3. 柱的组砌形式

图 6-7(a)所示为柱的组砌形式。砖柱组砌，应使柱面上、下皮的竖缝相互错开 1/2 砖长或 1/4 砖长，在柱心无通天缝(沿竖直方向贯通的裂缝)，少砍砖，并尽量利用二分头砖(即 1/4 砖)。严禁用包心式组砌在内部形成竖向矩形通天缝，如图 6-7(b)所示。

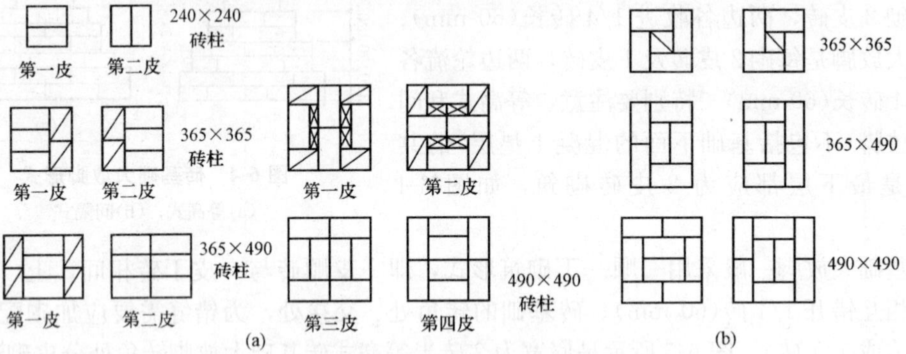


图 6-7　柱的组砌形式

### 4. 空心砖墙的组砌形式

砌筑空心砖墙时，砖应提前 1～2 d 浇水湿润。砌筑时，砖的含水率宜为 10%～15%。空心砖墙应侧砌，其孔洞呈水平方向，上、下皮垂直灰缝相互错开 1/2 砖长。空心砖墙底部宜砌 3 皮烧结普通砖，如图 6-8 所示。

空心砖墙与烧结普通砖交接处应以普通砖墙引出不小于 240 mm 长与空心砖墙相接，并于隔 2 皮空心砖高在交接处的水平灰缝中设置 2Φ6 钢筋作为拉结钢筋，拉结钢筋在空心砖墙中的长度不小于空心砖长加 240 mm，如图 6-9 所示。

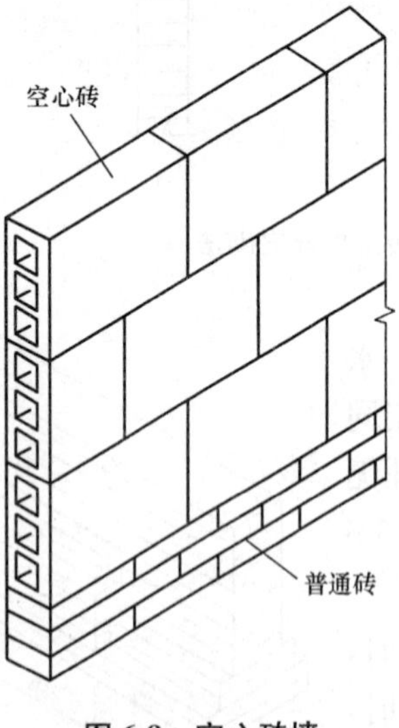


图 6-8　空心砖墙

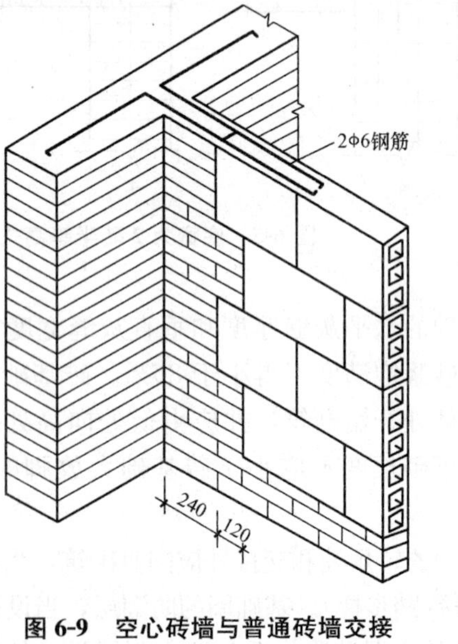


图 6-9　空心砖墙与普通砖墙交接

空心砖墙的转角处，应用烧结普通砖砌筑，砌筑长度角边应不小于 240 mm。

空心砖墙砌筑不得留置斜槎或直槎，中途停歇时应将墙顶砌平。在转角处、交接处，空心砖与普通砖应同时砌起。

空心砖墙中不得留置脚手眼，不得对空心砖进行砍凿。

空心砖砌体一般尺寸允许偏差及检验方法见表6-2。

**表6-2　空心砖砌体一般尺寸允许偏差及检验方法**

| 项次 | 项目 | | 允许偏差/mm | 检验方法 |
|---|---|---|---|---|
| 1 | 轴线位移 | | 10 | 用尺检查 |
| | 垂直度 | ≤3 m | 5 | 用2 m托线板或吊线、尺检查 |
| | | >3 m | 10 | |
| 2 | 表面平整度 | | 8 | 用2 m靠尺和楔形塞尺检查 |
| 3 | 门窗洞口高、宽(后塞口) | | ±5 | 用尺检查 |
| 4 | 外墙上、下窗口偏移 | | 20 | 用经纬仪或吊线检查 |

空心砖砌体的砂浆饱满度及检验方法应符合表6-3的规定。

**表6-3　空心砖砌体的砂浆饱满度及检验方法**

| 灰缝 | 饱满度及要求 | 检验方法 |
|---|---|---|
| 水平灰缝 | ≥80% | 用百格网检查砖底面砂浆的粘结痕迹面积 |
| 垂直灰缝 | 填满砂浆，不得有透明缝、瞎缝、假缝 | |

抽检数量：每步架子不少于3处，且每处不应少于3块。

## (三)砖砌体的砌筑方法

砖砌体的砌筑方法常用的有“三一”砌砖法和铺浆法。“三一”砌砖法的操作要点是一铲灰、一块砖、一挤揉，并随手将挤出的砂浆刮去，操作时砖块要放平、跟线。

铺浆法是先用砖刀或小方铲在墙上铺500～750 mm长的砂浆，用砖刀调整好砂浆的厚度，再将砖沿砂浆面向接口处推进并揉压，使竖向灰缝有2/3高的砂浆，再用砖刀将砖调平，依次操作。铺浆法也是较好的方法，但要求砂浆的和易性一定要好。

## (四)砖砌体施工工艺与技术要求

一般砖砌体砌筑工艺流程为：抄平、放线→排砖撂底(摆砖样)→立皮数杆→盘角、挂线→砌砖→勾缝→安装(浇筑)楼板。

### 1. 抄平、放线

(1)底层抄平、放线。当基础砌筑到±0.000时，依据施工现场±0.000标准水准点在基础面上用水泥砂浆或C10细石混凝土找平，并在建筑物四角外墙面上引测±0.000标高，画上符号并注明，作为楼层标高引测点。依据施工现场龙门板上的轴线钉拉通线，并沿通线挂线坠，将墙轴线引测到基础面上，再以轴线为标准弹出墙边线，定出门窗洞口的平面位置。轴线放出并经复查无误后，将轴线引测到外墙面上，画上特定的符号，作为楼层轴线引测点。

(2)轴线、标高引测。当墙体砌筑到各楼层时，可根据设在底层的轴线引测点，利用经纬仪或铅垂球，把控制轴线引测到各楼层外墙上；可根据设在底层的标高引测点，利用钢尺向上直接丈量，把控制标高引测到各楼层外墙上。

(3)楼层抄平、放线。轴线和标高引测到各楼层后，就可进行各楼层的抄平、放线。为了保证各楼层墙身轴线的重合，并与基础定位轴线一致，引测后，一定要用钢尺丈量各轴线间距，经校核无误后，再弹出各层之间的轴线和墙边线，并按设计要求定出门窗洞口的平面位置。

**注意：** 抄平时厚度不大于 20 mm 时，用 1∶3 的水泥砂浆；厚度大于 20 mm 时，一般用 C15 细石混凝土找平。

**2. 排砖撂底(摆砖样)**

排砖撂底是指在墙基面上，按墙身长度和组砌方式先用砖块试摆，核对所弹的门洞位置线及窗口、附墙垛的墨线是否符合所选用砖型的模数，对灰缝进行调整，以使每层砖的砖块排列和灰缝均匀，并尽可能减少砍砖。

**3. 立皮数杆**

立皮数杆的目的是控制每皮砖砌筑时的竖向尺寸，并使铺灰、砌砖的厚度均匀，保证砖缝水平。皮数杆上除画有每皮砖和灰缝的厚度外，还画出了门窗洞、过梁、楼板等的位置和标高，用于控制墙体各部位构件的标高。皮数杆长度应有一层楼高(不小于 2 m)，一般立于墙的转角处，内、外墙交接处。立皮数杆时，应使皮数杆上的±0.000线与房屋的标高起点线相吻合。

将皮数杆立于墙的转角处和交接处，其基准标高用水准仪校正。一般每隔 10～15 m 再设一根，在相对两皮数杆上砖上边线处拉准线。皮数杆与水平控制线示意如图 6-10 所示。

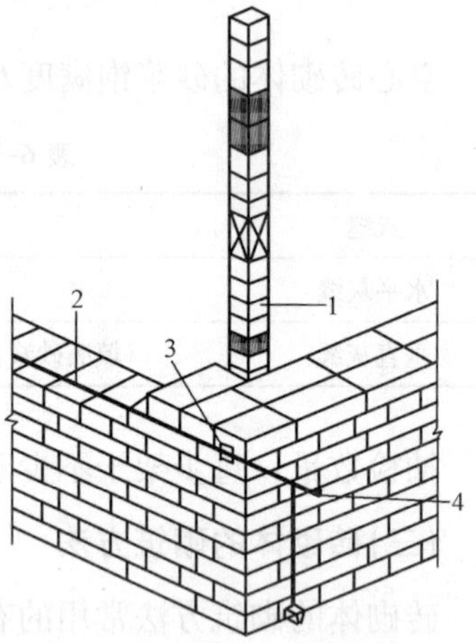


**图 6-10　皮数杆与水平控制线示意**

1—皮数杆；2—水平控制线；
3—转角处水平控制线固定铁钉；
4—末端水平控制线固定铁钉

**4. 盘角、挂线**

砌砖前应先盘角，一般由经验丰富的泥工负责，每次盘角不应超过五层。新盘的大角应及时吊、靠，即三皮一吊、五皮一靠。如有偏差要及时修整。盘角时要仔细对照皮数杆的砖层和标高，控制好灰缝的大小，使水平灰缝均匀一致。大角盘好后再复查一次，平整和垂直完全符合要求后，再挂线砌墙。砌筑一砖半墙必须双面挂线，如果长墙几个人均使用一根通线，中间应设几个支线点，小线要拉紧，每层砖都要穿线看平，使水平缝均匀一致，平直通顺；砌一砖厚混水墙时宜采用外手挂线，可照顾砖墙两面平整，为下道工序控制抹灰厚度奠定基础。

**5. 砌砖**

砌砖宜采用“三一”砌筑法，即一铲灰、一块砖、一揉压的砌筑方法。当采用铺浆法砌筑时，铺浆长度不得超过 750 mm；施工期间气温超过 30 ℃时，铺浆长度不得超过 500 mm。砌砖时砖要放平，里手高，墙面就要张；里手低，墙面就要背。砌砖一定要跟线，“上跟线，下跟棱，左右相邻要对平”。设计要求的洞口、管道、沟槽应于砌筑时正确留出或预埋。未经设计人员同意，不得打凿墙体和在墙体上开凿水平沟槽。宽度超过 300 mm 的洞口上部，应设置钢筋混凝土过梁。砖墙每日砌筑高度不得超过 1.8 m，雨天时不得超过 1.2 m。

(1)留槎。留槎是指相邻砌体不能同时砌筑而设置的临时间断，是为便于先砌砌体与后砌砌体之间的接合而设置的。砖砌体的转角处和交接处应同时砌筑，严禁无可靠措施的内外墙分砌施工。应将不能同时砌筑而又必须留置的临时间断处砌成斜槎，斜槎水平投影长度不应小于高度的 2/3，如图 6-11 所示。

非抗震设防及抗震设防烈度为 6 度、7 度地区的临时间断处，当不能留斜槎时，除转角处外可留直槎，但直槎必须做成凸槎。留直槎处应加设拉结钢筋，拉结钢筋的数量为每 120 mm 墙厚放置 1ϕ6 拉结钢筋(120 mm 厚墙放置 2ϕ6 拉结钢筋)，间距沿墙高不应超过 500 mm；埋入长度从留槎处算起每边均不应小于 500 mm，对抗震设防烈度为 6 度、7 度的地区，不应小于 1 000 mm；末端应有 90°弯钩，如图 6-12 所示。

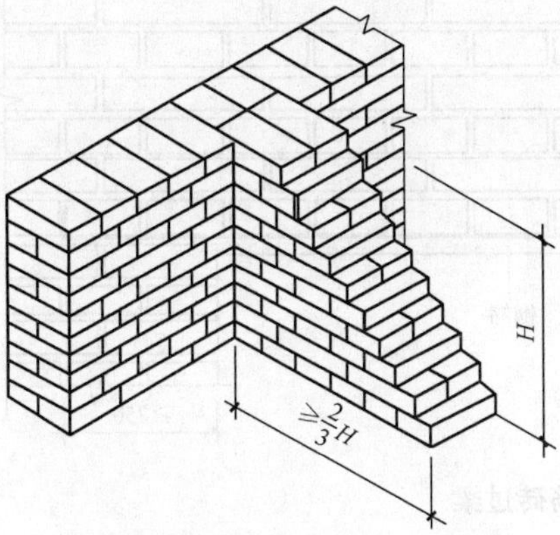


**图 6-11　烧结普通砖砌体斜槎**

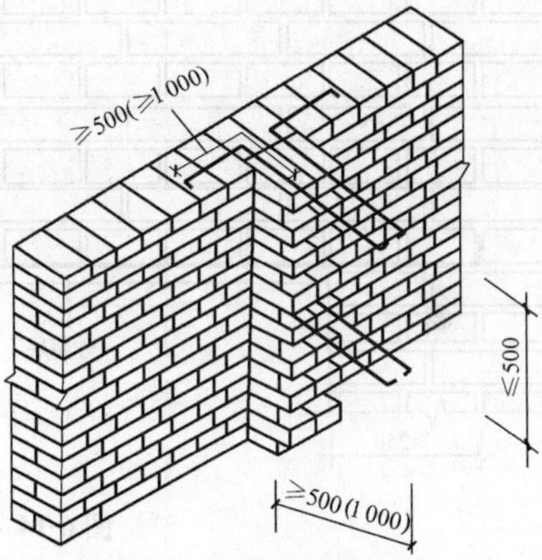


**图 6-12　烧结普通砖砌体直槎**

(2)构造柱设置处砖墙砌法。构造柱不单独承重，因此不需设独立基础，其下端应锚固于钢筋混凝土基础或基础梁内。在施工时必须先砌墙，为使构造柱与砖墙紧密结合，墙体砌成马牙槎的形式。从每层柱脚开始，先退后进，退进不小于 60 mm，每一马牙槎沿高度方向的尺寸不宜超过300 mm。沿墙高每 500 mm 设 2ϕ6 拉结钢筋。每边伸入墙内不宜小于 1 m。预留伸出的拉结钢筋，不得在施工中任意弯折，如有歪斜、弯曲，在浇灌混凝土之前，应校正到正确位置并绑扎牢固。拉结钢筋布置及马牙槎构造示意如图 6-13 所示。

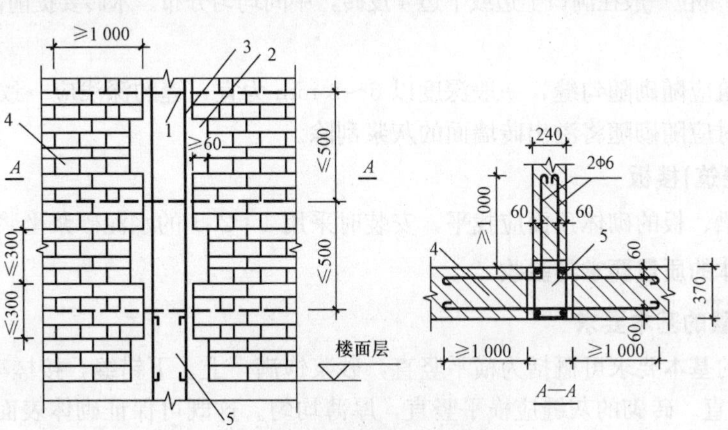


**图 6-13　拉结钢筋布置及马牙槎构造示意**

(3)安装过梁、钢筋砖过梁砌筑方法。安装过梁、梁垫时，其标高、位置及型号必须准确，坐灰饱满。如坐灰厚度超过 20 mm，要用豆石混凝土铺垫。过梁安装时，两端支承点的长度应一致。

当洞口跨度小于 1.5 m 时，可采用钢筋砖过梁。钢筋砖过梁的底面为砂浆层，砂浆层厚度不宜小于 30 mm。砂浆层中应配置钢筋，钢筋直径不应小于 5 mm，其间距不宜大于 120 mm，钢筋两端伸入墙体内的长度不宜小于 250 mm，并有向上的直角弯钩，如图 6-14 所示。

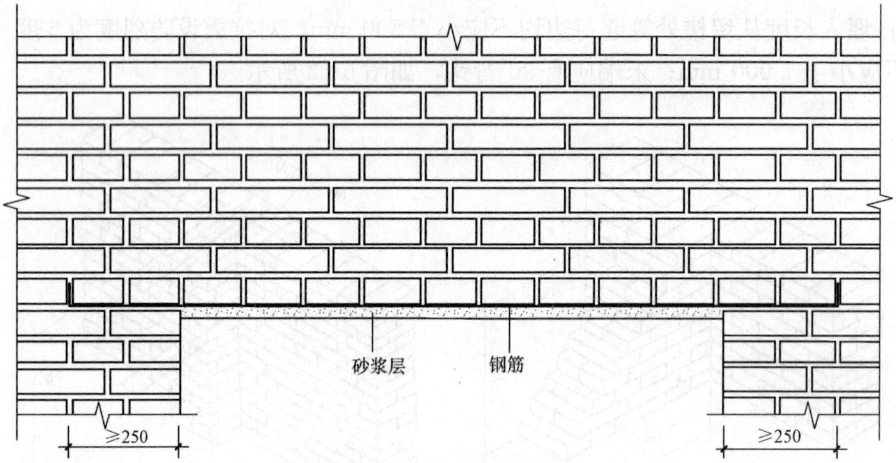


**图 6-14　钢筋砖过梁**

钢筋砖过梁砌筑前，应先支设模板，模板中央应略有起拱。砌筑时，宜先铺 15 mm 厚的砂浆层，把钢筋放在砂浆层上，使其弯钩向上。然后，再铺 15 mm 厚的砂浆层，使钢筋位于30 mm 厚的砂浆层中间。接着，按墙体砌筑形式与墙体同时砌砖。钢筋砖过梁截面计算高度内(7 皮砖高)的砂浆强度不宜低于 M5。钢筋砖过梁底部的模板，应在砂浆强度不低于设计强度 50%时方可拆除。

(4)门窗洞口木砖埋设。木砖预埋时应小头在外，大头在内，数量按洞口高度确定。洞口高在 1.2 m 以内时，每边放 2 块；高为 1.2～2 m 时，每边放 3 块；高为 2～3 m 时，每边放 4 块，预埋木砖的部位一般在洞口上边或下边 4 皮砖，中间均匀分布。木砖要提前做好防腐处理。

**6. 勾缝**

清水墙砌筑应随砌随勾缝，一般深度以 6～8 mm 为宜，缝的深浅应一致，清扫干净。砌混水墙时应随砌随将溢出砖墙面的灰浆刮除。

**7. 安装(浇筑)楼板**

搁置预制梁、板的砌体顶面应找平，安装时采用 1∶2.5 的水泥砂浆坐浆。

**(五)砖砌体的质量要求与验收**

**1. 砌筑质量的基本要求**

砌筑质量的基本要求可概括为横平竖直，砂浆饱满，上、下错缝，接槎牢固。

(1)横平竖直。砖砌的灰缝应横平竖直，厚薄均匀。这既可保证砌体表面美观，也能保证砌体均匀受力。水平灰缝厚度宜为 10 mm，但不应小于 8 mm，也不应大于 12 mm。过厚的水平灰缝容易使砖块浮滑，且降低砌体的抗压强度；过薄的水平灰缝会影响砌体之间的粘结力。竖向灰缝应垂直对齐，如不齐称为游丁走缝，其会影响砌体的外观质量。

(2)砂浆饱满。砌体水平灰缝的砂浆饱满度不得小于 80%，砌体的受力主要通过砌体之间的水平灰缝传递到下面，水平灰缝不饱满将影响砌体的抗压强度。竖向灰缝不得出现透明缝、瞎缝和假缝，竖向灰缝的饱满程度会影响砌体的抗透风、抗渗和抗剪强度。

(3)上、下错缝。上、下错缝是指砖砌体上、下两皮砖的竖缝应当错开，以避免上、下通缝。当上、下两皮砖搭接长度小于 25 mm 时，即为通缝。在垂直荷载的作用下，砌体会由于“通缝”而丧失整体性，影响砌体强度。

(4)接槎牢固。临时间断处留槎必须符合有关规定的要求，为使接槎牢固，后面墙体施工前，必须将留设的接槎处表面清理干净，浇水湿润，并填实砂浆，保持灰缝平直。

**2. 一般砖砌体质量验收项目**

(1)主控项目：砖和砂浆的强度等级；砂浆饱满度；留槎；轴线位置偏移(10 mm)及垂直度(每层 5 mm。全高：≤10 m，10 mm；>10 m，20 mm)。

(2)一般项目：组砌方法；灰缝厚度；允许偏差项目(基础顶面和楼面标高；表面平整度；门窗洞口高、宽；外墙上、下窗口偏移；水平灰缝平直度；清水墙游丁走缝)。

**(六)砖砌体工程质量问题与防治**

**1. 砌体组砌方法错误**

砌墙面出现数皮砖同缝(通缝、直缝)、里外两皮，砖柱采用包心法砌筑，里、外皮砖层互不相咬，形成周围通天缝等，影响砌体强度，降低结构整体性。预防措施是：对工人加强技术培训，严格按规范方法组砌，缺损砖应分散使用，少用半砖，禁用碎砖。

**2. 墙面灰缝不平直、游丁走缝、墙面凹凸不平**

水平灰缝弯曲不平直，灰缝厚度不一致，出现“螺丝”墙，垂直灰缝歪斜，灰缝宽窄不匀，丁不压中(丁砖未压在顺砖中部)，墙面凹凸不平。预防措施是：砌前应摆底，并根据砖的实际尺寸对灰缝进行调整；采用皮数杆拉线砌筑，以砖的小面跟线，拉线长度(15～20 m)超长时，应加腰线；竖缝，每隔一定距离应弹墨线找齐，墨线用线坠引测，每砌一步架用立线向上引伸，立线、水平线与线坠应“三线归一”。

**3. 墙体留槎错误**

砌墙时随意留直槎，甚至阴槎，构造柱马牙槎不标准，槎口以砖渣填砌，接槎砂浆填塞不严，影响接槎部位的砌体强度，降低结构的整体性。预防措施是：施工组织设计中应对留槎作统一考虑，严格按规范的要求留槎。

**4. 拉结钢筋被遗漏**

构造柱及接槎的水平拉结钢筋常被遗漏，或未按规定布置；配筋砖缝砂浆不饱满，露筋年久易锈。预防措施是：拉结钢筋应作为隐检项目对待，应加强检查，并填写检查记录存档。施工中，对所砌部位需要的配筋应一次备齐，以备检查有无遗漏。适当增加灰缝厚度(以钢筋网片厚度上、下各有 2 mm 保护层为宜)。

**5. 层高超高**

层高实际高度与设计高度的偏差超过允许偏差。预防措施是：保证配置砌筑砂浆的原材料符合质量要求，并且控制铺灰厚度和长度；砌筑前应根据砌块、梁、板的尺寸和规格，计算砌筑皮数，绘制皮数杆，砌筑时控制好每皮砌块的砌筑高度，对于原楼地面的标高误差，可在砌筑灰缝或圈梁、楼板找平层的允许误差内逐皮调整。

**任务实施**

## 一、实施思路

可选的墙体组砌形式有：

(1)全顺砖。

(2)三顺一丁。

(3)一顺一丁。

(4)梅花丁。

## 二、实施步骤

(1)全顺砖。全顺砖组砌形式中，全是顺砖排布，所以丁砖比例为零。在其他条件不变的情况下，组砌形式中丁砖比例是决定整体性的关键因素。

(2)三顺一丁。三顺一丁组砌形式中每三皮砖就会有一皮丁砖，丁砖比例只是比全顺砖组砌形式高。

(3)一顺一丁。一顺一丁组砌形式中每一皮砖就有一皮丁砖，丁砖比例可以有所提高。

(4)梅花丁。梅花丁组砌形式中每一皮砖中都有丁砖，丁砖比例最高。所以，选择这种组砌形式可以提高砖墙的整体性。

# 任务二　砌块砌体施工

**任务引入**

按照砌体施工与质量检测标准，编写一份混凝土空心砌块砌筑施工方案。要求：可按照自己的需要自由选择形式，但要包括施工准备、材料准备、施工流程、质量要求、安全措施。

**【任务分析】** 参照课程内容和最新的砌体规范进行施工方案的编写。

**相关知识**

## 一、石砌块施工

### 1. 毛石砌体砌筑要点

砌筑前应清除石材表面的泥垢、水锈等杂物。毛石砌体宜采用铺浆法砌筑，砂浆必须饱满，叠砌面的粘灰面积(即砂浆饱满度)应大于80%。毛石砌体宜分皮卧砌，各皮石块之间应利用毛石的自然形状经敲打修整使之能与先砌毛石基本吻合、搭砌紧密；毛石应上、下错缝，内、外搭砌，不得采用外面侧立毛石中间填心的砌筑方法；中间不得有铲口石(尖石倾斜向外的石块)、斧刃石(尖石向下的石块)和过桥石(仅在两端搭砌的石块)，如图6-15所示。

石砌体的灰缝厚度：毛料石和粗料石砌体不宜大于20 mm；细料石砌体不宜大于

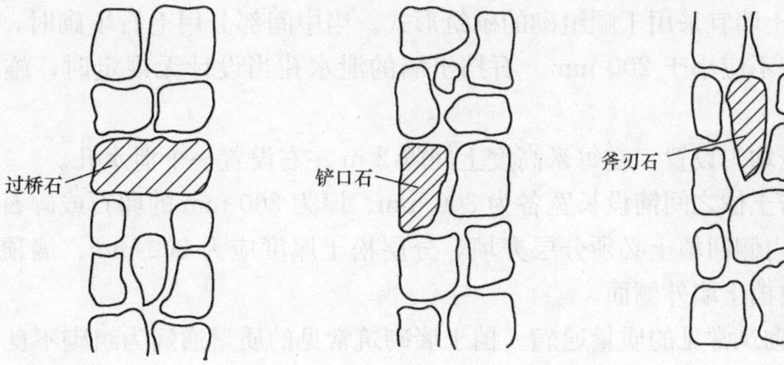


图 6-15　过桥石、铲口石、斧刃石

5 mm。石块之间不得有相互接触的现象。石块之间较大的空隙应先填塞砂浆后用碎石块嵌实，不得采用先摆碎石块后塞砂浆或干填碎石块的方法。砂浆初凝后，如移动已砌筑的石块，应将原砂浆清理干净，重新铺浆砌筑。

**2. 毛石基础**

砌筑毛石基础的第一皮石块坐浆，并将石块的大面向下。毛石基础的转角处、交接处应用较大的平毛石砌筑。毛石基础的扩大部分，如做成阶梯形，上级阶梯的石块应至少压砌下级阶梯石块的 1/2，相邻阶梯的毛石应相互错缝搭砌，如图 6-16 所示。

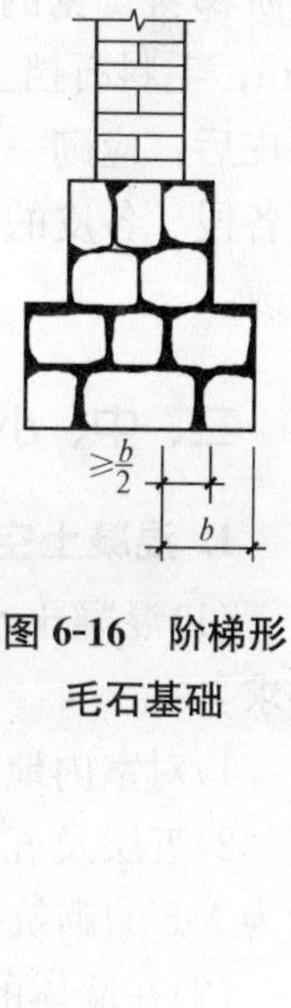


图 6-16　阶梯形毛石基础

毛石基础水平灰缝厚度不宜大于 20 mm，大石缝中，先填 1/3～1/2 的水泥砂浆，再用小石子、石片塞入其中，轻轻敲实。砌筑时，上、下皮石之间一定要用拉结石，把内、外层石块拉结成整体，在立面看时呈梅花形，上、下、左、右错开。同皮内每隔 2 m 左右设置一块，拉结石长度：如基础宽度小于或等于 400 mm，应与基础宽度相等；如基础宽度大于 400 mm，可用两块拉结石内、外搭接，搭接长度不应小于 150 mm，且其中一块拉结石长度不应小于基础宽度的 2/3。

**3. 石挡土墙**

石挡土墙可采用毛石或料石砌筑。

如图 6-17 所示，砌筑毛石挡土墙应符合下列规定：

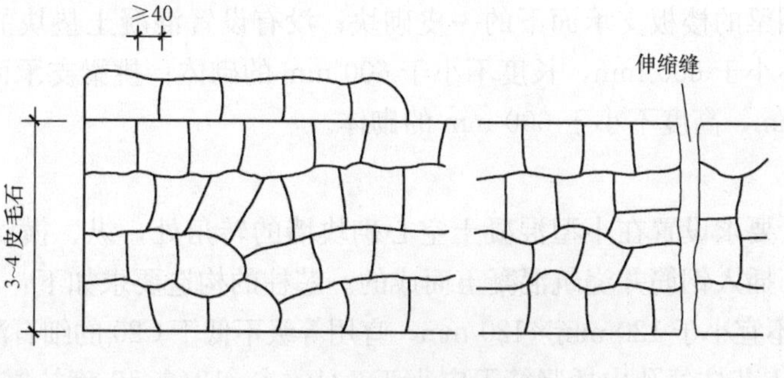


图 6-17　毛石挡土墙立面

(1)每砌 3～4 皮毛石为一个分层高度，每个分层高度应找平一次。

(2)外露面的灰缝厚度不得大于 40 mm，两个分层高度间分层处的错缝不得小于 80 mm。

(3)料石挡土墙宜采用丁顺组砌的砌筑形式。当中间部分用毛石填砌时，丁砌料石伸入毛石部分的长度不应小于 200 mm。石挡土墙的泄水孔当设计无规定时，施工应符合下列规定：

1)泄水孔应均匀设置，在每米高度上间隔 2 m 左右设置一个泄水孔。

2)泄水孔与土体之间铺设长宽各为 300 mm、厚为 200 mm 的卵石或碎石作疏水层。

(4)挡土墙内侧回填土必须分层夯填，分层松土厚度应为 300 mm。墙顶土面应有适当坡度使流水流向挡土墙外侧面。

(5)挡土墙砌筑常见的质量通病。挡土墙砌筑常见的质量通病为组砌不良。

1)现象。上、下两层石块不错缝搭接或搭接长度太少；同皮内采用丁顺相间组砌时，丁砌石数量太少(中心距过大)；采用同皮内全部顺砌或丁砌时，丁砌层层数太少；阶梯形挡土墙各阶梯的标高和墙顶标高偏差过大。

2)原因分析。不执行施工规范和操作规程的有关规定；不按设计要求和石料的实际尺寸，预先计算确定各段应砌皮数和灰缝厚度。

3)防治措施。毛料石挡土墙应上、下错缝搭砌。阶梯形挡土墙的上阶梯料石至少压砌下阶梯料石宽的 1/3；同皮内采用丁顺组砌时，丁砌石应交错设置，其中心距不应大于 2 m；毛料石挡土墙厚度大于或等于两块石块的宽度时，可以采用同皮内全部顺砌，但每砌两皮后，应砌一皮丁砌层；按设计要求、石料厚度和灰缝允许厚度的范围，预先计算出砌完各段、各皮的灰缝厚度，如果上述三项要求不能同时满足，应提前办理技术核定或设计修改。

## 二、中、小型砌体施工

### 1. 混凝土空心砌块的一般构造要求

(1)混凝土小型空心砌块砌体所用的材料，除满足强度计算要求外，还应符合下列要求：

1)对室内地面以下的砌体，应采用普通混凝土小砌块和等级不低于 M5 的水泥砂浆。

2)五层及五层以上民用建筑的底层墙体，应采用等级不低于 MU5 的混凝土小砌块和等级为 M5 的砌筑砂浆。

(2)在墙体的下列部位，应用 C20 混凝土灌实砌块的孔洞：底层室内地面以下或防潮层以下的砌体；无圈梁的楼板支承面下的一皮砌块；没有设置混凝土垫块的屋架、梁等构件支承面下，高度不小于 600 mm，长度不小于 600 mm 的砌体；挑梁支承面下，距墙中心线每边不小于 300 mm，高度不小于 600 mm 的砌体。

### 2. 芯柱设计

芯柱是按设计要求设置在小型混凝土空心砌块墙的转角处，纵、横墙交接处和楼梯间四角的三个孔洞，插入钢筋并浇筑混凝土而成的。芯柱的构造要求如下：

(1)芯柱截面不宜小于 120 mm×120 mm，宜用等级不低于 C20 的细石混凝土浇灌护庇。

(2)钢筋混凝土芯柱每孔内插竖筋不应小于 1$\phi$10 或 $\phi$12(6～8 度抗震设防)，底部应伸入室内地面下 500 mm 或与基础圈梁锚固，顶部与屋盖圈梁锚固。

(3)在钢筋混凝土芯柱处，沿墙高每隔 600 mm 应设 $\phi$4 钢筋网片拉结，每边伸入墙体不小于 600 mm(图 6-18)或 1 000 mm(6～8 度抗震设防)；芯柱应沿房屋的全高贯通，并与各层圈梁整体现浇。

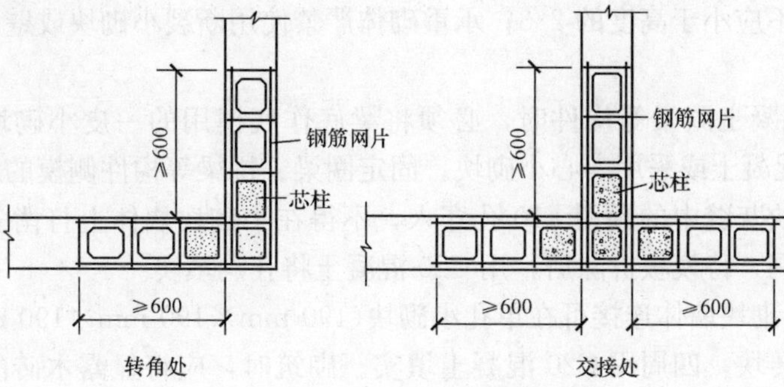


图 6-18　钢筋混凝土芯柱处拉筋

**3. 施工要点**

(1)施工准备。

1)进入施工现场的小砌块必须从持有产品合格证书的同一厂家购入。合格证书应包括型号、规格、产品等级、强度等级、密度等级、生产日期等项内容。同时，要求在厂内的养护龄期必须确保是 28 d。

2)墙体施工前必须按设计图房屋的轴线编绘小砌块平、立面排列图。排列时应根据小砌块规格、灰缝厚度和宽度、门窗洞口尺寸、过梁与圈梁的高度、芯柱或构造柱位置、预留洞大小、管线、开关、插座敷设部位等进行对孔、错缝搭接排列，并以主规格小砌块为主，辅以相应配套块。

3)砌块进场应按不同规格和强度分别整齐堆放，高度不得超过 1.6 m，应避免雨淋，以防砌体产生干缩裂纹。

(2)操作技术要点。

1)砌块上墙前的湿度控制。由混凝土制成的砌块与一般烧结材料不同，湿度变化时体积也会变化，通常表现为湿胀干缩。如果干缩变形过大，超过了砌块块体或灰缝允许的极限，砌块墙就可能产生裂缝。因此，用砌块砌墙时需控制砌块上墙前的湿度。混凝土砌块和烧结普通砖的显著差别是前者不能浸水或浇水，以免砌块吸水膨胀。在气候特别干热的情况下，因砂浆水分蒸发过快，不便施工时，可在砌筑前稍微喷水湿润。

2)砌块砌筑要点。小砌块砌筑应采用等级不低于 M5 的细砂混合浆，此砂浆能保证和易性和粘结度，立缝碰头灰若采用中粗砂，碰头灰很难刮上。砌块应进行反砌，即小砌块生产时的底面朝上砌筑于墙体上，这易于铺放砂浆和保证水平灰缝砂浆的饱满度。小砌块应对孔错缝搭砌，若遇个别情况无法对孔砌筑，普通混凝土小砌块错缝长度不应小于 90 mm，轻集料混凝土小砌块错缝长度不应小于 120 mm；当不能保证此规定时，应在水平灰缝中设置 2$\phi$4 钢筋网片，钢筋网片每端均应超过该垂直灰缝，其长度不得小于 300 mm(图 6-19)。

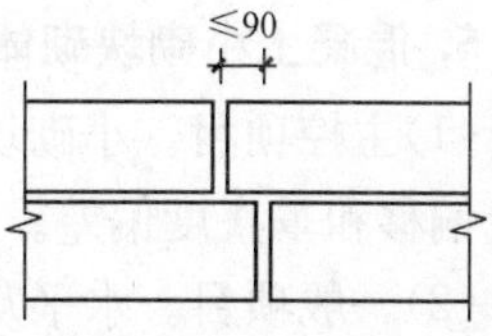


图 6-19　水平灰缝中拉结筋

水平灰缝的砂浆饱满度，应按净面积计算不得低于 90%；竖向灰缝饱满度不得小于 80%，竖缝凹槽部位应用砌筑砂浆填实；不得出现瞎缝、透明缝；

灰缝厚度应与砖砌体一致；墙体转角处和纵横交接处应同时砌筑；临时间断处应砌成斜槎，斜槎水平投影长度不应小于高度的 2/3；承重砌体严禁使用断裂小砌块或壁肋中有竖向凹形裂缝的小砌块砌筑。

(3)墙上现浇混凝土圈梁等构件时，必须将梁底作底模用的一皮小砌块孔洞预先填实 140 mm 高的 C20 混凝土或采用实心小砌块。固定圈梁、挑梁等构件侧模的水平拉杆、扁铁或螺栓时应从小砌块灰缝中的预留 $\phi$10 孔穿入，不得在小砌块块体上打凿安装洞，但可利用侧砌的小砌块孔洞，待模板拆除后，用 C20 混凝土将孔洞填实。

(4)木门框与小砌块墙体连接可在单孔小砌块(190 mm×190 mm×190 mm)孔洞内埋入涂满沥青的楔形木砖块，四周用 C20 混凝土填实。砌筑时，应将显露木砖的一面砌于门洞两侧上、中、下部位各 3 块，木门框即钉设木砖上。门窗洞口两侧的小砌块孔洞灌填 C20 混凝土，其门窗与墙体的连接方法可按实心混凝土墙体施工。

(5)严禁在墙体上剔凿。对设计规定的洞口、管道、沟槽和预埋件，应在砌筑时预留或预埋，严禁在砌好的墙体上剔凿，对电气穿线管，可利用砌块孔作穿线孔，考虑墙体刚度，可将 U 形横孔用 C10～C15 混凝土灌到上平下 5 cm 处，留作横向穿线孔。

**4. 芯柱施工**

(1)芯柱部位宜采用不封底的通孔小砌块，当采用半封底小砌块时，砌筑前必须打掉孔洞毛边。在楼(地)面砌筑第一皮小砌块时，在芯柱部位，应用开口砌块(或 U 形砌块)砌出操作孔，在操作孔侧面宜预留连通孔，必须清除芯柱孔洞内的杂物及削掉孔内凸出的砂浆，并用水冲洗干净，校正钢筋位置并绑扎或焊接固定后，方可浇灌混凝土。芯柱钢筋应与基础或基础梁中的预埋钢筋连接，上、下楼层的钢筋可在楼板面上搭接，搭接长度不应小于 $40d$($d$ 为钢筋直径)。

(2)砌筑砂浆强度达到 1.0 MPa 以上方可浇筑芯柱混凝土。浇筑混凝土前不用浇水湿润(即使浇水湿润，往往只对上面几层砌块有作用)，芯柱以采用塑性混凝土为宜，坍落度在 100 mm 以上，这样既便于浇筑又能使孔洞周围的砌块吸收一部分水分，从而起到浇水湿润砌块的作用。每浇灌 400～500 mm 高度混凝土捣实一次。灌孔所用混凝土内宜加一定量的膨胀剂，以保证混凝土不因失水收缩而降低与周围砌块的粘结力。浇筑后的芯柱应低于最上面一层砌块表面至少 50 mm，以利于上、下芯柱的连接，增加芯柱的抗剪能力并保证芯柱连成整体。芯柱、底圈梁、上圈梁的钢筋应相互连接，混凝土同时灌注。

**5. 混凝土小砌块砌体质量**

(1)主控项目。小砌块和砂浆的强度等级；砌体水平灰缝的砂浆饱满度和竖缝；留槎；轴线偏移和垂直度偏差。

(2)一般项目。水平灰缝厚度和竖向灰缝宽度；一般尺寸允许偏差(基础顶面和楼面标高；表面平整度；门窗洞口高、宽；外墙上、下窗口偏移；水平灰缝平直度)。

## 任务实施

### 一、实施思路

施工方案的内容组成：

(1)施工准备。

(2)材料准备。

(3)施工流程。

(4)质量要求。

(5)施工洞的留置。

(6)安全措施。

(7)雨期施工措施。

## 二、实施步骤

### 1. 施工准备

(1)首先熟悉、了解图纸设计以及会审记录、工程变更等内容。掌握墙体砌筑工程的长度、宽度、高度等几何尺寸，以及墙体轴线、标高、构造形式等内容的情况。

(2)通过图纸审查，如有问题应及时与设计方联系，在得到确认后方可施工。

(3)砌块砌体施工前做好技术交底工作。

### 2. 材料准备

(1)混凝土空心砌块。

1)混凝土空心砌块为自制砌块，强度等级为 MU15；配合比为：水泥：水：砂：石子＝1：0.56：3.6：4.24；规格为：390 mm×190 mm×190 mm、390 mm×90 mm×190 mm。

2)水泥：采用本地普通硅酸盐水泥，具有出厂证明及复试报告。

3)砂：采用本地中砂。

4)水：采用本地饮用水。

成品后按制砖日期堆放整齐，并有专人养护，养护时间不少于 7 d。

(2)砌筑砂浆：本工程砌筑墙体砂浆强度为 Mb7.5，其具体要求如下：

1)水泥：普通硅酸盐水泥按进场日期先后堆放，并保持干燥。如遇水泥强度等级不明或出厂日期超过 3 个月等情况，应进行试验复试，合格后方可使用。不同品种的水泥，不得混合使用。

2)砂：以中砂为主。其砂子的含泥量不应超过 5%。

3)水：拌制砂浆的水采用本地饮用水。

### 3. 施工流程

(1)作业条件。

1)混凝土空心砌块砌筑施工前，应做好技术交底工作，准备好施工机具，做好施工平面布置，划分施工段，安排好施工流水、工序交叉衔接施工。

2)混凝土空心砌块砌筑施工前，必须做好上道工序的隐检、预检工作及手续，办好上、下道工序的交接手续，并经验收合格。

3)将基层清理干净，放好砌体墙身轴线、门窗洞口等位置线，并经验线符合设计图纸要求。

4)根据工程引测的水准点，进行标高的抄测工作，同时立好皮数杆。

5)砂浆经建筑材料检测室试配确定配合比，准备好砂浆试模。

6)施工现场保持清洁，砌块堆放有序。

(2)操作过程。

1)墙体放线。砌体施工前，应将基层清理干净，按设计标高进行找平，并根据施工图放出墙体的轴线、洞口线等位置，放线结束后应及时组织验线工作，并经监理复核无误后方可施工。

2)砌筑砂浆采用机械搅拌。搅拌时间：水泥砂浆不得少于 2 min，同时还应具有较好的和易性和保水性，一般稠度以 5～7 cm 为宜。砂浆应搅拌均匀，随拌随用，因本地在施工期间气温超过 30 ℃，水泥砂浆应在 2 h 内使用完毕。

3)砂浆试块的制作。在每一楼层或 100 $m^3$ 砌体中，至少制作一组(每组六块)。

4)砌块排列。由于砌块排列直接影响墙体的整体性，因此，施工前必须按以下原则、方法及要求进行砌块排列：

①砌块砌体在砌筑前，根据工程设计施工图，结合砌块的品种、规格，同时根据砌块尺寸、垂直缝的宽度和水平缝的厚度计算砌块砌筑皮数和排数，并经审核无误后，按计算结果排列砌块。

②砌块排列应对孔错缝搭砌，搭砌长度不应小于 90 mm。当搭砌长度不满足上述要求时，应在水平缝内设置焊接钢筋网片(横向钢筋的间距不宜大于 200 mm)，网片每端均应超过该垂直缝，其长度不得小于 300 mm。

③立皮数杆：用 30 mm×40 mm 的木料制作，皮数杆上注明门窗洞口、木砖、拉结筋、圈梁、过梁的尺寸标高。皮数杆间距为 20 mm，转角处均应设立皮数杆，以距墙皮或墙角 50 mm 为宜。皮数杆应垂直、牢固、标高一致，经复核，办理预检手续。

④外墙转角及纵横墙交接处，应分皮咬槎，交错搭砌。盘角时灰缝要掌握均匀，砌筑砌块时准线要拉紧，防止一层线松，一层线紧。

⑤砌体水平灰缝厚度和垂直灰缝宽度为 10 mm。砌体的垂直缝应与门窗洞口的侧边线相互错开，不得同缝，错开间距应大于 150 mm，且不得采用砖镶砌。

⑥砌体浇水：因本地气温高，混凝土空心砌块砌筑完毕，由专人浇水养护，使其强度达到设计要求。

⑦构造柱与砌块墙应砌成马牙槎，其相邻的孔洞应填实并插筋。构造柱内的落地灰、砖渣杂物必须清理干净，以防止混凝土内夹渣。

⑧芯柱的设置部位：外墙转角处并灌实三个孔。

(5)铺砂浆与砌筑。

1)铺砂浆。将搅拌好的砂浆用灰车运至砌筑地点，并按砌筑顺序及所需量倒运在灰桶内，以供铺设。

2)砌筑。

①砌筑应从外墙转角处或定位处开始，内、外墙同时砌筑，纵、横墙交错搭接；因本工程使用的砌块，一端有凹槽，一端为平面，砌筑时应将有凹槽的一端接着平面的一端砌筑。

②砌块应逐块铺砌，灰缝应做到横平竖直，全部灰缝均应填满砂浆。

水平灰缝宜用刮浆法。垂直缝可先在砌块端头铺满砂浆(即将砌块铺浆的端面朝上依次紧密排列)，然后将砌块上墙挤压至要求的尺寸；也可在砌好的砌块端头刮满砂浆，然后将砌块上墙进行挤压，直至所需尺寸。

③在墙体下列部位，采用 C20 混凝土灌实砌体孔洞。

a. 底层室内地面以下或防潮层以下的砌体。

b. 未设置混凝土垫层的屋架、梁等构件支撑处，灌实宽度不小于 600 mm，高度不小于 600 mm 的砌块。

c. 挑梁支撑面下，其支撑部位的内、外墙交接处，纵、横各灌实 3 个孔洞，灌实高度不小于 3 皮砌块。

d. 纵、横墙交接处，距墙中心线每边不小于 300 mm 范围内的孔洞灌实，灌实高度为墙身全高。

④砌块砌筑一定要跟线，线一定要跟皮数杆，砌筑砌块时要“上跟线，下跟棱，左、右相邻要对平”。同时应随时进行检查，做到随砌随查随纠正，以便返工。

⑤砌块承重墙体交接处或构造柱、芯柱与墙体连接处沿墙高设置铺浆范围。

⑥砌块墙与后砌隔墙交接处，应沿墙高每 400 mm 在水平灰缝内设置不小于横筋间距、不大于 200 mm 的焊接钢筋网片。

(6)勾缝。每砌完一皮，应随后进行灰缝的勾缝(原浆勾缝)，勾缝深度一般为 3～5 mm。

(7)验评。当每层施工完毕，应组织检查验收工作。按照主控项目、一般项目和外观质量进行，检查后应及时填写有关表格，并将之作为资料备案。

**4. 质量要求**

根据《砌体结构工程施工质量验收规范》(GB 50203—2011)的规定，结合本公司的施工要求制定施工验收规范，见表 6-4。

**表 6-4 砌体结构工程施工质量验收规范**

| 序号 | 检查项目 | 允许偏差或允许值 |
|---|---|---|
| 1 | 砌块强度等级 | 设计要求 MU15 |
| 2 | 砂浆强度等级 | 设计要求 Mb7.5 |
| 3 | 水平灰缝饱满度 | ≥98% |
| 4 | 竖向灰缝饱满度 | ≥98% |
| 5 | 轴线位移 | ≤10 mm |
| 6 | 垂直度(每层) | ≤5 mm |
| 7 | 水平灰缝厚度竖向宽度 | 10 mm |
| 8 | 基础顶面和楼面标高 | ±15 mm |
| 9 | 表面平整度 | 4 mm |
| 10 | 门窗洞口 | 5 mm |
| 11 | 窗口位移 | 10 mm |
| 12 | 水平灰缝平直度 | 8 mm |

**5. 施工洞的留置**

(1)施工洞高度一般以 1 800 mm 为宜，净跨以 1 000 mm 为宜，满足手推车穿行即可。

(2)在砌体上留设临时施工洞口时，侧边离交接处的墙面不小于 60 cm，洞口顶部必须设置过梁。

(3)混凝土空心砌块墙在施工洞顶部设置混凝土过梁。洞口两侧每隔 400 mm 设 2 根直径为 6 mm 的拉结筋。拉结筋埋入长度从留槎处算起，每边均不应小于 1 000 mm，钢筋外露部分不得任意弯折。

(4)砌体墙体洞口的填砌。填砌临时洞口时，应清除墙面粘结的砂浆、泥浆和杂物，并洒水湿润，再用与原墙相同的砌块衬砌严密。砌筑砂浆强度等级提高一级。洞口的顶部要斜砌，以保证洞口封堵密实。

**6. 安全措施**

(1)砌筑施工前应进行安全技术交底，加以高度预防。

(2)加强安全管理力度，落实安全技术措施。

(3)堆放在楼层上的砌块质量，不得超过楼板允许承载力；所使用的机械设备必须安全可靠、性能良好，同时井架要设有限位保险装置。

(4)机械设备用电必须符合“三相五线制”及三级保护的规定。

(5)操作人员必须戴好安全帽等。

(6)作业层的周围必须进行封闭围护，同时设置防护栏及张挂安全网。

(7)楼层内的预留孔洞、楼梯口等，必须进行防护，采取栏杆搭设的方法进行围护。

**7. 雨期施工措施**

(1)雨期施工时不得使用过湿的砌块，以避免砂浆流淌，影响砌体质量；雨后继续施工时，应复核砌体垂直度。

(2)砌块砌体施工如遇雨天停止，应及时进行覆盖，防止砂浆被雨水冲刷，造成砂浆流失，影响砌体质量。

# 任务三　脚手架及垂直运输施工

**任务引入**

某工业厂房工程，建筑面积为10 056 $m^2$，采用框架结构，地上二层。建筑总长度为84.5 m，宽度为60 m，建筑物总高度±0.000向上13.3 m(至女儿墙顶面)。为满足主体结构及外墙装饰施工的需求，编制施工方案，并将之作为施工和验收的依据。

根据施工需求，按照国家验收标准和行业的有关规定，为本工程脚手架编制施工计划。又因整个建筑物的高度不是太高，至女儿墙高度仅为13.3 m，故采取落地式脚手架的搭设施工方法。

**【任务分析】** 脚手架是为建筑施工而搭设的上料、堆料与施工作业用的临时结构架，是土木工程施工的重要辅助设施。

脚手架的种类很多，按其搭设位置分为外脚手架和里脚手架两大类；按其构造形式分为多立杆式、框式、桥式、吊式、挂式、升降式以及用于层间操作的工具式脚手架。其所用材料有木、竹与金属材料，目前脚手架的发展趋势是采用金属制作的、具有多种功用的组合式脚手架，其可以适用于不同情况作业的要求。对脚手架的基本要求是：其宽度应满足工人操作、材料堆置和运输的需要；坚固稳定；装拆简便；能多次周转使用。

**相关知识**

## 一、扣件式钢管脚手架

扣件式钢管脚手架通过扣件将立杆、水平杆、剪刀撑、抛撑、扫地杆、连墙件以及脚手板等连接在一起组成，如图 6-20 所示。其特点是可根据施工需要灵活布置、构配件品种少、利于施工操作、装卸方便、坚固耐用。

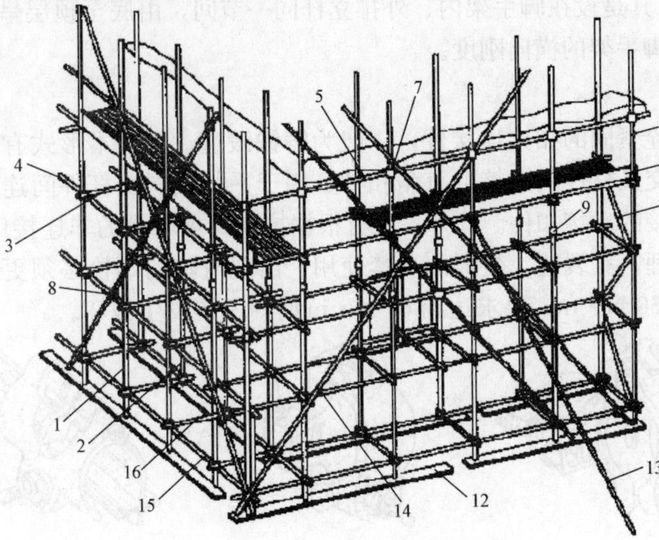


**图 6-20 扣件式钢管脚手架**

1—外立杆；2—内立杆；3—横向水平杆；4—纵向水平杆；5—栏杆；6—挡脚板；7—直角扣件；8—旋转扣件；9—对接扣件；10—横向斜撑；11—主立杆；12—垫板；13—抛撑；14—剪刀撑；15—纵向扫地杆；16—横向扫地杆

## (一)扣件式钢管脚手架构配件

### 1. 钢管

脚手架钢管一般采用 $\phi 48\times 3.5$ mm(每米重 3.85 kg)或 $\phi 51\times 3$ mm 的焊接钢管。用于横向水平杆的钢管最大长度不应大于 2.2 m，立杆不应大于 6.5 m，每根钢管的最大质量不应超过 25 kg，以便于人工搬运。

钢管必须涂有防锈漆；钢管表面应平直光滑，不应有裂缝、结疤、分层、错位、硬弯、毛刺、压痕和深的划道。其允许偏差项目有：钢管外径、壁厚(−0.5 mm)；端面切斜偏差(1.7 mm)；外表面锈蚀深度(≤0.5 mm)。钢管弯曲：端部(弯曲长度≤1.5 m，弯曲偏差≤5 mm)；立杆弯曲(3～4 m，≤12 mm；4～6.5 m，≤20 mm)；水平杆、斜杆(≤30 mm)。

(1)立杆。其平行于建筑物垂直于水平面，是把脚手架荷载传递给基础的竖向受力杆件。

(2)水平杆。水平杆是指脚手架中的水平杆件，包括：

1)纵向水平杆(大横杆)。其平行于建筑物并在纵向水平连接处立杆，是承受并传递荷载给立杆的受力杆件。

2)纵向水平扫地杆。其是连接立杆下端，距底座下皮 200 mm 处的纵向水平杆，起约束立杆底端在纵向发生位移的作用。

3)横向水平杆(小横杆)。其垂直于建筑物并在横向水平连接内、外排立杆，是承受并传递荷载给纵向水平杆的受力杆件。

4)横向水平扫地杆。其连接立杆下端，是位于纵向水平扫地杆下方处的横向水平杆，起约束立杆底端在横向发生位移的作用。

(3)剪刀撑。其是在脚手架外侧面成对设置的交叉斜杆，可增强脚手架的纵向刚度。

(4)抛撑。其是与脚手架外侧面斜交的杆件，可防止脚手架横向失稳。

(5)横向斜撑。其是设在脚手架内、外排立杆同一节间，由底至顶层呈“之”字形连续布置的杆件，可增强脚手架的横向刚度。

**2. 扣件**

扣件是采用螺栓紧固的扣接连接件，一般为铸铁锻造。其基本形式有三种，如图 6-21 所示，即用于垂直交叉杆件间连接的直角扣件、用于平行或斜交杆件间连接的旋转扣件以及用于杆件对接连接的对接扣件。此外，还有根据抗滑要求增设的非连接用途的防滑扣件。扣件应进行防锈处理，有裂缝、变形的严禁使用，出现滑丝的螺栓必须更换。扣件螺栓的拧紧扭力矩为 40～60 N·m，要求达到 65 N·m时，不得发生破坏。

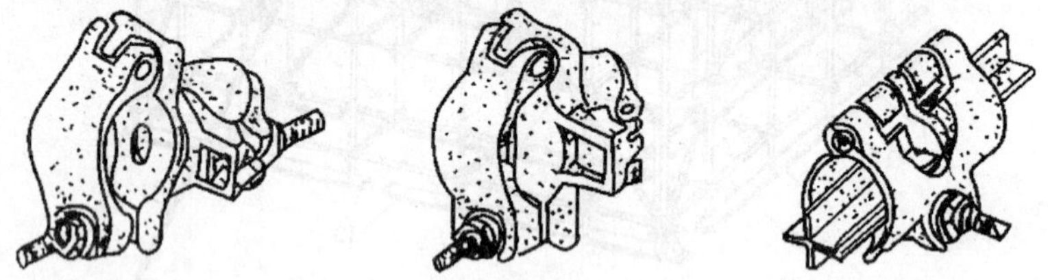

(a)　　(b)　　(c)

**图 6-21　扣件形式**

(a)直角扣件；(b)旋转扣件；(c)对接扣件

**3. 脚手板**

脚手板可用钢、木、竹等材料制作，每块质量不宜大于 30 kg。冲压钢脚手板是常用的一种脚手板，一般用厚 2 mm 的钢板压制而成，长度为 2～4 m，宽度为 250 mm，表面应有防滑措施。木脚手板可采用厚度不小于 50 mm 的杉木板或松木制作，长度为 3～4 m，宽度为 200～250 mm，两端均应设镀锌钢丝箍两道，以防止木脚手板端部破坏。竹脚手板则应用毛竹或楠竹制成竹串片板及竹笆板。

**4. 连墙件**

连墙件是连接脚手架与建筑物的构件，其包括刚性连墙件(采用钢管、扣件或预埋件组成)和柔性连墙件(采用钢筋作拉结筋)。它既可承受并传递荷载，又可防止脚手架横向失稳。

**5. 底座**

底座是设于立杆底部的垫座，是承受并传递立杆荷载给地基的配件。其一般采用厚度为 8 mm，边长为 150～200 mm 的钢板作底板，上焊 150 mm 高的钢管(或钢筋)或铸铁制成。

**(二)扣件式钢管脚手架搭设构造**

**1. 搭设参数的确定**

(1)脚手架搭设高度的确定。搭设高度根据建筑物檐口标高与搭设面标高，加上安全高度(当上部为女儿墙时，脚手架的搭设高度要超过女儿墙 1 m；为檐口时，要超过檐口高度 1.5 m)综合确定。

(2)立杆横距的确定。立杆横距是横向相邻两立杆的距离，一般取 1.05～1.55 m，其应符合脚手板的宽度模数。

(3)步距的确定。步距是相邻两纵向水平杆的距离，也称步。一般在确定脚手架的步距时要考虑两个步骤，第一要满足层高与施工要求，第二要满足层高是步距的整数倍。

(4)立杆纵距的确定。立杆纵距是纵向相邻两立杆的距离，也称跨。根据脚手架的用途(结构、装修)、施工作业层的施工荷载，脚手架搭设参数的确定步骤分为：首先确定搭设高度，根据连墙杆设置情况及荷载大小，选择立杆横距和步距，最后确定立杆纵距。

**2. 搭设构造要求**

(1)立杆。立杆底部应设置底座或垫板；脚手架必须设置纵、横向扫地杆；当立杆基础不在同一高度上时，高低差不应大于 1 m，必须将高处的纵向扫地杆向低处延长两跨与立杆固定，靠边坡上方的立杆轴线到边坡的距离不应小于 500 mm。立杆接长除顶层顶步外，其余各层接头必须采用对接扣件连接。如采用对接方式，则对接扣件应交错布置，两根相邻立杆的接头不应设置在同步内，同步内隔一根立杆的两个相隔接头在高度方向错开的距离不宜小于 500 mm；各接头中心至主节点的距离不宜大于步距的 1/3。当采用搭接方式时，搭接长度不应小于 1 m，应采用 2 个及以上旋转扣件固定，端部扣件盖板的边缘至杆端距离不应小于 100 mm。

(2)纵向水平杆、横向水平杆、脚手板。

1)纵向水平杆。纵向水平杆宜设置在立杆的内侧，用直角扣件固定在立杆上(铺设竹笆脚手板除外)，长度不宜小于 3 跨。其可采用对接扣件，也可采用搭接。如采用对接扣件方法，则对接扣件应交错布置，两根相邻纵向水平杆的接头不宜设置在同步或同跨内；不同步或不同跨的两个相邻接头在水平方向错开的距离不应小于 500 mm；各接头中心至最近主节点(立杆、纵向水平杆、横向水平杆三杆紧靠的扣接点)的距离不宜大于纵距的 1/3；如采用搭接连接，搭接长度不应小于 1 m，并应等间距设置 3 个旋转扣件固定。

2)横向水平杆。横向水平杆两端均应用直角扣件固定于纵向水平杆上(铺设竹笆脚手板除外)。在主节点必须设置一根横向水平杆，用直角扣件扣紧，且严禁拆除，主节点处两个直角扣件的中心距不应大于 150 mm。靠墙一端的外伸长度不应大于 500 mm。作业层上的非节点处的横向水平杆，宜根据支承脚手板的需要等间距设置，最大间距不应大于纵距的 1/2，如图 6-22 所示。

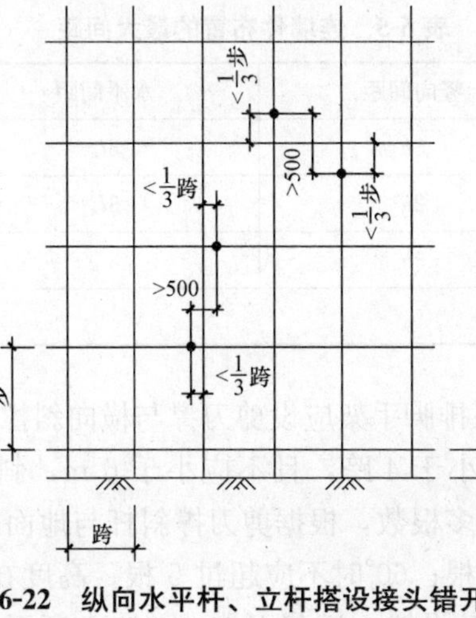


**图 6-22 纵向水平杆、立杆搭设接头错开示意**

3)脚手板。作业层脚手板应铺满、铺稳，离开墙面 120～150 mm；冲压钢脚手板、木脚手板、竹串片脚手板等，应设置在 3 根横向水平杆上；当脚手板长度小于 2 m 时，可采用两根横向水平杆支承，但应将脚手板两端与其可靠固定，严防倾翻。脚手板端头可采用对接平铺和搭接铺设两种方式，如图 6-23 所示。

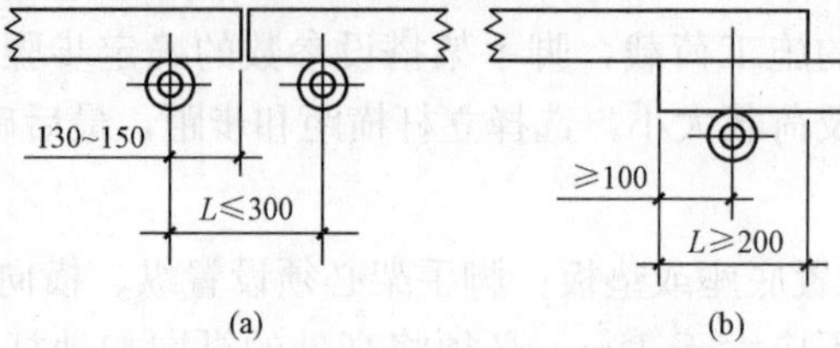


**图 6-23　脚手板对接、搭接构造**

(a)脚手板对接；(b)脚手板搭接

(3)连墙件。连墙件宜靠近主节点设置，其偏离主节点的距离不应大于 300 mm；应从底层第一步纵向水平杆处开始设置，当有困难时，应采用其他可靠措施固定；优先采用菱形布置，也可采用方形或矩形布置；“一”字形、开口型脚手架的两端必须设置连墙件，连墙件的垂直间距不应大于建筑物的层高，并不应大于 4 m(2 步)。对高度在 24 m 以下的单、双排脚手架，宜采用刚性连墙件与建筑物可靠连接，也可采用拉筋和顶撑配合使用的附墙连接方式。严禁使用仅有拉筋的柔性连墙件。对高度在 24 m 以上的双排脚手架，必须采用刚性连墙件与建筑物可靠连接。连墙件布置的最大间距见表 6-5。其构造应满足如下要求：

连墙件中的连墙杆或拉筋宜呈水平设置，当不能水平设置时，与脚手架连接的一端应下斜连接，不应采用上斜连接；连墙件必须采用可承受拉力和压力的构造。采用拉筋必须配用顶撑，顶撑应可靠地顶在混凝土圈梁、柱等结构部位。拉筋应采用两根以上直径为 4 mm 的钢丝拧成一股，使用时不应少于 2 股；也可采用直径不小于 6 mm 的钢筋。当脚手架下部暂不能设连墙件时可搭设抛撑。抛撑应采用通长杆件与脚手架可靠连接，与地面的倾角应为 45°～60°；连接点中心至主节点的距离不应大于 300 mm。抛撑应在连墙件搭设后方可拆除。

**表 6-5　连墙件布置的最大间距**

| 脚手架高度/m | | 竖向间距 | 水平间距 | 每根连墙杆覆盖面积/$m^2$ |
|---|---|---|---|---|
| 双排 | ≤50 | $3h$ | $3l_a$ | ≤40 |
| | >50 | $2h$ | $3l_a$ | ≤27 |
| 单排 | ≤24 | $3h$ | $3l_a$ | ≤40 |
| 注：$h$—步距；$l_a$—纵距。 | | | | |

(4)剪刀撑、横向斜撑。双排脚手架应设剪刀撑与横向斜撑，单排脚手架应设剪刀撑。

1)每道剪刀撑的宽度不应小于 4 跨，且不应小于 6 m，斜杆与地面的倾角宜为 45°～60°。每道剪刀撑跨越立杆的最多根数，根据剪刀撑斜杆与地面的倾角不同分别为：45°时不应超过 7 根；50°时不应超过 6 根；60°时不应超过 5 根。高度在 24 m 以下的单、双排脚手架，均必须在外侧立面的两端各设置一道剪刀撑，并应由底至顶连续设置；中间各道剪刀撑之间的净距不应大于 15 m。高度在 24 m 以上的双排脚手架应在外侧立面整个长度和高度上连续设置剪刀撑。

2)“一”字形、开口型双排脚手架的两端均必须设置横向斜撑，中间宜每隔 6 跨设置一道；高度在 24 m 以下的封闭型双排脚手架可不设横向斜撑，高度在 24 m 以上的封闭型脚手架，除拐角应设置横向斜撑外，中间应每隔 6 跨设置一道。应在同一节间，由底至顶层呈“之”字形连续布置。

### (三)扣件式钢管脚手架施工

#### 1. 施工准备

(1)单位工程负责人应按施工组织设计中有关脚手架的要求，向架设和使用人员进行技术交底。

(2)应按规范规定和施工组织设计的要求对钢管、扣件、脚手板等进行检查验收，不合格产品不得使用。

(3)经检验合格的构配件应按品种、规格分类，并应堆放整齐、平稳，堆放场地不得有积水。

(4)应清除搭设场地的杂物，平整搭设场地，并使排水畅通。

(5)当脚手架基础下有设备基础、管沟时，在脚手架使用过程中不应开挖，否则必须采取加固措施。

#### 2. 地基与基础

脚手架地基与基础的施工，必须根据脚手架搭设高度、搭设场地土质情况与现行国家标准《建筑地基基础工程施工质量验收规范》(GB 50202)的有关规定进行。脚手架底座底面标高宜高于自然地坪 50 mm。脚手架外侧应设排水沟，防止积水浸泡地基。脚手架基础经验收合格后，应按施工组织设计的要求放线定位。

(1)30 m 以下的脚手架。垫板宜采用长度不少于 2 跨、宽度不小于 200 mm、厚度不小于50 mm 的木板，平行于墙面放置，在脚手架外侧挖一浅排水沟排除雨水。

(2)超过 30 m 的脚手架。采用枕木支垫，或在地基上加铺 20 cm 厚道渣后铺混凝土预制块或硅酸盐砌块，在其上沿纵向铺放 12～16 号槽钢，将脚手架立杆坐于槽钢上。若脚手架地基为回填土，应按规定分层夯实，达到密实度要求，并自地面以下 1 m 处深改作三七灰土。

#### 3. 搭设要点

(1)搭设工艺流程。地基弹线、立杆定位→摆放扫地杆→竖立杆并与扫地杆扣紧→装扫地小横杆，并与立杆和扫地杆扣紧(固定立杆底端前，应吊线确保立杆垂直)→每边竖起 3～4 根立杆后，随即装设第一步纵向水平杆(与立杆扣接固定)→安装第一步小横杆(小横杆，靠近立杆并与纵向水平杆扣接固定)→校正立杆垂直和水平使其符合要求，按 40～60 N·m 力拧紧扣件螺栓，形成脚手架的起始段，按上述要求依次向前延伸搭设，直至第一步架交圈完成。交圈后，再全面检查一遍脚手架质量和地基情况，严格确保设计要求和脚手架质量→安装第二步大横杆→安装第二步小横杆→加设临时斜撑杆(加抛撑)，上端与第二步大横杆扣紧(装设与柱连接杆后拆除)→安装第三、四步大横杆和小横杆→安装二层与柱拉杆→接立杆→加设剪力撑→装设作业层间横杆(在脚手架横向杆之间架设的、用于缩小铺板支撑跨度的横杆)→铺设脚手板，绑扎防护及挡脚板、立挂安全网。

(2)脚手架必须配合施工进度搭设，一次搭设高度不应超过相邻连墙件以上两步。每搭完一步脚手架后，应按规范规定校正步距、纵距、横距及立杆的垂直度。

(3)立杆搭设规定。严禁将外径为 48 mm 和 51 mm 的钢管混合使用；开始搭设立杆时应每隔 6 跨设置一根抛撑，直至连墙件安装稳定后，方可根据情况拆除；当搭至有连墙件的构造点时，在搭设完该处的立杆、纵向水平杆、横向水平杆后，应立即设置连墙件。

(4)纵向水平杆搭设规定。在封闭型脚手架的同一步中，纵向水平杆应四周交圈，用直角扣件与内、外角部立杆固定。

(5)横向水平杆搭设规定。双排脚手架横向水平杆的靠墙一端至墙装饰面的距离不宜大于 100 mm。

(6)连墙件、剪刀撑、横向斜撑等的搭设规定。当脚手架施工操作层高出连墙件两步时，应采取临时稳定措施，直到上一层连墙件搭设完后方可根据情况拆除；剪刀撑、横向斜撑搭设应随立杆、纵向和横向水平杆等同步搭设，各底层斜杆下端均必须支承在垫块或垫板上。

(7)扣件安装规定。对接扣件开口应朝上或朝内；各杆件端头伸出扣件盖板边缘长度不应小于 100 mm。

(8)作业层、斜道的栏杆和挡脚板的搭设规定。栏杆和挡脚板均应搭设在外立杆的内侧；上栏杆上皮高度应为 1.2 m；挡脚板高度不应小于 180 mm；中栏杆应居中设置。

**4. 拆除规定**

(1)拆除作业必须由上而下逐层进行，严禁上下同时作业。

(2)连墙件必须随脚手架逐层拆除，严禁先将连墙件整层或数层拆除后再拆脚手架；分段拆除高差不应大于 2 步，如高差大于 2 步，应增设连墙件加固。

(3)当脚手架拆至下部最后一根长立杆的高度(约为 6.5 m)时，应先在适当位置搭设临时抛撑加固后，再拆除连墙件。

(4)当脚手架采取分段、分立面拆除时，对不拆除的脚手架两端，应先按规范规定设置连墙件和横向斜撑加固。

**5. 脚手架检查与验收**

(1)脚手架及其地基基础应在下列阶段进行检查与验收：基础完工后及脚手架搭设前；作业层上施加荷载前；每搭设完 10～13 m 高度后；达到设计高度后；遇有六级大风与大雨后；寒冷地区开冻后；停用超过 1 个月时。

(2)脚手架使用中，应定期检查下列项目：

1)杆件的设置和连接，连墙件、支撑、门洞桁架等的构造是否符合要求。

2)地基是否积水，底座是否松动，立杆是否悬空。

3)扣件螺栓是否松动。

4)高度在 24 m 以上的脚手架，其立杆的沉降与垂直度的偏差是否符合有关规定。

5)安全防护措施是否符合要求。

6)是否超载。

(3)检查项目及允许偏差。

1)地基基础：表面平整坚实；排水通畅，不积水；垫板不晃动；底座不滑动、不沉降(－10 mm)。

2)立杆垂直度：最后验收垂直度(±100 mm)；搭设中按检查时搭设高度和总高度分别确定，见表 6-6，中间档次用插入法。

表 6-6　立杆不同搭设高度垂直度的允许偏差

| 搭设中检查偏差的高度/m | 总高度 50 m | 总高度 40 m | 总高度 20 m |
|---|---|---|---|
| H=2 | ±7 | ±7 | ±7 |
| H=10 | ±20 | ±25 | ±50 |
| H=20 | ±40 | ±50 | ±100 |
| H=30 | ±60 | ±75 | |
| H=40 | ±80 | ±100 | |
| H=50 | ±100 | | |

3)间距：步距、横距(±20 mm)；纵距(±50 mm)。

4)纵向水平杆高差：一根杆的两端(±20 mm)；同跨内两根纵向水平杆高差(±10 mm)。

5)双排脚手架横向水平杆外伸长度偏差：要求外伸 500 mm，偏差－50 mm。

6)扣件安装、剪刀撑斜杆与地面倾角、脚手板外伸长度均应符合规范的规定，不允许偏差。

**6. 安全管理**

(1)脚手架搭设人员必须是经过按现行国家标准考核合格的专业架子工。上岗人员应定期体检，合格者方可持证上岗。

(2)搭设脚手架人员必须戴安全帽、系安全带、穿防滑鞋。

(3)脚手架的构配件质量与搭设质量应按有关规范的规定进行检查验收，合格后方准使用，并按有关规定对脚手架进行定期安全检查与维护。

(4)作业层上的施工荷载应符合设计要求，不得超载。不得将模板支架、缆风绳、泵送混凝土和砂浆的输送管等固定在脚手架上；严禁悬挂起重设备。

(5)当有 6 级及 6 级以上大风和雾、雨、雪天气时应停止脚手架搭设与拆除作业。雨、雪后上架作业应有防滑措施，并应扫除积雪。

(6)在脚手架使用期间，严禁拆除主节点处的纵、横向水平杆，纵、横向扫地杆和连墙件等杆件。

(7)不得在脚手架基础及其邻近处进行挖掘作业，否则应采取安全措施，并报主管部门批准。

(8)临街搭设脚手架时，外侧应有防止坠物伤人的防护措施。

(9)在脚手架上进行电、气焊作业时，必须有防火措施和专人看守。

(10)工地临时用电线路的架设及脚手架接地、避雷措施等，应按现行行业标准的有关规定执行。

(11)搭拆脚手架时，地面应设围栏和警戒标志，并派专人看守，严禁非操作人员入内。

**7. 脚手架常见的安全事故**

构架缺陷、任意拆除必不可少的杆件和连墙件、地基不均匀沉降等会引起整架倾倒或局部垮架和整架失稳、垂直坍塌事故。作业层未按规定设置围挡防护、未满铺脚手板或架面与墙之间的间隙过大；脚手板和杆件搁置不稳、扎结不牢或发生断裂会引起人员从脚手架上高处坠落事故。

## 二、门式钢管脚手架

门式钢管脚手架是一种工厂生产、现场搭设的脚手架，也是当今国际上应用最普遍的脚手架之一。它是以门架、交叉支撑、连接棒、挂扣式脚手板或水平架、锁臂等组成基本结构，再设置水平加固杆、剪刀撑、扫地杆、封口杆、托座与底座，并采用连墙件与建筑物主体结构相连的一种标准化钢管脚手架。门式钢管脚手架不仅可作为外脚手架，也可作为内脚手架或满堂脚手架。其因具有几何尺寸标准化、结构合理、受力性能好、施工中装拆容易、安全可靠、经济实用等特点，广泛应用于建筑、桥梁、隧道、地铁等工程施工，若在门架下部安放轮子，其也可以作为机电安装、油漆粉刷、设备维修、广告制作的活动工作平台。

门式钢管脚手架搭设高度：当施工荷载标准值为 3.0～5.0 $kN/m^2$时，限制在 45 m 以内；当施工荷载标准值小于 3.0 $kN/m^2$时，限制在 60 m 以内。

**1. 基本构造**

门式钢管脚手架是用普通钢管材料制成的工具式标准件，是在施工现场组合而成的。其基本单元是由一副门式框架、两副剪刀撑、一副水平梁架和四个连接器组合而成的，如图 6-24 所示。若干基本单元通过连接器在竖向叠加，扣上臂扣，组成一个多层框架。在水平方向，用加固杆和水平梁架使相邻单元连成整体，加上斜梯、栏杆柱和横杆组成上、下步相通的外脚手架。

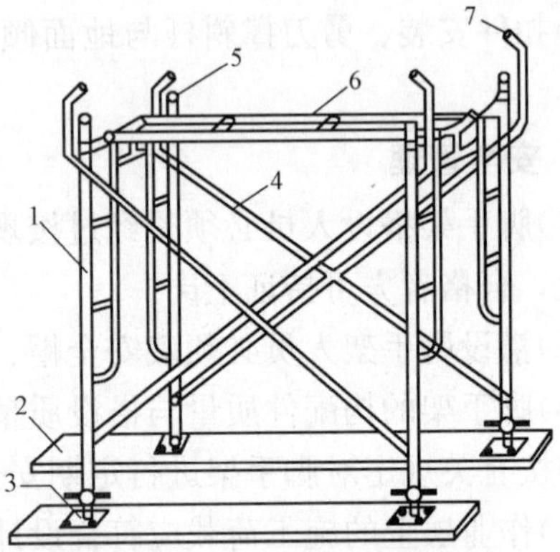


**图 6-24　门式钢管脚手架基本单元**

1—门架；2—垫板；3—螺旋基脚；4—交叉撑；5—连接棒；6—水平架；7—锁臂

**2. 搭设要求**

(1)门式钢管脚手架一般可根据产品目录所列的使用荷载及搭设规定进行施工，而不必进行结构验算，但施工前仍必须进行施工设计。施工设计的内容应包括：

1)脚手架的平、立、剖面图。

2)脚手架基础做法。

3)连墙件的布置及构造。

4)脚手架的转角处、通道洞口处构造。

5)脚手架的施工荷载限值。

6)分段搭设或分段拆卸方案的设计计算。

7)脚手架的搭设、使用、拆除等的安全措施。

必要时还应进行脚手架的计算，一般包括脚手架稳定或搭设高度计算以及连墙件的计算。

(2)门架跨距应符合有关规定，并与交叉支撑规格配合；门架立杆离墙面净距不宜大于 150 mm，大于 150 mm 时应采取内挑架板或其他离口防护的安全措施。

(3)门架的内、外两侧均应设置交叉支撑并应与门架立杆上的锁销锁牢；上、下榀门架的组装必须设置连接棒及锁臂，连接棒直径应小于立杆内径 1～2 mm。在脚手架的操作层上应连续满铺与门架配套的挂扣式脚手板，并扣紧挡板，以防止脚手板脱落和松动。

(4)当脚手架搭设高度 $H\leqslant 45$ m 时，沿脚手架高度，水平架应至少两步一设；当脚手架搭设高度 $H>45$ m 时，水平架应每步一设；不论脚手架多高，均应在脚手架的转角处、端部及间断处的一个跨距范围内每步一设，水平架在其设置层面内应连续设置；当脚手架高度超过 20 m 时，应在脚手架外侧每隔四步设置一道水平加固杆，并宜在有连墙件的水平层设置；设置纵向水平加固杆应连续，并形成水平闭合圈；在脚手架的底步门架下端应加封口杆，门架的内、外两侧应设通长扫地杆；水平加固杆应采用扣件与门架立杆扣牢。

(5)施工中应注意不配套的门架与配件不得混合使用于同一脚手架。门架安装时应自一端向另一端延伸，并逐层改变搭设方向，不得相对进行。搭完一步架后，应检查并调整其水平度与垂直度。脚手架应沿建筑物周围连续、同步搭设升高，在建筑物周围形成封闭结构，如不能封闭，在脚手架两端应增设连墙件。

## 三、里脚手架

里脚手架搭设于建筑物内部，每砌完一层墙后，即将其转移到上一层楼进行新的一层墙体砌筑。里脚手架也用于室内装饰施工。

里脚手架装拆较频繁，要求轻便灵活，装拆方便。通常将其做成工具式的，其结构形式有折叠式、支柱式和门架式。

图 6-25 所示为角钢折叠式里脚手架。其架设间距，砌墙时不超过 2 m，粉刷时不超过 2.5 m。根据施工层高，沿高度可以搭设两步脚手架，第一步高约为 1 m，第二步高约为 1.6 m。

图 6-26 所示为套管式支柱里脚手架。它是支柱式里脚手架的一种，将插管插入立管中，以销孔间距调节高度，在插管顶端的凹形支托内搁置方木横杆，在横杆上铺设脚手架。架设高度为 1.5～2.1 m。

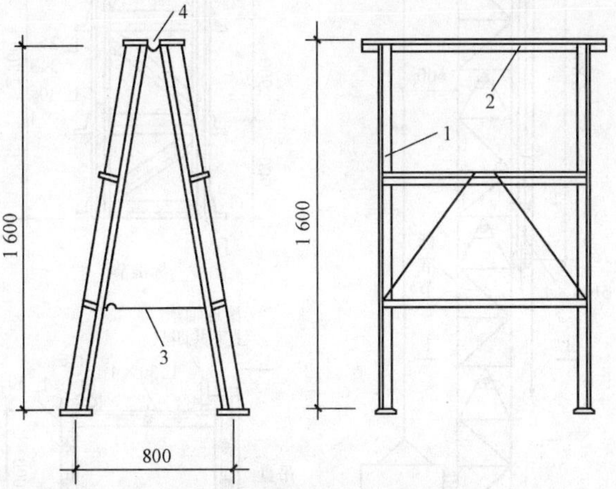


**图 6-25　角钢折叠式里脚手架**

1—立柱；2—横楞；3—挂钩；4—铰链

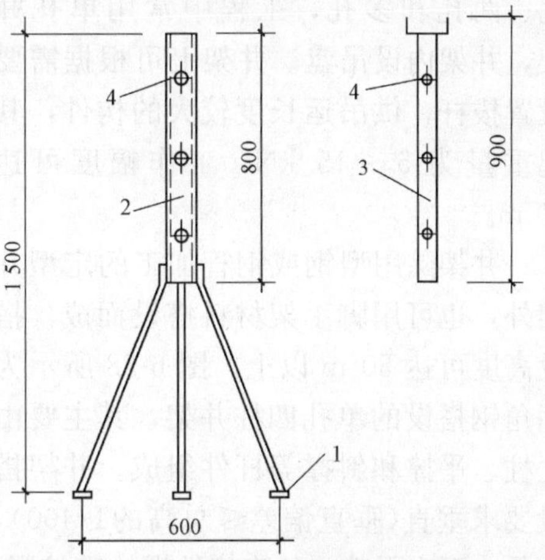


**图 6-26　套管式支柱里脚手架**

1—立脚；2—立管；3—插管；4—销孔

门架式里脚手架由两片 A 形支架与门架组成，如图 6-27 所示。其架设高度为 1.5～2.4 m，两片 A 形支架间距为 2.2～2.5 m。

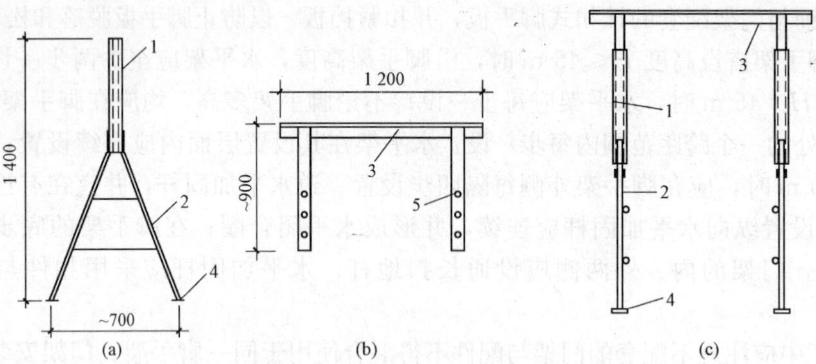


**图 6-27　门架式里脚手架**

(a)A 形支架；(b)门架；(c)安装示意

1—立管；2—支脚；3—门架；4—垫板；5—销孔

## 四、垂直运输设施

垂直运输设施指担负垂直运送材料和施工人员上下的机械设备和设施。在砌筑工程中不仅要运输大量的砖(或砌块)、砂浆，而且还要运输脚手架、脚手板和各种预制构件；在砌筑工程中不仅有垂直运输，而且有地面和楼面的水平运输。其中垂直运输是影响砌筑工程施工速度的重要因素。

目前，砌筑工程采用的垂直运输设施有井架、龙门架、塔式起重机和建筑施工电梯等。

### (一)井架

井架是砌筑工程垂直运输的常用设备之一。它的特点是稳定性好、运输量大、可以搭设较大的高度。井架分为单孔、两孔和多孔，工程中常用单孔井架，井架内设吊盘。井架上可根据需要设置拔杆，供吊运长度较大的构件，其起重量为 5～15 kN，工作幅度可达 10 m。

井架除用型钢或钢管加工的定型井架外，也可用脚手架材料搭设而成，搭设高度可达 50 m 以上。图 6-28 所示为用角钢搭设的单孔四柱井架，其主要由立柱、平撑和斜撑等杆件组成。井架搭设要求垂直(垂直偏差≤总高的1/400)，支承地面应平整，各连接件螺栓需拧紧，缆风绳一般每道不少于 6 根，高度在 15 m 以下时设一道，在 15 m 以上时每增高 10 m增设一道，缆风绳宜采用 7～9 mm 的钢丝绳，与地面呈 45°，安装好的井架应有避雷和接地装置。

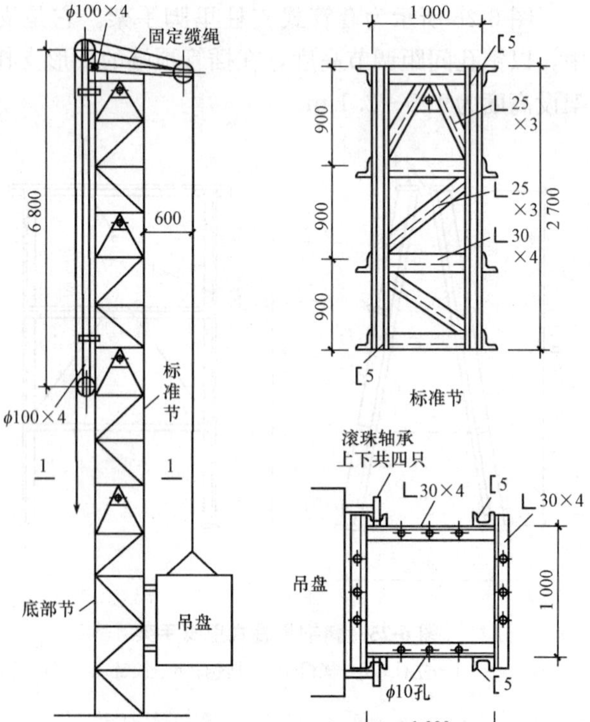


**图 6-28　单孔四柱井架**

## (二)龙门架

龙门架是由两根立柱及天轮梁(横梁)组成的门式架，如图 6-29 所示。龙门架上装设滑轮、导轨、吊盘、缆风绳等，进行材料、机具、小型预制构件的垂直运输。龙门架构造简单，制作容易，用材少，装拆方便，起升高度为 15～30 m，起重量为 0.6～1.2 t，适用于中小型工程。

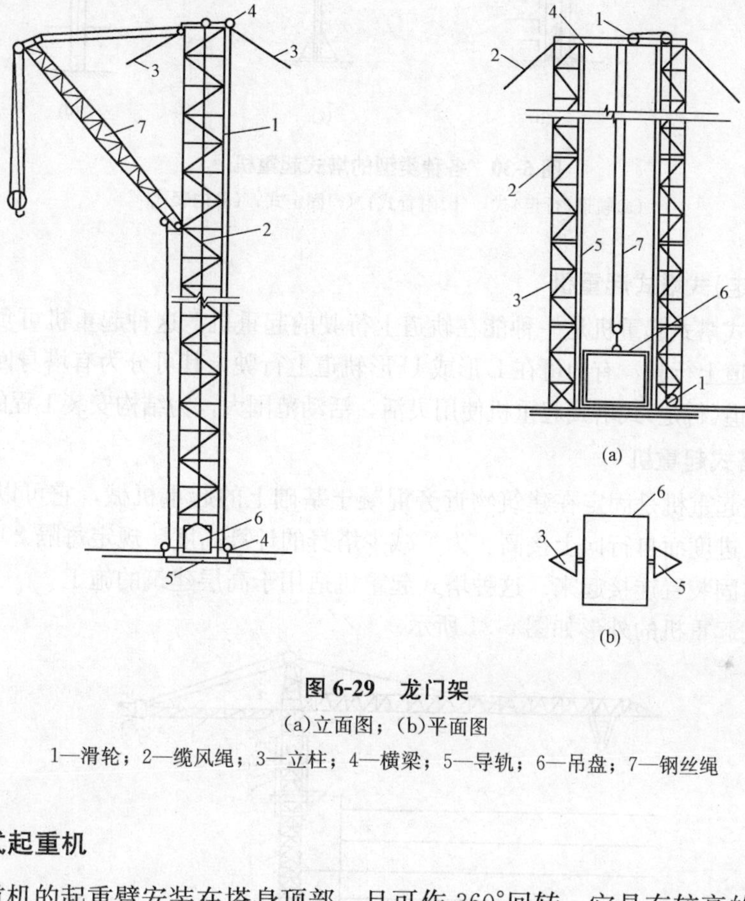


**图 6-29　龙门架**

(a)立面图；(b)平面图

1—滑轮；2—缆风绳；3—立柱；4—横梁；5—导轨；6—吊盘；7—钢丝绳

## (三)塔式起重机

塔式起重机的起重臂安装在塔身顶部，且可作 360°回转。它具有较高的起重高度、工作幅度和起重能力，提升材料速度快、生产效率高，且机械运转安全可靠，使用和装拆方便，因此，其广泛用于多层和高层工业与民用建筑的结构安装。塔式起重机按起重能力可分为轻型塔式起重机、中型塔式起重机和重型塔式起重机。轻型塔式起重机，起重量为 0.5～3.0 t，一般用于六层以下的民用建筑施工；中型塔式起重机，起重量为 3～15 t，适用于一般工业建筑与民用建筑施工；重型塔式起重机，起重量为 20～40 t，一般用于重工业厂房的施工和高炉等设备的吊装。

由于塔式起重机具有提升、回转和水平运输的功能，且生产效率高，一般在吊运长、大、重的物料时有明显的优势，故在有可能的条件下宜优先采用。塔式起重机的布置应保证其起重高度与起重量满足工程的需求，同时起重臂的工作范围应尽可能地覆盖整个建筑，以使材料运输切实到位。此外，主材料的堆放、搅拌站的出料口等均应尽可能地布置在起重机工作半径之内。塔式起重机一般分为轨道(行走)式、附着式、固定式、爬升式等几种，如图 6-30 所示。

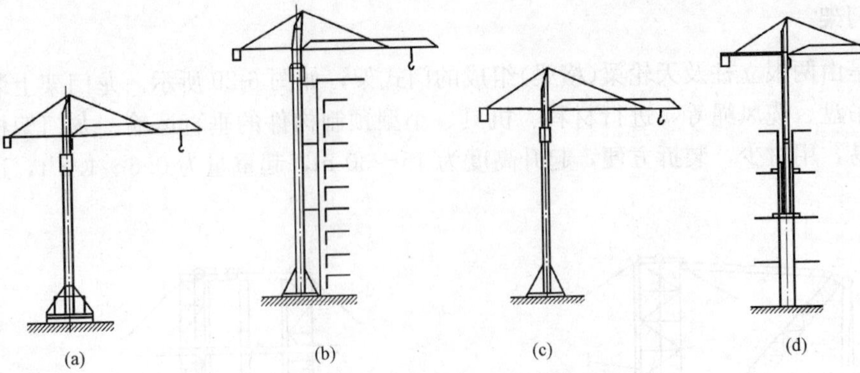


**图 6-30　各种类型的塔式起重机**

(a)轨道(行走)式；(b)附着式；(c)固定式；(d)内爬式

**1. 轨道(行走)式塔式起重机**

轨道(行走)式塔式起重机是一种能在轨道上行驶的起重机。这种起重机可负荷行走，有的只能在直线轨道上行驶，有的可在L形或U形轨道上行驶，其可分为有塔身回转式和塔顶旋转式两种。轨道(行走)式塔式起重机使用灵活，活动范围大，为结构安装工程的常用机械。

**2. 附着式塔式起重机**

附着式塔式起重机是固定在建筑物近旁混凝土基础上的起重机械，它可以借助顶升系统随着建筑施工进度而自行向上接高。为了减少塔身的计算高度，规定每隔 20 m 左右将塔身与建筑物用锚固装置连接起来。这种塔式起重机适用于高层建筑的施工。

附着式塔式起重机的外形如图 6-31 所示。

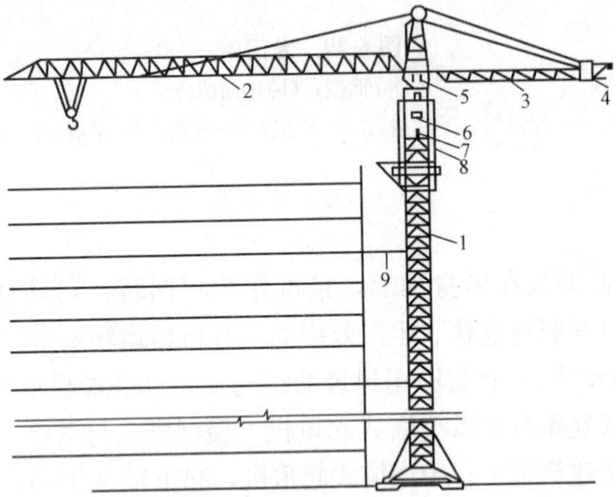


**图 6-31　附着式塔式起重机**

1—塔身；2—起重臂；3—平衡臂；4—平衡重；5—操纵室；

6—液压千斤顶；7—活塞；8—顶升套架；9—锚固装置

附着式塔式起重机的顶部有套架和液压顶升装置，需要接高时，利用塔顶的行程液压千斤顶，将塔顶上部结构(起重臂等)顶高，用定位销固定；千斤顶回油，推入标准节，用螺栓与下面的塔身连成整体，每次可接高 2.5 m。附着式塔式起重机的顶升过程如图 6-32 所示。

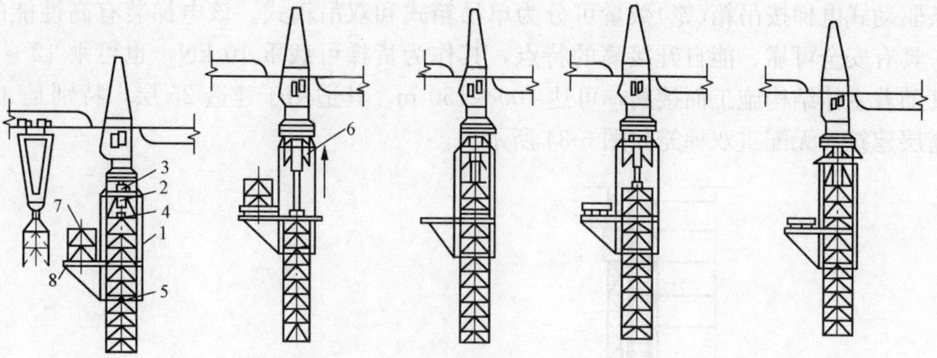


**图 6-32　附着式塔式起重机的顶升过程**

1—顶升套架；2—液压千斤顶；3—承座；4—顶升横梁；
5—定位销；6—过渡节；7—标准节；8—摆渡小车

**3. 固定式塔式起重机**

固定式塔式起重机的底架安装在独立的混凝土基础上，塔身不与建筑物拉结。这种起重机适用于安装大容量的油罐、冷却塔等特殊构筑物。

**4. 爬升式塔式起重机**

爬升式塔式起重机是一种安装在建筑物内部(电梯井或特设的开间)的结构上，借助套架托梁和爬升系统自己爬升的起重机械。其一般每隔 1～2 层楼便爬升一次。这种起重机主要用于高层建筑的施工。

爬升过程：固定下支座→提升套架→固定套架→下支座脱空→提升塔身→固定下支座，如图 6-33 所示。

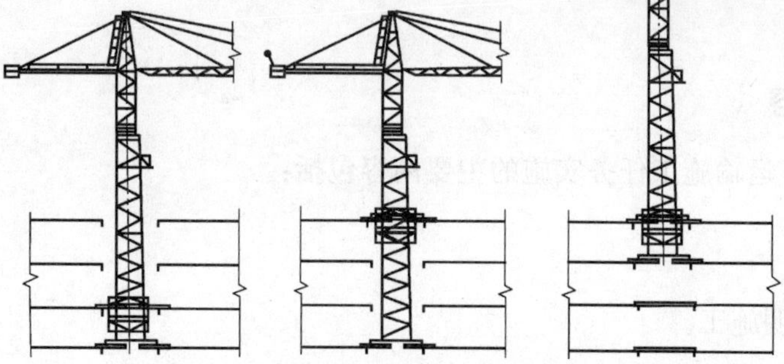

**图 6-33　爬升过程示意**

**(四)建筑施工电梯**

建筑施工电梯是人货两用梯，也是高层建筑施工设备中唯一可以运送人员上下的垂直运输设备，它对提高高层建筑施工效率起着十分关键的作用。

建筑施工电梯的吊笼装在塔架的外侧。按其驱动方式，建筑施工电梯可分为齿轮齿条驱动式和绳轮驱动式两种。齿轮齿条驱动式电梯是利用安装在吊箱(笼)上的齿轮与安装在塔架立杆上的齿条相咬合，电动机经过变速机构带动齿轮转动式吊箱(笼)沿塔架升降。齿轮齿条驱动式电梯按吊箱(笼)数量可分为单吊箱式和双吊箱式。该电梯装有高性能的限速装置，具有安全可靠、能自升接高的特点，其作为货梯可载重 10 kN，也可乘 12～15 人。其高度随着主体结构施工而接高，可达 100～150 m。其适用于建造 25 层，特别是 30 层以上的高层建筑，无配重双梯笼如图 6-34 所示。

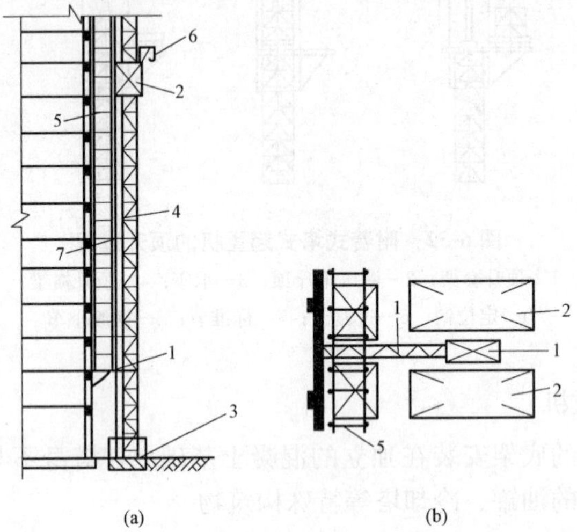


**图 6-34　无配重双梯笼**

(a)立面图；(b)平面图

1—附着装置；2—梯笼；3—缓冲机构；4—塔架；5—脚手架；6—小吊杆；7—钢丝绳

绳轮驱动式是利用卷扬机、滑轮组，通过钢丝绳悬吊吊箱升降。该电梯为单吊箱，具有安全可靠、构造简单、结构轻巧、造价低的特点。其适用于建造 20 层以下的高层建筑。

## 任务实施

### 一、实施内容

脚手架与垂直运输施工任务实施的主要内容包括：

(1)材料要求。

(2)施工方法。

(3)安全、文明施工。

(4)安全监控。

(5)垂直运输。

(6)管件防坠。

(7)产品保护。

(8)安全宣传。

(9)架体验收。

(10)使用保养。

(11)质量控制。

(12)验收标准及技术依据。

## 二、实施步骤

**1. 材料要求**

(1)钢管材料。钢管必须用A3AY3，并符合《低压流体输送用焊接钢管》(GB/T 3091—2015)的规定及《碳素结构钢》(GB/T 700—2006)对3号钢的要求，外径为48 mm，壁厚3.5 mm，每1 000 mm的长度质量为3.84 kg，不得有裂缝、变形、凹瘪、弯曲和严重锈蚀现象。

(2)扣件材质。扣件材质应符合《丝锥螺纹公差》(GB/T 968—2007)对A3钢的规定。使用中若发现有夹灰、裂缝、变形铆钉送脱或损坏螺钉滑下等情况，一律禁止使用。扣件的紧固力矩为39.2～49 N·m。旋转扣件的两旋转面间隙应小于1 mm。本工程脚手架所用的材料严格按照国家标准要求执行。

**2. 施工方法**

(1)一层框架支撑架钢管底部铺设4 000 mm×200 mm×50 mm的木板或机制木板，作为架体立杆的垫板。搭设四步高的落地脚手架。

(2)一层结构施工完毕，拆除四步高的落地脚手架，框架四边外墙2 m内回填夯实，满足脚手架的搭设条件和要求。

(3)在护坡上，沿建筑物外墙四周铺设木板，作条形架体立杆的垫板。

(4)里立杆距墙面300 mm，立杆横距为1 000 mm，纵距为1 600 mm左右，步高为1 800 mm，扫地杆上皮距地面200 mm。脚手架总高度搭23步高。由于总高度为$r$—40.5 m，故设双拼立杆，其副杆为6 m。

(5)每步水平杆四支，防护栏杆两支，分别为水平杆以上600 mm和1 200 mm。架体搭至顶部时，用防护栏三支，分别为600 mm、1 200 mm和1 800 mm三道，形成屏风，并做好与建筑物的拉结。

(6)硬拉结采用直径为14 mm左右的钢筋在结构混凝土浇制中预埋，外端焊制短钢管，与脚手架连墙件连接。硬拉结采取二步两跨的设置，拉结点的上、下排应采取交叉布置。

(7)架体外侧剪刀撑全罩，剪刀撑每隔小于9 m设置一道，也可根据建筑物的纵、横向平均设置。剪刀撑必须沿架体外侧连续设置至顶部，剪刀撑斜杆与水平夹角为45°～60°，并与立杆用转向扣件连接。

(8)在架体搭设过程中，剪刀撑应及时跟上架体，不得滞后架体的两步高度，剪刀撑交叉点应控制在同一水平线和同一垂直线上。

(9)剪刀撑的杆件连接统一采用搭接的方法，其搭接长度应大于1 000 mm，并且每一个搭接接头不得少于两个转向扣件作连接，接头部位必须与立杆有效连接。设置第一道拉接前，必须每隔9 m设置抛撑，以确保已有架体的横向稳定和架体上施工人员的安全。

(10)架体内侧实施四步一隔离，或根据工程的具体情况实施每层隔离。可采用特制小笆或窄型木板封闭。

(11)当施工需要移动杆件时，必须立刻通知项目部有关技术和安全人员，并得到项目部的书面通知，否则任何人不得以任何理由拆除或移动杆件。

(12)安全防护和防护棚的搭设。

1)基坑周边必须设置围护栏杆，在基础牢靠的地点插入立杆或打膨胀螺钉固定立杆。

2)阶梯临边防护栏端头不能超出小平台，以避免施工人员上、下楼梯时撞伤身体和勾拉衣物等。

3)在主楼临边、洞口、每层电梯井口及其建筑物的所有临边、洞口，都应搭设防护栏杆。

**3. 安全、文明施工**

本工程将选择具有丰富施工经验的施工人员，并做好各项安全技术交底，管理人员必须做好对施工人员的安全教育，使之遵章守纪，服从项目部的各项规章制度，要求安全员、技术人员在搭设、维护、保养和拆除期间做好监督工作。施工人员必须备齐各类有效证件，必须持特殊工种操作证上岗，戴好安全帽，系好帽带，系好安全带，在整个施工过程中搞好施工区域内以及宿舍、食堂内的环境卫生。

**4. 安全监控**

搭设过程中，因处在施工高峰期，故各施工班组在交叉作业中，应加强安全监控力度，现场设定一名安全监控员。在进行水平和垂直材料运输时必须设置临时警戒区域，用红白三角小旗围栏，谨防非施工人员进入。

**5. 垂直运输**

架体的搭设材料主要靠人工传递和部分吊机运输，为确保施工所有材料的输送，施工人员应安全小心地配合吊机吊运。人工传递时，要做好自我保护，系好安全带，相互呼应，先接后送。严防管件和扣件坠地伤人。

**6. 管件防坠**

本工程脚手架施工时，为防止材料坠地伤人，架体内不得留有孔洞，竹笆必须实施满铺，并且不得用有严重霉、闷、蛀的竹笆，用 18 号钢丝双股四点绑扎，不得有松软现象。所有架体内不得留有多余管件、扣件以防其滑落伤人。

**7. 产品保护**

搭设和拆除脚手架时应对产品实施保护，严禁损坏墙体和窗户、玻璃及设施。材料进场后应堆放在指定地点，每日应做好落手清工作。

**8. 安全宣传**

施工人员必须认真贯彻执行国家和行业标准，遵守业主和项目部的有关安全规定以及各项规章制度，认真接受业主、监理的安全检查，并积极认真地接受整改。

**9. 架体验收**

对于本工程中的脚手架，作为施工单位，必须根据项目部的要求，并会同项目部负责人、安全员，对照施工交底、方案、技术措施及搭设要求，逐项进行检查和验收，并对检查情况认真进行记录，验收合格并挂牌后才能交给施工班组进行使用，未经验收合格的脚手架不得使用。

**10. 使用保养**

脚手架交付使用后，直至拆除前，架子施工班组将留若干名施工人员，对使用中的脚手架进行保养，非施工人员不得擅自更换移动杆件，未经项目部允许的施工人员参与变更所造成的后果，架子工施工班组概不负责，由擅自变更者自负。

**11. 质量控制**

本工程脚手架的安全技术、质量控制的全部内容应包括在每个架子工程的搭、用、管、拆的全过程中。

(1)搭。按国家现行规范和行业要求标准搭设，对于脚手架的具体搭、拆，施工前项目技术负责人应对施工人员进行交底，并通过安全员实施监控，经公司安全部门和现场安全员会同项目负责人逐项进行检查和验收。

(2)用。脚手架搭设完毕交付使用时，项目部安全员仍对其实施监控，督促脚手架使用人员正确使用脚手架，严禁非脚手架施工人员变更脚手架。

(3)管。项目部实施对施工人员的管理、对施工现场的管理、对材料堆放的协调管理、各工种之间的协调管理。

(4)拆。装饰施工完毕，拆除脚手架时，必须实施与搭设前相同的警戒封闭。拆除区域必须有安全监控人员到位实施监控，脚手架的拆除以搭设的反顺序进行，按自上而下，先搭的后拆，后搭的先拆，沿四周统圈向下拆除，拆除过程中传递材料时应先接后松的原则，直至地面。杆件和扣件、竹笆运到地面时应按品种、规格分类整齐堆放到指定地点。

**12. 验收标准及技术依据**

本脚手架工程将参照《建筑施工安全检查标准》(JGJ 59—2011)文件。本脚手架工程还将参照现行行业标准、住房和城乡建设部于2011年1月28日所颁布的《建筑施工扣件式钢管脚手架安全技术规范》(JGJ 130—2011)文件，如遇不确定情况，应以上述文件为准。

## 复习思考题

### 一、单选题

1. 砌体工程用的块材不包括(　　)。
A. 烧结普通砖　B. 炉渣砖　C. 陶粒混凝土砌块　D. 玻璃砖
2. 砖砌体水平灰缝的砂浆饱满度不得低于(　　)。
A. 60%　B. 70%　C. 80%　D. 90%
3. 一般情况下，砖墙每日砌筑高度不得超过(　　)m。
A. 2.0　B. 1.8　C. 1.2　D. 1.0
4. 皮数杆的作用是控制每皮砖厚度，控制门窗洞口、预埋件、过梁、楼板等的标高，其间距不应大于(　　)m。
A. 5　B. 15　C. 25　D. 40
5. 砖砌体的砖块之间要错缝搭接，错缝长度一般不应小于(　　)mm。
A. 30　B. 60　C. 120　D. 190
6. 施工时，混凝土空心砌块的产品龄期不应小于(　　)d。
A. 7　B. 14　C. 21　D. 28
7. 砌筑实心砖墙和砖柱所用砂浆的稠度应是(　　)mm。
A. 70～90　B. 30～50　C. 50～70　D. 90～120
8. 用于检查水平灰缝砂浆饱满度的工具是(　　)。
A. 楔形塞尺　B. 百格网　C. 靠尺　D. 托线板
9. 砌体工程中最常用的砂浆是(　　)。
A. 混合砂浆　B. 防水砂浆　C. 水泥砂浆　D. 石灰砂浆

10. 砂浆的保水性以(　　)表示。

A. 坍落度　　B. 最佳含水率　　C. 分层度　　D. 稠度

11. 砌筑用砂浆中的砂应采用(　　)。

A. 粗砂　　B. 细砂　　C. 中砂　　D. 特细砂

12. 砌块砌体的组砌形式只有(　　)一种。

A. 三顺一丁　　B. 一顺一丁　　C. 梅花丁　　D. 全顺

13. 砂浆拌合物保水性指标，以(　　)表示。

A. 和易性　　B. 保水性　　C. 分层度　　D. 含水量

14. 砌筑砂浆的强度，采用(　　)表示。

A. M　　B. MU　　C. C　　D. P

15. 设有钢筋混凝土构造柱的抗震多层砖房，应先(　　)，而后(　　)，最后(　　)。

A. 砌砖墙 绑扎钢筋 浇筑混凝土　　B. 绑扎钢筋 砌砖墙 浇筑混凝土

C. 绑扎钢筋 浇筑混凝土 砌砖墙　　D. 砌砖墙 浇筑混凝土 绑扎钢筋

16. 空心砖墙砌筑前应试摆，在不足整砖处，如无半砖规格，可用(　　)补砌。

A. 灰土砖　　B. 普通黏土砖　　C. 粉煤灰蒸压砖　　D. 混凝土砌块

17. 砌筑前先在模板上铺设(　　)mm 厚 1∶3 水泥砂浆层，将钢筋置于砂浆层中，均匀摆开。

A. 10　　B. 20　　C. 30　　D. 40

18. 在埋有钢筋的砂浆上，逐层平砌砖层，最下一皮砖应(　　)。

A. 立砖　　B. 斜槎　　C. 马牙槎　　D. 丁砖

19. 砌块在吊装前应先绘制(　　)，以指导吊装施工和砌块准备。

A. 砌块排列图　　B. 施工图　　C. 立面图　　D. 结构图

20. 碗扣式脚手架杆件中，作为脚手架垂直承力杆的是(　　)。

A. 横杆　　B. 斜杆　　C. 顶杆　　D. 立杆

21. 为了防止整片脚手架在风荷载作用下外倾，脚手架还需设置(　　)，将脚手架与建筑物主体结构相连。

A. 连墙杆　　D. 小横杆　　C. 大横杆　　D. 剪刀撑

22. 下列垂直运输机械中，既可以运输材料和工具，又可以运输工作人员的是(　　)。

A. 塔式起重机　　B. 井架　　C. 龙门架　　D. 施工电梯

23. 既可以进行垂直运输，又能完成一定水平运输的机械是(　　)。

A. 塔式起重机　　B. 井架　　C. 龙门架　　D. 施工电梯

24. 扣件式钢管脚手架的钢管一般采用(　　)的焊接钢管。

A. $\phi30\times3$ mm　　B. $\phi40\times3.5$ mm　　C. $\phi48\times3.5$ mm　　D. $\phi51\times4$ mm

25. 双排钢管扣件式脚手架的搭设高度应不大于(　　)m。

A. 25　　B. 80　　C. 45　　D. 50

**二、多选题**

1. 用烧结普通砖砌筑 240 砖墙，当有抗震要求时，可采用的组砌形式有(　　)。

A. 两平一侧　　B. 全顺

C. 三顺一丁　　D. 一顺一丁

E. 梅花丁

2. 普通矩形多孔砖砖墙的常用组砌形式有(　　)。

A. 两平一顺　　B. 全顺

C. 三顺一丁　　D. 一顺一丁

E. 梅花丁

3. 砖墙砌筑的工序包括(　　)。

A. 抄平　　B. 放线

C. 立皮数杆　　D. 砌砖

E. 灌缝

4. 砖砌体的质量要求可概括为(　　)。

A. 轴线准确　　B. 砂浆饱满

C. 横平竖直　　D. 上下错缝

E. 接槎可靠

5. 砌筑砖墙时，含水率应控制为10%～15%的砖为(　　)。

A. 烧结普通砖　　B. 烧结空心砖

C. 烧结多孔砖　　D. 灰砂砖

E. 粉煤灰砖

6. 有关砖基础大放脚，下列选项中正确的有(　　)。

A. 大放脚有等高式和不等高式

B. 大放脚砌筑可以采用混合砂浆

C. 等高式和间隔式大放脚都是每砌两皮砖，两边各收进1/4砖长

D. 一般采用一顺一丁的砌筑形式

E. 大放脚最下一皮砖应以丁砖为主

7. 砌砖的常用方法有(　　)。

A. 干摆法　　B. 铺浆法

C.“三一”砌法　　D. 全顺砌法

E. 灌缝法

8. 影响砌筑砂浆饱满度的因素有(　　)。

A. 砖的含水量　　B. 铺灰方法

C. 砂浆强度　　D. 砂浆的和易性

E. 水泥种类

9. 外脚手架的主要形式有(　　)。

A. 折叠式脚手架　　B. 多立杆式脚手架

C. 支柱式脚手架　　D. 门框式脚手架

E. 门架式脚手架

10. 下列部件中属于扣件式钢管脚手架的有(　　)。

A. 钢管　　B. 吊环

C. 扣件　　D. 底座

E. 脚手板

11. 有关钢管外脚手架的搭设高度，下列选项中不正确的有(　　)。

A. 单排不大于24 m　　B. 双排不大于50 m

C. 单排不大于 35 m　　　　　　　　D. 单排不大于 50 m

E. 双排不大于 25 m

12. 关于扣件式钢管脚手架的搭设顺序，下列选项中正确的有(　　)。

A. 安装连墙杆——接长立杆

B. 加设剪刀撑——铺设脚手板

C. 安装第二步横向水平杆——接长立杆

D. 放置纵向水平扫地杆——逐根树立立杆

E. 安装横向水平扫地杆——安装第一步纵向水平杆

**三、简答题**

1. 简述砌筑砂浆原材料的质量要求，质量指标，搅拌、使用等要求及常见质量通病的预防措施。

2. 简述一般砖砌体的施工流程和操作要点(包含构造柱、留槎、钢筋砖过梁)。

3. 简述小型空心砌块的施工要点。

4. 简述填充墙砌体施工的一般问题。

5. 简述加气混凝土填充墙砌筑的工艺流程和砌筑要点。

**四、计算题**

某住宅建筑，建筑层高为 3.0 m，用 240 mm×115 mm×90 mm 标准多孔砖砌筑。其中楼面采用现浇板 120 mm 厚，现浇板与承重墙体的现浇圈梁整体浇筑。圈梁设计截面高度为 240 mm，底层地圈梁已完成，其面标高为−0.020 m，楼地面装饰层预留 40 mm 厚面层，门窗洞口高度为 2 700 mm，试确定底层墙和二层标准层墙体的砌筑高度和组砌层(皮)数。

# 项目七　防水与节能工程施工

知识目标

1. 掌握建筑结构防水方法的概念与特点；
2. 掌握防水工程的施工要求与工艺特点；
3. 熟悉刚性防水层与柔性防水层的区别，并合理选择用于工程施工中；
4. 熟悉节能施工中的墙体外保温工程的特点、有关基本知识和技术名词概念。

能力目标

1. 能了解建筑工程中常用的防水方式与类型；
2. 能完成防水工程的施工技术设计；
3. 能编写防水施工的施工任务书；
4. 能进行节能施工中的墙体外保温工程的计划编制与施工。

## 任务一　屋面防水工程施工

任务引入

某小区1～3号车库种植屋面做好屋面卷材防水后经过试水仍漏水，甚至有的地方第一次防水做好后试水不渗漏，但做完冷拔丝细石混凝土后二次试水却出现了局部渗漏的现象。

**【任务分析】** 原因一：经过对现场做法的分析，发现所做的卷材防水存在如下问题：①搭接长度个别不够；②个别的卷材没有铺平，存在翘边现象，在有主、次梁交接的部位卷材防水做起来有些难度；③在卷材防水所用的胶凝材料未达到相应强度时就急于试水。

原因二：①二次试水前，在进行冷拔丝施工时冷拔丝下料不准确，有的下料过长，将所做卷材局部破坏；②在聚合物卷材防水材料做好后没有对成品做好保护工作。

任务综述

建筑屋面防水的原则是"以排为主，防排结合"，建筑屋面根据排水坡度分为平屋面和坡屋面两类，排水组织方式分为有组织排水和无组织排水。根据建筑物的性质、重要程度、使用功能要求，建筑屋面防水等级分为Ⅰ、Ⅱ、Ⅲ、Ⅳ级，防水层合理使用年限分别规定为25年、15年、10年、5年，根据不同的屋面防水等级和防水层合理使用年限，分别选用高、中、低档防水材料，进行一道或多道设防，这是设计人员进行屋面工程设计时的依据。

根据防水层材料的不同，建筑工程的防水工程主要分为卷材防水屋面、涂膜防水屋面和刚性防水屋面。

**相关知识**

## 一、卷材防水屋面

卷材防水屋面的防水层是用胶粘剂将防水卷材逐层粘贴在找平层的表面而成的，属于柔性防水层。其特点是防水层的柔韧性较好，能适应一定程度的结构振动和胀缩变形，但卷材易老化、易起鼓、耐久性差、施工工序多、工效低，产生渗漏水时，修补较困难。卷材防水屋面包括保温层、找平层、卷材防水层和细部构造四个分项工程。

构造层次依次为：钢筋混凝土承重层→隔汽层→保温层→找平层→基层处理剂结合层→卷材防水层→保护层，具体施工时可根据相应专业设计要求而定。

### 1. 卷材防水屋面的常用材料

(1)卷材。卷材主要有沥青防水卷材、高聚物改性沥青防水卷材和合成高分子防水卷材三大系列。

1)卷材简介。

①沥青防水卷材。其是指将原纸、织物纤维、纤维毡等胎体材料浸渍于沥青中，然后在其表面撒布云母片等材料制成的可卷曲的片状防水材料。常用的沥青防水卷材有石油沥青纸胎卷材、石油沥青玻纤胎卷材、石油沥青麻布胎卷材等。这类卷材低温时柔性较差，防水耐用年限短。

②高聚物改性沥青防水卷材。其是指以合成高分子聚合物改性沥青为涂盖层，用纤维织物或纤维毡为胎体，以粉状、片状为覆面材料制成的可卷曲的防水材料。常用的有 SBS 改性沥青防水卷材、APP 改性沥青防水卷材、再生胶改性沥青防水卷材、PVC 改性沥青防水卷材等。该类卷材具有较好的低温柔性和延伸率，抗拉强度好，可单层铺贴。

③合成高分子防水卷材。其是指以合成橡胶、合成树脂或两者的混合体为基料，加入适量的化学助剂和填充料，经混炼、压延或挤出等工序加工而成的可卷曲片状防水材料。常用的有三元乙丙橡胶防水卷材、丁基橡胶防水卷材、聚氯乙烯防水卷材、氯化聚乙烯防水卷材等。此类卷材具有良好的低温柔性和适应基层变形的能力，耐久性好，使用年限较长，一般为单层铺贴。

2)防水卷材的质量验收。首先检查出厂质量合格证(应有生产厂家质量检验部门的盖章及防伪认证标志)和试验报告单(应有试验编号)，材质证明和实物应物证相符，并抽样进行外观检验和物理性能试验。同一品种、牌号、规格的卷材抽样：＞1 000 卷抽 5 卷；500～1 000 卷抽 4 卷；100～499 卷抽 3 卷；＜100 卷抽 2 卷。进场卷材的物理性能检验项目如下：

①沥青防水卷材：纵向拉力、耐热度、柔度、不透水性。

②高聚物改性沥青防水卷材：可溶物含量、拉力、最大拉力时延伸率、耐热度、低温柔度、不透水性。

③合成高分子防水卷材：断裂拉伸强度、扯断伸长率、低温弯折、不透水性。

(2)基层处理剂。防水层施工之前，预先涂刷在基层上的涂料称为基层处理剂。涂刷基层处理剂是为了增强防水材料与基层之间的粘结力。不同种类的卷材应选用与其材性相容的基层处理剂。沥青防水卷材用的基层处理剂可选用冷底子油；高聚物改性沥青防水卷材用的基层处理剂可选用氯丁胶沥青乳液、橡胶改性沥青溶液和冷底子油等材料；合成高分子防水卷材用的基层处理剂可选用聚氨酯二甲苯溶液、氯丁橡胶溶液和氯丁橡胶沥青乳液等材料。

(3)胶粘剂。防水卷材用的胶粘剂，选用时应与所用卷材的材性相容。粘贴沥青防水卷材时，可选用沥青胶；粘贴高聚物改性沥青防水卷材时，可选用橡胶或再生橡胶改性沥青的汽油溶液或水乳液作胶粘剂，应检验其粘结剥离强度；粘贴合成高分子防水卷材时，可选用以氯丁橡胶和丁酚醛树脂为主要成分的胶粘剂，或以氯丁橡胶乳液制成的胶粘剂，应检验粘结剥离强度和浸水 168 h 粘结剥离强度保持率等。

**2. 找平层施工**

找平层是防水层基层，可采用 1∶2.5～1∶3(水泥、砂体积比)的水泥砂浆、1∶8(沥青、砂质量比)的沥青砂浆或强度等级不低于 C20 的细石混凝土。砂浆的厚度一般为 20～25 mm，细石混凝土的厚度为 30～35 mm。其基本要求如下：

(1)找平层的基层采用装配式钢筋混凝土板时，板端、侧缝应用 C20 细石混凝土灌缝；板缝宽大于 40 mm 或上窄下宽时，板缝内应设置构造钢筋；对板端缝应进行密封处理。

(2)找平层的排水坡度应符合设计要求。平屋面采用结构找坡不应小于 3%，采用材料找坡宜为 2%；天沟、檐沟纵向找坡不应小于 1%，沟底落水差不得超过 200 mm。

(3)找平层宜设分格缝，并嵌填密封材料。分格缝应留设在板端缝处，其纵、横缝的最大间距为：水泥砂浆或细石混凝土找平层，不宜大于 6 m；沥青砂浆找平层，不宜大于 4 m。

(4)基层与凸出屋面结构(女儿墙、山墙、天窗壁、变形缝、烟囱等)的交接处和基层的转角处，找平层均应做成圆弧形。沥青防水卷材圆弧半径为 100～150 mm；高聚物改性沥青防水卷材圆弧半径为 50 mm；合成高分子防水卷材圆弧半径为 20 mm。

**3. 卷材防水层施工**

卷材防水层的施工流程为：基层表面清理、修整→喷、涂基层处理剂→节点附加层处理→定位、弹线、试铺→铺贴卷材→收头处理、节点密封→保护层施工。

(1)基层表面清理、修整。检查基层质量是否符合规定和设计要求，并进行清理、清扫。若存在凹凸不平、起砂、起皮、裂缝、预埋件固定不牢等缺陷，应及时进行修补。检查基层干燥度是否符合要求，干燥程度的简易检验方法为：用 1 $m^2$ 卷材平坦地干铺在找平层上，静置 3～4 h 后掀开检查，找平层覆盖部位与卷材上未见水印即可铺设。

(2)喷、涂基层处理剂。用长柄滚刷均匀涂刷于基层表面上，要求涂刷均匀，厚薄一致，不能漏刷、露底，干燥后(常温下经过 4 h)开始铺贴卷材。

(3)节点附加层处理。节点即细部构造，是屋面工程中最容易出现渗漏的薄弱环节。据调查，在渗漏的屋面工程中，70%以上是节点渗漏。节点主要包括天沟、泛水、落水口、管根、檐口、阴阳角等处，在节点处首先铺贴 1～2 层卷材附加层，附加的范围应符合设计和屋面工程技术规范的规定。

1)天沟、檐沟防水构造。在天沟、檐沟与屋面交接处空铺宽度不应小于 200 mm 的附加层；对外檐封口的防水层应收头固定密封，上面用水泥砂浆抹压，如图 7-1 所示。

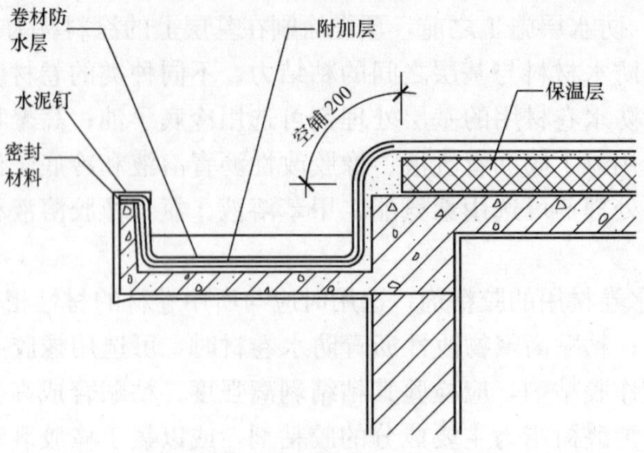


**图 7-1　檐沟防水构造示意**

2)泛水防水构造。铺贴泛水处的卷材应采用满粘法。墙体为砖墙时，卷材收头可直接铺至女儿墙压顶下，用压条钉压固定并用密封材料封闭严密，压顶应作防水处理[图 7-2(a)]；卷材收头也可压入砖墙凹槽内固定密封，凹槽距屋面找平层的高度不应小于 250 mm，凹槽上部的墙体应作防水处理[图 7-2(b)]。墙体为混凝土时，卷材收头可采用金属压条钉压，并采用密封材料封固[图 7-2(c)]。

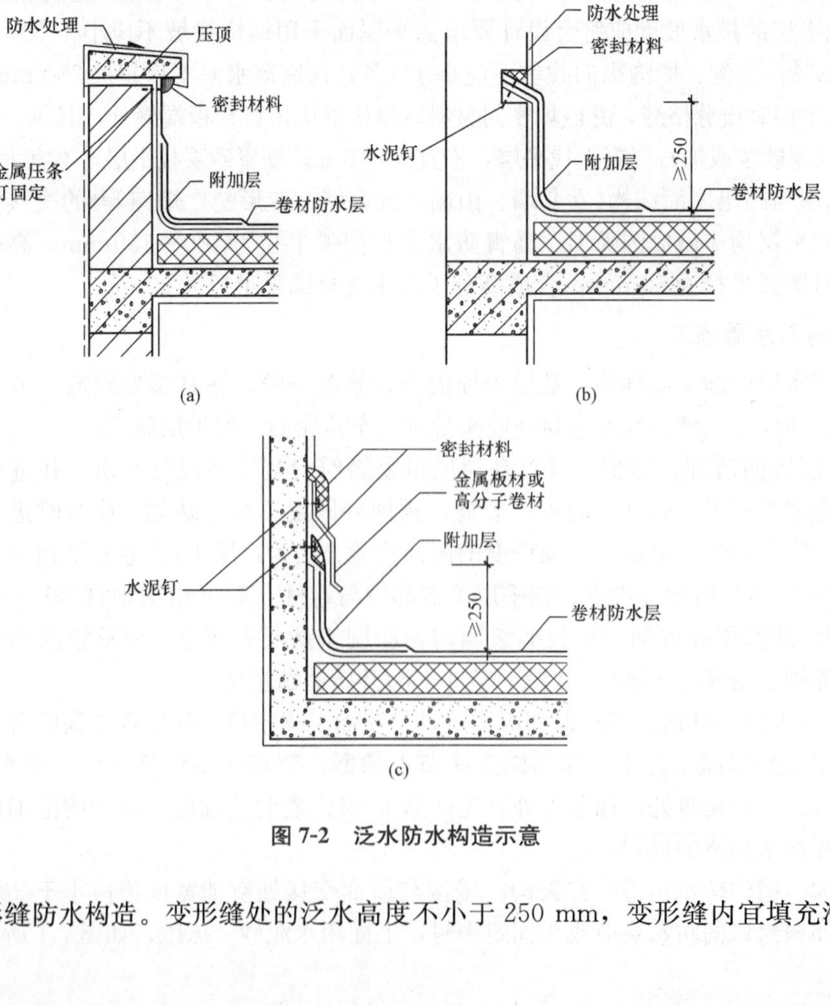


**图 7-2　泛水防水构造示意**

3)变形缝防水构造。变形缝处的泛水高度不小于 250 mm，变形缝内宜填充泡沫塑料，上部填放衬垫材料，并用卷材封盖，顶部应加扣混凝土盖板或金属盖板，如图 7-3 所示。

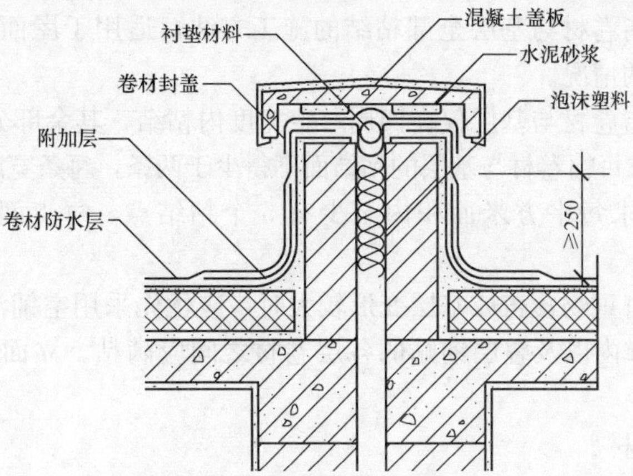


**图 7-3　变形缝防水构造示意**

4)落水口防水构造。落水口埋设标高应考虑落水口设防时增加的附加层和柔性密封层的厚度及排水坡度加大的尺寸；落水口周围直径 500 mm 范围内的坡度不应小于 5%，并应用防水涂料涂封，其厚度不应小于 2 mm。落水口与基层接触处，应留宽度、深度均为 20 mm 的凹槽，并嵌填密封材料(图 7-4)。

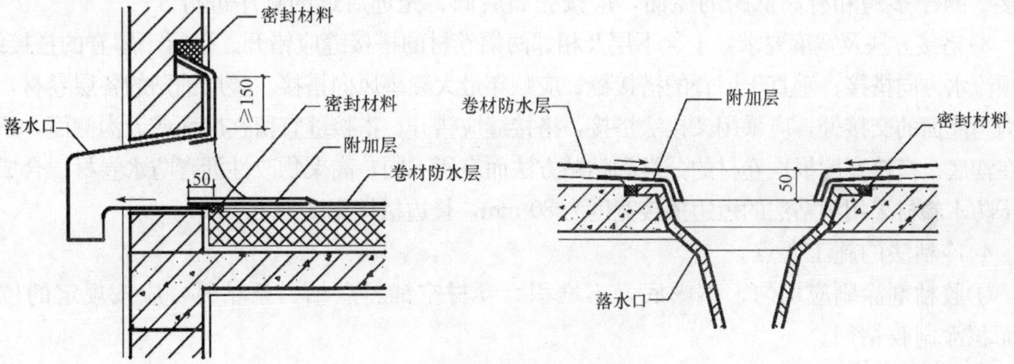


**图 7-4　落水口防水构造示意**

5)伸出屋面管道防水构造。管道根部直径 500 mm 范围内，找平层应抹出高度不小于 30 mm 的圆台，管道与找平层之间应留 20 mm×20 mm 的凹槽，并嵌填密封材料；防水层收头处应用金属箍箍紧，并采用密封材料填严，如图 7-5 所示。

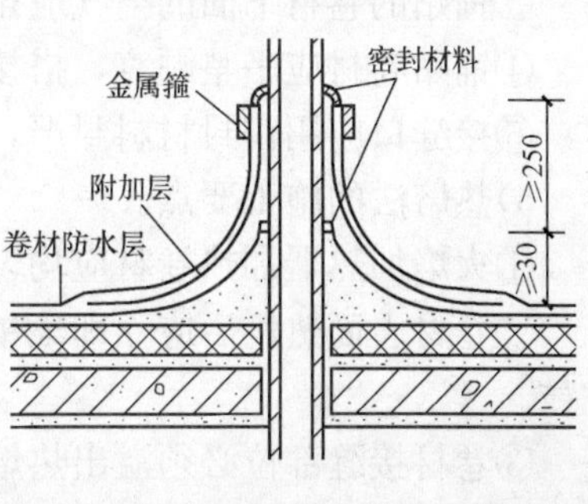


**图 7-5　伸出屋面管道防水构造示意**

(4)铺贴卷材。卷材铺贴方法包括冷粘法(指在常温下采用胶粘剂等材料进行卷材与基层、卷材与卷材间粘结的施工方法)、热熔法(指采用火焰加热熔化热熔型防水卷材底层的热溶胶进行粘结的施工方法)、自粘法(指采用带有自黏性胶的防水卷材进行粘结的施工方法)和热风焊接法(指采用热空气焊枪进行防水卷材搭接黏合的施工方法，只适用于合成高分子卷材)。其中最常用的为冷粘法(适用于所有卷材)和热熔法(只适用于高聚物改性沥青防水卷材)。

冷粘法按粘贴方法又分为：

1)满粘法：其是指卷材与基层全部粘结的施工方法，适用于屋面面积小、屋面结构变形不大且基层较干燥的情况。

2)空铺法：其是指卷材与基层仅在四周一定宽度内粘结，其余部分不粘结的施工方法。

3)条粘法：其要求每幅卷材与基层的粘结面不得少于两条，每条宽度不应小于 150 mm。

4)点粘法：其要求每平方米面积内至少有 5 个粘结点，每点面积不小于 100 mm×100 mm。

当卷材防水层上有重物覆盖或基层变形较大时，应优先采用空铺法、条粘法、点粘法，但距屋面周边 800 mm 内以及叠层铺贴的各层卷材之间应满粘。立面或大坡面铺贴防水卷材时，应采用满粘法。

(5)铺贴大面积卷材。

1)铺设方向：应根据屋面坡度和屋面是否有振动来确定。当屋面坡度小于 3%时，卷材宜平行于屋脊铺贴；当屋面坡度为 3%～15%时，卷材可平行或垂直于屋脊铺贴；当屋面坡度大于 15%或屋面受振动时，沥青防水卷材应垂直于屋脊铺贴。上、下层卷材不得相互垂直铺贴。卷材屋面的坡度不宜超过 25%，当坡度超过 25%时应采取防止卷材下滑的措施。

2)施工顺序：同一屋面铺贴时先做好节点、附加层和屋面排水比较集中等部位的处理，然后由屋面最低处向上进行。铺贴天沟、檐沟卷材时，宜顺天沟、檐沟方向，减少卷材的搭接。对于多跨和有高低跨的屋面，应按先高后低、先远后近的顺序进行。

3)搭接方法及宽度要求：上、下层及相邻两幅卷材的搭接缝应错开。平行于屋脊的搭接缝，应顺流水方向搭接；垂直于屋脊的搭接缝，应顺年最大频率风向搭接。叠层铺贴的各层卷材，在天沟与屋面的交接处，应采用叉接法搭接，搭接缝应错开；搭接缝宜留在屋面或天沟侧面，不宜留在沟底。搭接宽度根据卷材的分类和粘贴方法而有所不同，高聚物改性沥青防水卷材、合成高分子防水卷材采用满粘法的短边搭接宽度为 80 mm，长边搭接宽度为 100 mm。

4)冷粘法的施工要点。

①胶粘剂涂刷应均匀，不露底，不堆积。卷材空铺、点粘、条粘时，应按规定的位置及面积涂刷胶粘剂。

②根据胶粘剂的性能，应控制胶粘剂涂刷与卷材铺贴的间隔时间。

③铺贴的卷材下面的空气应排尽，并辊压粘结牢固。

④铺贴卷材应平整顺直，搭接尺寸准确，不得扭曲、皱褶。

⑤接缝口应用密封材料封严，宽度不应小于 10 mm。

5)热熔法的施工要点。

①火焰加热器加热卷材应均匀，不得过分加热或烧穿卷材。

②卷材表面热熔后应立即滚铺卷材，卷材下面的空气应排尽，并辊压粘结牢固，不得空鼓。

③卷材接缝部位必须溢出热熔的改性沥青胶。

④铺贴的卷材应平整顺直，搭接尺寸准确，不得扭曲、皱褶。

6)严禁在雨天、雪天施工；有五级及以上大风时不得施工；环境气温低于 5 ℃时不宜施工。

**4. 保护层施工**

卷材在冷热交替作用下会伸长和收缩，同时，在阳光、空气、水分等的长期作用下，沥青胶结材料会不断老化，应采用保护层提高防水层寿命。上人屋面保护层包括：水泥砂浆保护层、细石混凝土保护层(刚性保护层)和块体材料保护层；不上人屋面保护层有绿豆砂、云母或蛭石保护层和浅色涂料保护层。其质量要求为：

(1)绿豆砂保护层中的绿豆砂应清洁、预热、铺撒均匀，并使其与沥青玛琋脂粘结，不得有未粘结的绿豆砂。

(2)细砂、云母及蛭石保护层不得有粉料，撒铺应均匀，不得露底，多余的云母或蛭石应清除。

(3)水泥砂浆保护层的表面应抹平压光，并设表面分格缝，分格面积宜为 36 $m^2$。

(4)块体材料保护层应留设分格缝，分格面积不宜大于 100 $m^2$，分格缝宽度不宜小于 20 mm。

(5)细石混凝土保护层，混凝土应密实，表面抹平压光，并留设分格缝，分格面积不宜大于 36 $m^2$。

(6)浅色涂料保护层应与卷材粘结牢固，厚薄均匀，不得漏涂。

(7)水泥砂浆、块材或细石混凝土保护层与防水之间应设置隔离层。

(8)刚性保护层与女儿墙、山墙之间应预留宽度为 30 mm 的缝隙，并用密封材料嵌填严密。

**5. 卷材防水屋面的质量验收**

(1)主控项目。

1)防水卷材及其配套材料的质量(包括防水材料、找平层、保温层、保护层、隔汽层及外加剂、配件等)应符合设计要求和质量标准。

2)屋面不得有渗漏和积水现象(检验方法：雨后观察或进行淋水、蓄水试验)。

3)卷材防水层在天沟、檐沟、泛水、檐口、水落口、伸出屋面管道部分和变形缝等构造应符合设计要求。

(2)一般项目。

1)卷材防水层的搭接缝应黏(焊)结牢固，密封严密，不得有皱折、翘边和鼓泡等缺陷(检查方法：观察检查)。

2)卷材防水层的收头应与基层粘结，钉压应牢固，密封应严密(检查方法：观察检查)。

3)卷材防水层的铺贴方向应正确，卷材搭接宽度的允许偏差为－10 mm(检查方法：观察和尺量检查)。

4)屋面排气道应纵、横贯通，不得堵塞。排气管应安装牢固，位置正确，封闭严密(检查方法：观察检查)。

## 二、涂膜防水屋面

涂膜防水屋面是在屋面基层上涂刷防水涂料，经固化后形成一层有一定厚度和弹性的整体涂膜，从而达到防水目的的一种防水屋面形式。这种屋面具有施工操作简便、无污染、可冷操作、无接缝、能适应复杂基层、防水性能好、温度适应性强、容易修补等特点。

**1. 涂膜防水屋面的常用材料**

(1)防水涂料。

1)高聚物改性沥青防水涂料。以沥青为基料，由合成高分子聚合物进行改性，配制而成的水乳型或溶剂型防水涂料，称为高聚物改性沥青防水材料。常用的有水乳型阳离子氯丁胶乳改性沥青防水涂料、溶剂型氯丁橡胶改性沥青防水涂料、再生胶改性沥青防水涂料、SBS(APP)改性沥青防水涂料等。

2)合成高分子防水涂料。以合成橡胶或合成树脂为主要成膜物质配制成的水乳型或溶剂型防水涂料，称为合成高分子防水涂料。常用的有聚合物水泥防水涂料、丙烯酸酯防水涂料、单组分(双组分)聚氨酯防水涂料等。防水涂料的物理性能试验项目包括固体含量、耐热度、柔性、不透水性、延伸率。

(2)胎体增强材料。在涂膜防水层中用增强的聚酯无纺布、化纤无纺布等材料，用胎体增强节点适应变形能力和涂膜防水层的抗裂性能。其物理性能试验项目包括拉力、延伸率。

**2. 涂膜防水施工**

涂膜防水施工的一般工艺为：基层表面清理→涂刷基层处理剂(底涂料)→节点附加增强处理→涂布防水涂料(共 3 遍)、铺贴胎体增强材料(第 2 遍时)→收头密封处理。

(1)涂刷基层处理剂。基层表面清理同卷材防水层。对于溶剂型防水涂料可将相应的溶剂稀释后使用，以利于渗透。先对屋面节点、周边、拐角等部位进行涂布，然后再大面积涂布。注意均匀涂布、厚薄一致，不得漏涂，以增强涂层与找平层间的粘结力。

(2)节点附加增强处理。对于天沟、檐沟、檐口、泛水等节点部位，先在基层上涂布涂料，然后铺设胎体增强材料，宽度不小于 200 mm，上面再涂布涂料至少两遍，分格缝、变形缝、裂缝部位空铺胎体增强材料 200～300 mm。落水口、管根周围与屋面交接处留凹槽作密封处理，并铺贴两层胎体增强材料附加层，涂膜伸入落水口的深度不得小于 50 mm。

(3)涂布防水涂料、铺贴胎体增强材料。涂布防水涂料时，应先涂立面、节点，后涂平面。涂布时应根据防水涂料的品种分层分遍涂布，不宜一遍过厚，每遍涂布量约为 0.6 $kg/m^2$，后一遍应在前一遍干后再涂，干燥时间根据环境温度和厚度而定，最长间隔为 24 h，炎热季节一般为 6～8 h，每遍涂布方向应相互垂直。每遍涂布量以防水层厚度而定，涂膜厚度为 1 mm 约需涂料 2.0 $kg/m^2$。若需铺设胎体增强材料，屋面坡度小于 15%时，可平行于屋脊铺设；屋面坡度大于 15%时，应垂直于屋脊铺设。

胎体长边搭接宽度不应小于 50 mm，短边搭接宽度不应小于 70 mm。采用二层胎体增强材料时，上、下层不得相互垂直铺设，搭接缝应错开，其间距不应少于幅度的 1/3。铺设胎体增强材料时，应在涂布第二遍涂料的同时或在涂布第三遍涂料前进行。前者为湿铺法，即边涂布防水涂料，边铺展胎体增强材料，边用滚刷均匀滚压；后者为干铺法，即在前一遍涂层成膜后，直接铺设胎体增强材料，并在其已展平的表面用橡胶刮板均匀满刮一遍防水涂料。根据设计要求可按前面所述的方法铺贴第二层或第三层胎体增强材料，最后在表面加涂一遍防水涂料，胎体上涂膜厚度不应小于 1.0 mm。

(4)收头密封处理。所有涂膜收头均应采用防水涂料多遍涂刷密实或用密封材料压边封固，压边宽度不得小于 10 mm；收头处的胎体增强材料应裁剪整齐，如有凹槽应压入凹槽，不得有翘边、皱褶、露白等缺陷。

**3. 涂膜防水屋面的质量要求**

(1)主控项目。

1)防水原材料及配合比必须符合设计要求。

2)防水材料嵌填应密实、连续、饱满、粘结牢固，不得有气泡、开裂、脱落等缺陷(检查方法：观察检查)。

(2)一般项目。

1)防水层应表面平整、压实抹光，不得有裂缝、起壳、起砂等缺陷。

2)防水层的厚度和钢筋位置应符合设计要求。

3)防水层分格缝的位置和间距应符合设计要求。

4)接缝宽度和密封材料的嵌填深度应符合设计要求，接缝的宽度允许偏差为±10%。

## 三、刚性防水屋面

刚性防水屋面是指用细石混凝土等刚性材料作屋面防水层，包括普通细石混凝土防水层和补偿收缩混凝土防水层。其构造层次依次为：钢筋混凝土承重层→隔离层→刚性防水层。

刚性防水材料由于表观密度大、抗拉强度低、极限拉应变小，常因混凝土的干缩变形、温度变形及结构变形而产生裂缝。因此，对于屋面防水等级为Ⅱ级及以上的重要建筑，只有在刚性与柔性防水材料结合做两道防水设防时方可使用。细石混凝土防水层所用材料易得，耐穿刺能力强，耐久性能好，维修方便，所以在Ⅲ级屋面中推广应用较为广泛。为了解决细石混凝土防水层裂缝的问题，除采取设分格缝等构造措施外，还可加入膨胀剂拌制补偿收缩混凝土。对于混凝土防水层的基层，松散材料保温层强度低、压缩变形大，易使混凝土防水层产生受力裂缝，故不得在松散材料保温层上做细石混凝土防水层。至于受较大震动或冲击的屋面，易使混凝土产生疲劳裂缝；当屋面坡度大于15%时，混凝土不易振捣密实，所以均不能采用细石混凝土防水层。

### 1. 材料要求

刚性防水材料宜采用普通硅酸水泥或硅盐水泥，不得使用火山灰质水泥(干缩率大、易开裂)，当采用矿渣硅酸盐水泥(泌水性大、抗渗性能差)时，应采用减少泌水性的措施。粗集料的最大粒径不宜大于15 mm，含泥量不应大于1%；细集料应采用中砂或粗砂，含泥量不应大于2%。混凝土水胶比不应大于0.55；每立方米混凝土水泥用量不得少于330 kg，含砂率宜为35%～40%；灰砂比宜为1：2～1：2.5；混凝土强度等级不应低于C20。为了改善普通细石混凝土的防水性能，提倡在混凝土中加入膨胀剂、减小剂、防水剂等外加剂，但应注意外加剂的掺量。

### 2. 刚性防水层施工

(1)隔离层施工。在结构层与防水层之间宜增加一层低强度等级砂浆、卷材、塑料薄膜等材料，起隔离作用，使结构层和防水层变形互不受约束，以防止防水混凝土产生拉应力而导致混凝土防水层开裂。

1)黏土砂浆(或石灰砂浆)隔离层施工。预制板缝填嵌细石混凝土后，板面应清扫干净，洒水湿润，但不得积水，将按石灰膏：砂：黏土＝1：2.4：3.6(或石灰膏：砂＝1：4)配制的材料拌和均匀，砂浆以干稠为宜，铺抹的厚度为10～20 mm，要求表面平整、压实、抹光，待砂浆基本干燥后方可进行下道工序的施工。

2)卷材隔离层施工。用1：3的水泥砂浆将结构层找平，并压实抹光养护，再在干燥的找平层上铺一层3～8 mm厚的干细砂滑动层，在其上铺一层卷材，搭接缝用热沥青胶结，也可以在找平层上直接铺一层塑料薄膜。

做好隔离层后继续施工时，要注意对隔离层加强保护。混凝土运输不能直接在隔离层表面进行，应采取铺设垫板等措施；绑扎钢筋时不得扎破表面，浇捣混凝土时更不能振疏隔离层。

(2)细石混凝土防水层的分格缝，应设在屋面板的支承端、屋面转折处、防水层与结构的交接处，其纵、横缝的最大间距不宜大于 6 m。分格缝内应嵌密封材料。

(3)细石混凝土防水层的厚度不应小于 40 mm，并应配置双向钢筋网片，直径为 4～6 mm，间距为 100～200 mm；在分格缝处应断开，其位置以居中偏上，保护层厚度不应小于 10 mm。

(4)细石混凝土防水层与立墙及突出屋面结构等交接处，均应作柔性密封处理。

**3. 刚性防水屋面的质量要求**

(1)主控项目。

1)细石混凝土的原材料及配合比必须符合设计要求。

2)细石混凝土防水层不得有渗漏或积水现象。

3)细石混凝土防水层在天沟、檐沟、檐口、落水口、泛水、变形缝和伸出屋面管道的防水构造，必须符合设计要求。

(2)一般项目。

1)细石混凝土防水层应表面平整、压实抹光，不得有裂缝、起壳、起砂等缺陷。

2)细石混凝土防水层的厚度和钢筋位置应符合设计要求。

3)细石混凝土分格缝的位置和间距应符合设计要求。

4)细石混凝土防水层表面平整度的允许偏差为 5 mm。

## 任务实施

### 一、实施思路

(1)掌握操作要领。

(2)掌握施工要点。

(3)成品保护。

### 二、实施步骤

经过原因分析后，根据所用材料的特性和施工的先后顺序与工艺要求，总结出解决的办法，主要从以下几个方面着手。

**1. 掌握操作要领**

(1)施工前，将验收合格的基层清扫干净，基层可湿润，但不能有明水。施工环境的温度如果低于 5 ℃，要采取保温措施。

(2)阴阳角处应做成圆弧状，不至于使阴阳角出现空鼓，阴阳角、管根、落水口等部位必须先做附加层，剪口部位做盖缝条搭接，在主防水层做完后剪出围边，围在管根处并用聚合物水泥防水材料封边，掌握聚合物水泥防水粘结材料配比(胶∶水∶水泥为 1∶1.25∶5)，在气温低于－5 ℃时可在聚合物水泥防水粘结材料里掺加 3%～5%的防冻剂并加以覆盖。

(3)聚合物防水粘结材料内不准有硬性颗粒和杂质，应搅拌均匀，使稠度一致。

**2. 掌握施工要点**

(1)铺贴聚乙烯丙纶防水卷材时，将聚合物水泥防水粘结材料均匀地涂刷在基层上，把防水卷材铺在上面，用刮板推压平整，把卷材下边的气泡和多余的粘结材料推压出来。

(2)防水的粘结应满粘，粘结层厚度不小于1.3 mm，使其平整均匀、粘结牢固、无翘边。

(3)搭接缝短边均为100 mm，在边缝处用水泥防水粘结材料作好封边处理，封边宽度为5 mm，要整齐、顺直、封口严密、粘结牢固。

(4)清理、检查、修整。卷材铺设完毕，将工地上残留的垃圾清理干净，并倒放到指定地点，做到人离场地清。施工人员要仔细检查卷材接缝收头是否粘结紧密，管件、地漏、排水口等薄弱环节是否已作了重点处理，防水层是否保持完好。如有不符合质量要求的部位，要按照技术规范对该部位进行修整，直到符合质量要求为止。

**3. 成品保护**

(1)卷材防水层铺贴完成后，要及时做好保护层，防止其他工序施工损坏防水层。

(2)不能在防水层上放置材料及作为运输车道。

**4. 实施总结**

通过对车库种植屋面防水的渗漏问题与实施要点的分析，总结出应该做好以下几点：

(1)严格按合同要求和施工规范、规程操作，遇到施工进度、使用材料与施工质量发生矛盾时，首先要以质量为主。

(2)现场材料的控制。现场工程使用的材料必须有出厂合格证及试验报告，必要时要重新抽样做检验。不合格材料一律不得进场，因此，应将不合格材料全部清理出场，而且在使用过程中为防止使用不合格的卷材要多次抽检，所以材料检测要控制在施工前进行。

(3)施工方法和材料代用必须要有书面通知，任何人不得随意更改。

(4)施工管理人员要经常深入工地，强化施工质量的跟踪管理，发现不符合操作规程的施工要及时纠正，并总结经验，吸取教训。

(5)每道工序完工后，要求各班组必须先自检，再互检，然后经甲方、监理单位各技术管理人员进行验收认可后，才能进行下道工序的施工。

(6)把聚乙烯丙纶布防水工程的成品保护作为工作的重点来对待。

(7)应该多做培训，使操作工人掌握操作要领，明确规范规定，增强工人的质量意识。

# 任务二　地下工程防水施工

## 任务引入

某工程地下室面积为16 100.2 m²，由三幢塔楼组成，地上建筑2层，地下建筑2层。基底标高为−12.400 m，场地内地下水埋深约为2.5 m。该工程为框架-剪力墙结构，人工挖孔桩基，底板采用梁板式结构，防水等级为Ⅱ级，防水设计为刚柔结合的防水体系：底板、外墙壁板、顶板采用混凝土结构自防水，混凝土抗渗等级为SSBS12；底板防水层由于难以进行迎水面设防，主要采用背水面附加防水层，在结构底先做25 mm厚防水砂浆，在底板结构面喷涂5 mm厚氯丁橡胶乳水泥砂浆及批抹2 mm厚弹性水泥；壁板及顶板采用迎水面附加防水层，用2 mm厚SBS单组分橡胶防水涂膜与1.5 mm厚氯化聚乙烯-橡胶共混防水卷材作整体防水处理。

【任务分析】 地下防水工程是指对工业与民用建筑地下工程、防护工程、隧道及地下铁道等建(构)筑物进行防水设计、防水施工和维护管理等各项技术工作的工程实体。由于地下工程常年受到潮湿和地下水的影响，因此，对地下工程防水的处理比屋面工程要求更高、更严，防水技术难度更大，要确保良好防水效果，满足使用要求。在进行地下工程防水设计时，应遵循“防排结合，刚柔并用，多道防水，综合治理”的原则，并根据建筑物的使用功能及使用要求，结合地下工程的防水等级，选择合理的防水方案。地下工程的防水等级标准按围护结构允许渗漏水量的多少划分为四级，地下工程的防水方案有下列三种：

(1)采用防水混凝土结构，它是利用提高混凝土结构本身的密实性来达到防水要求的。防水混凝土结构既能承重又能防水，应用较广泛。

(2)排水方案，即利用盲沟、渗排水层等措施，将地下水排走，以达到防水要求，此法多用于重要的、面积较大的地下防水工程。

(3)在地下结构表面设附加防水层，如在地下结构的表面抹水泥砂浆防水层、贴卷材防水层或涂膜防水层等。

**相关知识**

## 一、防水混凝土

防水混凝土是在普通混凝土的基础上，通过调整配合比、掺外加剂或掺混合料等方法配制而成，具有一定防水能力的特殊混凝土。防水混凝土具有取材容易、施工简便、工期较短、耐久性好、工程造价低等优点，因此，其在地下工程中得到了广泛应用。

### 1. 防水混凝土的分类

目前，常用的防水混凝土主要有普通防水混凝土、外加剂或掺合料防水混凝土和膨胀水泥防水混凝土。

(1)普通防水混凝土。普通防水混凝土是以调整配合比的方法来提高混凝土自身的密实性和抗渗性的。

(2)外加剂或掺合料防水混凝土。外加剂防水混凝土是在混凝土拌合物中加入少量改善混凝土抗渗性的有机物或无机物，如减水剂、防水剂、引气剂等外加剂；掺合料防水混凝土是在混凝土拌合物中加入少量硅粉、磨细矿渣粉、粉煤灰等无机粉料，来增加混凝土的密实性和抗渗性。防水混凝土中的外加剂和掺合料均可单掺，也可复合掺用。

(3)膨胀水泥防水混凝土。膨胀水泥防水混凝土是利用膨胀水泥在水化硬化过程中形成大量体积增大的结晶(如钙矾石)，来改善混凝土的孔结构，提高混凝土的抗渗性能。同时，膨胀后产生的自应力使混凝土处于受压状态，可提高混凝土的抗裂能力。

### 2. 防水混凝土的材料要求及配制

(1)防水混凝土的材料要求。水泥品种应按设计要求选用，其强度等级不应低于32.5级，不得使用过期或受潮结块水泥；碎石或卵石的粒径宜为5～40 mm，含泥量不得大于1.0%，泥块含量不得大于0.5%；砂宜用中砂，含泥量不得大于3.0%，泥块含量不得大于1.0%；外加剂的技术性能应符合国家或行业标准一等品及以上的质量要求；粉煤灰的级别不应低于二级，掺量不宜大于20%；硅粉掺量不应大于3%，其他掺合料的掺量应通过试验确定。

(2)防水混凝土的配制。防水混凝土与普通混凝土的配制原则不同，普通混凝土是根据所需强度要求进行配制，而防水混凝土则是根据工程设计所需抗渗等级要求进行配制。通过调整配合比，除使水泥砂浆起到填充和粘结石子骨架的作用外，还在粗集料周围形成一定数量良好的砂浆包裹层，从而提高混凝土的抗渗性。防水混凝土首先必须满足设计的抗渗等级要求，同时适应强度要求。一般能满足抗渗要求的混凝土，其强度往往超过设计要求。

1)抗渗等级。混凝土的抗渗性用抗渗等级(P)来表示，按埋置深度确定(表 7-1)，但最低不得小于 P6(抗渗压力 0.6 $N/mm^2$)。

**表 7-1　防水混凝土设计抗渗等级**

| 工程埋置深度 | <10 | 10～20 | 20～30 | 30～40 |
|---|---|---|---|---|
| 设计抗渗等级 | P6 | P8 | P10 | P12 |

抗渗等级是以 28 d 龄期的标准试件，按标准试验方法进行试验时所能承受的最大水压力来确定。根据混凝土试件在抗渗试验时所能承受的最大水压力，混凝土的抗渗等级划分为 P4、P6、P8、P10、P12，相应表示混凝土抗渗试验时一组 6 个试件中 4 个试件未出现渗水时不同的最大水压力。

2)防水混凝土的配合比。其应符合下列规定：试配要求的抗渗水压值应比设计值提高 0.2 MPa；水泥用量不得少于 300 $kg/m^3$；掺有活性掺合料时，水泥用量不得少于 280 $kg/m^3$；砂率宜为 35%～45%，灰砂比宜为 1∶2～1∶2.5；水胶比不得大于 0.55；普通防水混凝土坍落度不宜大于 50 mm，泵送时入泵坍落度宜为 100～140 mm。

**3. 防水混凝土的施工**

防水混凝土工程除精心设计、合理选材外，关键还要保证施工质量。对施工中的各主要环节，如混凝土的搅拌、运输、浇筑振捣、养护等，均应严格遵循施工及验收规范和操作规程的规定进行施工，以保证防水混凝土工程的质量。

(1)施工要点。防水混凝土工程的模板应平整，拼缝严密，不得漏浆，并有足够的强度和刚度，吸水率要小。一般不宜用螺栓或钢丝贯穿混凝土墙固定模板，当墙高需要用螺栓贯穿混凝土墙固定模板时，应采取专用止水螺栓，阻止渗水通路，如图 7-6 所示。

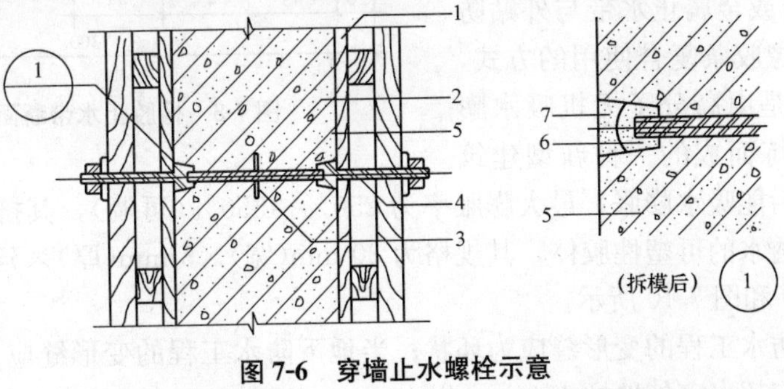


**图 7-6　穿墙止水螺栓示意**

1—模板；2—结构混凝土；3—止水环；4—工具式螺栓；
5—固定模板应螺栓；6—嵌缝材料；7—聚合物水泥砂浆

为了阻止钢筋的引水作用，迎水面防水混凝土的钢筋保护层厚度不得小于 50 mm，底板钢筋不能接触混凝土垫层。墙体的钢筋不能用铁钉或钢丝固定在模板上。严禁用钢筋充当保护层垫块，以防止水沿钢筋浸入。

防水混凝土应用机械搅拌、机械振捣，浇筑时应严格做到分层连续进行，每层厚度不宜超过 300～400 mm。两层浇筑时间间隔不应超过 2 h，在夏季应适当缩短。混凝土进入终凝(一般浇后 4～6 h)即应覆盖，浇水湿润养护不少于 14 d。

(2)施工缝、变形缝、后浇带、穿管道、埋设件等的设置和构造。

1)施工缝是防水薄弱部位之一，施工中应尽量不留或少留。底板的混凝土应连续浇筑，墙体不得留垂直施工缝。墙体水平施工缝不应留在剪力与弯矩最大处或底板与墙体交接处，最低水平施工缝距离底板面不小于 200 mm，距离穿墙孔洞边缘不小于 300 mm。施工缝的接缝形式有平口缝、凸缝、高低缝、金属止水缝等，如图 7-7 所示。

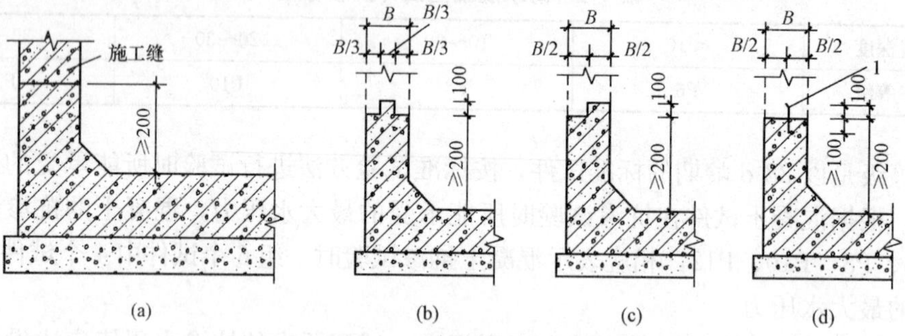


**图 7-7　施工缝的接缝形式**

(a)平口缝；(b)凸缝；(c)高低缝；(d)金属止水缝

1—金属止水片

在施工缝上继续浇筑混凝土前，应将施工缝处松散的混凝土凿除，清除浮料和杂物，用水清洗干净，保持润湿，铺上 10～20 mm 厚的水泥砂浆，再浇筑上层混凝土。施工缝采用遇水膨胀橡胶止水条时，应将胶条牢固地安装在缝表面预留槽内。采用中埋式止水带时，应确保止水带位置准确、固定牢靠。

2)变形缝处混凝土结构的厚度不应小于 300 mm，变形缝的宽度宜为 20～30 mm。变形缝处的防水构造一般采用中埋式橡胶止水带(图 7-8)或金属止水带与外贴防水层或遇水膨胀橡胶条复合使用的方式，遇水膨胀橡胶条是由高分子无机吸水膨胀材料和橡胶混炼而成的一种新型建筑防水材料，遇水后能吸水膨胀，最大膨胀率为 250%～550%(可调)，其挤密新老混凝土之间的缝隙形成不透水的可塑性胶体，其规格为 30 mm(宽)×5 mm(厚)×延长米。常见防水构造形式如图 7-9 和图 7-10 所示。

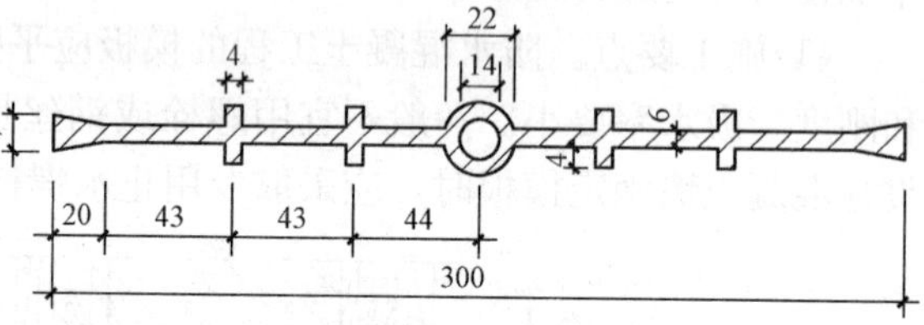


**图 7-8　橡胶止水带断面形式**

全埋式地下防水工程的变形缝应为环状；半地下防水工程的变形缝应为 U 形，U 形变形缝的设计高度应超出室外地坪 150 mm 以上。

3)穿墙管道应在浇筑混凝土前预埋。结构变形或管道伸缩量较小时，穿墙管可采用主管外焊止水板或粘遇水膨胀橡胶圈直接埋入混凝土内的固定式防水法，并应预留凹槽，槽内用嵌缝材料嵌填密实，采用遇水膨胀止水圈的穿墙管，管径宜小于 50 mm，止水圈应用胶粘剂满粘固定于管上，并应涂缓胀剂，其防水构造如图 7-11 所示；结构变形或管道伸缩量较大或有更换要求时，应采用套管式防水法，套管应加焊止水环，金属止水环应与主管满焊密实，翼环与套管应满焊密实，并在施工前将套管内表面清理干净，如图 7-12 所示。

穿墙管线较多时，宜相对集中，采用穿墙盒方法。穿墙盒的封口钢板应与墙上的预埋角钢焊严，并从钢板上的预留浇筑孔注入改性沥青柔性密封材料或细石混凝土。

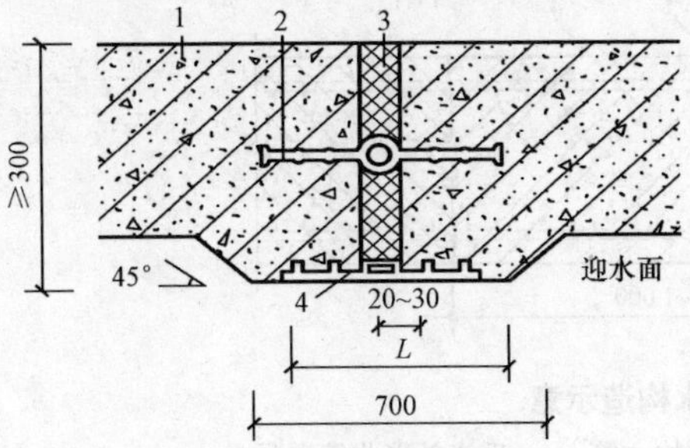


**图 7-9　中埋式止水带与外贴防水层复合使用**

1—混凝土结构；2—中埋式止水带(≥300 mm)；
3—填缝材料；
4—外贴防水层(防水卷材和防水涂层均≥400 mm)

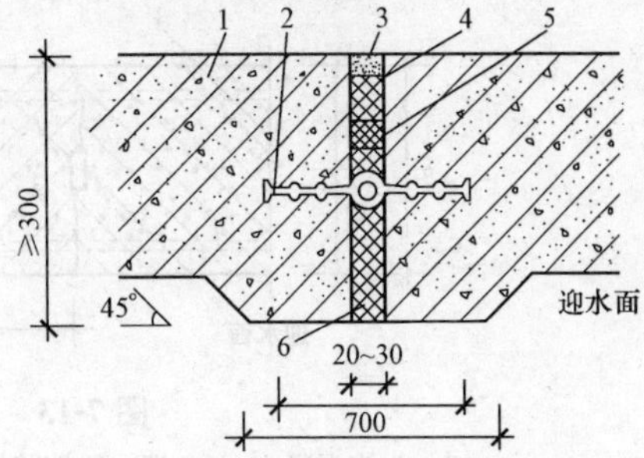


**图 7-10　中埋式止水带与遇水膨胀橡胶条和嵌缝材料复合使用**

1—混凝土结构；2—中埋式止水带(≥300 mm)；
3—嵌缝材料；4—背衬材料；
5—遇水膨胀橡胶条；6—填缝材料

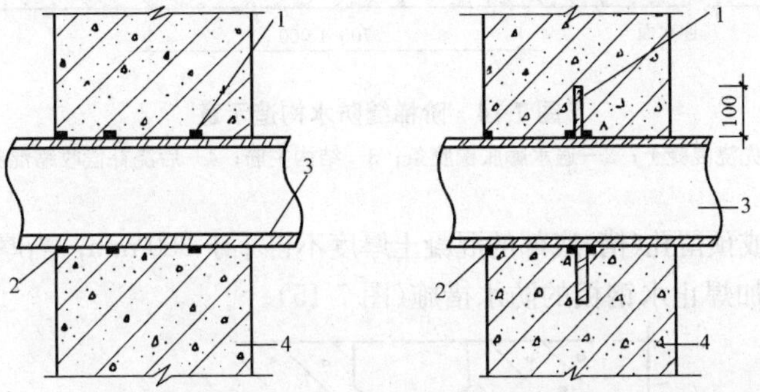


**图 7-11　固定式穿墙管防水构造示意**

1—止水环(遇水膨胀橡胶条)；2—嵌缝材料；3—主管；4—混凝土结构

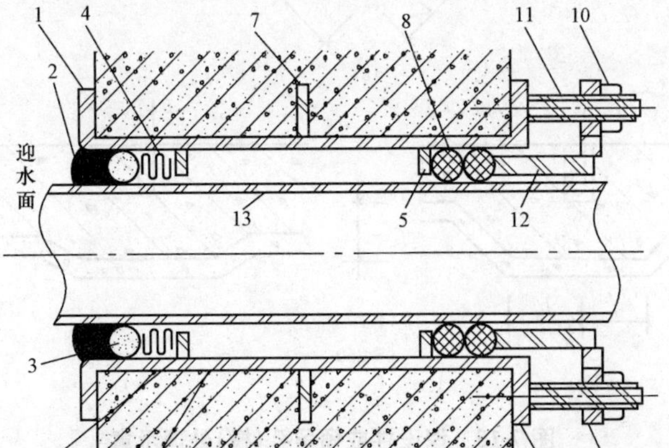


**图 7-12　套管式穿墙管防水构造示意**

1—翼环；2—嵌缝材料；3—背衬材料；4—填缝材料；5—挡圈；6—止水环；
8—橡胶圈；9—翼盘；10—螺母；11—双头螺栓；12—短管；13—主管；14—法兰盘

4)后浇带一般留设平直缝(图 7-13)和阶梯缝(图 7-14)。平直缝也可在底板缝处贴宽度为 300 mm 的外贴式止水带。

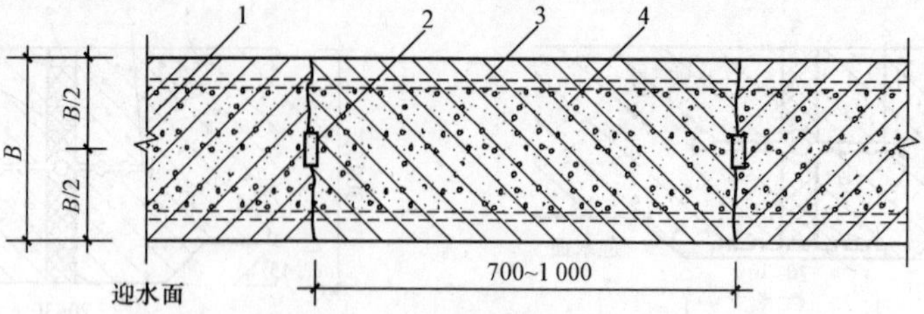


**图 7-13　平直缝防水构造示意**

1—先浇混凝土；2—遇水膨胀橡胶条；3—结构主筋；4—后浇补偿收缩混凝土

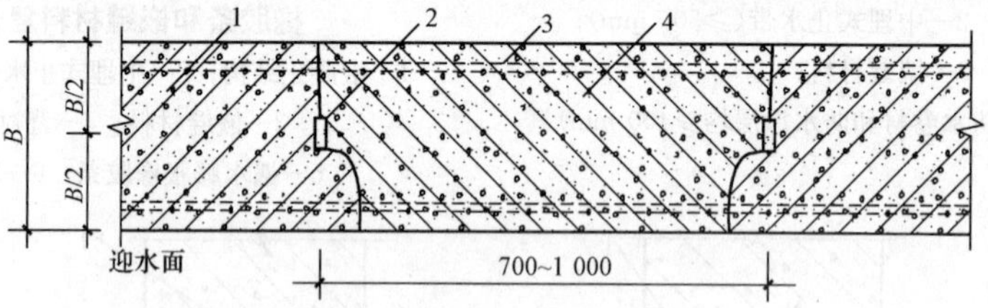


**图 7-14　阶梯缝防水构造示意**

1—先浇混凝土；2—遇水膨胀橡胶条；3—结构主筋；4—后浇补偿收缩混凝土

5)埋设件端部或预留孔(槽)底部的混凝土厚度不得小于 250 mm；当厚度小于 250 mm 时，应采取局部加厚或加焊止水钢板的防水措施(图 7-15)。

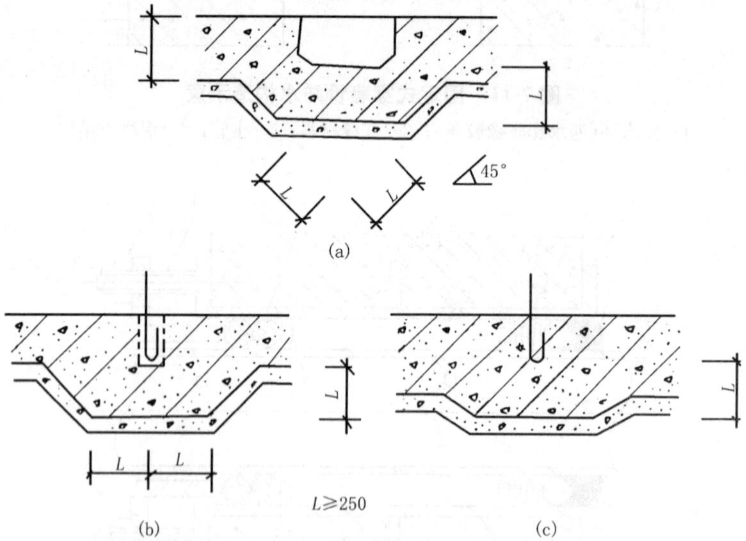


**图 7-15　埋设件或预留孔(槽)处理示意**

(a)预留槽；(b)预留孔；(c)预埋件

## 二、水泥砂浆防水层

水泥砂浆防水层是用水泥砂浆、素灰(纯水泥浆)交替抹压涂刷四层或五层的多层抹面水泥砂浆防水层。其防水原理是分层闭合，构成一个多层整体防水层，各层的残留毛细孔道互相堵塞住，使水分不可能透过其毛细孔，从而具有较好的抗渗防水性能。其不适用于环境有侵蚀性、持续振动或温度高于 80 ℃的地下工程。

**1. 材料要求**

水泥品种应按设计要求选用，其强度等级不应低于 32.5 级，不得使用过期或受潮结块水泥；砂宜采用中砂，粒径应在 3 mm 以下，含泥量不得大于 1%，硫化物和硫酸盐的含量不得大于 1%；水泥净浆的水胶比为 0.37～0.40(第三、五层)或 0.55～0.60(第一层)。水泥砂浆的灰砂比为 1：(1.5～2.0)，其水胶比为 0.6～0.65(第二、四层)。如掺外加剂或采用膨胀水泥，其配合比应执行专门的技术规定。

**2. 水泥砂浆防水层施工**

(1)基层处理。水泥砂浆防水层的基层质量至关重要。基层表面状态不好，不平整、不坚实，有孔洞和缝隙，则会影响水泥砂浆防水层的均匀性及与基层的粘结性。基层处理质量应符合下列要求：

1)水泥砂浆铺抹前，基层的混凝土和砌筑砂浆强度应不低于设计值的 80%。

2)基层表面应坚实、平整、粗糙、洁净，并应充分湿润，无积水。

3)基层表面的孔洞、缝隙应用与防水层相同的砂浆填塞抹平。

(2)水泥砂浆防水层施工。防水层的第一层是在基面抹素灰，厚为 2 mm，分两次抹成。第二层抹水泥砂浆，厚为 4～5 mm，在第一层初凝时抹上，以增强两层粘结。第三层抹素灰，厚为 2 mm，在第二层凝固并有一定强度，表面适当洒水湿润后进行。第四层抹水泥砂浆，厚为 4～5 mm，同第二层操作。若采用四层防水，则此层应表面抹平压光。若采用五层防水，第五层刷水泥浆一遍，随第四层抹平压光。

采用水泥砂浆防水层时，结构物阴阳角、转角均应做成圆角。防水层的施工缝需留斜坡阶梯形，层次要清楚，可留在地面或墙面上，离开阴阳角 200 mm 左右，其接头方法如图 7-16 所示。接缝时，首先在阶梯形处均匀涂刷水泥浆一层，然后依次层层搭接。

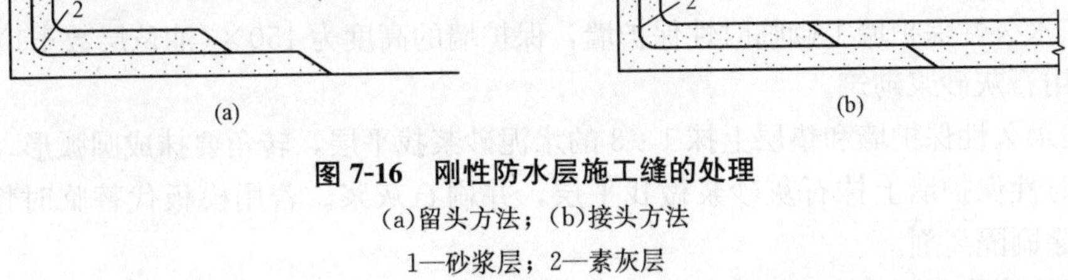


**图 7-16　刚性防水层施工缝的处理**

(a)留头方法；(b)接头方法

1—砂浆层；2—素灰层

水泥砂浆终凝后应及时进行养护，养护温度不宜低于 5 ℃并保持湿润，养护时间不得少于 14 d。

## 三、卷材防水层

地下工程卷材防水层适用于在混凝土结构或砌体结构迎水面铺贴，一般采用外防外贴和外防内贴两种施工方法。由于外防外贴法的防水效果优于外防内贴法，所以在施工场地和条件不受限制时一般均采用外防外贴法。

卷材防水层应采用高聚物改性沥青防水卷材和合成高分子防水卷材。所选用的基层处理剂、胶粘剂、密封材料等配套材料，均应与铺贴的卷材材性相容。其中，基层处理、涂刷基层处理剂等工序均与屋面卷材铺贴相同。卷材铺贴方法主要采用冷粘法和热熔法。底板垫层混凝土平面部位的卷材宜采用空铺法、点粘法或条粘法；其他与混凝土结构相接触的部位应采用满铺法。

**1. 外防外贴法施工**

外防外贴法(简称“外贴法”)是先在垫层上铺贴底层卷材，四周留出接头，待底板混凝土和立面混凝土浇筑完毕，将立面卷材防水层直接铺设在防水结构的外墙外表面，如图 7-17 所示。其优点是结构及防水层质量易检查，可靠性强，宜优先采用，但需要支护结构与混凝土墙之间有较大的工作面。具体施工顺序如下：

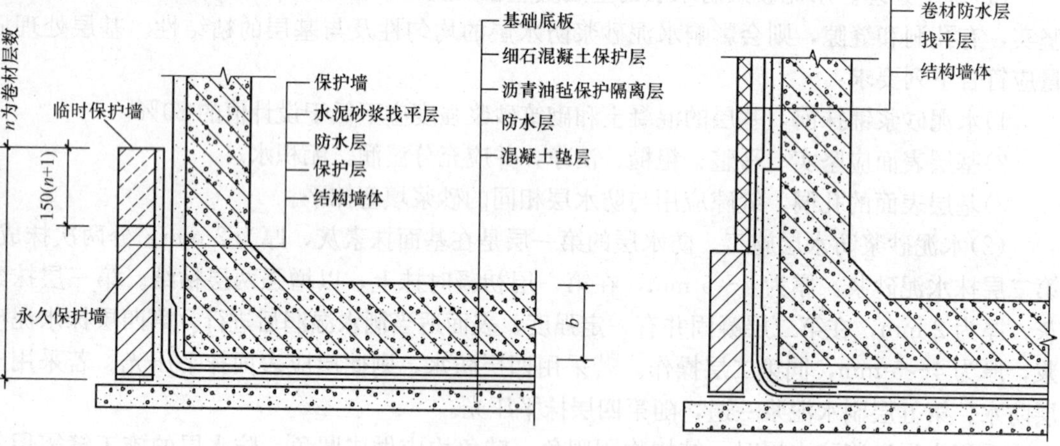


**图 7-17　外防外贴法卷材防水构造示意**

(1)浇筑防水结构底板混凝土垫层，在垫层上抹 1∶3 的水泥砂浆找平层，抹平压光。

(2)在底板垫层上砌永久性保护墙，保护墙的高度为 $b+(200\sim500\ \text{mm})$($b$ 为底板厚度)，墙下平铺油毡条一层。

(3)在永久性保护墙上砌临时性保护墙，保护墙的高度为 150×(油毡层数+1)。临时性保护墙应用石灰砂浆砌筑。

(4)在永久性保护墙和垫层上抹 1∶3 的水泥砂浆找平层，转角要抹成圆弧形。

在临时性保护墙上抹石灰砂浆做找平层，并刷石灰浆。若用模板代替临时性保护墙，应在其上涂刷隔离剂。

(5)保护墙找平层基本干燥后，满涂冷底子油一道，但临时性保护墙不涂冷底子油。

(6)在垫层及永久性保护墙上铺贴卷材防水层，在转角处加贴卷材附加层，铺贴时应先底面、后立面，四周接头甩槎部位应交叉搭接(错开长度 150 mm)，并贴于保护墙上，从垫层折向立面的卷材永久性保护墙的接触部位，应用胶结材料紧密贴严，与临时性保护墙(或围护结构模板接触部位)应分层临时固定在该墙(或模板)上。

(7)油毡铺贴完毕，在底板垫层和永久性保护墙卷材面上抹热沥青或玛𤧛脂，并趁热撒上干净的热砂，冷却后在垫层、永久性保护墙和临时性保护墙上抹 1∶3 的水泥砂浆，作为卷材防水层的保护层。

(8)浇筑防水结构的混凝土底板和墙身混凝土时，保护墙作为墙体外侧的模板。

(9)防水结构混凝土浇筑完工并检查验收后，拆除临时保护墙，清理出甩槎接头的卷材，如有破损，应进行修补后，再依次分层铺贴防水结构外表面的防水卷材。此处卷材可错槎接缝，上层卷材盖过下层卷材不应小于 150 mm，在接缝处加盖条。

(10)卷材防水层铺贴完毕，立即进行渗漏检验，有渗漏立即修补，无渗漏时砌永久性保护墙，永久性保护墙每隔 5～6 m 及转角处应留缝，缝宽不小于 20 mm，缝内用油毡或沥青麻丝填塞。保护墙与卷材防水层之间的缝隙，随砌砖随用 1∶3 的水泥砂浆填满。保护墙施工完毕，随即回填土。

**2. 外防内贴法施工**

外防内贴法(简称“内贴法”)是在底板垫层上先将永久性保护墙全部砌完，再将卷材铺贴在永久性保护墙和底板垫层上，待防水层全部做完，最后浇筑围护结构混凝土，如图 7-18 所示。其缺点是可靠性差，防水层破坏时不便检查。其适用于工作面小，无法采用外贴法的情况。具体施工顺序如下：

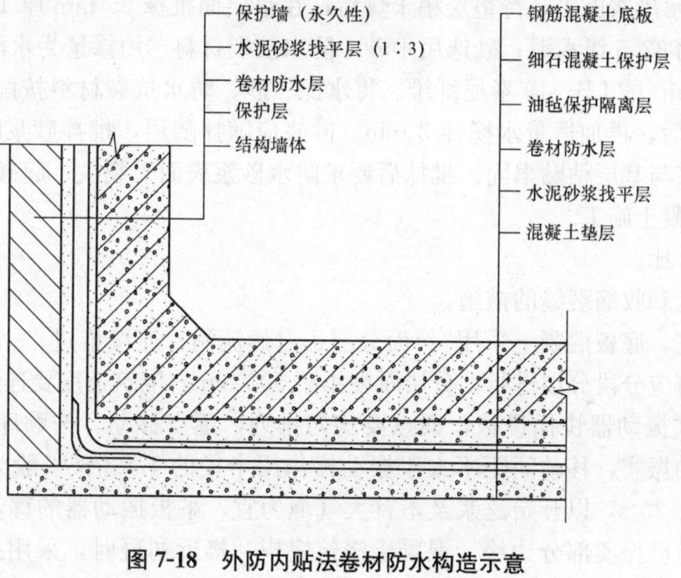


**图 7-18　外防内贴法卷材防水构造示意**

(1)做混凝土垫层，如保护墙较高，可采取加大永久性保护墙下垫层厚度的做法，必要时可配置加强钢筋。

(2)在混凝土垫层上砌永久性保护墙，保护墙厚度采用一砖墙，其下干铺油毡一层。

(3)保护墙砌好后，在垫层和保护墙表面抹 1∶3 的水泥砂浆找平层，阴阳角处应抹成钝角或圆角。

(4)找平层干燥后，刷冷底子油 1～2 遍，冷底子油干燥后，将卷材防水层直接铺贴在保护墙和垫层上，铺贴卷材防水层时应先铺立面，后铺平面。铺贴立面时，应先转角，后大面。

(5)卷材防水层铺贴完毕，及时做好保护层，平面上可浇一层 30～50 mm 厚的细石混凝土或抹一层 1∶3 的水泥砂浆，立面保护层可在卷材表面刷一道沥青胶结材料，趁热撒一层热砂，冷却后再在其表面抹一层 1∶3 的水泥砂浆保护层，并搓成麻面，以利于与混凝土墙体的粘结。

(6)浇筑防水结构的底板和墙体混凝土，再回填土。

## 任务实施

### 一、实施思路

实施条件要求：

(1)选择刚性防水层。

(2)选择防水混凝土。

(3)进行保护层施工。

### 二、实施步骤

**1. 刚性防水施工**

(1)底板防水砂浆施工。待垫层稍干燥后，在垫层面批抹 25 mm 厚 1∶2 的防水抗裂水泥砂浆层。选用 32.5 级水泥；砂选用中砂，防水抗裂材料选用掺量为水泥用量 4%的LB-23 防水粉及 1 kg/$m^3$ 的 LB—19 泰尼纤维。将水泥、砂、防水抗裂材料按配合比投入搅拌机，搅拌 2～3 min 后，再加适量水搅拌 2 min。砂浆应随拌随用，批拌砂浆时用木抹子压实批抹，使防水砂浆与基层粘贴牢固。批抹后要求防水砂浆表面无裂纹、起砂等质量缺陷。

(2)防水混凝土施工。

1)确定配合比。

2)控制温度和收缩裂缝的措施。

3)浇筑工艺。底板混凝土采用"斜面分层、自然流淌、连续推进、一次到底"的施工方法。混凝土浇筑应分段分层进行，分层厚度小于 500 mm，浇筑速度要连续均匀，浇筑混凝土时使用插入式振动器快插慢拔，插点要均匀排列，逐点移动，按顺序进行，不得漏振、过振，做到均匀振实，移动间距不大于振动棒作用半径的 1.5 倍(一般为 300～400 mm)，振捣时间为 10～20 s，以开始泛浆及不冒大气泡为宜，平板振动器的移动间距应能保证振动器的平板覆盖已振实部分边缘。混凝土浇筑完毕，接近初凝时，采用抹子搓压多遍，每遍间隔半小时左右，以避免龟裂。

墙体混凝土应严格控制分层浇筑厚度为 0.5 m，竖向除后浇带分断外不另设施工缝。

后浇带浇筑前应清除垃圾、水泥薄膜，剔除表面松动的砂石、软弱的混凝土层及浮浆，凿毛，用水冲洗并充分湿润不少于 24 h。后浇带在底板、墙位置处的混凝土要分层振捣，每层浇筑厚度不大于 0.5 m，混凝土要细致捣实，使新旧混凝土紧密结合。

(3)刚性防水细部构造。地下室外墙的模板螺栓兼作顶模筋，螺栓中间焊接 60 mm×60 mm×4 mm 的止水钢板。各种穿墙管、预埋件、预留孔等的位置要求准确；所有穿墙管采用套管式防水法，预埋套管加设止水环。底板、外墙后浇带两侧各加 1 条 300 mm 宽的止水钢板。地下室外墙水平施工缝设在楼面(底板)上 300 mm 处，并在墙截面中间设置通长的300 mm 宽的止水钢板。

**2. 防水层施工**

(1)底板防水层施工。其施工程序为：基层检查清扫、修理→表面素浆打底→喷涂聚合物→批抹弹性水泥→验收→浇筑 C20 钢筋混凝土保护层。

(2)地下室壁板、顶板防水层施工。

1)施工程序：基层检查清扫、修理→涂刷基层处理剂→节点处理→涂刷防水涂料→铺贴粘结防水卷材→验收→保护层。

2)施工要点：

①清理基面浮出杂物，处理凹凸部位，要求基面平整、干净、干燥。

②选用 LB-20 SBS 单组分橡胶防水涂料，主料加稀释剂作基层处理，要求涂刷均匀，不露底。

③待基层处理层干透后，对地漏、管口、阴阳角等节点先进行涂料局部增强处理。

④待局部增强层干透后，方能涂刷 LB-20 SBS 主料层。主料层应分 2～3 层涂刷，每次涂刷方向相互垂直，要求 LB-20 SBS 涂抹层厚度均匀，达到设计厚度，无起泡、脱落，无穿透等质量缺陷。

⑤在涂最后一层涂料后 0.5～1 h，待溶剂挥发完，感觉涂料在手指触摸时粘成胶黏状(但不粘起)即可进行 LB-3 氯化聚乙烯-橡胶共混卷材铺贴。要求卷材铺贴方法和搭接、收口符合规程规定，粘结牢固、紧密，接缝封严，无损伤、空鼓、皱褶等缺陷。

3)卷材搭接要求：两幅卷材短边和长边的搭接宽度均不应小于 100 mm。卷材接缝必须粘贴封严，接缝口用 LB-20 SBS 密封材料封严，宽度不应小于 10 mm。

4)关键部位的防水层施工方法：

①后浇带底板防水以背水面附加防水层。其防水层可在后浇带浇筑后半年左右才进行，相对底板后浇带其对防水层的施工影响不大。

②为满足回填的要求，在外墙后浇带处设置砖墙支护，砖墙支护内留出防水层的搭接长度，待后浇带混凝土浇筑保养后，进行比其他部位加厚一倍的柔性防水层施工。

③多排穿外墙管根处防水处理。地下室外墙管根密集处防水做法：卷材铺到距预埋套管根部的地方，保证该部位周边的卷材与基面贴紧，无空鼓、翘边现象。当穿管安装后，在管根之间的管根周围向外延伸 150 mm 的范围内及管根到伸出管根 250 mm 长度的管壁上另外加满涂 2 mm 厚 LB-20 SBS 单组分橡胶的防水涂膜。

④迎水面防水层与背水面防水层交接部位。在底板与壁板交接处，外壁迎水面防水层在底板外侧收口，底板背水面防水层向外壁内墙面向上延伸不小于 1 500 mm。

(3)保护层施工。防水层验收合格后，在底板浇筑 60 mm 厚的钢筋细石混凝土保护层，在顶板浇筑 60 mm 厚的细石混凝土保护层，在施工过程中做好成品保护工作，以防止破坏防水层。外墙防水层外水泥砂浆施工方法采用随批随砌筑砖保护墙的方法，水泥砂浆从下至上批抹，每段高度约为 500 mm，批抹完一段水泥砂浆后，在水泥砂浆外砌筑厚度为 120 mm 的挡土保护墙，然后向上批抹一段水泥砂浆及砌筑砖保护墙。每完成一层后，即进行保护墙外的回填砂工作。立面搭接虚铺部分用油毡做好保护，上面用石灰砂浆砌 2 皮保护砖墙。

## 任务三 厨卫间防水施工

### 任务引入

某住宅工程，采用砖砌体结构，有六层，共计 18 栋。其卫生间楼板现浇钢筋混凝土，楼板嵌固墙体内；防水层做完后，直接做了水泥砂浆保护层后进行了 24 h 蓄水试验。交付使用不久，用户普遍反映卫生间漏水。现象：卫生间地面与立墙交接部位积水，防水层渗漏，积水沿管道壁向下渗漏。

**问题：**

(1)试分析渗漏原因。

(2)卫生间蓄水试验的要求是什么？

**【任务分析】** 厨房与卫生间是建筑物中不可忽视的防水工程部位，其施工面积小，穿墙管道多，设备多，阴、阳转角复杂，房间长期处于潮湿受水状态等不利条件。传统的卷材防水做法已不适应卫生间施工的特殊性。大量的试验和实践证明，以涂膜防水代替各种卷材防水，尤其是选用高弹性的聚氨酯涂膜防水或选用弹塑性的氯丁橡胶乳沥青涂料防水等新材料和新工艺，可以使卫生间的地面和墙面形成一个没有接缝、封闭严密的整体防水层，从而提高其防水工程质量。

**相关知识**

## 一、楼地面聚氨酯防水施工

聚氨酯涂膜防水材料是双组分化学反应固化型的高弹性防水涂料，多以甲、乙双组分形式使用。其主要材料有聚氨酯涂膜防水材料甲组分、聚氨酯涂膜防水材料乙组分和无机铝盐防水剂等。施工用辅助材料应备有二甲苯、醋酸乙酯、磷酸等。

### 1. 基层处理

卫生间的防水基层必须用1∶3的水泥砂浆找平，要求抹平压光无空鼓，表面要坚实，不应有起砂、掉灰现象。抹找平层时，在管道根部的周围，应使其略高于地面，在地漏的周围，应做成略低于地面的洼坑。找平层的坡度以1%～2%为宜，坡向地漏。凡遇到阴、阳角处，要抹成半径不小于10 mm的小圆弧。与找平层相连接的管件、卫生洁具、排水口等，必须安装牢固，收头圆滑，按设计要求用密封膏嵌固。基层必须基本干燥，一般在基层表面均匀泛白无明显水印时，才能进行涂膜防水层施工。施工前，要把基层表面的尘土杂物彻底清扫干净。

### 2. 施工工艺

(1)清理基层。需做防水处理的基层表面，必须彻底清扫干净。

(2)涂布底胶。将聚氨酯甲、乙两组分和二甲苯按1∶1.5∶2的比例(质量比，以产品说明为准)配合，搅拌均匀，再用小滚刷或油漆刷均匀涂布在基层表面。涂刷量为0.15～0.2 $kg/m^2$，涂刷后应干燥固化4 h以上，才能进行下道工序的施工。

(3)配置聚氨酯涂膜防水涂料。将聚氨酯甲、乙两组分和二甲苯按1∶1.5∶0.3的比例配合，用电动搅拌器强力搅拌均匀备用。应随配随用，一般在2 h以内用完。

(4)涂膜防水层施工。用小滚刷或油漆刷将已配好的防水涂料均匀涂布在底胶已干固的基层表面。涂完第一度涂膜后，一般需固化5 h以上，在基本不粘手时，再按上述方法涂布第二、三、四度涂膜，并使后一度与前一度的涂布方向垂直。对管子根部、地漏周围以及墙转角部位，必须认真涂刷，涂刷厚度不小于2 mm。在涂刷最后一度涂膜固化前及时稀撒少许干净的粒径为2～3 mm的小豆石，使其与涂膜防水层粘结牢固，作为与水泥砂浆保护层粘结的过渡层。

(5)做好保护层。当聚氨酯涂膜防水层完全固化和通过蓄水试验合格后，即可铺设一层厚度为15～25 mm的水泥砂浆保护层，然后按设计要求铺设饰面层。

**3. 质量要求**

聚氨酯涂膜防水材料的技术性能应符合设计要求或材料标准的规定，并应附有质量证明文件。聚氨酯的甲、乙料必须密封存放，甲料开盖后，吸收空气中的水分会起反应而固化，如在施工中混有水分，则聚氨酯固化后内部会有水泡，影响防水能力。涂膜厚度应均匀一致，总厚度不应小于1.5 mm。涂膜防水层必须均匀固化，不应有明显的凹坑、气泡和渗漏水现象。

## 二、楼地面氯丁胶乳沥青防水涂料施工

氯丁胶乳沥青防水涂料是以氯丁橡胶和沥青为基料，经加工合成的一种水乳型防水涂料。它兼有橡胶和沥青的双重优点，即防水、抗渗、耐老化、不易燃、无毒、抗基层变形能力强等，其为冷作业施工，操作方便。

**1. 基层处理**

与聚氨酯涂膜防水施工要求相同。

**2. 施工工艺及要点**

二布六油防水层的工艺流程为：基层找平处理→满刮一遍氯丁胶乳沥青水泥腻子→满刮第一遍涂料→做细部构造加强层→铺贴玻璃布，同时刷第二遍涂料→刷第三遍涂料→铺贴玻纤网格布，同时刷第四遍涂料→涂刷第五遍涂料→涂刷第六遍涂料并及时撒砂粒→蓄水试验→按设计要求做保护层和面层→防水层二次试水，验收。

在清理干净的基层上满刮一遍氯丁胶乳沥青水泥腻子，在管根和转角处要厚刮并抹平整，腻子的配制方法是将氯丁胶乳沥青防水涂料倒入水泥中，边倒边搅拌至稠浆状即可刮涂于基层，腻子厚度为2～3 mm，待腻子干燥后，满刷一遍防水涂料，但涂刷不能过厚，不得刷漏，表面均匀不流淌，不堆积，立面刷至设计标高。在细部构造部位，如阴、阳角、管道根部，地漏，大便器蹲坑等分别附加一布二涂附加层。附加层干燥后，大面铺贴玻纤网格布同时涂刷第二遍防水材料，使防水涂料浸透布纹渗入下层，玻纤网格布搭接宽度不小于100 mm，立面贴到设计高度，顺水接槎，收口处贴牢。

上述涂层实干后(约24 h)，满刷第三遍涂料，表干后(约4 h)铺贴第二层玻纤网格布同时满刷第四遍防水涂料。第二层玻纤布与第一层玻纤布接槎要错开，涂防水涂料时，应均匀，将布展平无折皱。上述涂层实干后，满刷第五、六遍防水涂料，整个防水层实干后，可进行第一次蓄水试验，蓄水时间不少于24 h，无渗漏才合格，然后做保护层和饰面层。工程交付使用前应进行第二次蓄水试验。

**3. 质量要求**

水泥砂浆找平层做完后，应对其平整度、强度、坡度和干燥度进行预验收。防水涂料应有产品质量证明书以及现场取样的复检报告。施工完成的氯丁胶乳沥青涂膜防水层，不得有起鼓、裂纹、孔洞缺陷。末端收头部位应粘贴牢固，封闭严密，成为一个整体的防水层。做完防水层的卫生间，经24 h以上的蓄水检验，无渗漏水现象方为合格。应提供检查验收记录，连同材料质量证明文件等技术资料一并归档备查。

## 三、卫生间渗漏与堵漏技术

卫生间用水频繁，防水处理不当就会发生渗漏。其主要表现在楼板管道滴漏水、地面积水、墙壁潮湿渗水，甚至下层顶板和墙壁出现滴水等现象。治理卫生间的渗漏，必须先查找渗漏的部位和原因，然后采取有效的措施。

**1. 板面及墙面渗水**

(1)原因。混凝土、砂浆施工的质量不良，存在微孔渗漏；板面、隔墙出现轻微裂缝；防水涂层施工质量不好或被损坏。

(2)堵漏措施。

1)拆除卫生间渗漏部位的饰面材料，涂刷防水材料。

2)如有开裂现象，则应对裂缝先进行增强防水处理，再刷防水涂料。增强处理一般采用贴缝法、填缝法和填缝加贴缝法。贴缝法主要适用于微小的裂缝，可刷防水涂料并加贴纤维材料或布条，作防水处理。填缝法主要用于较显著的裂缝，施工时要先进行扩缝处理，将缝扩展成15 mm×15 mm左右的V形槽，清理干净后刮填嵌缝材料。填缝加贴缝法除采用填缝处理外，在缝表面再涂刷防水涂料，并粘纤维材料处理。

3)当渗漏不严重，饰面拆除困难时，也可直接在其表面刮涂透明或彩色聚氨酯防水涂料。

**2. 卫生洁具及穿楼板管道、排水管口等部位渗漏**

(1)原因。细部处理方法欠妥，卫生洁具及管口周边填塞不严；管口连接件老化；由于振动及砂浆、混凝土收缩等原因，出现裂隙；卫生洁具及管口周边未用弹性材料处理，或施工时嵌缝材料及防水涂料粘结不牢；嵌缝材料及防水涂层被拉裂或拉离粘结面。

(2)堵漏措施。

1)将漏水部位彻底清理，刮填弹性嵌缝材料。

2)在渗漏部位涂刷防水涂料，并粘贴纤维材料增强。

3)更换老化管口连接件。

**任务实施**

## 一、渗漏原因

(1)楼板嵌固墙体内，四边支撑处负弯矩较大，支座钢筋的摆放位置不当，造成支座处板面产生裂缝。

(2)洞口与穿板主管外壁未用豆石混凝土灌实。

(3)管道周围虽然做附加层防水，但粘贴高度不够，接口处密封不严密。

(4)找平层在墙角处未抹成圆弧，浇水养护不好。

## 二、卫生间蓄水试验的要求

防水层做完后应做24 h蓄水试验，面层做完后做二次24 h蓄水试验，蓄水深度为30～50 mm。

# 任务四　建筑节能工程施工

## 任务引入

某住宅小区工程，建筑结构为框架-剪力墙结构，内、外墙主要砌筑陶料盲孔砖，建筑总面积为86万$m^2$。目前施工的一、二、三期建筑面积约为31.5万$m^2$，其中，外墙保温面积近10万$m^2$。

根据实施新建建筑节能65%的设计标准，其节能措施主要体现在外墙保温体系新型材料的应用和施工技术的革新上。采用胶粉聚苯颗粒粘贴聚苯板外墙的保温技术已相当成熟。该住宅小区圆满完成了面砖饰面外墙保温施工，达到了建筑节能65%的设计标准要求，达到了国家及北京市工程竣工验收合格标准。

**【任务分析】** 外墙外保温工程是一种新型、先进、节约能源的方法。外墙外保温系统是由保温层、保护层与固定材料构成的非承重保温构造的总称。外墙外保温工程是将外墙外保温系统通过组合、组装、固定等技术手段在外墙外表面上所形成的建筑物实体。

## 相关知识

### 一、外墙外保温工程的适用范围及作用

外墙外保温工程适用于严寒和寒冷地区、夏热冬冷地区新建居住建筑物或旧建筑物的墙体改造工程，起保温、隔热的作用。它是庞大的建筑物节能的一项重要技术措施，是一种新型建材和先进的施工方法。

我国城市化进程加快，建筑业持续快速发展；传统的烧结实心砖的年产量达5 400多亿块，绝大部分工艺技术落后，浪费能源和污染环境，每年因此毁田烧砖达95万亩①。据有关资料估计，2005年全国城乡累计房屋竣工面积为57亿万$m^2$。众所周知，房屋建筑具有投资大、使用寿命长的特点，假如这些新建房屋不按建筑物的节能标准进行设计，则将造成更大的浪费，并成为以后节能改造的重大负担。国家有关行政管理部门已发禁令：城市新建建筑，全面禁止使用毁田生产的实心或空心黏土制品，积极发展钢结构建筑、钢筋混凝土框架结构、钢筋混凝土剪力墙结构等其他各种新型复合结构。但这些房屋外墙围护通常采用混凝土小型空心砌块，墙体厚度为200 mm左右，满足不了房屋的热工计算要求和外墙的保温隔热作用。如不进行外墙保温，则热能耗量大，所以用新型先进的外墙外保温方法势在必行。

### 二、聚苯乙烯泡沫塑料板薄抹灰外墙外保温工程

#### (一)技术名词的概念

**1. 聚苯板外墙外保温工程薄抹灰系统**

聚苯板外墙外保温工程薄抹灰系统是采用聚苯板作隔热层，用胶粘剂与基层墙体粘贴

① 1亩≈666.67平方米。

辅以锚栓固定。当建筑物高度不超过 20 m 时，也可采用单一的粘结固定方式，一般由工程设计部门根据具体情况确定。聚苯板的防护层为嵌埋耐碱玻璃纤维网格增强的聚合物抗裂砂浆，属薄抹灰面层，防护层厚度普通型为 3～5 mm，加强型为 5～7 mm，饰面为涂料。

挤塑聚苯板因其强度高，有利于抵抗各种外力作用，可用于建筑物的首层及二层等易受撞击的位置。

**2. 薄抹灰外保温墙体构造**

薄抹灰外保温墙体构造如图 7-19 所示。其包括以下几项：

(1)基层墙体(混凝土墙体、各种砌体墙体)。

(2)粘结层(胶粘剂)。

(3)保温层(膨胀聚苯板)。

(4)薄抹灰增强防护层(专用胶浆并复合耐碱网布)。

(5)饰面层(涂料)。

| 基层墙体<br>① | 系统的基本构造 | | | |
|---|---|---|---|---|
| | 粘结层<br>② | 保温层<br>③ | 薄抹灰增<br>强防护层<br>④ | 饰面层<br>⑤ |
| 混凝土墙体、<br>各种砌体墙体 | 胶粘剂 | 膨胀<br>聚苯板 | 专用胶浆<br>并复合<br>耐碱网布 | 涂料 |

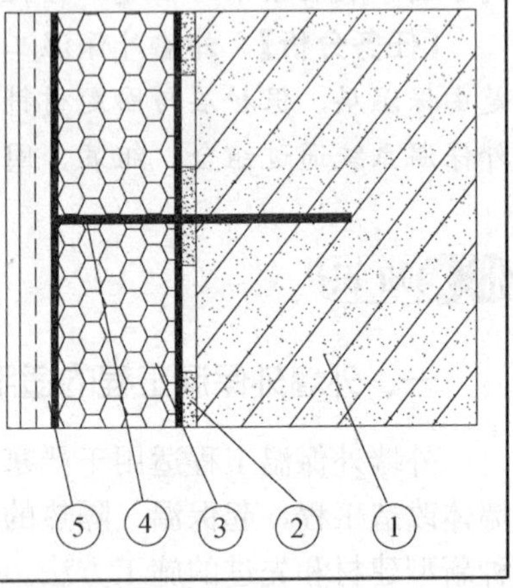


**图 7-19 薄抹灰外保温墙体构造**

**3. 基层墙体**

房屋建筑中起承重或围护作用的外墙体，可以是混凝土及各种砌体墙体。

**4. 胶粘剂**

胶粘剂是把聚苯板粘结在基层墙体上的化工产品，有液体胶粘剂与干粉料两种产品形式。在施工现场按使用说明加入一定比例的水泥或加入一定比例的拌合用水，搅拌均匀即可使用。

胶粘剂主要承受以下两种荷载：

(1)拉(或受压)荷载。当风荷载作用于墙体表面时，外力垂直于墙体面层。

(2)剪切荷载。在垂直荷载(如板自重荷载)的作用下，外力平行于胶粘剂面层，粘结面承受压剪或拉剪作用。

**5. 聚苯板**

聚苯板是由可发性聚苯乙烯珠粒经加热发泡后在模具中加热成型而制得的具有闭孔结构的聚苯乙烯泡沫塑料板材。它有阻燃和绝热的作用，表观密度为 18～22 $kg/m^3$。挤塑聚苯板的表观密度为 25～32 $kg/m^3$。聚苯板的常用厚度有 30 mm、35 mm、40 mm 等。聚苯板出厂前在自然条件下必须陈化 42 d 或在 60 ℃的蒸汽中陈化 5 d，才可以使用。

**6. 锚栓**

锚栓是固定聚苯板于基层墙体上的专用连接件，一般情况下包括塑料钉或具有防腐性能的金属螺钉和带圆盘的塑料膨胀套管两部分。有效锚固深度不小于 25 mm，塑料圆盘直径不小于 50 mm。

**7. 抗裂砂浆**

抗裂砂浆是指加入由聚合物乳液和外加剂制成的抗裂剂，其是由水泥和砂按一定比例制成的能满足一定变形而保持不开裂的砂浆。

**8. 耐碱网布**

耐碱网布是在玻璃纤维网格布上，表面涂覆耐碱防水材料，埋入抹面胶浆中，形成薄抹灰增强防护层，以提高防护层的机械强度和抗裂性。

**9. 抹面胶浆**

抹面胶浆由水泥基或其他无机胶凝材料、高分子聚合物和填料等材料组成。将以上混合物埋入抹面胶浆中，以提高防护层的强度和抗裂性。

**(二)一般规定与技术性能指标**

**1. 一般规定**

(1)外墙外保温墙体的保温、隔热和防潮性能应符合现行国家标准《民用建筑热工设计规范》(GB 50176—1993)、《严寒和寒冷地区居住建筑节能设计标准》(JGJ 26—2010)、《夏热冬冷地区居住建筑节能设计标准》(JGJ 134—2010)和《夏热冬暖地区居住建筑节能设计标准》(JGJ 75—2012)的有关规定。

(2)外墙外保温工程应能承受风荷载的作用而不破坏，应能长期承受自重而不产生有害变形，应能适应基层的正常变形而不产生裂缝或空鼓，应能耐受室外气候的长期反复作用而不产生破坏；其使用年限不应小于 25 年。

(3)外墙外保温工程在遭遇地震时不应从基层上脱落，高层建筑应采取防火构造措施。

(4)外墙外保温工程应具有防水渗透性能和防生物侵害性能。

(5)涂料必须与薄抹灰外保温系统相容，其性能指标应符合外墙建筑涂料的相关要求。

(6)在薄抹灰外墙保温中所有的附件，包括密封膏、密封条、包角条、包边条等应分别符合相应的产品标准的要求。

**2. 技术性能指标**

各种材料的主要性能分别应符合表 7-2～表 7-8 的要求。

**表 7-2　薄抹灰外保温系统的性能指标**

| 试验项目 | | 性能指标 |
|---|---|---|
| 吸水量/$(g \cdot m^{-2})$，浸水 24 h | | ≤500 |
| 抗冲击强度/J | 普通型 | ≥3.0 |
| | 加强型 | ≥10.0 |
| 抗风压值/kPa | | 不小于工程项目风荷载设计值 |
| 耐冻融 | | 表面无裂纹、空鼓、起泡、剥离现象 |
| 水蒸气湿流密度/$[g \cdot (m^2 \cdot h)^{-1}]$ | | ≥0.85 |
| 不透水性 | | 试样防护层内侧无水渗透 |
| 耐候性 | | 表面无裂纹、粉化、剥落现象 |

**表 7-3　胶粘剂的性能指标**

| 试验项目 | | 性能指标 |
|---|---|---|
| 拉伸粘结强度/MPa<br>（与水泥砂浆） | 原强度 | ≥0.60 |
| | 耐水 | ≥0.40 |
| 拉伸粘结强度/MPa<br>（与膨胀聚苯板） | 原强度 | ≥0.10，破坏界面在膨胀聚苯板上 |
| | 耐水 | ≥0.10，破坏界面在膨胀聚苯板上 |
| 可操作时间/h | | 1.5～4.0 |

**表 7-4　膨胀聚苯板的主要性能指标**

| 试验项目 | 性能指标 |
|---|---|
| 导热系数/[W·(m·K)$^{-1}$] | ≤0.041 |
| 表观密度/(kg·m$^{-3}$) | 18.0～22.0 |
| 垂直于板面方向的抗拉强度/MPa | ≥0.10 |
| 尺寸稳定性/% | ≤0.30 |

**表 7-5　膨胀聚苯板的允许偏差**

| 试验项目 | | 允许偏差 |
|---|---|---|
| 厚度/mm | ≤50 | ±1.5 |
| | >50 | ±2.0 |
| 长度/mm | | ±2.0 |
| 宽度/mm | | ±1.0 |
| 对角线差/mm | | ±3.0 |
| 板边平直/mm | | ±2.0 |
| 板面平整度/mm | | ±1.0 |
| 注：本表的允许偏差值以 1 200 mm×600 mm 的膨胀聚苯板为基准。 | | |

**表 7-6　抹面胶浆的性能指标**

| 试验项目 | | 性能指标 |
|---|---|---|
| 拉伸粘结强度/MPa<br>（与膨胀聚苯板） | 原强度 | ≥0.10，破坏界面在膨胀聚苯板上 |
| | 耐水 | ≥0.10，破坏界面在膨胀聚苯板上 |
| | 耐冻融 | ≥0.10，破坏界面在膨胀聚苯板上 |
| 柔韧性 | 抗压强度/抗折强度(水泥基) | ≤3.0 |
| | 开裂应变(非水泥基)/% | ≥1.5 |
| 可操作时间/h | | 1.5～4.0 |

**表 7-7　耐碱网布的主要性能指标**

| 试验项目 | 性能指标 |
|---|---|
| 单位面积质量/(g·m$^{-2}$) | ≥130 |
| 耐碱断裂强力(经、纬向)/[N·(50 mm)$^{-1}$] | ≥750 |
| 耐碱断裂强力保留率(经、纬向)/% | ≥50 |
| 断裂应变(经、纬向)/% | ≤5.0 |

**表 7-8　锚栓技术性能指标**

| 试验项目 | 技术指标 |
|---|---|
| 单个锚栓抗拉承载力标准值/kN | ≥0.30 |
| 单个锚栓对系统传热增加值/[W·(m$^2$·K)$^{-1}$] | ≤0.004 |

## 三、外墙外保温工程的设计要点和应考虑的因素

**1. 设计依据**

(1)《严寒和寒冷地区居住建筑节能设计标准》(JGJ 26—2010)。

(2)《民用建筑热工设计规范》(GB 50176—1993)。

(3)《夏热冬冷地区居住建筑节能设计标准》(JGJ 134—2010)。

**2. 热工计算的墙体构造层顺序**

从内到外：墙面抹灰→基层墙体→保温隔热层→抗裂砂浆抹面→饰面涂料或面砖。

**3. 聚苯板保温厚度的确定**

(1)严寒和寒冷地区应根据建筑物体形系数、外墙传热系数[W/(m$^2$·K)]、外窗传热系数[W/(m$^2$·K)]及基层墙体材料选用。

(2)夏热冬冷地区应根据外墙传热系数、热惰性指标及基层墙体材料选用。

(3)选用厚度(mm)：目前可按国家建筑标准设计图集《外墙外保温建筑构造》(10J121)选用。

**4. 设计应考虑的因素**

(1)应考虑热桥部位及热桥的影响，如门窗外侧洞、女儿墙，以及封闭阳台、机械固定件、承托件等。

(2)在外墙上安装的设备及管道应固定在基层墙上，并应作密封保温和防水设计。

(3)水平或倾斜的出挑部位以及延伸地面以下的部位应作好保温和防水处理。

(4)厚抹面层厚度为 25～30 mm。

## 任务实施

住宅小区采用的是胶粉聚苯颗粒粘贴聚苯板外墙保温系统。其施工工序及要求如下。

## 一、界面砂浆处理层

(1)清理主体施工时墙面遗留的钢筋头、废模板，堵填施工孔洞。

(2)清除墙面的混凝土灰浆及浮灰，清理墙面的油污。

(3)应将墙面松动、风化部分剔除干净。

(4)剔除墙表面大于或等于 10 mm 的凸起物。

(5)界面砂浆拌制要求。干拌建筑基层界面砂浆按(0.5～0.55)∶1(质量比)的比例将干拌建筑基层界面砂浆倒入按比例预先称量好的水中，用手提搅拌器或砂浆搅拌机进行搅拌，搅拌到均匀无结块后，静止 5 min，如有反稠现象，再适当加水搅拌到适当的稠度，即可使用。配好的界面砂浆在 2 h 内用完。用滚筒刷帚涂刷界面砂浆，要求界面砂浆涂抹均匀，不漏刷。

(6)吊垂直、放线。多层建筑放线可直接采用 10 kg 大线坠吊细钢丝进行放线，高层建筑可采用大线坠分段放线与经纬仪投测法相结合的方法进行放线。放线时要注意钢垂线距墙面距离应为保温层总厚度，即聚苯板厚度加 1.5 cm 粘贴保温浆料厚度。放线时应从墙面的大阳角处放起。山墙处每隔 2 m 应放控制线一根，门窗口角、墙体阴角、阳台角、装饰柱脚等处均应放垂直控制线和弹出保温层厚度控制线。

(7)施工方法。将搅拌好的浆料，喷涂、刷涂或辊涂在需处理的基层墙体上，施工厚度为 1～2 mm。

## 二、外墙抹保温浆料及贴板

(1)保温浆料的配置。先将 35～40 kg 的水(据气温状况水量可适当调节)倒入搅拌机中，然后倒入一袋 35 kg 的胶粉料，搅拌 3～5 min，最后加入一袋(200 L)聚苯颗粒继续搅拌 3～5 min。搅拌好的浆料需在 4 h 内用完，搅拌需设专人专职进行，以保证搅拌时间和搅拌方法的正确性。

(2)贴砌聚苯板。在墙面首先抹约 1.5 cm 粘结保温浆料，然后用浆料将聚苯板背面的沟槽抹平，按上跟线、下跟棱的要求分层粘贴聚苯板，也可采用仅在墙面抹灰均匀轻柔挤压聚苯板，使聚苯板沟槽埋入浆料的方法。聚苯板间应用浆料砌筑约 10 mm 的板缝，注意灰缝不饱满处用胶粉聚苯颗粒粘结保温浆料勾平。每层砌完应用 2 m 靠尺和托线板检查平整度和垂直度。排板时应按水平顺序排列，上、下错缝粘贴，阴、阳角处应作错茬处理，窗口处聚苯泡沫板裁成刀柄形。

聚苯板排板时遇到非标准尺寸时，可进行现场裁切。裁切时应注意边口尺寸整齐，切口应与聚苯板面垂直。整墙面阳角处应尽可能使用整板，必须使用非整板时，非整板的宽度不应小于 300 mm。

聚苯板表面的平整度、垂直度不达标时应用粗砂纸将其打磨至达标为止。

(3)面层保温层找平。保温浆料 1 cm 一般一次完成，必须压实抹平，保温浆料底层抹灰时按照从上至下，从左至右的顺序进行，在压实的基础上可尽量加大施工抹灰厚度，抹到距保温标准贴饼差 1 cm 左右为宜，保温浆料面层抹灰厚度要抹至与标准贴饼一平。涂抹整个墙面后，用大杠在墙面上来回搓抹，去高补底。涂抹时，其平整度偏差不应大于 ±4 mm，不抹太厚，以找平为主，抹灰厚度应略高于回饼的厚度，而后用杠尺刮平、用抹子局部修补平整，待抹完保温层 30 min 后，再用抹子赶抹墙面，用托线尺检测后达到检测标准。

(4)门窗侧口做法。聚苯板用粘结保温浆料贴砌施工时，门窗侧口部位的保温应用保温浆料直接抹灰作口施工。门窗上口滴水槽在保温层施工完成后，根据设计要求弹出滴水槽控制线，用壁纸刀沿线划开设定的凹槽，槽深 15 mm 左右，用抗裂砂浆填满凹槽，将滴水槽(成品)嵌入凹槽与抗裂砂浆粘贴牢固，收去两侧沿口浮浆，滴水槽应镶嵌牢固、水平。

## 三、抗裂砂浆层

(1)待保温施工完3～7 d且进行保温层施工质量验收以后，即可进行抗裂层施工。抗裂砂浆的配置：强度等级为42.5的普通硅酸盐水泥：中砂：抗裂剂按1：3：1的质量比，用强制砂浆搅拌机或手提式搅拌器搅拌均匀。配置抗裂砂浆的加料顺序为：先加入抗裂剂，再加入中砂搅拌均匀，再加入水泥搅拌3 min，抗裂砂浆拌和时不得任意加水，并在2 h内用完。

(2)抹抗裂砂浆铺贴网格布。将耐碱网格布裁好，在聚苯板上抹抗裂砂浆，将厚度控制在3～5 mm，然后用铁抹子将耐碱网格布压入抗裂砂浆内，网眼砂浆饱满度应为100%；耐碱网格布大面搭接宽度不应小于50 mm，耐碱网格布的边缘严禁干搭接，必须嵌在抗裂砂浆中。阴角处耐碱网格布应压茬搭接，其宽度不应小于50 mm；阳角处耐碱网格布应压茬搭接，其宽度不应小于200 mm；搭接处的网眼砂浆饱满都应为100%，同时要抹平、找直，保持阴、阳角处的方正和垂直度。细部做法如不能一次完活，必须预留出一定尺寸，以保证后贴网格布的搭接以及后续灰的接茬。

(3)门窗口45°处加贴一道耐碱网格布(300 mm×400 mm)。

(4)喷刷弹性底涂。施工完后2～4 h即可喷刷弹性底涂。喷刷应均匀，不得有漏底现象。

(5)刮柔性耐水腻子，涂刷外墙饰面涂料。抗裂层干燥后，刮柔性耐水腻子，涂刷饰面涂料，应做到平整、光洁。

## 复习思考题

### 一、简答题

1. 简述卷材屋面的组成及其对材料的要求。
2. 简述找平层施工的基本要求。
3. 简述屋面防水节点的构造要求。
4. 简述卷材的铺贴方法。
5. 简述卷材的铺设方向、顺序和搭接要求。
6. 简述涂膜防水的施工要点。
7. 简述刚性防水层的施工要点。
8. 简述地下卷材防水层的铺贴方法及特点。
9. 简述水泥砂浆防水层的施工要点。
10. 试述防水混凝土的配合比要求及施工要点。

### 二、单选题

1. 下列各种地下防水工程，应采用一级防水等级设防的是(　　)。

A. 涵洞　　B. 计算机房　　C. 食堂　　D. 停车场

2. 不允许渗水，结构表面可有少量湿渍要求的地下工程防水等级标准为(　　)级。

A. Ⅰ　　B. Ⅱ　　C. Ⅲ　　D. Ⅳ

3. Ⅲ级屋面防水要求防水层耐用年限为(　　)年。

A. 25　　B. 15　　C. 10　　D. 5

4. 要求设置三道或三道以上防水的屋面防水等级是(　　)级。

A. Ⅳ　　B. Ⅲ　　C. Ⅱ　　D. Ⅰ

5. 在沥青砂浆找平层中，沥青与砂的质量比为(　　)。

A. 1∶5　　B. 1∶8　　C. 1∶10　　D. 1∶2

6. 下列(　　)不是高聚物改性沥青卷材的特点。

A. 高温不流淌　　B. 低温不脆裂　　C. 抗拉强度高　　D. 延伸率小

7. 进行屋面涂膜防水胎体增强材料施工时，下列正确的做法是(　　)。

A. 铺设按由高向低的顺序进行

B. 多层胎体增强材料应错缝搭接

C. 上、下层胎体相互垂直铺设

D. 同层胎体增强材料的搭接宽度应大于 50 mm

8. 受冻融循环作用时，拌制防水混凝土应优先选取(　　)。

A. 普通硅酸盐水泥　　B. 矿渣硅酸盐水泥

C. 火山灰质硅酸盐水泥　　D. 粉煤灰硅酸盐水泥

9. 关于普通防水混凝土所用的砂、石的说法，下列选项不正确的是(　　)。

A. 石子最大粒径不宜大于 40 mm

B. 泵送时石子粒径不大于输送管径的 1/4

C. 不得使用碱性集料

D. 砂宜采用细砂

10. 补偿收缩混凝土中掺入的外加剂是(　　)。

A. 减水剂　　B. 早强剂　　C. 膨胀剂　　D. 缓凝剂

11. 大体积防水混凝土的养护时间不得少于(　　)d。

A. 7　　B. 14　　C. 21　　D. 28

12. 关于细石混凝土屋面防水层的说法，下列选项不正确的是(　　)。

A. 防水层厚 30 mm　　B. 细石混凝土等级至少为 C20

C. 防水层内双向配筋网片 Φ6@100　　D. 防水层设置分格缝

13. 防水保护层采用下列材料时，需设置表面分格缝的是(　　)。

A. 绿豆砂　　B. 云母　　C. 蛭石　　D. 水泥砂浆

14. 屋面防水卷材铺贴应采用搭接法进行，下列做法不正确的是(　　)。

A. 平行于屋脊的搭接缝顺水流方向搭接

B. 平行于屋脊的搭接缝顺年最大频率风向搭接

C. 垂直于屋脊的搭接缝顺年最大频率风向搭接

D. 上、下层卷材的搭接缝错开

15. 采用热熔法粘贴 SBS 改性沥青防水卷材的施工工序中不包括(　　)。

A. 铺洒热沥青胶　　B. 滚铺卷材

C. 排气辊压　　D. 刮封接口

16. 防水卷材可在(　　)进行施工。

A. 气温为 15 ℃的雨天　　B. 气温为－8 ℃的雪天

C. 气温为 25 ℃且有五级风的晴天　　D. 气温为 20 ℃且有三级风的晴天

17. 地下工程防水卷材的设置与施工最宜采用(　　)。

A. 外防外贴法　　B. 外防内贴法　　C. 内防外贴法　　D. 内防内贴法

18. 地下混凝土结构进行防水卷材施工时，在立面与平面的转角处，卷材的接缝应留在(　　)。

A. 平面上，距立面不小于 600 mm　　B. 平面上，距立面不小于 500 mm

C. 立面上，距平面不小于 600 mm　　D. 立面上，距平面不小于 500 mm

19. 关于对地下卷材防水层的保护层，下列说法不正确的是(　　)。

A. 顶板防水层上可用厚度不小于 70 mm 的细石混凝土保护

B. 底板防水层上可用厚度不小于 40 mm 的细石混凝土保护

C. 侧墙防水层可用聚苯板保护

D. 侧墙防水层可铺抹 20 mm 厚、1∶3 的水泥砂浆保护

20. 当屋面坡度(　　)时，沥青防水卷材应垂直于屋脊铺贴且必须采取固定措施。

A. 小于 3%　　B. 为 3%～15%　　C. 大于 15%　　D. 大于 25%

21. 防水卷材的铺贴应采用(　　)。

A. 平接法　　B. 搭接法　　C. 顺接法　　D. 层叠

22. 防水卷材施工中，当铺贴连续多跨和有高低跨的屋面卷材时，应按(　　)次序。

A. 先高跨后低跨，先远后近　　B. 先低跨后高跨，先近后远

C. 先屋脊后屋檐，先远后近　　D. 先屋檐后屋脊，先近后远

23. 高聚物改性沥青防水卷材施工中，采用冷胶粘剂进行卷材与基层、卷材与卷材粘结的施工方法称为(　　)。

A. 条粘法　　B. 自粘法　　C. 冷贴法　　D. 热熔法

24. 涂膜防水屋面施工的首要步骤是清理基层，第二步是(　　)。

A. 涂布基层处理剂　　B. 特殊部位处理

C. 涂膜防水层施工　　D. 保护层施工

25. 在涂膜防水屋面施工的工艺流程中，基层处理剂干燥后的紧后工作是(　　)。

A. 基层清理　　B. 节点部位增强处理

C. 涂布大面防水涂料　　D. 铺贴大面胎体增强材料

# 项目八　装饰装修工程施工

**知识目标**

1. 掌握抹灰工程的种类、构造组成及施工方法；
2. 掌握饰面板(砖)工程的种类及施工方法；
3. 掌握涂饰工程的种类、构造及施工要点；
4. 掌握天棚工程的种类、构造组成及施工方法；
5. 熟悉门窗的种类，掌握门窗工程的安装方法及施工要点；
6. 熟悉装饰装修工程施工中常见的质量、安全问题，以及质量、安全验收规范。

**能力目标**

1. 能完成抹灰工程的施工和质量控制；
2. 能完成饰面板(砖)工程的施工和质量控制；
3. 能完成涂饰工程的施工和质量控制；
4. 能完成天棚工程的施工和质量控制；
5. 能完成门窗工程的施工和质量控制。

## 任务一　抹灰工程施工

**任务引入**

某小区内共布置高层板式住宅楼 17 幢，本工程为 17 号住宅楼，建筑面积为 37 717.7 $m^2$。地下共两层，地下一层为设备层，层高为 3.9 m，地下二层为六级人防地下室，层高为 3.3 m；地上共 23 层，均为单元式住宅，层高为 3.0 m，一梯两户，5 个单元，顶部电梯机房层高为 5.15 m，室内外高差为 0.9 m。试完成该建筑室内混凝土墙面一般抹灰的施工作业。

**【任务分析】** 要完成该建筑室内混凝土墙面一般抹灰施工，首先要清楚室内混凝土墙面一般抹灰的构造组成及其施工工艺流程、控制要点等。

**相关知识**

### 一、抹灰工程的概念和分类

抹灰工程是用灰浆涂抹在房屋建筑的墙面、地面、天棚表面上的一种传统做法的装饰工程。

抹灰工程按工种部位可分为室内抹灰和室外抹灰；按抹灰的材料和装饰效果可分为一般抹灰和装饰抹灰。我国有些地区习惯把位于室内各部位(如楼地面、天棚、墙裙、踢脚)的抹灰，叫作“粉饰”或“粉刷”。

**1. 一般抹灰**

一般抹灰采用的是石灰砂浆、混合砂浆、水泥砂浆、麻刀(玻纤)灰、纸筋灰和石膏灰等材料。

一般抹灰按做法和质量要求分为普通抹灰、中级抹灰和高级抹灰三级。

(1)普通抹灰。由一层底层、一层面层构成。施工要求分层赶平、修整，表面压光。

(2)中级抹灰。由一层底层、一层中层、一层面层构成。施工要求阳角找方，设置标筋，分层赶平、修整，表面压光。

(3)高级抹灰。由一层底层、数层中层、一层面层构成。施工要求阴、阳角找方，设置标筋，分层赶平、修整，表面压光。

**2. 装饰抹灰**

装饰抹灰是指通过操作工艺及选用材料等方面的改进，使抹灰更富于装饰效果。其按所使用的材料、施工方法和表面效果可分为拉条灰、拉毛灰、洒毛灰、水刷石、水磨石、干粘石、斩假石及弹涂、滚涂、喷砂等。

除一般抹灰和装饰抹灰以外，还有采用特种砂浆进行的具有特殊要求的抹灰。如钡砂(重晶石)砂浆抹灰，对 X 和 $\gamma$ 射线有阻隔作用，常用作 X 射线探伤室、X 射线治疗室、同位素实验室等墙面抹灰。还有应用膨胀珍珠岩、膨胀蛭石作为集料的保温隔热砂浆抹灰，不但具有保温、隔热、吸声性能，还具有无毒、无臭、不燃烧、质量密度轻等特点。

## 二、抹灰工程的组成

为使抹灰层与基层粘结牢固，防止起鼓开裂，并使抹灰层的表面平整，保证工程质量，抹灰层应分层涂抹。

**1. 抹灰层的组成**

抹灰层一般由底层、中层和面层组成。底层主要起与基层粘结的作用，中层主要起找平作用，面层主要起装饰美化作用。各层的厚度和使用砂浆品种，应根据基层的材料、部位、质量标准以及各地气候情况确定。抹灰层的一般做法见表 8-1。

**2. 抹灰层平均总厚度要求**

抹灰层平均总厚度应小于下列数值：

(1)天棚：板条、现浇混凝土和空心砖抹灰为 15 mm，预制混凝土抹灰为 18 mm，金属网抹灰为 20 mm。

(2)内墙：普通抹灰两遍做法(一层底层、一层面层)为 18 mm，普通抹灰三遍做法(一层底层、一层中层和一层面层)为 20 mm，高级抹灰为 25 mm。

(3)外墙抹灰为 20 mm，勒脚及凸出墙面部分抹灰为 25 mm。

(4)石墙抹灰为 35 mm。

控制抹灰层平均总厚度的目的主要是防止抹灰层脱落。

**表 8-1 抹灰层的一般做法**

| 层次 | 作用 | 基层材料 | 一般做法 |
|---|---|---|---|
| 底层 | 主要起与基层粘结的作用，兼起初步找平作用。砂浆稠度为 100～200 mm | 砖墙 | (1)室内墙面一般采用石灰砂浆或水泥混合砂浆打底。<br>(2)室外墙面、门窗洞口外侧壁、屋檐、勒脚、压檐墙等及湿度较大的房间和车间宜采用水泥砂浆或水泥混合砂浆 |
| | | 混凝土 | (1)宜先刷一道素水泥浆，采用水泥砂浆或混合砂浆打底。<br>(2)高级装修顶板宜用乳胶水泥砂浆打底 |
| | | 加气混凝土 | 宜用水泥混合砂浆、聚合物水泥砂浆或掺增稠粉的水泥砂浆打底。打底前先刷一遍胶水溶液 |
| | | 硅酸盐砌块 | 宜用水泥混合砂浆或掺增稠粉的水泥砂浆打底 |
| | | 木板条、苇箔、金属网基层 | 宜用麻刀灰、纸筋灰或玻璃丝灰打底，并将灰浆挤入基层缝隙内，以加强拉结 |
| | | 平整光滑的混凝土基层，如天棚、墙体 | 可不抹灰，采用刮粉刷石膏或刮腻子处理 |
| 中层 | 主要起找平作用。砂浆稠度为 70～80 mm | | (1)基本与底层相同。砖墙则采用麻刀灰、纸筋灰或粉刷石膏。<br>(2)根据施工质量要求可以一次抹成，也可以分遍进行 |
| 面层 | 主要起装饰作用。砂浆稠度为 100 mm | | (1)要求平整、无裂纹，颜色均匀。<br>(2)室内一般采用麻刀灰、纸筋灰、玻璃丝灰或粉刷石膏；高级墙面用石膏灰。保温、隔热墙面按设计要求。<br>(3)室外常用水泥砂浆、水刷石、干粘石等 |

### 3. 抹灰层每遍厚度要求

抹灰工程抹灰层一般应分遍进行，以便粘结牢固，并起到找平和保证质量的作用。如果一层抹得太厚，由于内、外收水快慢不同，容易产生开裂，甚至起鼓脱落。每遍抹灰厚度一般控制如下：

(1)抹水泥砂浆每遍厚度为 5～7 mm。

(2)抹石灰砂浆或混合砂浆每遍厚度为 7～9 mm。

(3)抹灰面层用麻刀灰、纸筋灰、石膏灰、粉刷石膏等罩面时，经赶平、压实后，其厚度麻刀灰不大于 3 mm；纸筋灰、石膏灰不大于 2 mm，粉刷石膏不受限制。

(4)混凝土内墙面和楼板平整光滑的底面，可采用腻子分遍刮平，总厚度为 2～3 mm。

(5)板条、金属网用麻刀灰、纸筋灰抹灰的每遍厚度为 3～6 mm。

水泥砂浆和水泥混合砂浆的抹灰层，应待前一层抹灰层凝结后再涂抹后一层；石灰砂浆抹灰层，应待前一层七、八成干后再涂抹后一层。

## 三、一般抹灰

### 1. 一般抹灰的材料

(1)水泥。抹灰常用的水泥为不小于 42.5 级的普通硅酸盐水泥、矿渣硅酸盐水泥。水泥的品种、强度等级应符合设计要求。出厂 3 个月的水泥，应经试验后方能使用，受潮后结块的水泥应过筛试验后使用。水泥体积的安定性必须合格。

(2)石灰膏和磨细生石灰粉。块状生石灰需熟化成石灰膏后才能使用，在常温下，熟化时间不应少于 15 d；用于罩面的石灰膏，在常温下，熟化的时间不应少于 30 d。

将块状生石灰碾碎磨细后的成品，即磨细生石灰粉。罩面用的磨细生石灰粉的熟化时间不应少于 3 d。使用磨细生石灰粉粉饰，不仅具有节约石灰、适合冬期施工的优点，而且粉饰后不易出现膨胀、臌皮等现象。

(3)石膏。抹灰用石膏，一般用于高级抹灰或抹灰龟裂的补平。宜采用乙级建筑石膏，使用时磨成细粉且无杂质，对于细度，要求通过 0.15 mm 的筛孔，筛余量不大于 10%。

(4)粉煤灰。粉煤灰作为抹灰掺合料，可以节约水泥、提高和易性。

(5)粉刷石膏。粉刷石膏是以建筑石膏粉为基料，加入多种添加剂和填充料等配制而成的一种白色粉料，是一种新型的装饰材料。常见的有面层粉刷石膏、基层粉刷石膏、保温粉刷石膏等。

(6)砂。抹灰用砂，最好是中砂，或粗砂与中砂混合掺用。可以用细砂，但不宜用特细砂。抹灰用砂要求颗粒坚硬、洁净，使用前需要过筛(筛孔不大于 5 mm)，不得含有黏土(或黏土不超过 2%)、草根、树叶、碱质及其他有机物等有害杂质。

(7)麻刀、纸筋、稻草、玻璃纤维。麻刀、纸筋、稻草、玻璃纤维在抹灰层中起拉结和骨架作用，以提高其抗裂能力和抗拉强度，同时可增加抹灰层的弹性和耐久性，使其不易裂缝脱落。麻刀应均匀、干燥、不含杂质，长度以 20～30 mm 为宜，使用时将其敲打松散。纸筋(即粗草纸)分干、湿两种，拌和纸筋灰用的干纸筋应用水浸透、捣烂，湿纸筋可直接掺用，罩面纸筋应机碾磨细。玻璃纤维丝配制抹面灰浆可耐热、耐久、耐腐蚀，其长度以 10 mm 左右为宜，但使用时要采取保护措施，以防其刺伤皮肤。

水泥、石灰、石膏等是抹灰砂浆中的胶凝材料；麻刀、纸筋、玻璃纤维是抹灰砂浆中常掺加的纤维材料。

**2. 一般抹灰砂浆的配制**

一般抹灰用的砂浆拌和时通常采用质量配合比，材料应称量搅拌。配料的误差，水泥应在±2%以内，砂子、石灰膏应控制在±5%以内。砂浆应搅拌均匀，一次搅拌量不宜过多，最好随拌随用。拌好的砂浆堆放时间不宜过久，应控制在水泥初凝前用完。

抹灰砂浆的拌制可采用人工拌制或机械拌制。一般中型以上的工程均采用机械拌制。机械拌制可采用纸筋灰搅拌机和灰浆搅拌机。

搅拌不同种类的砂浆应注意不同的加料顺序。拌制水泥砂浆时应先将水与砂子共拌，然后按配合比加入水泥，继续搅拌至均匀、颜色一致、稠度达到要求为止。拌和混合砂浆或石灰砂浆时应先加入少量水及少量砂子和全部石灰膏，拌制均匀后，再加入适量的水和砂子继续拌和，待砂浆颜色一致，稠度符合要求为止。搅拌时间一般不少于 2 min。对聚合物水泥砂浆，宜先将水泥砂浆搅拌好，然后按配合比规定的数量把 108 胶按 1∶2 的比例用水稀释后加入，继续搅拌至充分混合。

**3. 一般抹灰基层表面处理**

抹灰工程施工前，必须对基层表面作适当的处理，使其坚实粗糙，以增强抹灰层的粘结。基层处理包括以下内容：

(1)将砖、混凝土、加气混凝土等基层表面的灰尘、污垢、油渍、碱膜和跌落砂浆等清除干净，并洒水湿润。

(2)光滑的石面或混凝土墙面应凿毛，或刷一道素水泥浆以增加粘结力；板条墙体的板条间缝不能过小，一般以 8～10 mm 为宜，使抹灰砂浆能挤入板缝空隙，保证灰浆与板条的牢固嵌接；加气混凝土砌块表面应清扫干净，并刷一道 108 胶的 1∶4 的水溶液，以形成表面隔离层，缓解抹面砂浆的早期脱水，提高其粘结强度。

(3)检查门、窗框的安装位置是否正确，与墙体连接是否牢固，连接处的缝隙应用水泥砂浆或水泥混合砂浆或掺少量麻刀的砂浆分层嵌塞密实。

(4)墙面上的施工孔洞、剔槽及管道线路穿越的孔洞等应用水泥砂浆堵塞填平密实。

(5)室内墙面、柱面的阳角，宜先用 1∶2 的水泥砂浆作护角，其高度不应低于 2 m，每侧宽度不小于 50 mm。

(6)对不同材料交接处的基体表面的抹灰，应采取防止开裂的加强措施，在不同结构基层交接处(如木结构与砖石砌体、混凝土结构等的连接)，应先铺钉一层金属网或丝绸纤维布，其与各基体间的搭接宽度每侧不应小于 100 mm。

(7)检查基体表面平整度，对凹凸过大的部位应凿补平整。

**4. 抹灰工具**

常用的手工抹灰工具有以下几种：

(1)抹子。抹子是将灰浆施于抹灰面上的主要工具，有铁抹子、钢皮抹子、压子、塑料抹子、木抹子、阴阳角抹子等若干种，分别用于抹制底层灰、面层灰、压光、搓平压实、阴阳角压光等抹灰操作。

(2)木制工具。主要有木杠、刮尺、靠尺、靠尺板、方尺、托线板等，分别用于抹灰层的找平、做墙面楞角、测阴阳角的方正和靠吊墙面的垂直度。使用时将板的侧边靠紧墙面，根据中悬垂线偏离下端取中缺口的程度，即可确定墙面的垂直度及偏差。托线板也可用铝合金方通制作。

(3)其他工具。其他工具有毛刷、钢丝刷、茅草把、喷壶、水壶、弹线墨斗等，分别用于抹灰面的洒水、清刷基层、木抹子搓平时洒水及墙面洒水、浇水。

**5. 内墙抹灰常见做法与施工要点**

(1)石灰砂浆抹灰做法见表 8-2。

**表 8-2　石灰砂浆抹灰做法**

| 基层材料 | 分层做法 | 施工要点 |
| --- | --- | --- |
| 普通砖墙 | (1)1∶3 石灰砂浆抹底层；<br>(2)1∶3 石灰砂浆抹中层；<br>(3)纸筋、麻刀灰罩面 | (1)底层先由上往下抹一遍，接着抹第二遍，由下往上刮平，用木抹子搓平；<br>(2)在中层五六成干时抹罩面，用铁抹子先竖着刮一遍，再横抹找平，最后压一遍 |
| 加气混凝土墙 | (1)1∶3 石灰砂浆抹底层；<br>(2)1∶3 石灰砂浆抹中层；<br>(3)刮石灰膏 | 墙面浇水湿润，刷一道 108 胶∶水＝1∶(3～4)的溶液，随后抹灰 |

(2)水泥混合砂浆抹灰做法见表 8-3。

**表 8-3　水泥混合砂浆抹灰做法**

| 基层材料 | 分层做法 | 施工要点 |
| --- | --- | --- |
| 普通砖墙 | (1)1∶1∶6水泥石灰砂浆抹底层；<br>(2)1∶1∶6水泥石灰砂浆抹中层；<br>(3)刮石灰膏或大白腻子 | (1)中层石灰砂浆用抹子搓平后，再用铁抹子压光；<br>(2)刮石灰膏或大白腻子，要求平整；<br>(3)待前层灰膏凝结后，再刮面层 |
| 做油漆墙面 | (1)1∶0.3∶3水泥石灰砂浆抹底层；<br>(2)1∶0.3∶3水泥石灰砂浆抹中层；<br>(3)1∶0.3∶3水泥石灰砂浆罩面 | 均同石灰砂浆(若是混凝土基层，应先刮一层薄水泥浆后随即抹灰) |

(3)水泥砂浆抹灰做法见表8-4。

**表 8-4　水泥砂浆抹灰做法**

| 基层材料 | 分层做法 | 施工要点 |
| --- | --- | --- |
| 普通砖墙 | (1)1∶3水泥砂浆抹底层；<br>(2)1∶3水泥砂浆抹中层；<br>(3)1∶2.5或1∶2水泥砂浆罩面 | 待前层灰膏凝结后，再刮第二层 |
| 混凝土墙 | (1)1∶3水泥砂浆抹底层；<br>(2)1∶3水泥砂浆抹中层；<br>(3)1∶2.5或1∶2水泥砂浆罩面 | 均同石灰砂浆(若是混凝土基层，应先刮一层薄水泥浆后随即抹灰) |

(4)纸筋灰或麻刀灰抹灰做法见表8-5。

**表 8-5　纸筋灰或麻刀灰抹灰做法**

| 基层材料 | 分层做法 | 施工要点 |
| --- | --- | --- |
| 普通砖墙 | (1)1∶2.5石灰砂浆抹底层；<br>(2)1∶2.5石灰砂浆抹中层；<br>(3)纸筋石灰或麻刀石灰罩面 | (1)纸筋石灰配合比为石灰膏∶纸筋＝100∶2.75(质量比)；<br>(2)麻刀石灰配合比为石灰膏∶麻刀＝100∶1(质量比) |
| 混凝土墙 | (1)1∶3∶9水泥石灰砂浆抹底层；<br>(2)1∶3∶9水泥石灰砂浆抹中层；<br>(3)纸筋石灰或麻刀石灰罩面 | |

## 6. 天棚抹灰常见做法与施工要点

(1)预制混凝土楼板天棚抹灰做法见表8-6。

**表 8-6　预制混凝土楼板天棚抹灰做法**

| 分层做法 | 施工要点 |
| --- | --- |
| (1)1∶0.5∶1水泥石灰砂浆抹底层；<br>(2)1∶3∶9水泥石灰砂浆抹中层；<br>(3)纸筋灰或麻刀灰罩面 | (1)预制混凝土楼板缝要用细石混凝土灌实；<br>(2)底层与中层抹灰要连续操作 |
| (1)1∶0.3∶6水泥纸筋灰砂浆抹底层；<br>(2)1∶0.3∶6水泥纸筋灰砂浆抹中层；<br>(3)1∶0.2∶6水泥细纸筋灰罩面压光 | 适用于机械喷涂抹灰 |

(2)现浇钢筋混凝土楼板天棚抹灰做法见表8-7。

**表 8-7 现浇钢筋混凝土楼板天棚抹灰做法**

| 分层做法 | 施工要点 |
|---|---|
| (1)1∶0.5∶1水泥石灰砂浆抹底层；<br>(2)1∶3∶9水泥石灰砂浆抹中层；<br>(3)1∶2.5石灰砂浆 | (1)抹头道灰时必须与模板木纹方向垂直，抹时应用力抹实，抹灰厚度应尽量薄；<br>(2)底层做完后中层应紧接着抹灰；<br>(3)当中层六、七成干时罩面层 |
| (1)1∶0.2∶4水泥纸筋灰砂浆抹底层；<br>(2)1∶0.2∶4水泥纸筋灰砂浆抹中层；<br>(3)纸筋灰罩面 | |

(3)板条天棚抹灰做法见表8-8。

**表 8-8 板条天棚抹灰做法**

| 分层做法 | 施工要点 |
|---|---|
| (1)纸筋石灰或麻刀石灰砂浆抹底层；<br>(2)纸筋石灰或麻刀石灰砂浆抹中层；<br>(3)1∶2.5石灰砂浆找平；<br>(4)纸筋灰或麻刀灰罩面 | 底层砂浆应压入板条中，较大面积板条抹灰时要加麻丁 |
| 注：对于板条天棚，为防止抹灰脱落，在小龙骨上钉上小钉子，在钉子的尾部拴上250 mm长的麻丝，抹灰时将麻丁分开成燕尾形抹入。 | |

### 7. 一般抹灰的施工方法

(1)施工准备。为了控制抹灰层的厚度和平整度，抹灰前必须先找好规矩，即四角规方、横线找平、立线吊直，弹出准线和墙裙、踢脚线。

抹灰前先用托线板检查墙面平整程度和垂直程度，大致确定抹灰厚度(最薄处一般不小于7 mm)；再在墙的上角用打底砂浆或1∶3的水泥砂浆或1∶3∶9的混合砂浆各做一个标准灰饼，灰饼大小为50 mm见方，灰饼厚度则根据墙面平整程度和垂直程度确定；依据这两个标准灰饼，用托线板或线坠挂垂直做墙面下角两个标准灰饼，下角两个灰饼位置一般在踢脚线上口，厚度以垂直度为准；在左、右灰饼附近的墙缝里，钉上钉子并拴上小绳挂好通线(即引线)，根据小绳位置每隔1.2～1.5 m在上、下相应位置加做若干标准灰饼(图8-1)，待灰饼稍干后，在上、下灰饼之间抹上宽约为100 mm的砂浆冲筋，用木杠刮平，其厚度与灰饼相同，待冲筋稍干后可进行底层抹灰。

(2)内墙一般抹灰。内墙一般抹灰操作工艺流程为：基层表面处理→浇水润墙→设置标筋→阳角做护角→抹底层、中层灰→窗台板、踢脚板或墙裙→抹面层灰→清理。

1)基层表面处理。为使抹灰砂浆与基层表面粘结牢固，防止抹灰层产生空鼓、脱落，抹灰前应对不同材质的基体表面作相应处理，以增强其与抹灰砂浆之间的粘结强度。

2)设置标筋。为有效地控制抹灰厚度，特别是保证墙面抹灰后的垂直度和整体平整度，在抹底层、中层灰前应设置标筋作为抹灰的依据。

设置标筋即找规矩，分为做灰饼和做标筋两个步骤。

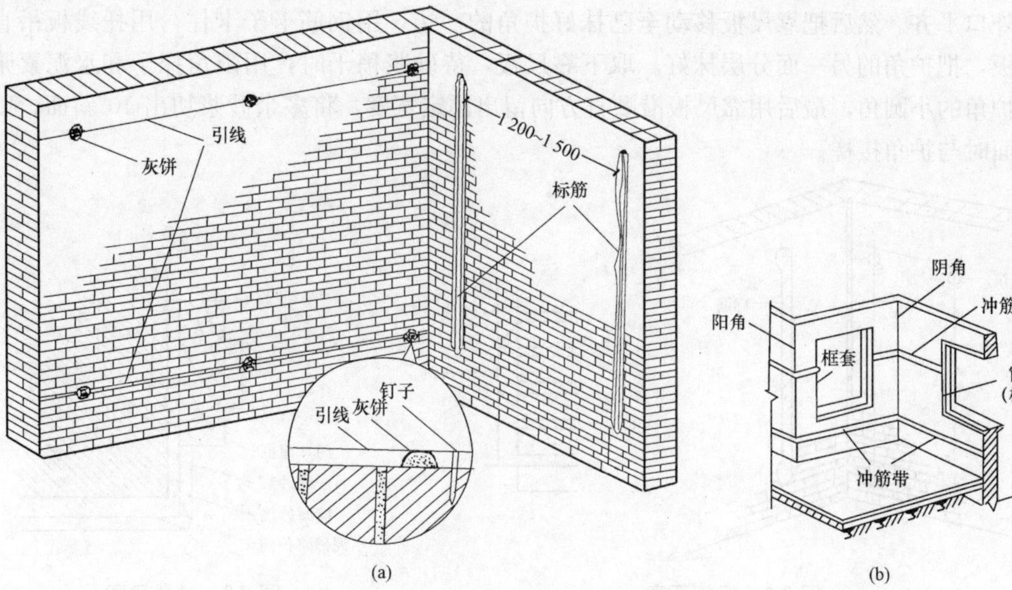


**图 8-1　挂线做标准灰饼及冲筋**

(a)灰饼、标筋位置示意；(b)水平横向标筋示意

做灰饼前，应先确定灰饼的厚度。先用托线板和靠尺检查整个墙面的平整度和垂直度，根据检查结果确定灰饼的厚度，一般最薄处不应小于 7 mm。先在离地面 2 m 左右高处，在距离墙两边阴角 100～200 mm 处，按所确定的灰饼厚度用底层抹灰砂浆各做一个 50 mm×50 mm 见方的矩形灰饼，然后以此灰饼为依据，再用托线板靠、吊垂直确定墙下部对应的两个灰饼的厚度，其位置在踢脚板上口，使上、下两个灰饼在一条垂直线上。上方和下方的灰饼应距天棚和地面 150～200 mm。标准灰饼做好后，在墙面上方和下方的左、右两个对应灰饼之间，用钉子钉在灰饼外侧的墙缝内，以灰饼为准，在钉子间拉水平通线，沿线每隔 1.2～1.5 m 补做灰饼。

标筋是以灰饼为准，在灰饼间所做的灰埂，作为抹灰平面的基准(图 8-2)。具体做法是用与底层抹灰相同的砂浆在上、下两个灰饼间先抹一层，再抹第二层，形成宽度为 100 mm 左右、厚度比灰饼高出 10 mm 左右的灰埂，然后用木杠紧贴灰饼搓动，直至把标筋搓得与灰饼齐平为止。最后要将标筋两边用刮尺修成斜面，以便与抹灰面接槎可靠。标筋的另一种做法是采用横向水平标筋，此种做法与垂直标筋相同。同一墙面的上、下水平标筋应在同一垂直面内。标筋通过阴角时，可用带垂球的阴角尺上下搓动，直至上、下两条标筋形成相同大小且角顶在同一垂线上的阴角。阳角可用长阳角尺同样合在上、下标筋的阳角处搓动，形成角顶在同一垂线上的标筋阳角。水平标筋的优点是可保证墙体在阴、阳角处的交线顺直，并垂直于地面，避免出现阴、阳交线扭曲不直的弊病。同时水平标筋通过门窗框，有标筋控制，墙面与框面可接合平整。

3)阳角做护角。为保护墙面阳角处不易遭碰撞损坏，在室内抹面的门窗洞口及墙角、柱面的阳角处应做水泥砂浆暗护角。图 8-3 所示为护角示意。护角高度一般不低于2 m，每侧宽度不小于 50 mm。具体做法是先将阳角用方尺规方，靠门框一边以门框离墙的空隙为准，另一边以墙面灰饼厚度为依据。最好在地面上画好准线，按准线用砂浆粘好靠尺板，用托线板吊直，用方尺找方，然后在靠尺板的另一边墙角分层抹 1∶2 的水泥砂浆，与靠尺板的外口平齐。然后把靠尺板移动至已抹好护角的一边，用钢筋卡子卡住，用托线板吊直靠尺板，把护角的另一面分层抹好。取下靠尺板，待砂浆稍干时，用阳角抹子和水泥素浆捋出护角的小圆角，最后用靠尺板沿顺直方向留出预定宽度，将多余砂浆切出 40°斜面，以便抹面时与护角接槎。

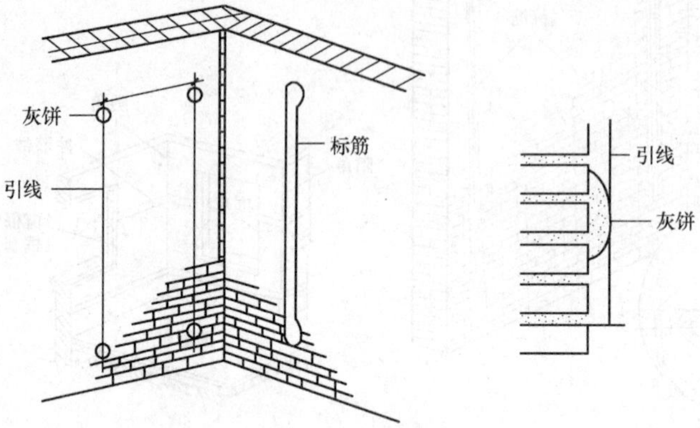


图 8-2　标筋示意

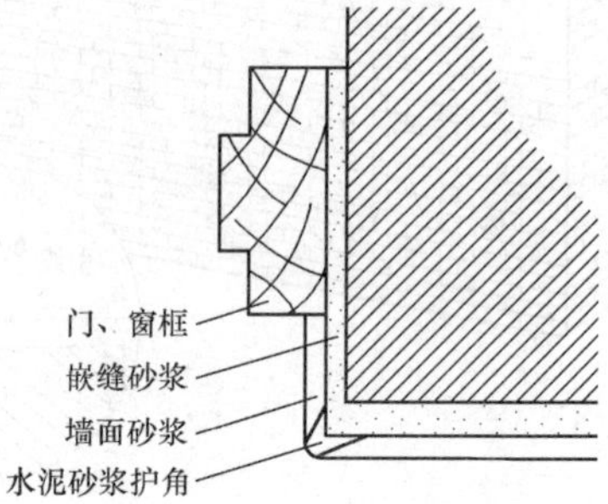


图 8-3　护角示意

4)抹底层、中层灰。待标筋有一定强度后，即可在两标筋间用力抹上底层灰，用木抹子压实搓毛。待底层灰收水后，即可抹中层灰，抹灰厚度应略高于标筋。中层抹灰后，随即用木杠沿标筋刮平，不平处补抹砂浆，然后再刮，直至墙面平直为止。紧接着用木抹子搓压，使表面平整密实。在阴角处先用方尺上、下核对方正(水平横向标筋可免去此步)，然后用阴角器上、下抽动扯平，至室内四角方正为止。

5)抹面层灰。待中层灰有六、七成干时，即可抹面层灰。操作一般从阴角或阳角处开始，自左向右进行。一人在前抹面灰，另一人在其后找平整，并用铁抹子压实赶光。阴、阳角处用阴、阳角抹子捋光，并用毛刷蘸水将门窗圆角等处刷干净。高级抹灰的阳角必须用拐尺找方。

(2)外墙一般抹灰。外墙一般抹灰的工艺流程为：基体表面处理→浇水润墙→设置标筋→抹底层、中层灰→弹分格线、嵌分格条→抹面层灰→ 起分格条→养护。

外墙抹灰的做法与内墙抹灰大部分相似，下面只介绍其特殊的几点：

1)抹灰顺序。外墙抹灰应先上部后下部，先檐口再墙面。大面积的外墙可分块同时施工。

高层建筑的外墙面可在垂直方向适当分段，如一次抹完有困难，可在阴、阳角交接处或分格线处间断施工。

2)嵌分格条、抹面层灰及分格条的拆除。待中层灰六、七成干后，按要求弹分格线。分格条为梯形截面，浸水湿润后两侧用黏稠的素水泥浆与墙面抹成 45°。嵌分格条时，应注意横平竖直、接头平直。如当天不抹面层灰，分格条两侧的素水泥浆应与墙面抹成 60°。

面层灰应抹得比分格条略高一些，然后用刮杠刮平，紧接着用木抹子搓平，待稍干后再用刮杠刮一遍，用木抹子搓磨出平整、粗糙、均匀的表面。

面层抹好后即可拆除分格条，并用素水泥浆把分格缝勾平整。如果不是当即拆除分格条，则必须待面层达到适当强度后才可拆除。

(3)天棚一般抹灰。天棚抹灰一般不设置标筋，只需按抹灰层的厚度在墙面四周弹出水平线作为控制抹灰层厚度的基准线。若基层为混凝土，则需在抹灰前在基层上用掺10%108胶的水溶液或水胶比为0.4的素水泥浆刷一遍作为结合层。抹底灰的方向应与楼板及木模板木纹方向垂直。抹中层灰后用木刮尺刮平，再用木抹子搓平。面层灰宜两遍成活，两道抹灰方向垂直，抹完后按同一方向抹压赶光。天棚的高级抹灰应加钉长为350～450 mm的麻束，间距为400 mm，并交错布置，分别按放射状梳理抹进中层灰浆内。

**8. 一般抹灰的注意事项**

(1)底层砂浆与中层砂浆的配合比应基本相同。中层砂浆的强度不能高于底层，底层砂浆的强度不能高于基层，以免砂浆凝结过程中产生较大的收缩应力，破坏强度较低的底层或基层，使抹灰层产生开裂、空鼓或脱落。一般混凝土基层上不能直接抹石灰砂浆，而水泥砂浆也不得抹在石灰砂浆层上。

(2)冬期施工时，抹灰砂浆应采取保温措施。涂抹时，砂浆温度不宜低于5 ℃，砂浆抹灰硬化初期不得受冻；气温低于5 ℃时，室外抹灰所用的砂浆可掺入混凝土防冻剂，其掺量由试验确定。作涂料墙面的抹灰砂浆中不得掺入含氯盐的防冻剂，以免引起涂层表面反碱、咬色。

(3)外檐窗台、窗楣、雨篷、阳台、压顶和凸出腰线等，上面应做流水坡度，下面应做滴水线或滴水槽，其深度和宽度均应小于10 mm，并应整齐一致。

## 四、装饰抹灰

装饰抹灰除具有与一般抹灰相同的功能外，主要是装饰艺术效果更加鲜明。装饰抹灰的底层和中层的做法与一般抹灰基本相同，只是面层的材料和做法有所不同。

装饰抹灰面层所用的材料有彩色水泥、白水泥和各种颜料及石粒，石粒中较为常用的是大理石石粒，具有多种色泽。

**1. 水磨石**

现制水磨石一般适用于地面施工，墙面水磨石通常采用水磨石预制贴面板镶贴。

地面现制水磨石的施工工艺流程为：基层处理→抹底层、中层灰→弹线，贴镶嵌条→抹面层石子浆→水磨面层→涂草酸磨洗→打蜡上光。

(1)弹线，贴镶嵌条。在中层灰验收合格24 h后，即可弹线并镶嵌条。嵌条可采用玻璃条或铜条。玻璃条规格为：宽×厚=10 mm×3 mm；铜条规格为：宽×厚=10 mm×(1～1.2)mm。镶嵌条时，先用靠尺板与分格线对齐，将其压好，然后把嵌条与靠尺板贴紧，用素水泥浆在嵌条另一侧根部抹成“八”字形灰埂，其灰浆顶部比嵌条顶部低3 mm左右，然后取下靠尺板，在嵌条另一侧抹上对称的灰埂，如图8-4所示。

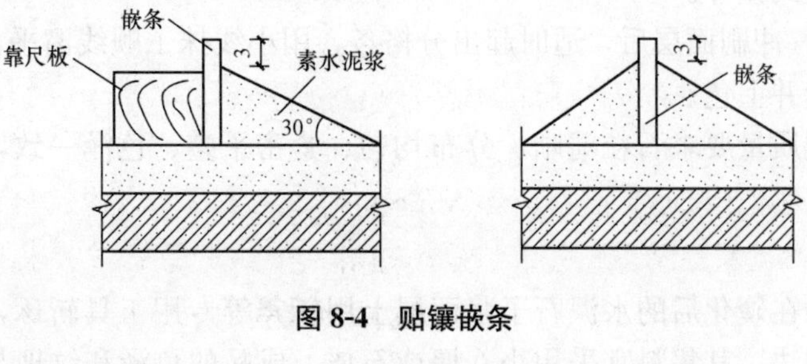


**图8-4　贴镶嵌条**

(2)抹面层石子浆。将嵌条稳定好，浇水养护3～5 d后，抹面层石子浆。具体操作为：清除地面积水和浮灰，接着刷一遍素水泥浆，然后铺设面层石子浆，铺设厚度高于嵌条1～

2 mm。铺完后，在表面均匀撒一层石粒，拍实压平，用滚筒压实，待出浆后，用抹子抹平，24 h后开始养护。

(3)水磨面层。打磨时间以石粒不松动为准。通常磨四遍，使全部嵌条外露。第一遍磨后将泥浆冲洗干净，稍干后擦同色水泥浆，养护 2～3 d。第二遍用 100～150 号金刚砂洒水后将表面磨至平滑，用水冲洗后养护 2 d。第三遍用 180～240 号金刚砂或油石洒水后磨至表面光亮，用水冲洗擦干。第四遍在表面涂擦草酸溶液[草酸溶液为热水：草酸＝1：0.35(质量比)，冷却后备用]，再用 280 号油石细磨，直至磨出白浆为止。冲洗后晾干，待地面干燥后进行打蜡。

水磨石的外观质量要求为：表面平整、光滑，石子显露均匀，不得有砂眼、磨纹和漏磨，嵌条位置准确，全部露出。

**2. 水刷石**

水刷石是常用的一种外墙装饰抹灰。面层材料的水泥可采用彩色水泥、白水泥或普通水泥。颜料应选耐碱、耐光、分散性好的矿物颜料。集料可选用中、小八厘石粒，玻璃碴、粒砂等，集料颗粒应坚硬、均匀、洁净、色泽一致。

水刷石的施工工艺流程为：基层处理→抹底层、中层灰→弹线，贴分格条→抹面层石子浆→冲刷面层→起分格条及浇水养护。

(1)抹面层石子浆。待中层砂浆初凝后，酌情将中层抹灰层润湿，马上用水胶比为 0.4 的素水泥浆满刮一遍，随即抹面层石子浆。石子浆面层稍收水后，用铁抹子将面层浆满压一遍，把露出的石子棱尖轻轻拍平，然后用刷子蘸水刷一遍，再通压一遍。如此反复刷压不少于三遍，最后用铁抹子拍平，使表面石子大面朝外，排列紧密均匀。

(2)冲刷面层。冲刷面层是影响水刷石质量的关键环节。此工序应待面层石子浆刚开始初凝时进行(手指按上去不显指痕，用刷子刷表面而石粒不掉时)。冲刷分两遍进行，第一遍用软毛刷蘸水刷掉面层水泥浆，露出石粒。第二遍立即用喷雾器向四周相邻部位喷水。把表面水泥浆冲掉，石子外露约 1/2 粒径，使石子清晰可见、均匀密布。喷水顺序应由上至下，喷水压力要合适，且应均匀喷洒。喷头离墙 10～20 cm。前道工序完成后用清水(水管或水壶)从上到下冲净表面。冲刷的时间要严格掌握，过早或过度都会使石子显露过多，易脱落；冲刷过晚则水泥浆冲刷不净，石子显露不够或饰面浑浊、影响美观。冲刷的顺序应由上而下分段进行，一般以每个分格线为界。为保护未喷刷的墙面面层，冲刷上段时，下段墙面可用牛皮纸或塑料布贴盖，将冲刷的水泥浆外排。若墙面面积较大，则应先罩面先冲洗，后罩面后冲洗。罩面顺序也是先上后下，这样既可保证各部分的冲刷时间，又可保护下段墙面不受到损坏。

(3)起分格条。冲刷面层后，适时起出分格条，用小线抹子顺线溜平，然后根据要求用素水泥浆作出凹缝并上色。

水刷石的外观质量要求石粒清晰、分布均匀、紧密平整、色泽一致，不得有掉粒和接槎痕迹。

**3. 斩假石**

斩假石是一种在硬化后的水泥石子浆面层上用斩斧等专用工具斩琢，形成有规律剁纹的一种装饰抹灰方法。其集料宜采用小八厘或石屑，成品的色泽和纹理与细琢面花岗石或白云石相似。

斩假石的施工工艺流程为：基层处理→抹底层、中层灰→弹线，贴分格条→抹面层水泥石子浆→养护→斩剁面层。

(1)抹面层。在已硬化的水泥砂浆中层(1∶2 水泥砂浆)上洒水湿润，弹线并贴好分格条，用素水泥浆刷一遍，随即抹面层。面层石粒浆的配合比为 1∶1.25 或 1∶1.5，稠度为 5～6 cm，集料采用 2 mm 粒径的米粒石，内掺 0.3 mm 左右粒径的白云石屑。面层抹面厚度为 12 mm，抹后用木抹子打磨拍平，不要压光，但要拍出浆，随势上、下溜直，每分格区内一次抹完。抹完后，随即用软毛刷蘸水顺剁纹的方向把水泥浆轻刷掉露出石粒。但注意不要用力过重，以免石粒松动。抹完 24 h 后浇水养护。

(2)斩剁面层。在正常温度(15 ℃～30 ℃)下，面层养护 2～3 d后即可试剁，试剁时以石粒不脱掉、较易剁出斧迹为准。采用的斩剁工具有斩斧、多刃斧、花锤、扁凿、齿凿、尖锥等。斩剁的顺序一般为先上后下，由左至右，先剁转角和四周边缘，后剁大面。斩剁前应先弹顺线，相距约 100 mm，按线斩剁，以免剁纹跑斜。剁纹深度一般以 1/3 石粒粒径为宜。为了美观，一般在分格缝和阴、阳角周边留出 15～20 mm 的边框线不剁。斩剁完后，墙面应用清水冲刷干净，起出分格条，用钢丝刷刷净分格缝处。按设计要求，可在缝内作出凹缝并上色。

斩假石的外观质量标准是：剁纹均匀顺直、深浅一致，不得有漏剁处。阳角处横剁或留出不剁的边条应宽窄一致，棱角不得有损坏。

以上介绍的三种装饰抹灰的共同特点是采用适当的施工方法，显露出面层中的石粒，以呈现天然石粒的质感和色泽，达到装饰的目的。所以，此类装饰抹灰又称为石碴类装饰抹灰。该类装饰抹灰还有干粘石、扒拉石、拉假石、喷粘石等做法。

**4. 拉条灰**

拉条灰是以砂浆和灰浆作面层，然后用专用模具在墙面拉制出凹凸状平行条纹的一种内墙装饰抹灰方法。这种装饰抹灰墙面广泛用于剧场、展览厅等公共建筑物作吸声墙面。

拉条灰的施工工艺流程为：基层处理→抹底层、中层灰→弹线，贴拉模轨道→抹面层灰→拉条→取木轨道，修整饰面。

(1)弹线，贴拉模轨道。轨道是由断面为 8 mm×20 mm 的杉木条制成的，其作用是作为拉灰模具的竖向滑行控制依据。具体做法是弹出轨道的安装位置线(即横向间隔线)，用黏稠的水泥浆将木轨道依线粘贴。轨道应垂直平行、轨面平整。

(2)抹面层灰，拉条。待木轨道安装牢固后，润湿墙面，刷一道 1∶0.4 的水泥净浆，紧跟着抹面层灰并拉条成型。面层灰根据所拉灰条的宽窄、配合比不同，一般窄条形拉条灰浆配合比为水泥∶细纸筋石灰膏∶砂＝1∶0.5∶2；宽条形拉条灰面层灰浆分层采用两种配合比，第一层(底层)采用混合砂浆，其配合比为水泥∶纸筋石灰膏∶砂＝1∶0.5∶2.5，第二层(面层)采用纸筋水泥石灰膏，其配合比为水泥∶细纸筋石灰膏＝1∶0.5。操作时用拉条模具靠在木轨道上，从上至下多次上浆拉动成型。操作面不论多高都要一次完成。墙面太高时可搭脚手步架，各层站人，逐级传递拉模，做到换人不换模，使灰条上、下顺直，表面光滑密实。做完面层后，取下木轨道，然后用细纸筋石灰浆搓压抹平，使其无接槎、光滑通顺。面层完全干燥后，可按设计要求用涂料刷涂面层。

拉条灰的外观质量标准为：拉条清晰顺直，深浅一致，表面光滑洁净，上、下端头齐平。

**5. 拉毛灰**

拉毛灰是在尚未凝结的面层灰上用工具在表面触拉，靠工具与灰浆间的粘结力拉出大小、粗细不同的凸起毛头的一种装饰抹灰方法，可用于有一定声学要求的内墙面和一般装饰的外墙面。

拉毛灰的施工工艺流程为：基层处理→抹底层灰→弹线，粘贴分格条→抹面层灰，拉毛→养护。

(1)抹底层灰。底层灰分室内和室外两种，室内一般采用1∶1.6的水泥石灰混合砂浆，室外一般采用1∶2或1∶3的水泥砂浆。抹灰厚度为10～13 mm，灰浆稠度为8～11 cm，抹后表面用木抹子搓毛，以利于与面层的粘结。

(2)抹面层灰，拉毛。待底层灰六、七成干后即可抹面层灰和拉毛，两操作应连续进行，一般一人在前抹面层灰，另一人在后紧跟拉毛。拉毛分拉细毛、拉中毛、拉粗毛三种，每一种所采用的面层灰浆配合比、拉毛工具及操作方法都有所不同。一般小拉毛灰采用水泥∶石灰膏＝1∶(0.1～0.2)的灰膏，而大拉毛灰采用水泥∶石灰膏＝1∶(0.3～0.5)的灰膏。为抑制干裂，通常可加入适量的砂子和纸筋。同时应掌握好其稠度，太软易流浆，拉毛变形；太硬又不易拉毛操作，也不易形成均匀一致的毛头。

拉细毛时，采用白麻缠绕的麻刷，正对着墙面抹灰面层一点一拉，靠灰浆的塑性和麻刷与灰膏间的黏附力顺势拉出毛头。拉中毛时，采用硬棕毛刷，正对墙面放在面层灰浆上，粘着后顺势拉出毛头。拉粗毛时，采用平整的铁抹子，轻按在墙面面层灰浆上，待有吸附感觉时，顺势慢拉起铁抹子，即可拉出毛头。拉毛灰要注意“轻触慢拉”，即用力均匀，快慢一致，切忌用力过猛，提拉过快，致使露出底灰。如发现拉毛大小不均，应及时抹平重拉。为保持拉毛均匀，最好在一个分格内由一人操作。应及时调整花纹、斑点的疏密。

拉毛灰的外观质量标准为：花纹、斑点分布均匀，不显接槎。

**6. 洒毛灰**

洒毛灰所用的材料、操作工艺与拉毛灰基本相同，只是面层采用1∶1的彩色水泥砂浆，方法是用茅草、竹丝或高粱穗绑成20 cm长、手握粗细适宜的小帚，将砂浆泼洒到中层灰面上。操作时由上向下进行，要用力均匀，每次蘸用的砂浆量、洒向墙面的角度和与墙面的距离都要一样。如几个人同时操作，应先试洒，要求操作人员的手势做法基本一致，出入较大时应相互协调，以保证形成均匀呈云朵状的粒状饰面。也可使中层抹灰带有颜色，然后不均匀地洒上面层砂浆，并用抹子轻轻压平，使表面局部露底，形成带色底层与洒毛灰纵横交错的饰面。

洒毛灰的外观质量标准和质量允许偏差同拉毛灰。

除以上介绍的几种装饰抹灰外，还有采用聚合物水泥砂浆的喷涂、滚涂、弹涂等装饰抹灰。这几种装饰抹灰是利用专用喷枪，喷斗或滚、弹涂工具将聚合物水泥(彩色)砂浆施于墙面的中层灰面层上，形成粒状、波状面层或大小、颜色不一的色点或拉毛，也是极富特色的一类饰面抹灰方法。

## 任务实施

### 一、实施环境及条件

高层板式住宅楼，建筑面积为37 717.7 $m^2$。地下共两层，地下一层为设备层，层高为3.9 m，地下二层为六级人防地下室，层高为3.3 m；地上共23层，均为单元式住宅，层高为3.0 m，一梯两户，5个单元，顶部电梯机房层高为5.15 m，室内外高差为0.9 m。

## 二、实施步骤

室内混凝土墙面一般抹灰的工艺流程为：基层表面处理→浇水润湿→设置标筋→阳角做护角→抹底层、中层灰→抹窗台板、踢脚板或墙裙→抹面层灰→清理。

**1. 基层表面处理**

(1)清除混凝土墙体表面的灰尘、污垢、油渍、碱膜、跌落砂浆等。

(2)用水泥砂浆填嵌混凝土墙面上的孔洞、剔槽等。

(3)检查混凝土墙体表面的平整度，对凹凸过大的部位应凿补平整。

(4)检查门、窗框的安装位置是否正确，与墙体连接是否牢固，用水泥砂浆分层嵌堵门窗框与墙体交接处的缝隙。

(5)混凝土墙体表面凿毛并清理干净。

(6)砖墙与混凝土墙相接处，铺设金属网并绷紧牢固，金属网与砖墙和混凝土墙的搭接宽度每侧不应小于 100 mm。

**2. 浇水润湿**

浇水润湿处理好的基层混凝土墙面，以保证底层抹灰与墙面的可靠粘结。

**3. 设置标筋**

(1)做灰饼。

1)先用托线板和靠尺检查整个墙面的平整度和垂直度，根据检查结果确定灰饼的厚度为 12 mm。

2)在离地面 2.5 m 处，在距离墙两边阴角 200 mm 处，用底层抹灰砂浆各做一个 50 mm×50 mm 见方、厚 12 mm 的矩形灰饼。

3)以这两个灰饼为依据，用托线板靠、吊垂直确定墙下部对应的两个灰饼的厚度，在踢脚板上口再做两个灰饼，使上、下两个灰饼在一条垂直线上。

4)在墙面上方和下方的左、右两个对应灰饼之间，将钉子钉在灰饼外侧的墙缝内，以灰饼为准，在钉子间拉水平通线，沿线每隔 1.2 m 补做灰饼。

(2)做标筋。

1)以做好的灰饼为准，用与底层抹灰相同的砂浆在上、下两个灰饼之间先抹一层，再抹第二层，形成宽度为 100 mm 左右、厚度比灰饼高出 10 mm 左右的灰埂。

2)用木杠紧贴灰饼搓动，直至把标筋搓得与灰饼齐平为止。

3)将标筋两边用刮尺修成斜面。

**4. 阳角做护角**

在室内抹面的门窗洞口及墙角、柱面的阳角处应做水泥砂浆护角。护角高度一般不低于 2 m，每侧宽度不小于 50 mm。

(1)将阳角用方尺规方，靠门框一边以门框离墙的空隙为准，另一边以墙面灰饼厚度为依据。按准线用砂浆粘好靠尺板，用托线板吊直，用方尺找方。然后在靠尺板的另一边墙角分层抹 1∶2 的水泥砂浆，与靠尺板的外口平齐。然后把靠尺板移动至已抹好护角的一边，用钢筋卡子卡住，用托线板吊直靠尺板，把护角的另一面分层抹好。

(2)取下靠尺板，待砂浆稍干时，用阳角抹子和水泥素浆捋出护角的小圆角，最后用靠尺板沿顺直方向留出预定宽度，将多余砂浆切出 40°斜面，以便抹面时与护角接槎。

**5. 抹底层、中层灰**

(1)待标筋有一定强度后，在两标筋间用力抹上6 mm厚底层灰，用木抹子压实搓毛。

(2)待底层灰收水后，抹中层灰，抹灰厚度应略高于标筋。中层抹灰后，随即用木杠沿标筋刮平，不平处补抹砂浆，然后再刮，直至墙面平直为止。紧接着用木抹子搓压，使表面平整密实。在阴角处先用方尺上、下核对方正，然后用阴角器上、下抽动扯平，至室内四角方正为止。

**6. 抹面层灰**

待中层灰有六、七成干时，从阴角或阳角处开始，自左向右抹3 mm厚面层灰。一人在前抹面灰，另一人在其后找平整，并用铁抹子压实赶光。阴、阳角处用阴、阳角抹子捋光，并用毛刷蘸水将门窗圆角等处刷干净。

# 任务二　饰面板(砖)工程施工

## 任务引入

试完成任务8.1的住宅楼建筑室外混凝土墙面大理石板材的施工作业。

【任务分析】 要完成该建筑室外混凝土墙面大理石板材施工，首先要清楚室外混凝土墙面大理石板材装饰的构造组成及其施工工艺流程、控制要点等。

## 相关知识

### 一、饰面工程的概念和分类

饰面工程是指将块料面层镶贴(或安装)在墙柱表面以形成装饰层。块料面层的种类基本可分为饰面板和饰面砖两大类。

饰面板(砖)工程内容很广，按板面材料分类，主要有天然石板饰面、人造石板饰面、陶瓷面砖饰面和金属板饰面等。

**1. 饰面板**

饰面板泛指天然大理石饰面板、天然花岗石饰面板、人造石饰面板和金属饰面板。

(1)天然大理石饰面板。建筑装饰工程上所指的大理石是广义的，除指大理岩外，还包括所有具有装饰功能的，可以磨平、抛光的各种碳酸盐类的沉积岩和与其有关的变质岩。

天然大理石属中硬石材，质地均匀、色彩多变、纹理美观，是良好的饰面材料。但大理石耐酸性差，在潮湿且含较多$CO_2$和$SO_2$的大气中易受侵蚀，其表面失去光泽，甚至遭到破坏，故大理石饰面板除某些特殊品种(如汉白玉、艾叶青等)外，一般不宜用于室外或易受有害气体侵蚀的环境中。

常用的大理石板材为抛光镜面板，其规格分为普型板和异型板两种。普型板常见的规格有400 mm×400 mm、600 mm×600 mm、600 mm×900 mm、1 200 mm×600 mm等，厚度为20 mm；异型板的规格根据用户要求而定。薄型大理石板材是国际市场流行的产品，近年来国内也开始广泛使用。其厚度为7～10 mm，四面倒角，背面开槽或不开槽。这不但减轻了自重，而且使铺设方法得以改进。

对天然大理石饰面板的质量要求为：粗糙度高、石质细密、色泽美观、棱角整齐，表面不得有隐伤、风化、腐蚀等缺陷。

(2)天然花岗石饰面板。装饰工程上所指的花岗石除常见的花岗岩外，还泛指各种以石英、长石为主要组成矿物，含有少量云母和暗色矿物的火成岩和与其有关的变质岩。

天然花岗石板材材质坚硬、密实，强度高，耐酸性好，属硬石材。品质优良的花岗石结晶颗粒细且分布均匀，含云母少石英多。其颜色有黑白、青麻、粉红、深青等，纹理呈斑点状，常用于室外墙地饰面，为高级饰面板材。其按加工方法和表面粗糙程度可分为剁斧板、机刨板、粗磨板和磨光板。剁斧板和机刨板规格按设计定。粗磨板和磨光板的常用规格有 400 mm×400 mm、600 mm×600 mm、600 mm×900 mm、1 070 mm×750 mm等，厚度为 20 mm。

对天然花岗石饰面板的质量要求为：棱角方正，规格尺寸符合设计要求，不得有隐伤(裂纹、砂眼)、风化等缺陷。

(3)人造石饰面板。人造石饰面板有聚酯型人造大理石饰面板、水磨石饰面板和水刷石饰面板等。聚酯型人造石饰面板是以不饱和聚酯为胶凝材料，以石英砂、碎大理石、方解石为集料，经搅拌、入模成型、固化而成的人造石材。其产品光泽度高，颜色可随意调配，耐腐蚀性强，是一种新型的人造饰面材料。

其质量要求同天然大理石饰面板。水磨石、水刷石饰面板的制作工艺与水磨石、水刷石基本相同，规格尺寸可按设计要求预制，板面尺寸较大。为增强其抗弯强度，板内常配有钢筋，同时板材背面设有挂钩，安装时可防止脱落。

对水磨石饰面板的质量要求为：棱角方正、表面平整、光滑洁净、石粒密实均匀、背面有粗糙面、几何尺寸准确。对水刷石饰面板的质量要求为：石粒清晰、色泽一致、无掉粒缺陷、板背面有粗糙面、几何尺寸准确。

(4)金属饰面板一般采用铝合金板、彩色压型钢板和不锈钢钢板，用于内、外墙面，屋面，天棚等；也可与玻璃幕墙或大玻璃窗配套使用，以及在建筑物四周的转角部位、玻璃幕墙的伸缩缝、水平部位的压顶等配套使用。

**2. 饰面砖**

饰面砖包括内墙陶瓷面砖(釉面砖)、外墙陶瓷面砖(墙地砖)、陶瓷锦砖及玻璃锦砖。

(1)釉面砖。釉面砖是采用瓷土或优质陶土烧制而成的表面上釉、薄片状的精陶制品，有白色釉面砖、单色釉面砖、装饰釉面砖、图案釉面砖等多个品种。釉面砖表面光滑，易于清洗，色泽多样，美观耐用。其坯体为白色，有一定的吸水率(不大于 21%)。由于釉面砖为多孔精陶，其坯体长期在空气中，特别是在潮湿环境中使用会吸湿膨胀，而釉面吸湿膨胀很小，故将釉面砖用于室外有可能受干湿作用而引起釉面开裂，以致剥落掉皮，因此，釉面砖一般只用于室内而不用于室外。

釉面砖有 152 mm×152 mm×5 mm、200 mm×250 mm×6 mm、300 mm×200 mm×6 mm 等多种规格。对釉面砖的质量要求为：表面光洁、色泽一致、边缘整齐，无脱釉、缺釉、凹凸扭曲、暗痕、裂纹等缺陷。

(2)墙地砖。墙地砖是以陶土为原料，以半干压法成型，经 1 100 ℃左右煅烧而成的粗炻类制品。其表面可上釉或不上釉。其质地坚实，吸水率较小(不大于 10%)，色调美观，耐水抗冻，经久耐用。其有 150 mm×75 mm×12 mm、200 mm×100 mm×12 mm、

260 mm×65 mm×8 mm 等多种规格。

对墙地砖的质量要求为：表面光洁，质地坚固，尺寸、色泽一致，不得有暗痕和裂纹。

(3)陶瓷锦砖和玻璃锦砖。陶瓷锦砖(俗称马赛克，亦称纸皮砖)是以优质瓷土烧制成片状小瓷砖，再拼成各种图案反贴在底纸上的饰面材料。其质地坚硬，经久耐用，耐酸、耐碱、耐磨，不渗水，吸水率小(不大于 0.2%)，是优良的室内、外墙面(或地面)饰面材料。陶瓷锦砖成联供应，每联的尺寸一般为 305.5 mm×305.5 mm。

玻璃锦砖是用玻璃烧制而成的小块贴于纸上的饰面材料，有乳白、珠光、蓝、紫、橘黄等多种花色。其特点是质地坚硬、性能稳定、表面光滑、耐大气腐蚀，耐热、耐冻、不龟裂。其背面呈凹形、有棱线条，四周有“八”字形斜角，使其与基层砂浆结合牢固。玻璃锦砖每联的规格为 325 mm×325 mm。

对陶瓷锦砖和玻璃锦砖的质量要求为：质地坚硬、边棱整齐、尺寸正确、脱纸时间不得大于 40 min。

## 二、饰面板的安装工艺

饰面板的安装工艺有传统湿作业法(灌浆法)、干挂法和直接粘贴法。

### 1. 传统湿作业法

传统湿作业法的施工工艺流程为：材料准备→基层处理、挂钢筋网→弹线→安装定位→灌水泥砂浆→整理、擦缝。

(1)钻孔、剔槽。安装前先将饰面板按照设计要求用台钻打眼，事先应钉木架使钻头直对板材上端面，在每块板的上、下两个面打眼，孔位打在距板宽的两端 1/4 处，每个面各打两个眼，孔径为 5 mm，深度为 12 mm，孔位距石板背面以 8 mm 为宜(指钻孔中心)。若大理石或预制水磨石、磨光花岗石板材的宽度较大，可以增加孔数。钻孔后用金刚錾子把石板背面的孔壁轻轻剔一道槽，深 5 mm 左右，连同孔洞形成象鼻眼，以备埋卧铜丝之用。

若饰面板规格较大，特别是预制水磨石和磨光花岗石板，如下端不方便栓绑镀锌铅丝或铜丝，也可在未镶贴饰面板的一侧，采用手提轻便小薄砂轮(4～5 mm)，按规定在板高的 1/4 处上、下各剔一道槽(槽长为 3～4 mm，槽深约为 12 mm，与饰面板背面打通，竖槽一般居中，也可偏外，但以不损坏外饰面和不泛碱为宜)，将镀锌铅丝或铜丝卧入槽内，便可与钢筋网拴绑固定。

(2)穿铜丝或镀锌铅丝。把备好的铜丝或镀锌铅丝剪成长 20 cm 左右，一端用木楔粘环氧树脂将铜丝或镀锌铅丝伸进孔内固定牢固，另一端将铜丝或镀锌铅丝顺孔槽弯曲并卧入槽内，使大理石或预制水磨石、磨光花岗石板上、下端面没有铜丝或镀锌铅丝凸出，以便与相邻石板接缝严密。

(3)绑扎钢筋网。首先剔出墙上的预埋筋，把墙面镶贴大理石或预制水磨石的部位清扫干净。绑扎一道竖向 Φ6 钢筋，并把绑好的竖筋用预埋筋弯压于墙面。横向钢筋为绑扎大理石或预制水磨石、磨光花岗石板材所用，如板材高度为 60 cm，第一道横筋在地面以上 10 cm 处与主筋绑牢，用作绑扎第一层板材的下口固定铜丝或镀锌铅丝。第二道横筋绑在 50 cm 水平线上 7～8 cm 且比石板上口低 2～3 cm 处，用于绑扎第一层石板上口固定铜丝或镀锌铅丝，再往上每 60 cm 绑一道横筋即可。

(4)弹线。首先将大理石或预制水磨石、磨光花岗石的墙面、柱面和门窗套用大线坠从上至下找出垂直(高层应用经纬仪找垂直)。应考虑大理石或预制水磨石、磨光花岗石板材的厚度、灌注砂浆的空隙和钢筋网所占尺寸，一般大理石或预制水磨石、磨光花岗石外皮距结构面的厚度应以 5～7 cm 为宜。找出垂直后，在地面上顺墙弹出大理石或预制水磨石板等外轮廓尺寸线(柱面和门窗套等同)。此线即第一层大理石或预制水磨石等的安装基准线。编好号的大理石或预制水磨石板等在弹好的基准线上画出就位线，每块留 1 mm 缝隙(如设计要求拉开缝，则按设计规定留出缝隙)。

(5)安装大理石或预制水磨石、磨光花岗石。按部位取石板并舒直铜丝或镀锌铅丝，将石板就位，石板上口外仰，右手伸入石板背面，把石板下口铜丝或镀锌铅丝绑扎在横筋上。绑扎时不要太紧，可留余量，只要把铜丝或镀锌铅丝和横筋拴牢即可(灌浆后即可锚固)，把石板竖起，便可绑扎大理石或预制水磨石、磨光花岗石板上口铜丝或镀锌铅丝，并用木楔子垫稳，块材与基层之间的缝隙(即灌浆厚度)一般为 30～50 mm。用靠尺板检查调整木楔，再拴紧铜丝或镀锌铅丝，依次向另一方进行。柱面可按顺时针方向安装，一般先从正面开始。第一层安装完毕再用靠尺板找垂直，用水平尺找平整，用方尺找阴、阳角方正，在安装石板时如石板规格不准确或石板之间的空隙不符，应用铅皮垫牢，使石板之间的缝隙均匀一致，并保持第一层石板上口的平直。找完垂直、平整、方正后，用碗调制熟石膏，把调成粥状的石膏贴在大理石或预制水磨石、磨光花岗石板上、下之间，使这两层石板结成一整体，在木楔处也可粘贴石膏，再用靠尺板检查有无变形，等石膏硬化后方可灌浆(如设计有嵌缝塑料软管者，应在灌浆前塞放好)。

(6)灌浆。把配合比为 1∶2.5 的水泥砂浆放入半截大桶加水调成粥状(稠度一般为 8～12 cm)，用铁簸箕舀浆徐徐倒入，注意不要碰大理石或预制水磨石板，边灌边用橡皮锤轻轻敲击石板面以灌入砂浆排气。第一层浇灌高度为 15 cm，不能超过石板高度的 1/3。第一层灌浆很重要，因为要锚固石板的下口铜丝又要固定石板，所以要轻轻操作，防止碰撞和猛灌。如发生石板外移错动，应立即拆除重新安装。

第一次灌入 15 cm 后停 1～2 h，等砂浆初凝，此时应检查是否有移动，再进行第二层灌浆，灌浆高度一般为 20～30 cm，待初凝后再继续灌浆。第三层灌浆至低于板上口 5～10 cm 处为止。

(7)擦缝。全部石板安装完毕，清除所有石膏和余浆痕迹，用麻布擦洗干净，并按石板颜色调制色浆嵌缝，边嵌边擦干净，使缝隙密实、均匀、干净、颜色一致。

(8)柱子贴面。安装柱面大理石或预制水磨石、磨光花岗石，其弹线、钻孔、绑钢筋和安装等工序与镶贴墙面方法相同，要注意灌浆前用木方子钉成槽形木卡子，双面卡住大理石板或预制水磨石板、磨光花岗石板，以防止灌浆时大理石或预制水磨石、磨光花岗石板外胀。

**2. 干挂法**

工业与民用建筑工程的内、外饰面板干挂工艺是利用耐腐蚀的螺栓和柔性连接件，将大理石、花岗石等饰面石材干挂在建筑结构的外表面，石材与结构之间留出 40～50 mm 的空腔。现在国内大型公共建筑的石材内外饰面板安装工程采取干挂工艺日趋普遍。

用此工艺做成的饰面，在风力和地震力的作用下允许产生适量的变位，以吸收部分风力和地震力，而不致出现裂纹和脱落。当风力和地震力消失后，石材也随结构而复位。该工艺与传统的湿作业工艺比较，免除了灌浆工序，可缩短施工周期、减轻建筑物自重、提高抗震性能，更重要的是能有效地防止灌浆中的盐碱等色素对石材的渗透污染，提高其装饰质量和观感效果。此外，由于季节性室外温差变化引起的外饰面胀缩变形，可能使饰面板脱落，这种工艺可有效地预防饰面板脱落伤人事故的发生。这种干挂饰面板安装工艺也可与玻璃幕墙或大玻璃窗、金属饰面板安装工艺等配套使用。

干挂法根据板材的加工形式分为普通干挂法和复合墙板干挂法(也称G·P·C法)。干挂法一般适用于钢筋混凝土外墙或有钢骨架的外墙饰面，不能用于砖墙或加气混凝土墙的饰面。

(1)普通干挂法。普通干挂法是直接在饰面板厚度面和反面开槽或孔，然后用不锈钢连接器与安装在钢筋混凝土墙体内的膨胀金属螺栓或钢骨架相连接。饰面板背面与墙面之间形成80～100 mm的空气层。板缝间加泡沫塑料阻水条，外用防水密封胶作嵌缝处理。该方法多用于厚度在30 mm以下的建筑外墙饰面。普通干挂法的施工关键是不锈钢连接器安装尺寸准确和板面开槽(孔)位置精确。金属连接器不能用普通的碳素角钢制作，因碳素钢耐腐蚀性差，使用中一旦发生锈蚀，将严重污染板面，尤其是受潮或漏水后会产生锈流纹，很难清洗。普通干挂法的构造如图8-5所示。

(2)复合墙板干挂法。复合墙板干挂是以钢筋细石混凝土作衬板，以磨光花岗石薄板为面板，经浇筑形成一体的饰面复合板，并在浇筑前放入预埋件，安装时用连接器将板材与主体结构的钢架相连接。可将复合墙板根据使用要求加工成不同的规格，常做成一开间一块的大型板材。加工时花岗石面板通过不锈钢连接环与钢筋混凝土衬板结牢，形成一个整体。为防止雨水的渗漏，上、下板材的接缝处设两道密封防水层，第一道在上、下花岗石面板间，第二道在上、下钢筋混凝土衬板间。复合墙板与主体结构间保持一空腔。该种做法的特点是施工方便、效率高、节约石材，但对连接件的质量要求较高。连接件可用不锈钢制作，国内有的施工单位也采用涂刷防腐防锈涂料后进行高温固化处理(400 ℃)的碳素钢连接件，其效果良好。花岗石复合墙板干挂法(G·P·C法)的构造如图8-6所示，该种方法适用于高层建筑的外墙饰面，高度不受限制。

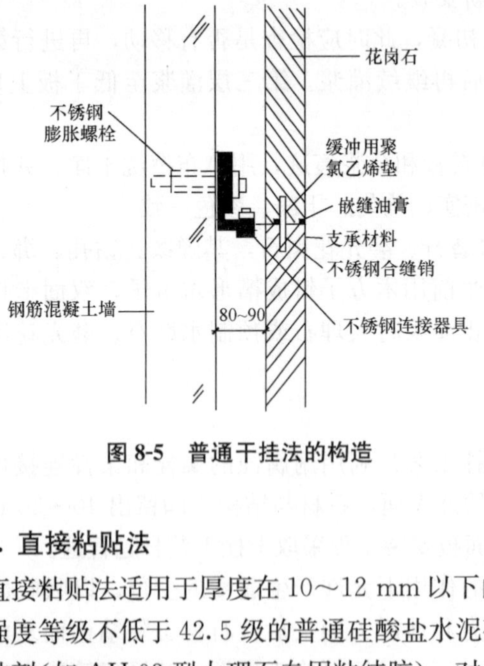


图8-5 普通干挂法的构造

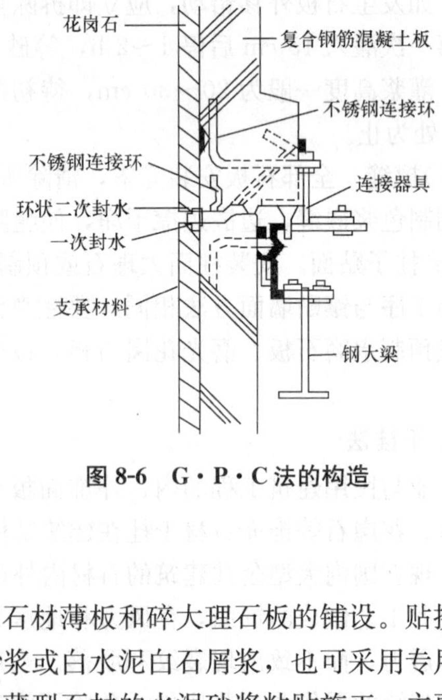


图8-6 G·P·C法的构造

### 3. 直接粘贴法

直接粘贴法适用于厚度在10～12 mm以下的石材薄板和碎大理石板的铺设。贴接剂可采用强度等级不低于42.5级的普通硅酸盐水泥砂浆或白水泥白石屑浆，也可采用专用的石材胶粘剂(如AH-03型大理石专用粘结胶)。对于薄型石材的水泥砂浆粘贴施工，主要应注意在粘贴第一皮时应沿水平基准线放一长板作为托底板，防止石板粘贴后下滑。粘贴顺序为由下至上逐层粘贴。

粘贴初步定位后，应用橡皮锤轻敲表面，以取得板面的平整和与水泥砂浆接合得牢固。每层用水平尺靠平，每贴三层应在垂直方向用靠尺靠平。使用胶粘剂粘贴饰面板时，特别要注意检查板材的厚度是否一致，如厚度不一致，应在施工前分类，粘贴时，不同墙面分贴不同厚度的板材。

**4. 金属饰面板施工**

目前生产金属饰面板的厂家较多，各厂的节点构造及安装方法存在一定差异，安装前应仔细了解。

(1)工艺流程。原则上是自下而上安装墙面。

吊直、套方、找规矩、弹线→ 固定骨架的连接件→ 固定骨架→ 金属饰面板安装→收口构造。

(2)工艺要点。

1)吊直、套方、找规矩、弹线。首先根据设计图纸的要求和几何尺寸，对镶贴金属饰面板的墙面进行吊直、套方、找规矩，并依次实测和弹线，确定饰面墙板的尺寸和数量。

2)固定骨架的连接件。骨架的横竖杆件是通过连接件与结构固定的，而连接件可以与结构的预埋件焊牢，也可以在墙上打膨胀螺栓。因后一种方法比较灵活，尺寸误差较小，容易保证位置的准确性，因而实际施工中采用得比较多。但使用此方法时需在螺栓位置画线并按线开孔。

3)固定骨架。应预先对骨架进行防腐处理。安装骨架位置要准确、结合要牢固。安装后应全面检查中心线、表面标高等。对高层建筑外墙，为了保证饰面板的安装精度，宜用经纬仪对横、竖杆件进行贯通。对变形缝、沉降缝等应妥善处理。

4)金属饰面板的安装。墙板的安装顺序是从每面墙的竖向第一排下部第一块板开始，自下而上安装。安装完该面墙的第一排再安装第二排。每安装铺设 10 排墙板后，应吊线检查一次，以便及时消除误差。为了保证墙面外观质量，螺栓位置必须准确，并采用单面施工的钩形螺栓固定，使螺栓的位置横平竖直。固定金属饰面板的常用方法主要有两种：一种是将板条或方板用螺丝钉拧到型钢或木架上，这种方法耐久性较好，多用于外墙；另一种是将板条卡在特制的龙骨上，此法多用于室内。

板与板之间的缝隙一般为 10～20 mm，多用橡胶条或密封垫弹性材料处理。当饰面板安装完毕，要注意将易被污染的部位用塑料薄膜覆盖保护。对易被划、碰的部位，应设安全栏杆保护。

5)收口构造。水平部位的压顶、端部的收口、伸缩缝的处理、两种不同材料的交接处理等，不仅关系到装饰效果，而且对使用功能也有较大的影响。因此，一般多用特制的两种材质性能相似的成型金属板进行妥善处理。

构造比较简单的转角处理方法，大多是用一条较厚的(1.5 mm)的直角形金属板，与外墙板用螺栓连接固定牢。

窗台、女儿墙的上部，均属于水平部位的压顶处理，可用铝合金板盖住，使之能阻挡风雨浸透。水平桥的固定，一般先在基层焊上钢骨架，然后用螺栓将盖板固定在骨架上。盖板之间的连接宜采取搭接的方法(高处压低处，搭接宽度符合设计要求，并用胶密封)。

墙面边缘部位的收口处理，是用颜色相似的铝合金成形板将墙板端部及龙骨部位封住。

墙面下端的收口处，是用一条特制的披水板，将板的下端封住，同时将板与墙之间的缝隙盖住，以防止雨水渗入室内。

伸缩缝、沉降缝的处理，首先要适应建筑物伸缩、沉降的需要，同时也应考虑装饰效果。另外，此部位也是防水的薄弱环节，对其构造节点应周密考虑。一般可用氯丁橡胶带起连接、密封作用。

墙板的内、外包角及钢窗周围的泛水板等需在现场加工的异形件，应参考图纸，对安装好的墙面进行实测并套足尺，确定其形状尺寸，使其加工准确、便于安装。

## 三、陶瓷面砖的施工工艺

### 1. 外墙面砖施工

(1)工艺流程。

基层处理→吊垂直、套方、找规矩→贴灰饼→抹底层砂浆→弹线分格→排砖→浸砖→镶贴面砖→面砖勾缝与擦缝。

(2)工艺要点。

1)基层为混凝土墙面时的操作方法。

①基层处理。首先将凸出墙面的混凝土剔平，对于大钢模施工的混凝土墙面应凿毛，并用钢丝刷满刷一遍，再浇水湿润。如果基层混凝土表面很光滑，也可采取“毛化处理”办法，即先将表面的尘土、污垢清扫干净，用10%的火碱水将板面的油污刷掉，随之用净水将碱液冲净、晾干，然后将1∶1的水泥细砂浆内掺水重20%的108胶，喷或用笤帚将其甩到墙上，其甩点要均匀，终凝后浇水养护，直至水泥砂浆疙瘩全部粘到混凝土光面上，并有较高的强度(用手掰不动)为止。

②吊垂直、套方、找规矩、贴灰饼。若建筑物为高层，应在四大角和门窗口边用经纬仪打垂直线找直；若建筑物为多层，可从顶层开始用特制的大线坠绷钢丝吊垂直，然后根据面砖的规格尺寸分层设点、做灰饼。横线则以楼层为水平基准线交圈控制，竖向线则以四周大角和通天柱或垛子为基准线控制，应全部是整砖。每层打底时则以此灰饼作为基准点进行冲筋，使其底层灰横平竖直。同时要注意找好凸出的檐口、腰线、窗台、雨篷等饰面的流水坡度和滴水线(槽)。

③抹底层砂浆。先刷一道掺水重10%的108胶水泥素浆，紧跟着分层分遍抹底层砂浆(常温时采用配合比为1∶3的水泥砂浆)，第一遍厚度为5 mm，抹后用木抹子搓平，隔天浇水养护。待第一遍六、七成干时，即可抹第二遍，厚度为8～12 mm，随即用木杠刮平，用木抹子搓毛，隔天浇水养护。若需要抹第三遍，其操作方法同第二遍，直至把底层砂浆抹平为止。

④弹线分格。待基层灰六、七成干时，即可按图纸要求进行分段分格弹线，同时，也可进行面层贴标准点的工作，以控制面层出墙尺寸及垂直度、平整度。

⑤排砖。根据大样图及墙面尺寸进行横、竖向排砖，以保证面砖缝隙均匀，符合设计图纸的要求，注意大墙面、通天柱和垛子要排整砖，在同一墙面上的横、竖排列，均不得有一行以上的非整砖。非整砖行应排在次要部位，如窗间墙或阴角处等，但也要注意一致和对称。如遇有凸出的卡件，应用整砖套割吻合，不得用非整砖随意拼凑镶贴。

⑥浸砖。外墙面砖镶贴前，首先要将面砖清扫干净，放入净水中浸泡2 h以上，取出后待表面晾干或擦干净，方可使用。

⑦镶贴面砖。镶贴应自上而下进行。高层建筑采取措施后，可分段进行。在每一分段或分块内的面砖，均为自下而上镶贴。从最下一层砖下皮的位置线稳好靠尺，以此托住第

一皮面砖。在面砖外皮上口拉水平通线，作为镶贴的标准。

在面砖背面可采用 1∶2 的水泥砂浆或 1∶0.2∶2 的(水泥∶白灰膏∶砂)混合砂浆镶贴，砂浆厚度为 6～10 mm，贴砖后用灰铲柄轻轻敲打，使之附线，再用钢片开刀调整竖缝，并用小杠通过标准点调整平面和垂直度。

女儿墙压顶、窗台、腰线等部位的平面也要镶贴面砖时，除流水坡度符合设计要求外，应采取平面面砖压立面面砖的做法，预防向内渗水，引起空裂；同时还应采取立面中最低一排面砖必须压底平面面砖，并低出底平面面砖 3～5 mm 的做法，让其超滴水线(槽)的作用，防止尿檐而引起空裂。

⑧面砖勾缝与擦缝。面砖铺贴拉缝时，用 1∶1 的水泥砂浆勾缝，先勾水平缝，再勾竖缝，勾好后要求凹进面砖外表面 2～3 mm。若横、竖缝为干挤缝，或长度小于 3 mm，应用白水泥配颜料进行擦缝处理。勾完面砖缝后，用布或棉丝蘸稀盐酸擦洗干净。

2)基层为砖墙面时的操作方法。

①抹灰前，墙面必须清扫干净并浇水湿润。

②大墙面和四角、门窗口边弹线找规矩，必须由顶层到底一次进行，弹出垂直线，并决定面砖出墙尺寸，分层设点、做灰饼。横线则以楼层为水平基线交圈控制，竖向线则以四周大角和通天垛、柱子为基准线控制。每层打底时则以此层灰饼作为基准点进行冲筋，使其底层灰横平竖直。同时要注意找好凸出檐口、腰线、窗台、雨篷等饰面的流水坡度。

③抹底层砂浆。先把墙面浇水湿润，然后用 1∶3 的水泥砂浆刮一道(约 6 mm 厚)，紧跟着用同强度等级的灰与所冲的筋抹平，随即用木杠刮平，用木抹搓毛，隔天浇水养护。

④～⑧同基层为混凝土墙面时的做法。

3)基层为加气混凝土墙面时，可酌情选用下述两种方法中的一种。

①用水湿润加气混凝土表面，修补缺棱掉角处。修补前，先刷一道聚合物水泥浆，然后用 1∶3∶9(水泥∶白灰膏∶砂子)的混合砂浆分层补平，隔天刷聚合物水泥浆并抹 1∶1∶6 的混合砂浆打底，用木抹子搓平，隔天浇水养护。

②用水湿润加气混凝土表面，在缺棱掉角处刷聚合物水泥浆一道，用 1∶3∶9 的混合砂浆分层补平，待干燥后，钉金属网一层并绷紧。在金属网上分层抹 1∶1∶6 的混合砂浆打底(最好采取机械喷射工艺)，砂浆与金属网应结合牢固，最后用木抹子轻轻搓平，隔天浇水养护。

其他做法同混凝土墙面。

4)夏季镶贴室外饰面砖，应有防止暴晒的可靠措施。

5)冬期施工。一般只在冬期初期施工，在严寒阶段不得施工。

①砂浆的使用温度不得低于 5 ℃，砂浆硬化前，应采取防冻措施。

②用冻结法砌筑的墙，应待其解冻后再抹灰。

③镶贴砂浆硬化初期不得受冻。气温低于 5 ℃时，室外镶贴砂浆内可掺入能降低冻结温度的外加剂，其掺量应由试验确定。

④为了防止灰层早期受冻，并保证操作质量，其砂浆不能使用白灰膏和 108 胶，可采用同体积粉煤灰代替或改用水泥砂浆抹灰。

**2. 内墙釉面砖镶贴**

镶贴前，应在水泥砂浆基层上弹线分格，弹出水平、垂直控制线。在同一墙面上的横、竖排列中，不宜有一行以上的非整砖，非整砖行应安排在次要部位或阴角处。在镶贴釉面砖的基层上用废面砖按镶贴厚度上、下、左、右做灰饼，并用托线板上、下校正垂直，横向用线绳拉平，按 1 500 mm 间距补做灰饼。阳角处做灰饼的面砖正面和侧边均应吊垂直，即双面挂直。

镶贴用砂浆宜采用 1∶2 的水泥砂浆，砂浆厚度为 6～10 mm。为改善砂浆的和易性，可掺不大于水泥重量 15%的石灰膏。釉面砖的镶贴也可采用专用胶粘剂或聚合物水泥浆，后者的配合比(质量比)为水泥∶108 胶∶水＝10∶0.5∶2.6。采用聚合物水泥浆不但可提高其粘结强度，而且可使水泥浆缓凝，有利于镶贴时的压平和调整操作。

釉面砖镶贴前应先湿润基层，然后以弹好的地面水平线为基准，从阳角开始逐一镶贴。镶贴时用铲刀在砖背面刮满粘贴砂浆，在四边抹出坡口，再准确置于墙面，用铲刀木柄轻击面砖表面，使其落实贴牢，随即将挤出的砂浆刮净。在镶贴过程中，随时用靠尺以灰饼为准检查平整度和垂直度。如发现高出标准砖面，应立即压挤面砖；如低于标准砖面，应揭下重贴，严禁从砖侧边挤塞砂浆。接缝宽度应控制在 1.0～1.5 mm，并保持宽窄一致。镶贴完毕，应用棉纱及时擦净表面余浆，并用薄皮刮缝，然后用同色水泥浆嵌缝。

镶贴釉面砖的基层表面遇到凸出的管线、灯具、卫生设备的支承等时，应用整砖套割吻合，不得用非整砖拼凑镶贴。同时在墙裙、浴盆、水池的上口和阴、阳角处应使用配件砖，以便过渡圆滑、美观，同时不易碰损。

**3. 陶瓷锦砖和玻璃锦砖的镶贴**

锦砖镶贴前的准备工作，如基层处理、弹线分格与镶贴外墙面砖和内墙釉面砖基本相同，只是由于锦砖的粘贴砂浆层较薄，故对找平层抹灰的平整度要求更高一些。弹线一般根据锦砖联的尺寸和接缝宽度(与线路宽度同)进行，水平线每联弹一道，垂直线可每 2～3 联弹一道。

不是整联的锦砖应排在次要部位，同时要避免非整块锦砖的出现。当墙面有水平、垂直分格缝时，还应弹出有分格缝宽度的水平、垂直线。一般情况下，分格缝是用与大面颜色不同的锦砖非整联载条，平贴嵌入大墙面形成线条，以增加建筑物墙面的立体感。

镶贴施工应由二人协同进行，一人先浇水润湿找平层，刷一道掺有 7%～10%的 108 胶的聚合物水泥浆，随即抹结合层的砂浆，厚度为 2～3 mm，用刮尺赶平，再用木抹子搓平。抹灰面积不宜过大，应边抹灰边贴锦砖。因结合层砂浆已局部将已弹好的控制线遮盖，为保持锦砖就位的准确，可根据找平层上已弹出的线用靠尺和木抹子在结合层上补划线。另一人将锦砖纸面朝下铺在平板上，用湿布擦净表面灰尘，满刮 1～2 mm 厚的聚合物水泥浆，边刮边向下挤压，水泥浆的水胶比宜为 0.30～0.35。因锦砖吸水率很低，水胶比过大会使水泥浆干缩加大，而且会使粘结层产生空鼓；采用较小的水胶比虽抹刮费力一些，但粘结效果易于保证。满刮水泥浆后，两手提起联的上边递给第一人，随即按控制线贴于墙面上，第一皮的下口要紧靠水平木托板之上，然后用拍板拍平、压实，最后用拍板靠放在锦砖上用小木槌满敲一遍，使其平整地紧贴于墙面之上。以下各联均按此方法依次镶贴。整个墙面的镶贴顺序为每段自下而上，而各段之间是从上至下。

镶贴后 0.5～1 h 即可在锦砖纸面上用软毛刷刷水浸润，待纸面颜色变深(一般需 20～30 min)便可揭纸，揭纸的方向应与铺贴面平行并靠近锦砖表面，这样可避免锦砖小块被揭起。揭纸后应及时清除锦砖表面的粘结糨糊，发现掉粒应及时补贴，有歪斜的可用拨刀拨正复位，并及时用拍板、木槌敲打平实，调整应在水泥初凝前完成。为保证锦砖缝隙完全被水泥浆填满，揭纸后可在表面用橡皮刮板刮些与原粘贴砂浆同颜色、同稠度的砂浆，并撒上少许细砂反复推擦，直至缝隙密实、表面洁净。擦缝后应及时清洗表面，隔日可喷水养护。

## 任务实施

### 一、实施环境及条件

高层板式住宅楼，建筑面积为 37 717.7 $m^2$。地下共两层，地下一层为设备层，层高为 3.9 m，地下二层为六级人防地下室，层高为3.3 m；地上共 23 层，均为单元式住宅，层高为 3.0 m，一梯两户，5 个单元，顶部电梯机房层高为 5.15 m，室内、外高差为 0.9 m。

### 二、实施步骤

该建筑室外混凝土墙面的大理石板材采用湿法安装(图 8-7)。

(1)按设计要求在混凝土墙体表面绑扎好钢筋网，钢筋网应与预埋铁环(或冲击电钻打孔预埋短钢筋)绑扎或焊接，如图 8-8 所示。

(2)用台钻在板厚的上、下两个面打眼，孔位距板宽两端 1/4 处，孔径为 5 mm，深为18 mm，并用金刚錾子把孔壁轻剔一道 5 mm 深的槽，将长 20 cm 左右的铜丝一端用木楔粘环氧树脂楔进孔内固定，另一端顺孔槽卧入槽内。

(3)从中间或一端开始，用铜丝把板材与钢筋骨架绑扎固定，板材与基层之间的缝隙为30 mm，上、下口的四角用石膏临时固定，板与板的接缝为干接，交接处应四角平整，用托线板靠直、靠平，用方尺找正阴、阳角。

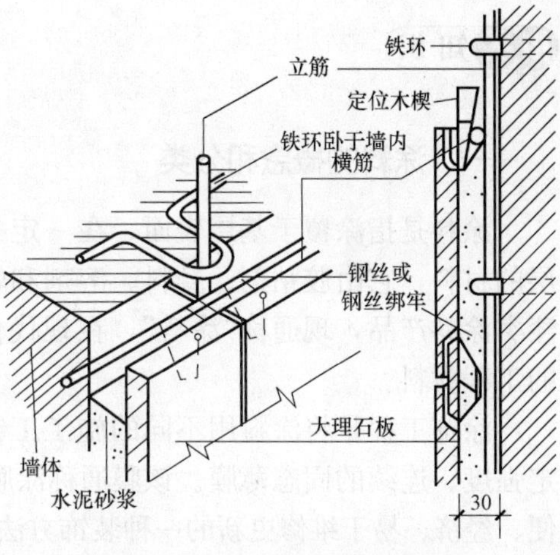


图 8-7　大理石板材湿法安装

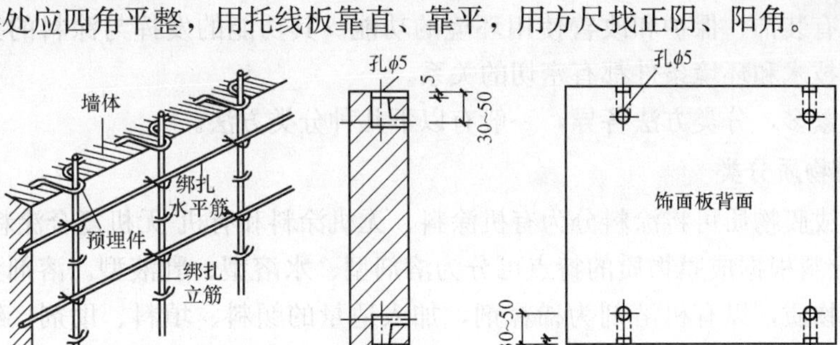


图 8-8　在墙体表面绑扎好钢筋网

(4)用 1∶2 的水泥砂浆调成粥状分层灌浆，第一次灌 15 cm 左右，间隔为 1～2 h，待砂浆初凝后再灌第二层，厚度为 20～30 cm，待初凝后再灌第三层，第三层灌浆应低于板材上口 5 cm。

(5)全部石板安装完毕，应清除所有石膏和余浆痕迹，按石板颜色调制色浆嵌缝，边嵌边擦干净，然后打蜡出光。

# 任务三　涂饰工程施工

**任务引入**

试完成任务 8.1 的住宅楼建筑室内混凝土墙面的涂饰施工作业。

**【任务分析】** 要完成该建筑室内混凝土墙面的涂饰施工，首先要清楚室内混凝土墙面的涂饰施工构造组成及其施工工艺流程、控制要点等。

**相关知识**

## 一、涂料的概念和分类

涂料是指涂覆于基层表面，在一定条件下可形成与基体牢固结合的连续、完整固体膜层的材料，它由胶粘剂、颜料、溶剂和辅助材料等组成。油漆是涂料的旧称，泛指油类和漆类涂料产品，现通称"涂料"，在现代化工产品的分类中属精细化工产品，是一类多功能的工程材料。

涂饰工程是将涂料用不同的施工工艺涂覆在建筑部件的表面，形成黏附牢固、具有一定强度、连续的固态薄膜。该膜通称涂膜，又称漆膜或涂层。涂料涂饰是建筑物内、外最简便、经济、易于维修更新的一种装饰方法，其色彩丰富、质感多变、耐久性好、施工效率高。

涂料用于建筑物在我国已有数千年的历史。近些年，我国建筑涂料工业得到了迅速发展，各种新型建筑涂料的需求不断增长，在实际应用中也显示了良好的技术经济效果。建筑涂料主要具有装饰、保护和改善使用环境的功能。其功能的发挥与涂料的技术性能、基层情况、施工技术和环境条件都有密切的关系。

涂料品种繁多，分类方法各异，一般有以下几种分类方法。

### 1. 按成膜物质分类

按涂料的成膜物质可将涂料分为有机涂料、无机涂料和有机-无机复合涂料。

(1)有机涂料根据成膜物质的特点可分为溶剂型、水溶型、乳液型。溶剂型涂料是以合成树脂为成膜物质，以有机溶剂为稀释剂，加入适量的颜料、填料、助剂，经研磨、分散而制成的涂料。传统的油漆也可归入这一类涂料。水溶型涂料是以水溶性合成树脂为成膜物质，加入水、颜料、填料、助剂，经研磨、分散而制成的涂料。乳液型涂料又称乳胶漆，是以合成树脂乳液为成膜物质，加入颜料、填料、助剂等辅助材料，经研磨、分散而制成的涂料。水溶型涂料和乳液型涂料又称为水性涂料。

(2)无机涂料是以碱金属硅酸盐或硅溶胶为成膜物质并加入相应的固化剂或有机合成乳液及辅助材料所制成的涂料，是一种水性涂料。其在耐热性、表面硬度、耐老化性方面优于有机涂料，但在柔性、光泽度和耐水性方面不及有机涂料。常见的无机建筑涂料有硅酸钾无机外墙涂料 JH80-1 型和硅溶胶类外墙涂料 JH80-2 型。

(3)有机-无机复合型涂料是既含有机高分子成膜物质，又含有无机高分子成膜物质的一种复合型涂料，其兼有有机涂料和无机涂料的特点。常用的品种有聚乙烯醇水玻璃内墙涂料(106 涂料)和多彩内墙涂料等，聚合物改性水泥浆涂料也可归于此类。

**2. 按使用部位分类**

根据在建筑物上使用部位的不同，建筑涂料可分为外墙涂料、内墙涂料、地面涂料和天棚涂料等。

**3. 按涂料膜层厚度、形状与质感分类**

按涂料膜层厚度涂料可分为薄质涂料、厚质涂料，薄质涂料主要有水性薄涂料、合成树脂乳液薄涂料、溶剂型(包括油性)薄涂料、无机薄涂料等；厚质涂料主要有合成树脂乳液厚涂料、合成树脂乳液砂壁状涂料、合成树脂乳液轻质厚涂料和无机厚涂料等。

按膜层的形状和质感涂料可分为平壁状涂层涂料、砂壁状涂层涂料、凹凸立体花纹涂料等。

**4. 按涂料的特殊使用功能分类**

按涂料的特殊功能，涂料可分为防火涂料、防水涂料、防腐涂料、弹性涂料等。

实际上，上述分类方法只是从某一角度出发，强调某一方面的特点。具体应用时，往往是将各种分类方法交织在一起，如薄涂料包括合成树脂乳液薄涂料、水溶型薄涂料、溶剂型薄涂料、无机薄涂料等，而厚涂料包括合成树脂乳液厚涂料、合成树脂乳液砂壁状厚涂料等。

## 二、涂饰工程的施工

**1. 涂饰工程的施工方法**

建筑涂料的基本施涂方法有刷涂、滚涂、喷涂、弹涂等。

(1)刷涂。刷涂是用毛刷、排笔在基层表面上人工进行涂料覆涂施工的一种方法。这种方法简单易学、适用性广、工具设备简单。除少数流平性差或干燥太快的涂料不宜采用刷涂外，大部分薄质涂料和厚质涂料均可采用。刷涂的顺序是先左后右，先上后下，先难后易，先边后面。一般是两道成活，高中级装饰可增加 1～2 道刷涂。刷涂的质量要求是薄厚均匀、颜色一致，无漏刷、流淌和刷纹，涂层丰富。

(2)滚涂。滚涂是利用软毛辊(羊毛或人造毛)、花样辊进行施工。该种方法具有设备简单、操作方便、工效高、涂饰效果好等优点。滚涂的顺序基本与刷涂相同，先将蘸有涂料的毛辊按倒进行 W 形滚动，把涂料大致滚在墙面上，接着将毛辊在墙的上、下、左、右平稳来回滚动，使涂料均匀滚开，最后再用毛辊按一定的方向滚动一遍。阴角及上、下口一般需事先用刷子刷涂。滚花时，花样辊应从左至右、从下向上进行操作。不够一个辊长的应留在最后处理，待滚好的墙面花纹干后，再用纸遮盖进行补滚。滚涂的质量要求是涂膜厚薄均匀、平整光滑、不流挂、不漏底，花纹图案完整清晰、匀称一致、颜色协调。

(3)喷涂。喷涂是利用喷枪(或喷斗)将涂料喷于基层上的机械施涂方法。其特点是外观质量好、工效高、适于大面积施工，可通过调整涂料的黏度、喷嘴口径大小及喷涂压力获得平壁状、颗粒状或凹凸花纹状的涂层。喷涂的压力一般控制在 0.3～0.8 MPa，喷涂时出料口应与被喷涂面保持垂直，喷枪移动速度应均匀一致，喷枪嘴与被喷涂面的距离应控制在 40～60 cm。喷涂行走路线可视施工条件，按横向、竖向或 S 形往返进行。喷涂时应先喷门、窗口等附近，后喷大面，一般两道成活，但喷涂复层涂料的主涂料时应一道成活。喷涂面的搭接宽度应控制为喷涂宽度的 1/3 左右。喷涂的质量要求为厚度均匀、平整光滑，不出现露底、皱纹、流挂、针孔、气泡和失光现象。

(4)弹涂。弹涂是借助专用的电动或手动的弹涂器，将各种颜色的涂料弹到饰面基层上，形成直径为2～8 mm、大小近似、颜色不同、互相交错的圆粒状色点或深浅色点相间的彩色涂层。需要压花或轧花的，可待色点两成干后轧压，然后进行罩面处理。弹涂饰面层粘结能力强，可用于各种基层，获得牢固、美观、立体感强的涂饰面层。弹涂首先要进行封底处理，可采用丙烯酸无光涂料刷涂，面干后弹涂色点浆。色点浆采用外墙厚质涂料，也可用外墙涂料和颜料现场调制。弹色点可进行1～3道，特别是第二、三道色点直接关系到饰面的立体质感效果，色点的重叠度以不超过60%为宜。

弹涂器内的涂料量不宜超过料斗容积的1/3。弹涂方向为自上而下呈圆环状进行，不得出现接槎现象。弹涂器与墙面的距离一般为250～350 mm，主要视料斗内涂料的多少而定，距离随涂料的减少而渐近，使色点大小保持均匀一致。

**2. 涂饰工程施工的基本工序**

涂饰工程施工的基本工序有：基层处理、打底子、刮腻子、磨光、涂刷涂料等。根据质量要求的不同，涂饰工程分为普通、中级和高级三个等级，为达到要求的质量等级，刮腻子、磨光、涂刷涂料等工序应按工程施工及验收规范的规定重复多遍。

(1)基层处理。要保证涂饰工程的施工质量，使其经久耐用，对基层的表面处理是关键。基层处理的好坏直接影响涂料的附着力、使用寿命和装饰效果，因此，涂饰工程施工前必须重视这一工序。不同的基体材料，表面处理的要求和方法也有所不同。

①混凝土及抹灰基层处理。对混凝土及抹灰(水泥砂浆、混合砂浆或石灰砂浆、石灰纸筋灰浆)基层的要求是：表面平整，阴、阳角密实；基层的pH值应在10以下；对于使用溶剂型涂料的基层，含水率应不大于8%，对于使用水溶型涂料的基层，含水率应不大于10%；抹灰平面应坚固结实，表面的油污、灰尘、溅沫及砂浆流痕等杂物应彻底清除干净。灰尘和其他附着物可用扫帚、毛刷等扫除。砂浆溅物、流痕及其他杂物可用铲刀、钢丝刷、錾子等工具清除。表面泛碱可用3%的草酸水溶液进行中和，再用清水冲洗干净。空鼓、酥裂、起皮、起砂应用铲刀、钢丝刷等清理后，用清水冲洗干净，再进行修补。对于旧浆皮，可刷清水以溶解旧浆料，然后用铲刀刮去。

②木质基层的处理。对于木质基层的要求是含水率不大于12%；表面平整，无尘土、油污等脏物；对基层表面的缝隙、毛刺、脂囊进行处理，然后用腻子刮平、打光。

油脂和胶渍可用温水、肥皂水、碱水等清洗，也可用酒精、汽油或其他溶剂擦拭掉，然后用清水洗刷干净。树脂可用丙酮、酒精、苯类或四氯化碳等去除，或用4%～5%的NaOH水溶液洗去。为防止木材内的树脂继续渗出，宜在清除树脂后的部位用一层虫胶漆封闭。

③金属基层处理。对金属基层表面的基本要求是表面平整，无尘土、油污、锈面、鳞皮、焊渣、毛刺和旧涂层。对于金属表面的锈层可用人工打磨、机械喷砂、喷丸(直径为0.2～1 mm的铁丸或钢丸)或化学除锈法清除。对于焊渣和毛刺可用砂轮机去除。

(2)打底子。在处理好的基层表面上刷底子油一遍(可适当加色)，并使其厚度均匀一致。目的是使基层表面有均匀吸收色料的能力，以保证整个油漆面的色泽均匀一致。

(3)刮腻子、磨光。腻子是由涂料、填料(石膏粉、大白粉)、水或松香水等拌制成的膏状物。刮腻子的目的是使表面平整。对于高级涂料需在基层上全面刮一层腻子，待其干后用砂纸打磨，然后满刮腻子，再打磨，至表面平整光滑为止。有时刮腻子与涂刷涂料交替进行。腻子磨光后，待表面清理干净，再涂刷一道涂料，以便节约涂料。所用腻子，应按基层、底涂料和面涂料的性质配套选用。

(4)外墙面涂饰的施工工艺见表 8-9。

**表 8-9　不同等级抹灰表面涂饰的主要工序**

| 工序 | 工序名称 | 中级涂装 | 高级涂装 | 工序 | 工序名称 | 中级涂装 | 高级涂装 |
|---|---|---|---|---|---|---|---|
| 1 | 清扫 | + | + | 9 | 复补腻子 | + | + |
| 2 | 填补缝隙、磨砂纸 | + | + | 10 | 磨光 | + | + |
| 3 | 第一遍满刮腻子 | + | + | 11 | 第二遍涂料 | + | + |
| 4 | 磨光 | + | + | 12 | 磨光 | + | + |
| 5 | 第二遍满刮腻子 |  | + | 13 | 第三遍涂料 | + | + |
| 6 | 磨光 |  | + | 14 | 磨光 |  | + |
| 7 | 干性油打底 | + | + | 15 | 第四遍涂料 |  | + |
| 8 | 第一遍涂料 | + | + |  |  |  |  |

注：1. 表中“+”号表示应进行的工序。

2. 如涂刷乳胶漆，在每一遍满刮腻子之前应刷一遍乳胶水溶液。

3. 第一遍满刮腻子前，如加刷干性油，应用油性腻子涂饰。

(5)内墙面涂饰的施工工艺见表 8-10。

**表 8-10　混凝土及抹灰内墙、天棚表面薄涂料工程的主要工序**

| 项次 | 工序名称 | 水性薄涂料 | | 乳液薄涂料 | | | 溶剂型薄涂料 | | | 无机薄涂料 | |
|---|---|---|---|---|---|---|---|---|---|---|---|
| | | 普通 | 中级 | 普通 | 中级 | 高级 | 普通 | 中级 | 高级 | 普通 | 中级 |
| 1 | 清扫 | + | + | + | + | + | + | + | + | + | + |
| 2 | 填补缝隙、局部刮腻 | + | + | + | + | + | + | + | + | + | + |
| 3 | 磨平 | + | + | + | + | + | + | + | + | + | + |
| 4 | 第一遍满刮腻子 | + | + | + | + | + | + | + | + | + | + |
| 5 | 磨平 | + | + | + | + | + | + | + | + | + | + |
| 6 | 第二遍满刮腻子 |  | + |  | + | + |  | + | + |  | + |
| 7 | 磨平 |  | + |  | + | + |  | + | + |  | + |
| 8 | 干性油打底 |  |  |  |  |  | + | + | + |  |  |
| 9 | 第一遍涂料 | + | + | + | + | + | + | + | + | + | + |
| 10 | 复补腻子 |  | + |  | + | + |  | + | + |  | + |
| 11 | 磨平(光) |  | + |  | + | + |  | + | + |  | + |
| 12 | 第二遍涂料 | + | + | + | + | + | + | + | + | + | + |
| 13 | 磨平(光) |  |  |  |  |  | + |  | + | + |  |
| 14 | 第三遍涂料 |  |  |  |  |  | + |  | + | + |  |
| 15 | 磨平(光) |  |  |  |  |  |  |  | + |  |  |
| 16 | 第四遍涂料 |  |  |  |  |  |  |  |  |  |  |

注：1. 表中“+”号表示应进行的工序。

2. 机械喷涂可不受表中涂料遍数的限制，以达到质量要求为准。

3. 高级内墙、天棚薄涂料工程，必要时可增加刮腻子的遍数及 1～2 遍涂料。

4. 石膏板内墙、天棚表面薄涂料工程的主要工序除板缝处理外，其他工序同本表。

5. 湿度较高或局部遇明水的房间，应用具有耐水性的腻子和涂料。

## 任务实施

### 一、实施环境及条件

高层板式住宅楼，建筑面积为 37 717.7 $m^2$。地下共两层，地下一层为设备层，层高为 3.9 m，地下二层为六级人防地下室，层高为 3.3 m；地上共 23 层，均为单元式住宅，层高为 3.0 m，一梯两户，5 个单元，顶部电梯机房层高为 5.15 m，室内、外高差为 0.9 m。

### 二、实施步骤

该建筑室内混凝土墙面涂饰工程施工的步骤为：

(1)选定涂料，如乳液型薄涂料、中级涂饰。

(2)混凝土墙面处理。清扫混凝土墙面，将灰尘和其他附着物用扫帚、毛刷等扫除；用铲刀、钢丝刷、錾子等工具清除砂浆溅物、流痕及其他杂物；若表面泛碱，可用 3%的草酸水溶液进行中和，再用清水冲洗干净，用铲刀、钢丝刷等清理空鼓、酥裂、起皮、起砂后，用清水冲洗干净，再进行局部刮腻子修补。

(3)磨平。待局部修补晾干后，进行打磨。

(4)第一遍满刮腻子。用刮腻子板满刮一遍，要刮光、刮平。

(5)磨平。满刮腻子干燥后用砂纸打磨，将野腻子磨掉、清扫并用湿布擦净。

(6)第二遍满刮腻子。大面用钢片刮板刮，要平整光滑；小面处用开刀刮，阴角要直。

(7)磨平。腻子干透后，用零号砂纸磨平、磨光，清扫并用湿布擦净。

(8)第一遍涂料。注意横平竖直涂刷，不得漏刷和流坠，待涂料干透后用磨砂纸打磨，清扫并用湿布擦净。

(9)复补腻子。如发现有不平之处，要及时复抹腻子，干燥后局部磨平、磨光，清扫并用湿布擦净。

(10)第二遍涂料。注意不得漏刷和流坠，干透后用磨砂纸打磨。

# 任务四　天棚工程施工

## 任务引入

试完成任务 8.1 的住宅楼建筑室内天棚工程的施工作业。

**【任务分析】** 要完成该建筑室内天棚工程的施工，首先要清楚室内天棚工程的构造组成及其施工工艺流程、控制要点等。

## 相关知识

### 一、天棚的概念和分类

天棚又名吊顶、平顶、天花板，是室内装饰工程的一个重要组成部分，其具有保温、隔热、隔声和吸声的作用，也是安装照明、暖卫、通风空调、通信和防火、报警管线设备的隐蔽层。

天棚有直接式天棚和悬吊式天棚两种形式。

(1)直接式天棚。按施工方法和装饰材料的不同可分为直接刷(喷)浆天棚、直接抹灰天棚、直接粘贴式天棚(用胶粘剂粘贴装饰面层)。

(2)悬吊式天棚。按结构形式分为活动式装配天棚、隐蔽式装配天棚、金属装饰板天棚、开敞式天棚和整体式天棚(灰板条天棚)等。

## 二、木骨架罩面板天棚施工

### 1. 工艺流程

弹天棚标高水平线→画龙骨分档线→安装管线设施→安装大龙骨→安装小龙骨→防腐处理→安装罩面板→安装压条。

### 2. 工艺要点

(1)弹天棚标高水平线。根据楼层标高水平线，顺墙高量至天棚设计标高，沿墙四周弹天棚标高水平线。

(2)画龙骨分档线。沿已弹好的天棚标高水平线，画好龙骨的分档位置线。

(3)天棚内管线的设施安装。在天棚施工前各专业的管线设施应按天棚的标高控制，按专业施工图安装完毕，并经打压试验和隐蔽验收。

(4)安装大龙骨。将预埋钢筋端头弯成环形圆钩，穿 8 号镀锌钢丝或用 $\phi6$、$\phi8$ 螺栓将大龙骨固定，未预埋钢筋时可用膨胀螺栓，并保证其设计标高。吊顶起拱应按设计要求，设计无要求时，一般为房间跨度的 1/300～1/200。

(5)安装小龙骨。

1)小龙骨底面应刨光、刮平，截面厚度应一致。

2)小龙骨间距应按设计要求，设计无要求时，应按罩面板规格决定，一般为 400～500 mm。

3)按分档线，先安装两根通长边龙骨，拉线找拱，各根小龙骨按起拱标高，通过短吊杆将小龙骨用圆钉固定在大龙骨上，吊杆要逐根错开，不得吊钉在龙骨的同一侧面上。通长小龙骨接头应错开，采用双面夹板用圆钉错位钉牢，接头两侧最少各钉两个钉子。

4)按通长小龙骨标高，在两根通长小龙骨之间，根据罩面板材的分块尺寸和接缝要求，在通长小龙骨底面横向弹分档线，按线以底找平钉固卡档小龙骨。

(6)防腐处理。天棚所有露明的铁件，钉罩面板前未作防锈处理的必须刷好防锈漆，木骨架与结构接触面应进行防腐处理。

(7)安装罩面板。在木骨架底面安装天棚罩面板。罩面板的品种较多，按设计要求的品种、规格和固定方式可分为圆钉钉固法、木螺丝拧固法、胶结粘固法三种方式。

1)圆钉钉固法。这种方法多用于胶合板、纤维板的罩面板安装。在已装好并经验收的木骨架下面，按罩面板的规格和拉缝间隙，在龙骨底面进行分块弹线，在吊顶中间顺通长小龙骨方向，先装一行罩面板作为基准，然后向两侧延伸安装。固定罩面板的钉距为 200 mm。

2)木螺钉固定法。这种方法多用于塑料板、石膏板、石棉板。在安装前罩面板四边按螺钉间距先钻孔，安装程序与方法基本上同圆钉钉固法。

3)胶结粘固法。这种方法多用于钙塑板，安装前板材应选配修整，使厚度、尺寸、边楞齐整一致。每块罩面板粘贴前应进行预装，然后在预装部位龙骨框底面刷胶，同时在罩面板四周刷胶，刷胶宽度为 10～15 mm，经 5～10 min 后，将罩面板压粘在预装部位。每间天棚先由中间行开始，然后向两侧分行逐块粘贴，胶粘剂应按设计规定，设计无要求时，应经试验选用，一般可用401胶。

(8)安装压条。木骨架罩面板天棚，设计要求采用压条做法时，待一间罩面板全部安装后，先进行压条位置弹线，按线进行压条安装。其固定方法一般同罩面板，钉固间距为300 mm，也可用胶结料粘贴。

## 三、轻钢骨架罩面板天棚施工

轻钢龙骨吊顶安装示意如图8-9所示。

**1. 工艺流程**

弹天棚标高水平线→画龙骨分档线→安装主龙骨吊杆→安装主龙骨→安装次龙骨→安装罩面板→刷防锈漆→安装压条。

**2. 工艺要点**

(1)弹天棚标高水平线。根据楼层标高水平线，用尺竖向量至天棚设计标高，沿墙、往四周弹天棚标高水平线。

(2)画龙骨分档线。按设计要求的主、次龙骨间距布置，在已弹好的天棚标高水平线上画龙骨分档线。

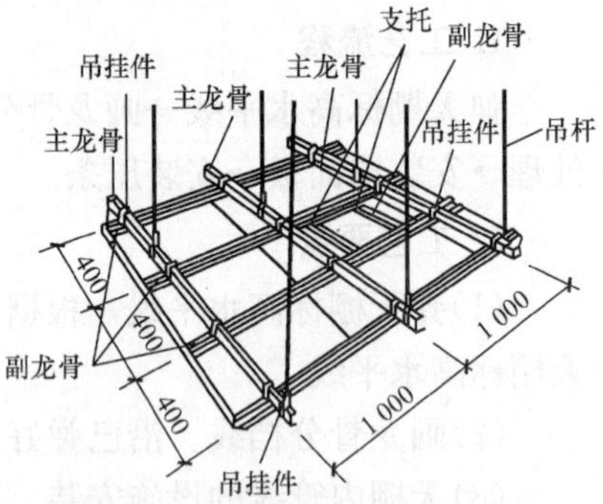


**图8-9　轻钢龙骨吊顶安装示意**

(3)安装主龙骨吊杆。弹好天棚标高水平线及龙骨分档线后，确定吊杆下端头的标高，按主龙骨位置及吊挂间距，将吊杆无螺栓丝扣的一端与楼板预埋钢筋连接固定。未预埋钢筋时可用膨胀螺栓。

(4)安装主龙骨。

1)配装吊杆螺母。

2)在主龙骨上安装吊挂件。

3)将组装好吊挂件的主龙骨，按分档线位置使吊挂件穿入相应的吊杆螺栓，拧好螺母。

4)在主龙骨相接处装好连接件，拉线调整标高、起拱和平直。

5)安装洞口附加主龙骨，按图集相应节点构造，设置连接卡固件。

6)钉固边龙骨，采用射钉固定。设计无要求时，射钉间距为1 000 mm。

(5)安装次龙骨。

1)按已弹好的次龙骨分档线，卡放次龙骨吊挂件。

2)按设计规定的次龙骨间距，将次龙骨通过吊挂件吊挂在大龙骨上，设计无要求时，一般间距为500～600 mm。

3)当次龙骨长度需多根延续接长时，用次龙骨连接件，在吊挂次龙骨的同时相接，调直固定。

4)当采用T形龙骨组成轻钢骨架时，次龙骨的卡档龙骨应在安装罩面板时，每装一块罩面板先后各装一根卡档次龙骨。

(6)安装罩面板。在安装罩面板前必须对天棚内的各种管线进行检查验收，并经打压试验合格后，才允许安装罩面板。天棚罩面板的品种繁多，一般在设计文件中应明确选用的种类、规格和固定方式。罩面板与轻钢骨架固定的方式分为罩面板自攻螺钉钉固法、罩面板胶结粘固法和罩面板托卡固定法三种。

1)罩面板自攻螺钉钉固法。在已装好并经验收的轻钢骨架下面，按罩面板的规格、拉缝间隙进行分块弹线，从天棚中间顺通长次龙骨方向先装一行罩面板作为基准，然后向两侧伸延分行安装，固定罩面板的自攻螺钉间距为150～170 mm。

2)罩面板胶结粘固法。按设计要求和罩面板的品种、材质选用胶结材料，一般可用401胶黏剂，罩面板应经选配修整，使厚度、尺寸、边楞一致、整齐。每块罩面板粘结时应预装，然后在预装部位龙骨框底面刷胶，同时在罩面板四周边宽10～15 mm的范围刷胶，经5 min后，将罩面板压粘在预装部位。每间天棚先由中间行开始，然后向两侧分行粘结。

3)罩面板托卡固定法。当轻钢龙骨为T形时，多用托卡固定法安装。

T形轻钢骨架通长次龙骨安装完毕，经检查标高、间距、平直度和吊挂荷载符合设计要求，垂直于通长次龙骨弹分块及卡档龙骨线。罩面板安装由天棚的中间行次龙骨的一端开始，先安装一根边卡档次龙骨，再将罩面板槽托入T形次龙骨翼缘或将无槽的罩面板安装在T形翼缘上，然后安装另一侧长档次龙骨。按照上述程序分行安装，最后分行拉线调整T形明龙骨。

(7)安装压条。罩面板天棚如设计要求有压条，待一间天棚罩面板安装后，经调整位置，使拉缝均匀、对缝平整，按压条位置弹线，然后接线进行压条安装。其固定方法宜用自攻螺钉，螺钉间距为300 mm，也可用胶结料粘贴。

(8)刷防锈漆。对轻钢骨架罩面板天棚，碳钢或焊接处未作防腐处理的表面(如预埋件、吊挂件、连接件、钉固附件等)，在各工序安装前应刷防锈漆。

## 四、暗龙骨吊顶工程质量要求

(1)暗龙骨吊顶工程主控项目见表8-11。

**表8-11　暗龙骨吊顶工程主控项目**

| 项次 | 项　目 | 检验方法 |
|---|---|---|
| 1 | 吊顶标高、尺寸、起拱和造型应符合设计要求 | 观察；尺量检查 |
| 2 | 饰面材料的材质、品种、规格、图案和颜色应符合设计要求 | 观察；检查产品合格证书、性能检测报告、进场验收记录和复验报告 |
| 3 | 暗龙骨吊顶工程的吊杆、龙骨和饰面材料的安装必须牢固 | 观察；手扳检查；检查隐蔽工程验收记录和施工记录 |
| 4 | 吊杆、龙骨的材质、规格、安装间距及连接方式应符合设计要求。金属吊杆、龙骨应经过表面防腐处理；木吊杆、龙骨应进行防腐、防火处理 | 观察；尺量检查；检查产品合格证书、性能检测报告、进场验收记录和隐蔽工程验收记录 |
| 5 | 石膏板的接缝应按其施工工艺标准进行板缝防裂处理。安装双层石膏板时，面层板与基层板的接缝应错开，并不得在同一根龙骨上接缝 | 观察 |

(2)暗龙骨吊顶工程一般项目见表8-12。

**表8-12　暗龙骨吊顶工程一般项目**

| 项次 | 项　目 | 检验方法 |
|---|---|---|
| 1 | 饰面材料表面应洁净、色泽一致，不得有翘曲、裂缝及缺损。压条应平直、宽窄一致 | 观察；尺量检查 |

续表

| 项次 | 项　目 | 检验方法 |
|---|---|---|
| 2 | 饰面板上的灯具、烟感器、喷淋头、风口篦子等设备的位置应合理、美观，与饰面板的交接应吻合、严密 | 观察 |
| 3 | 金属吊杆、龙骨的接缝应均匀一致，角缝应吻合，表面应平整，无翘曲、锤印。木质吊杆、龙骨应顺直，无劈裂、变形 | 检查隐蔽工程验收记录和施工记录 |
| 4 | 吊顶内填充吸声材料的品种和铺设厚度应符合设计要求，并应有防散落措施 | 检查隐蔽工程验收记录和施工记录 |

(3)暗龙骨吊顶工程安装的允许偏差和检验方法应符合表8-13的规定。

**表8-13　暗龙骨吊顶工程安装的允许偏差和检验方法**

| 项次 | 项　目 | 允许偏差/mm | | | | 检验方法 |
|---|---|---|---|---|---|---|
| | | 纸面石膏板 | 金属板 | 矿棉板 | 木板、塑料板、格栅 | |
| 1 | 表面平整度 | 3 | 2 | 2 | 2 | 用2 m靠尺和塞尺检查 |
| 2 | 接缝直线度 | 3 | 1.5 | 3 | 3 | 拉5 m线，不足5 m拉通线，用钢直尺检查 |
| 3 | 接缝高低差 | 1 | 1 | 1.5 | 1 | 用钢直尺和塞尺检查 |

## 五、明龙骨吊顶工程质量要求

(1)明龙骨吊顶工程主控项目见表8-14。

**表8-14　明龙骨吊顶工程主控项目**

| 项次 | 项　目 | 检验方法 |
|---|---|---|
| 1 | 吊顶标高、尺寸、起拱和造型应符合设计要求 | 观察；尺量检查 |
| 2 | 饰面材料的材质、品种、规格、图案和颜色应符合设计要求。当饰面材料为玻璃板时，应使用安全玻璃或采取可靠的安全措施 | 观察；检查产品合格证书、性能检测报告和进场验收记录 |
| 3 | 饰面材料的安装应稳固严密。饰面材料与龙骨的搭接宽度应大于龙骨受力面宽度的2/3 | 观察；手扳检查；尺量检查 |
| 4 | 吊杆、龙骨的材质、规格、安装间距及连接方式应符合设计要求。金属吊杆、龙骨应进行表面防腐处理；木龙骨应进行防腐、防火处理 | 观察；尺量检查；检查产品合格证书、进场验收记录和隐蔽工程验收记录 |
| 5 | 明龙骨吊顶工程的吊杆和龙骨安装必须牢固 | 手扳检查；检查隐蔽工程验收记录和施工记录 |

(2)明龙骨吊顶工程一般项目见表8-15。

**表8-15　明龙骨吊顶工程一般项目**

| 项次 | 项　目 | 检验方法 |
|---|---|---|
| 1 | 饰面材料表面应洁净、色泽一致，不得有翘曲、裂缝及缺损。饰面板与明龙骨的搭接应平整、吻合，压条应平直、宽窄一致 | 观察；尺量检查 |

续表

| 项次 | 项　目 | 检验方法 |
|---|---|---|
| 2 | 饰面板上的灯具、烟感器、喷淋头、风口篦子等设备的位置应合理、美观，与饰面板的交接应吻合、严密 | 观察 |
| 3 | 金属龙骨的接缝应平整、吻合、颜色一致，不得有划伤、擦伤等表面缺陷。木质龙骨应平整、顺直，无劈裂 | 观察 |
| 4 | 吊顶内填充吸声材料的品种和铺设厚度应符合设计要求，并应有防散落措施 | 检查隐蔽工程验收记录和施工记录 |

(3)明龙骨吊顶工程安装的允许偏差和检验方法应符合表 8-16 的规定。

**表 8-16　明龙骨吊顶工程安装的允许偏差和检验方法**

| 项次 | 项　目 | 允许偏差/mm | | | | 检验方法 |
|---|---|---|---|---|---|---|
| | | 石膏板 | 金属板 | 矿棉板 | 塑料板、玻璃板 | |
| 1 | 表面平整度 | 3 | 2 | 3 | 2 | 用 2 m 靠尺和塞尺检查 |
| 2 | 接缝直线度 | 3 | 2 | 3 | 3 | 拉 5 m 线，不足 5 m 拉通线，用钢直尺检查 |
| 3 | 接缝高低差 | 1 | 1 | 2 | 1 | 用钢直尺和塞尺检查 |

**任务实施**

## 一、实施环境及条件

高层板式住宅楼，建筑面积为 37 717.7 $m^2$。地下共两层，地下一层为设备层，层高为 3.9 m，地下二层为六级人防地下室，层高为 3.3 m；地上共 23 层，均为单元式住宅，层高为 3.0 m，一梯两户，5 个单元，顶部电梯机房层高为 5.15 m，室内、外高差为 0.9 m。

## 二、实施步骤

该建筑室内天棚工程的施工采用悬吊式吊顶。

工艺流程为：弹天棚标高水平线→画龙骨分档线→安装龙骨吊杆→安装主龙骨→安装次龙骨及配件→安装罩面板材。

(1)弹天棚标高水平线。根据室内墙面的“50 线”在墙面和柱面上复核量出天棚设计标高，沿墙四周弹出天棚标高水平线。

(2)画龙骨分档线。按设计要求的龙骨间距，在已弹好的天棚标高水平线上画龙骨分档线。

(3)安装龙骨吊杆。在吊点位置预埋胀管螺栓或吊钩、埋件，确定吊杆下端的标高，按龙骨位置及吊挂间距，将吊杆焊有角铁的一端与接板膨胀螺栓连接固定。吊杆距主龙骨端部距离不得大于 300 mm，吊杆长度大于 1.5 m 时，应设置反支撑；应对吊杆、埋件进行防锈处理。

(4)安装主龙骨。龙骨的安装可先安主龙骨后安次龙骨，也可主、次龙骨一起安装。大龙骨与吊杆固定时，应用双螺帽在螺杆穿过部位上、下固定，然后按标高线调整大龙骨的标高；大龙骨的接头位置不允许留在同一直线上，较大的房间应起拱，一般为 1/200。

(5)安装次龙骨。按弹好的次龙骨分档线卡放次龙骨吊挂件，将次龙骨通过吊挂件吊挂在主龙骨上，一般间距为 600 mm。次龙骨需接长时，用次龙骨连接件在吊挂次龙骨处相接，调直固定。龙骨的收边分格应放在不被人注意的部位或吊顶的四周。

(6)安装罩面板。罩面板需待天棚内的管线验收合格后方可安装。安装前应按罩面板的规格分块弹线，从天棚中间顺通长次龙骨方向先装一行罩面板作为基准，然后向两侧延伸分行安装，石膏板固定的自攻钉间距为 150～170 mm。

## 任务五　门窗工程施工

**任务引入**

试完成任务一的住宅楼建筑门窗安装工程的施工作业。

【任务分析】 要完成门窗安装工程的施工，首先要清楚门窗的种类和构造，熟悉门窗安装工程的施工工艺流程和控制要点等。

**相关知识**

常见的门窗类型有木门窗、钢门窗、塑料门窗、彩板门窗和特种门窗。门窗工程的施工可分为两类：一类是由工厂预先加工拼装成型，在现场安装；另一类是在现场根据设计要求加工制作，即时安装。

### 一、木门窗安装

#### 1. 工艺流程

弹线、找规矩→确定门窗框安装位置→决定安装标高→掩扇、门框安装样板→窗框、扇安装→门框安装→门扇安装。

#### 2. 工艺要点

(1)结构工程经过监督站验收达到合格后，即可进行门窗安装施工。首先，应从顶层用大线坠吊垂直，检查窗口位置的准确度，并在墙上弹出安装位置线，对不符线的结构边棱进行处理。

(2)根据室内 50 cm 的平线检查窗框安装的标高尺寸，对不符线的结构边棱进行处理。

(3)室内、外门框应根据图纸位置和标高安装，为保证安装牢固，应提前检查预埋木砖数量是否满足，高 1.2 m 的门口，每边预埋两块木砖；高 1.2～2 m 的门口，每边预埋木砖 3 块；高 2～3 m 的门口，每边预埋木砖 4 块，每块木砖上应钉 2 根长 10 cm 的钉子，将钉帽砸扁，顺木纹钉入木门框内。

(4)木门框安装应在地面工程和墙面抹灰施工以前完成。

(5)采用预埋带木砖的混凝土块与门窗框进行连接的轻质隔断墙，其混凝土块预埋的数量，也应根据门口高度设 2 块、3 块、4 块，用钉子将其与门框钉牢。采用其他连接方法的，应符合设计要求。

(6)做样板。把窗扇根据图纸要求安装到窗框上，此道工序称为掩扇。对掩扇的质量，按验评标准检查缝隙大小，五金安装位置、尺寸、型号以及牢固性，符合标准要求后作为样板，并以此作为验收标准和依据。

(7)弹线安装门窗框扇。应考虑抹灰层厚度，并根据门窗尺寸、标高、位置及开启方向，在墙上画出安装位置线。有贴脸的门窗立框时，应与抹灰面齐平；有预制水磨石窗台板的窗，应注意窗台板的出墙尺寸，以确定立框位置；中立的外窗，如外墙为清水砖墙勾缝，可稍移动，以盖上砖墙立缝为宜。窗框的安装标高，以墙上弹 50 cm 平线为准，用木楔将框临时固定于窗洞内，为保证相隔窗框的平直，应在窗框下边拉小线找直，并用铁水平将平线引入洞内作为立框时的标准，再用线坠校正吊直。黄花松窗框安装前，应先对准木砖位置钻眼，以便于钉钉。

(8)若隔墙为加气混凝土条板，应按要求的木砖间距钻 $\phi$30 mm 的孔，孔深为 7～10 cm，并在孔内预埋木橛粘 108 胶水泥浆打入孔中(木橛直径应略大于孔径 5 mm，以便其打入牢固)，待其凝固后，再安装门窗框。

(9)木门扇的安装。

1)先确定门的开启方向及小五金型号、安装位置，对开门扇扇口的裁口位置及开启方向(一般右扇为盖口扇)。

2)检查门口尺寸是否正确；边角是否方正，有无窜角。检查门口高度时应量门的两个立边，检查门口宽度时应量门口的上、中、下三点，并在扇的相应部位定点划线。

3)将门扇靠在框上画出相应的尺寸线。如果扇大，则应根据框的尺寸将大出的部分刨去；若扇小，应绑木条，且木条应绑在装合页的一面，用胶粘并用钉子打牢，要将钉帽砸扁，顺木纹送入框内 1～2 mm。

4)第一次修刨后的门扇应以能塞入口内为宜，塞好后用木楔顶住临时固定，按门扇与口边缝宽尺寸，画第二次修刨线，标出合页槽的位置(距门扇的上、下端各 1/10，且避开上、下冒头)。同时应注意口与扇安装的平整。

5)门扇第二次修刨，缝隙尺寸合适后，即安装合页。应先用线勒子勒出合页的宽度，根据上、下冒头 1/10 的要求，定出合页安装边线，分别从上、下边线往里量出合页长度，剔合页槽，以槽的深度来调整门扇安装后与框的平整，刨合页槽时应留线，不应剔得过大、过深。

6)合页槽剔好后，即安装上、下合页，安装时应先拧一个螺钉，然后关上门检查缝隙是否合适，口与扇是否平整，无问题后方可将螺丝钉全部拧上并拧紧。木螺钉应钉入全长的 1/3，拧入 2/3，如木门为黄花松或其他硬木，安装前应先打眼，眼的孔径为木螺丝直径的 90%，眼深为螺钉长的 2/3，打眼后再拧螺钉，以防安装劈裂或将螺钉拧断。

7)安装对开扇时，应将门扇的宽度用尺量好，再确定中间对口缝的裁口深度。如采用企口榫，对口缝的裁口深度及裁口方向应满足装锁的要求，然后将四周刨到准确尺寸。

8)五金安装应符合设计图纸的要求，不得遗漏，一般门锁、碰珠、拉手等距地高度为 95～100 cm，插销应在拉手下面，对开门装暗插销时，安装工艺同自由门。

9)安装玻璃门时，一般玻璃裁口在走廊内。厨房、厕所玻璃裁口在室内。

10)门扇开启后易碰墙，为固定门扇位置，应安装门碰头，对有特殊要求的关闭门，应安装门扇开启器，其安装方法参照“产品安装说明书”的要求。

**3. 木门窗制作与安装质量标准**

(1)主控项目。

1)木门窗的木材品种、材质等级、规格、尺寸、框扇的线型及人造木板的甲醛含量应符合设计要求。设计未规定材质等级时，所用木材的质量应符合《建筑装饰装修工程质量验收规范》(GB 50210—2001)附录A的规定。

2)木门窗应采用烘干的木材。

3)木门窗的防火、防腐、防虫处理应符合设计要求。

4)木门窗的结合处和安装配件处不得有木节或已填补的木节。木门窗如有允许限值以内的死节及直径较大的虫眼，应用同一材质的木塞加胶填补。对于清漆制品，木塞的木纹和色泽应与制品一致。

5)门窗框和厚度大于50 mm的门窗扇应用双榫连接。榫槽应采用胶料严密嵌合，并应用胶楔加紧。

6)胶合板门、纤维板门和模压门不得脱胶。胶合板不得刨透表层单板，不得有戗槎。制作胶合板门、纤维板门时，边框和横楞应在同一平面上，面层、边框及横楞应加压胶结。横楞和上、下冒头应各钻两个以上的透气孔，透气孔应通畅。

7)木门窗的品种、类型、规格、开启方向、安装位置及连接方式应符合设计要求。

8)木门窗框的安装必须牢固。预埋木砖的防腐处理和木门窗框固定点的数量、位置及固定方法应符合设计要求。

9)木门窗扇必须安装牢固，并应开关灵活、关闭严密、无倒翘。

10)木门窗配件的型号、规格、数量应符合设计要求，安装应牢固，位置应正确，功能应满足使用要求。

(2)一般项目。

1)木门窗表面应洁净，不得有刨痕、锤印。

2)木门窗的割角、拼缝应严密平整。门窗框、扇裁口应顺直，刨面应平整。

3)木门窗上的槽、孔应边缘整齐、无毛刺。

4)木门窗与墙体间缝隙的填嵌材料应符合设计要求，填嵌应饱满。寒冷地区外门窗(或门窗框)与砌体间的空隙应填充保温材料。

5)木门窗批水、盖口条、压缝条、密封条的安装应顺直，与门窗结合应牢固、严密。

## 二、硬PVC塑料门窗安装

### 1. 工艺流程

弹线、找规矩→门窗洞口处理→安装连接件的检查→塑料门窗外观检查→按图示要求运到安装地点→塑料门窗安装→门窗四周嵌缝→安装五金配件→清理。

### 2. 工艺要点

(1)本工艺应采用后塞口施工，不得先立口后进行结构施工。

(2)检查门窗洞口尺寸是否比门窗框尺寸大3 cm，否则应先进行剔凿处理。

(3)按图纸尺寸放好门窗框安装位置线及立口的标高控制线。

(4)安装门窗框上的铁脚。

(5)安装门窗框，并按线就位找好垂直度及标高，用木楔临时固定，检查正侧面垂直及对角线。合格后，用膨胀螺栓将铁脚与结构牢固固定好。

(6)嵌缝。门窗框与墙体的缝隙应按设计要求的材料嵌缝，如设计无要求，用沥青麻丝或泡沫塑料填实。表面用厚度为 5～8 mm 的密封胶封闭。

(7)门窗附件安装。安装时应先用电钻钻孔，再用自攻螺钉拧入，严禁用铁锤或硬物敲打，以防止损坏框料。

(8)安装后注意成品保护，防污染，防电焊火花烧伤、损坏面层。

**3. 塑料门窗安装质量标准**

(1)主控项目。

1)塑料门窗的品种、类型、规格、尺寸、开启方向、安装位置、连接方式及填嵌密封处理应符合设计要求，内衬增强型钢的壁厚及设置应符合国家现行产品标准的质量要求。

2)塑料门窗框、副框和扇的安装必须牢固。固定片或膨胀螺栓的数量与位置应正确，连接方式应符合设计要求。固定点应距窗角、中横框、中竖框 150～200 mm，固定点间距应不大于 600 mm。

3)塑料门窗拼樘料内衬增强型钢的规格、壁厚必须符合设计要求，型钢应与型材内腔紧密吻合，其两端必须与洞口固定牢固。窗框必须与拼樘料连接紧密，固定点间距应不大于 600 mm。

4)塑料门窗扇应开关灵活、关闭严密，无倒翘。推拉门窗扇必须有防脱落措施。

5)塑料门窗配件的型号、规格、数量应符合设计要求，安装应牢固，位置应正确，功能应满足使用要求。

6)塑料门窗框与墙体间缝隙应采用闭孔弹性材料填嵌饱满，表面应采用密封胶密封。密封胶应粘结牢固，表面应光滑、顺直、无裂纹。

(2)一般项目。

1)塑料门窗表面应洁净、平整、光滑，大面应无划痕、碰伤。

2)塑料门窗扇的密封条不得脱槽。旋转窗间隙应基本均匀。

3)塑料门窗扇的开关力应符合下列规定：

①平开门窗扇平铰链的开关力应不大于 80 N；滑撑铰链的开关力应不大于 80 N，并不小于 30 N。

②推拉门窗扇的开关力应不大于 100 N。

4)玻璃密封条与玻璃及玻璃槽口的接缝应平整，不得卷边、脱槽。

5)排水孔应畅通，位置和数量应符合设计要求。

6)塑料门窗安装的允许偏差和检验方法应符合表 8-17 的规定。

**表 8-17　塑料门窗安装的允许偏差和检验方法**

| 项次 | 项　目 | | 允许偏差/mm | 检验方法 |
|---|---|---|---|---|
| 1 | 门窗槽口的宽度、高度 | ≤1 500 mm | 2 | 用钢尺检查 |
| | | >1 500 mm | 3 | |
| 2 | 门窗槽口对角线长度差 | ≤2 000 mm | 3 | 用钢尺检查 |
| | | >2 000 mm | 5 | |
| 3 | 门窗框的正、侧面垂直度 | | 3 | 用 1 m 垂直检测尺检查 |
| 4 | 门窗横框的水平度 | | 3 | 用 1 m 水平尺和塞尺检查 |
| 5 | 门窗横框标高 | | 5 | 用钢尺检查 |
| 6 | 门窗竖向偏离中心 | | 5 | 用钢直尺检查 |

续表

| 项次 | 项目 | 允许偏差/mm | 检验方法 |
| --- | --- | --- | --- |
| 7 | 双层门窗内、外框间距 | 4 | 用钢尺检查 |
| 8 | 同樘平开门窗相邻扇高度差 | 2 | 用钢直尺检查 |
| 9 | 平开门窗铰链部位配合间隙 | +2；−1 | 用塞尺检查 |
| 10 | 推拉门窗扇与框搭接量 | +1.5；−2.5 | 用钢直尺检查 |
| 11 | 推拉门窗扇与竖框平行度 | 2 | 用1 m水平尺和塞尺检查 |

## 任务实施

### 一、实施环境及条件

高层板式住宅楼，建筑面积为37 717.7 $m^2$。地下共两层，地下一层为设备层，层高为3.9 m，地下二层为六级人防地下室，层高为3.3 m；地上共23层，均为单元式住宅，层高为3.0 m，一梯两户，5个单元，顶部电梯机房层高为5.15 m，室内、外高差为0.9 m。

### 二、实施步骤

**1. 材料准备**

铝合金门窗的规格、型号应符合设计要求，壁厚为1.4 mm，五金配件配套齐全，并具有出厂合格证、材质检验报告书，并加盖厂家印章。

铝合金门窗应进行抗风压、空气渗透和雨水渗透三项性能的检验，其各项性能应符合设计要求和有关标准的规定。防腐材料、填缝材料、密封材料等应符合设计要求和有关标准的规定，且应有产品的出厂合格证。密封条的规格、型号应符合设计要求，胶粘剂应与密封条的材质匹配，且具有产品的出厂合格证。

进场前应对铝合金门窗进行验收检查，不合格者不准进场。运到现场的铝合金门窗应分型号、规格堆放整齐，并存放于仓库内。搬运时应轻拿轻放，严禁抛掷。

**2. 主要机具准备**

主要机具包括：铝合金切割机、手电钻、冲击钻、圆锉刀、半圆锉刀、“十”字螺丝刀、划针、铁脚、圆规、钢尺、钢直尺、钢板尺、钻子等。

**3. 作业条件**

主体结构经有关质量部门验收合格，工种之间已办好交接手续。

检查门窗洞口尺寸及标高是否符合设计要求。有预埋件的门窗口还应检查预埋件数量、位置及埋设方法是否符合设计要求。检查两侧连接固定片位置与墙体预留孔洞位置是否吻合，若不吻合应提前剔凿处理，并应及时将孔洞内的杂物清理干净。

按图示尺寸弹好门窗中线，并弹好室内+50 cm水平线。外窗安装前应沿建筑物全高吊线或弹窗口边线，校核门窗洞口位置尺寸及标高是否符合设计图纸要求，如有问题应提前进行剔凿处理。检查铝合金门窗，按图纸要求核对型号，验收合格后才能安装。认真检查铝合金门窗的保护膜是否完整，如有破损应补粘后再安装。

**4. 施工工艺流程**

弹线找规矩→门窗洞口处理→门窗洞口内埋设连接铁件→铝合金门窗拆包检查→按图

纸编号运至安装地点→检查铝合金保护膜→铝合金门窗安装→门窗口四周嵌缝、填保温材料→清理→装五金配件→安装门窗密封毛条→质量检查。

**5. 工艺要点**

(1)弹线找规矩。在最高层找出门窗口位置后，以其门窗边线为标准，用特制大线坠将门窗边线下引，并在各层门窗口处划线标记，对个别不直的门窗口边应进行剔凿处理。门窗口的水平位置应以楼层+50 cm的水平线为标准，往上反量出窗下皮标高，弹线找直。每个房间都应保持窗下皮标高一致，同时每一层也应保持窗下皮标高一致。

(2)弹安装基准线。根据施工图纸和土建提供的洞口中心线及水平标高，弹出门窗安装位置线，同一楼层标高误差不超过±2.5 mm，各洞口中心线从顶层到底层偏差不超过±5 mm，进出基准面偏差不超过±2.5 mm。周边安装缝隙应满足塞缝施工和装饰要求，一般不小于25 mm，如预留塞缝部位尺寸大于40 mm或小于15 mm，土建总包单位应先行对门窗洞口进行处理。窗边结构均应进行处理(窗楣、窗槛及窗侧边均预留槽口)，为保证塞缝作业尺寸，有效防止渗漏及窗扇能够正常开启，必须按施工方案中设计塞缝的要求，根据所选铝窗系列的型材断面计算铝窗的实际下料尺寸。

(3)墙厚方向的安装位置。根据外墙大样图和窗台的宽度，确定铝合金窗在墙厚方向的安装位置。如外墙厚度有偏差，原则上要以同一楼层的窗台外露宽度一致为准，窗台板应以伸入铝合金窗的窗下5 mm为宜。

(4)铝合金窗台泛水。按设计图纸要求，做好门窗外窗台泛水，且要保证泛水坡度正确。

(5)防腐处理。对于门窗框两侧的防腐处理，如设计有要求，按设计要求执行；如设计无要求，可涂刷防腐材料，避免水泥砂浆直接与铝合金门窗表面接触，产生电化学反应而腐蚀铝合金门窗。安装铝合金门窗时若采用连接铁件进行固定，应进行防腐处理，防止产生电化学反应而腐蚀铝合金门窗，连接固定件壁厚为1.4 mm。

## 复习思考题

### 一、单选题

1. 装饰抹灰与一般抹灰的区别在于(　　)。

A. 面层不同　　B. 基层不同　　C. 底层不同　　D. 中层不同

2. 高级抹灰在墙中的总厚度为(　　)mm。

A. ≤18　　B. ≤20　　C. ≥20　　D. ≤25

3. 天棚为现浇混凝土板时，其抹灰总厚度不得大于(　　)mm。

A. 25　　B. 15　　C. 10　　D. 8

4. 一般抹灰通常分为三层施工，底层主要起(　　)的作用。

A. 找平　　B. 粘结　　C. 装饰　　D. 节约材料

5. 下列不属于涂料主要施工方法的是(　　)。

A. 弹涂　　B. 喷涂　　C. 滚涂　　D. 刷涂

6. 室外装饰工程必须采用的施工顺序是(　　)。

A. 自上而下　　B. 自下而上　　C. 同时进行　　D. 以上都不对

7. 同一层的室内抹灰施工，若考虑质量，一般采用(　　)。

A. 地面→天棚→墙面　　B. 地面→墙面→天棚

C. 天棚→墙面→地面　　D. 天棚→地面→墙面

## 二、多选题

1. 一般抹灰层的组成部分有(　　)。

A. 基层　　B. 底层

C. 找平层　　D. 中层

E. 面层

2. 下列属于装饰抹灰的有(　　)。

A. 水刷石　　B. 麻刀灰

C. 水磨石　　D. 斩假石

E. 弹涂饰面

3. 天然石板中常用的有(　　)。

A. 大理石面板　　B. 花岗石室面

C. 预制水磨石　　D. 水刷石

E. 釉面砖

4. 大规格饰面板的安装方法通常有(　　)。

A. 镶贴法　　B. 挂钩法

C. 湿挂法　　D. 胶黏法

E. 干挂法

5. 裱糊饰面常用的材料有(　　)。

A. 水玻璃　　B. 墙布

C. 壁纸　　D. 胶粘剂

E. 石灰浆

6. 在镶贴饰面砖前，应保持基层(　　)。

A. 干燥　　B. 干净

C. 平整　　D. 润湿

E. 光滑

## 三、简答题

1. 一般抹灰分为几级？有哪些具体要求？

2. 抹灰为什么要分层施工？一般抹灰各抹灰层的厚度有哪些要求？

3. 一般抹灰的主要施工方法及要求是什么？

4. 一般抹灰工程质量有哪些要求？

5. 简述花岗岩干挂法的施工要点。

6. 镶贴外墙面砖的主要工序有哪些？

7. 地面工程层次有哪些构成？面层施工分为哪几类？

8. 加气混凝土板隔墙施工的要点是什么？

9. 建筑涂料如何分类？

10. 简述彩板门窗的施工方法及质量要求。

11. 简述造成装饰质量问题的原因和防治措施。

# 项目九　钢结构工程施工

**知识目标**

1. 熟悉钢结构的优缺点；
2. 掌握钢结构工程的吊装工艺；
3. 掌握钢结构工程的施工顺序；
4. 熟悉钢结构工程施工中的常见问题、施工规范及质量验收规范。

**能力目标**

1. 能了解钢结构工程的概念与特点；
2. 能了解常见的钢结构形式；
3. 能掌握钢结构施工的顺序；
4. 能进行钢结构工程的施工现场准备。

## 任务一　钢结构认知

随着建筑技术的发展，钢结构材料与其他的结构材料相比，在结构性能、使用功能、经济效益与社会效益上有很大的优越性，越来越多的建筑采用钢结构。“十三五”规划《中共中央、国务院关于进一步加强城市规划建设管理工作的若干意见》提出，力争用10年左右的时间，使装配式建筑占新建建筑的比例达到30%，积极稳妥地推广钢结构建筑。未来钢结构有很大的发展空间。

### 一、钢结构的概念、特点及材料

#### 1. 钢结构的概念

钢结构是采用钢板或型钢加工成各种形状的构件(梁、板、柱、桁架)后，通过焊接、螺栓连接、铆接将钢构件按照一定的规律相互连接固定而成的承重结构物。

钢结构在工程中的应用很广泛：在房屋建筑中，如单层或多层的工业厂房、高层的钢结构建筑、大跨度的结构、悬索结构等；在公路建筑中，如大型的钢桥、桁架桥、悬索桥、斜张桥等；在高耸结构中，如输电线路塔、移动通信铁塔、广播电视塔等。

#### 2. 钢结构的特点

钢结构与其他结构相比具有以下特点：

(1)质量轻。当要承受相同的荷载时，钢结构要比其他类型结构轻很多。另外，钢结构的外维护结构都采用的是轻质构件，结构本身的自重与其他结构相比要轻很多。

(2)抗震性能好。由于钢材本身的塑性较好，在承受动荷载时，钢结构可以充分发挥钢材的塑性与韧性，增强钢结构工程的安全性与可靠性。

(3)制作简单、施工安装周期短。钢结构的构件，主要由钢板和型钢组成，大量的钢结构构件可在大型专业工厂中加工制作，质量可靠、精确度高。同时在施工安装时，仅需要焊接、螺栓连接、铆接，不需要养护等，大大节省了施工时间，缩短了工程周期。

(4)结构布置灵活。由于钢材本身优越的物理属性，钢结构可以广泛地应用于大跨度、大空间的建筑中，并且可以灵活地隔断空间，同时减小了钢柱、梁、墙等的占用面积。钢结构构件的占用面积约少于同类型钢筋混凝土结构构件占用面积的25%。

(5)节约环保。钢结构工程的施工现场，大多采用装配式连接，大大降低了沙石运输，混凝土、砂浆搅拌带来的粉尘污染，减少了建筑垃圾、噪声污染等。

虽然钢结构存在很多优势，但是它也有缺点：防火性能差，钢材在超过200 ℃时，其本身的强度会大大下降，当受热达到600 ℃时，钢材会进入塑性状态，失去承载能力；耐腐蚀性能差，钢材在潮湿环境中，特别是处于腐蚀性介质的环境中容易发生锈蚀；在使用期间需要定期维护，维护费用高。

**3. 钢结构的材料**

钢结构工程常用的材料有钢板、型钢、压型钢板、保温夹芯板以及各种连接材料。钢结构构件一般在工厂提前加工好，运输到现场安装。这里主要介绍钢结构的连接材料。

钢结构的连接方式有焊接、螺栓连接、铆接连接。焊接在钢筋工程中已经有过介绍，不再赘述。

铆接是利用铆钉将两个及以上的零构件(金属或型钢)连接为一个整体的连接方法。随着制作安装水平的不断提高，铆接在钢结构连接中逐渐被焊接所代替。

这里主要介绍螺栓连接。螺栓由螺杆和螺母两部分组成，螺栓根据其强度大小可以分为普通螺栓和高强度螺栓。

普通螺栓的外力通常是通过螺栓杆的受剪和连接板孔壁的承压来传递的，螺栓的紧固轴力比较小。普通螺栓按其加工制造的质量和精度公差不同可以分为A、B、C三个等级。A级加工精度最高，C级最差。A、B级螺栓称为精制螺栓，C级螺栓称为粗制螺栓。

高强度螺栓具有受力性能好、连接强度高、抗震性能好、耐疲劳、施工简单等特点，广泛地应用于钢结构中。高强度螺栓按照受力特点的不同可以分为摩擦型连接和承压型连接两种。根据螺栓的构造和施工方法的不同，高强度螺栓可以分为大六角头高强度螺栓和扭剪型高强度螺栓，如图9-1所示；按照性能等级其可以分为8.8级、10.9级、12.9级。目前，我国使用的大六角头高强度螺栓为8.8级和10.9级，扭剪型高强度螺栓只有10.9级一种。

(a)　　(b)

**图9-1　高强度螺栓**

(a)大六角头高强度螺栓；(b)扭剪型高强度螺栓

高强度螺栓连接的摩擦面需要通过处理以达到规范要求的抗滑移系数，抗滑移系数是使连接件摩擦面产生活动时的外力与垂直于摩擦面的螺母预拉力之和的比值，是影响承载力的重要因数。摩擦面的处理一般是和钢构件表面的处理一起进行的，处理过后不再进行涂装处理。

## 二、钢结构工程的基本构造

钢结构的应用越来越广泛，常用于建筑中的钢结构的基本形式有门式刚架轻型钢结构、钢框架结构、钢网架结构、索膜结构。

(1)门式钢架轻型钢结构主要是指承重结构为单跨或多跨的实腹式或格构式门式钢架，具有轻型屋盖和轻型外墙，内部空间宽、高、大，内部可以设置中、轻级工作制桥式起重机的钢结构形式。其主要用于单层工业厂房、民建超级市场、展览馆和库房等。

(2)门式刚架的结构形式多样，按跨度可以分为单跨、多跨等；按照屋面坡脊数可以分为多脊多坡、单脊双坡等，如图 9-2 所示。门式刚架结构的适用范围：跨度为 9～18 m，柱高为 4.5～6 m。

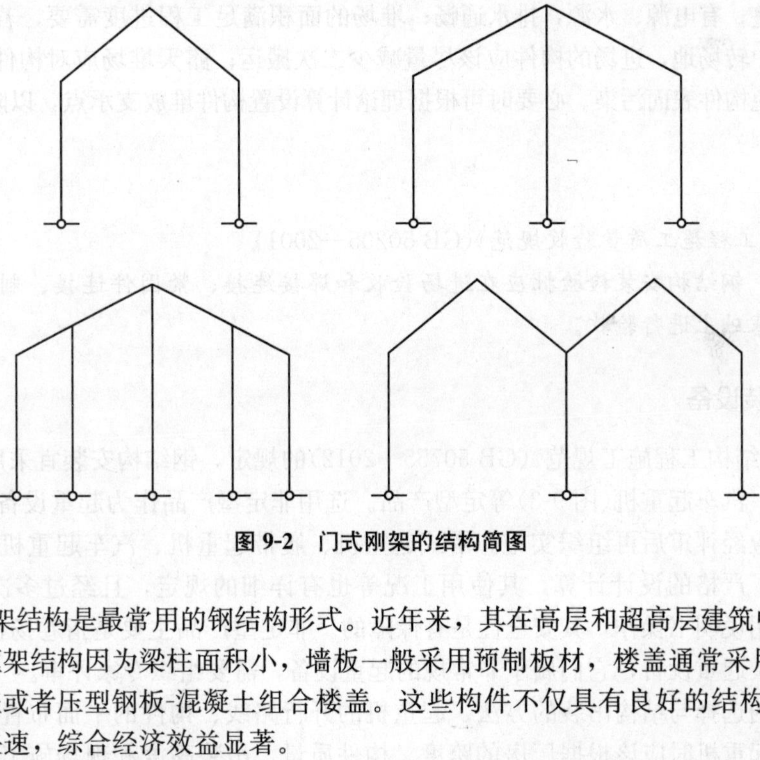

**图 9-2　门式刚架的结构简图**

(3)钢框架结构是最常用的钢结构形式。近年来，其在高层和超高层建筑中的应用越来越广泛。钢框架结构因为梁柱面积小，墙板一般采用预制板材，楼盖通常采用现浇钢筋混凝土组合楼盖或者压型钢板-混凝土组合楼盖。这些构件不仅具有良好的结构性能，同时，还更加高效快速，综合经济效益显著。

钢框架多用于大跨度公共建筑，工业厂房和一些对建筑空间、建筑体型有特殊要求的建筑物和构筑物中，如剧院、商场、展厅、体育馆等，并且越来越广泛地应用于高层和超高层建筑中。

(4)钢网架结构是由很多杆件从两个或者多个方向有规律地组成的高次超静定结构，能够承受来自各个方向的荷载。钢网架结构由各个杆件之间相互支撑，其刚度大、整体性好、抗震性能优良，既适用于小跨度结构，也适用于大跨度结构。由于钢网架结构的杆件规格统一，它适合工厂化生产。目前，钢网架结构主要用于体育馆、俱乐部、展览馆、剧院等。

# 任务二　钢结构安装施工

## 一、钢构件的进场检验

钢结构的构件大部分是由工厂制作完成送至施工现场，主要的构件有梁、柱、桁架、框架、球节点、杆件、支座等，监理人员首先应该检查材料保证书、工艺措施、各道工序的自检记录等，其次检查构件的外形尺寸、连接的相关位置及变形量等，确定所选用的钢材品种、规格、性能等是否符合国家标准或者行业标准。对于焊接材料的验收，其品种、规格、性能等需要符合现行国家产品标准和设计要求；对于重要的结构，焊接材料需要进行复检。对于紧固标准件的验收，应该检查随箱所带的合格证明文件和检验报告等，对于用于特别重要结构中的连接件，还应使用仪器进行检测。

根据《钢结构工程施工规范》(GB 50755—2012)的规定，钢结构安装现场应设置专门的构件堆场，并应采取防止构件变形及表面污染的保护措施。现场堆场应满足：运输车辆通行顺畅；场地平整；有电源、水源，排水通畅；堆场的面积满足工程进度需要，若现场不能满足要求可设置中转场地，进场的构件应该尽量减少二次搬运；露天堆场应对构件采取适当的覆盖措施，避免构件表面污染。必要时可根据理论计算设置构件堆放支承点，以防变形。

**规范学习**

《钢结构工程施工质量验收规范》(GB 50205—2001)

10.1.3　钢结构安装检验批应在进场验收和焊接连接、紧固件连接、制作等分项工程验收合格的基础上进行验收。

## 二、安装设备

根据《钢结构工程施工规范》(GB 50755—2012)的规定，钢结构安装宜采用塔式起重机、履带起重机、汽车起重机(图 9-3)等定型产品。选用非定型产品作为起重设备时，应编制专项方案，并应经评审后再组织实施。塔式起重机、履带起重机、汽车起重机等定型产品本身都已进行了严格的设计计算，其使用工况等也有详细的规定，且经过多次的工程实践，严格按照使用说明书操作，其安全性是有保障的。非定型产品主要是指卷扬机、液压油缸、千斤顶等吊装起重设备，它们属于非常规的起重设备，需要组织专家评审。

起重机的选择与结构吊装的方法、起重机的开行路线、构件的平面布置情况有直接关系。在选择起重机时应该根据厂房的跨度、构件质量、吊装高度和现场施工条件等进行综合考虑。

履带起重机的起重能力由起重量、起重高度与起重半径来表示，所选起重机的三个参数必须能够满足结构吊装的要求。

(1)起重量 $Q$。

$$Q \geqslant Q_1 + Q_2$$

式中　$Q_1$——构件重量；

　　　$Q_2$——索具重量。

图 9-3　常用的起重设备

(2)起重高度 $H$，即停机面至吊钩中心的垂直距离，如图 9-4 所示。

$$H=h_1+h_2+h_3+h_4$$

式中　$h_1$——停机面至安装支座的高度；

$h_2$——安装间隙(≥0.3 m)或安全距离(≥2.5 m)；

$h_3$——绑扎点至构件底面的尺寸；

$h_4$——索具高度。

(3)起重半径 $R$。当 $R$ 不受限制时，据所需 $Q$、$H$ 选机型后，查出相应允许的 $R$。当 $R$ 受场地安装位置限制时，先定 $R$ 再选能满足 $Q$、$H$ 要求的机械。

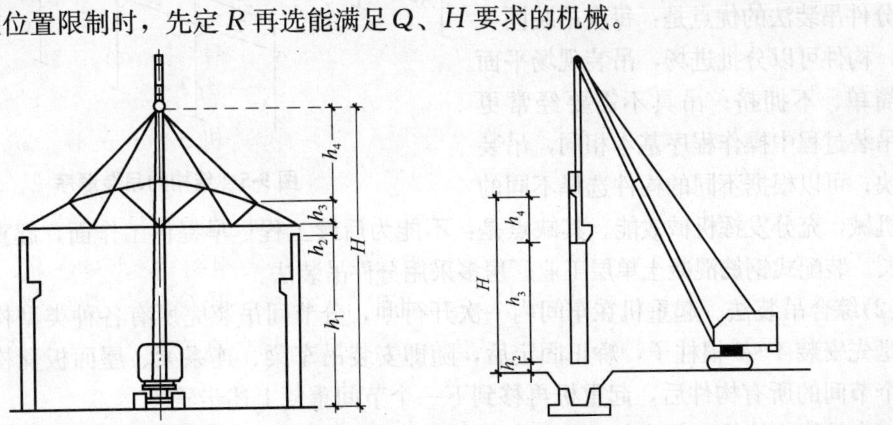


图 9-4　起重高度计算简图

履带式起重机的起重量、起重高度与起重半径三个工作参数相互影响制约，这主要与起重机的起重臂长度和仰角有关。当起重臂长度一定时，仰角增大，起重量和起重高度增加，但起重半径减小；当起重臂的仰角一定时，起重臂长度增大，起重半径和起重高度增加，但起重量减小。

根据《钢结构工程施工规范》(GB 50755—2012)的规定，钢结构吊装作业必须在起重设备的额定起重量范围内进行。钢结构吊装不宜采用抬吊。当构件质量超过单台起重设备的额定起重量范围时，可采用抬吊的方式吊装构件。采用抬吊方式时，应符合下列规定：

(1)起重设备应进行合理的负荷分配，构件质量不得超过两台起重设备额定起重量总和的75%，单台起重设备的负荷量不得超过额定起重量的80%。

(2)对吊装作业应进行安全验算并采取相应的安全措施，应有经批准的抬吊作业专项方案。

(3)吊装操作时应保持两台起重设备的升降和移动同步，两台起重设备的吊钩、滑车组均应基本保持垂直状态。

长时间使用可能导致吊具出现局部破损，继而威胁吊装作业的安全，因此，需定期检查吊装作业使用到的吊具，吊装用的钢丝绳、吊装带、卸扣、吊钩等吊具经检查合格后方可使用，并应在其额定许用荷载范围内使用。

## 三、结构安装吊装方法

单层工业厂房结构的吊装方法如下所述：

(1)分件吊装法。起重机在场地内每开行一次吊装一种或两种构件。在工程吊装过程中通常分三次开行，吊装全部构件。

第一次开行——安装全部柱子，并对柱子进行矫正和最后固定；第二次开行——安装全部吊车梁、连系梁以及柱间支撑；第三次开行——安装屋架、天窗架、屋面板及屋面支撑等。具体安装顺序如图9-5所示。

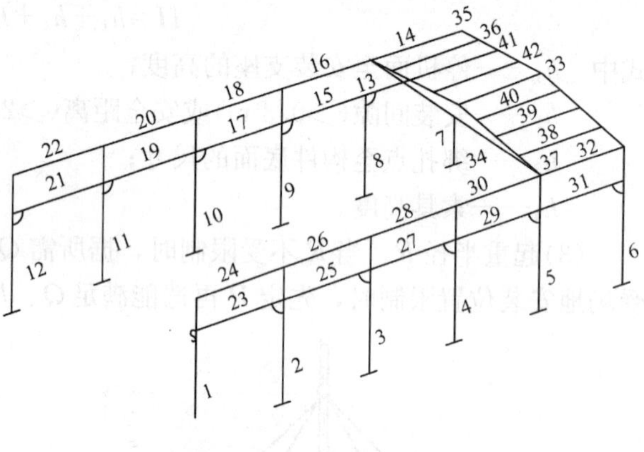


图9-5　结构的吊装顺序

分件吊装法的优点是：每次吊装同类构件，构件可以分批进场，吊装现场平面布置简单、不拥挤；吊具不需要经常更换；吊装过程中操作程序基本相同，吊装速度快；可以根据不同的构件选择不同的起重机械，充分发挥机械效能。其缺点是：不能为后续工程尽早提供工作面，起重机的开行路线长。装配式钢筋混凝土单层工业厂房多采用分件吊装法。

(2)综合吊装法。起重机在车间内一次开行中，分节间吊装完所有各种类型构件。具体做法是先安装4～6根柱子，矫正固定后，随即安装吊车梁、连系梁、屋面板凳构件，安装完一个节间的所有构件后，起重机再移到下一个节间重复上述步骤。

综合吊装法的优点是：起重机开行路线短，停机位置少，可以为后续工作创造工作面，使各工种能够交叉平行流水作业，加快工程进度。其缺点是：需要同时吊装各种构件，施工现场平面布置复杂，场面容易混乱。在采用综合吊装法前，应该进行严密的施工组织设计。

起重机的开行路线和停机位置与起重机的性能、构件尺寸及质量、构件平面布置、构件的供应方式、安装方法等许多因素有关。

吊装柱子时，可以根据跨度大小、柱子的尺寸、质量以及起重机的性能，沿跨中开行或跨边开行，如图 9-6 所示。

当起重机的起重半径 $R \geqslant L/2$($L$ 为厂房跨度)时，起重机可在跨中开行，在每个停机点吊装两根柱子，如图 9-6(a)所示。

当起重机的起重半径 $R \geqslant \sqrt{(L/2)^2+(b/2)^2}$($b$ 为柱距)时，起重机可在跨中开行，在每个停机点吊装四根柱子，如图 9-6(b)所示。

当起重机的起重半径 $R < L/2$ 时，起重机可在跨边开行，在每个停机点吊装一根柱子，如图 9-6(c)所示。

当起重机的起重半径 $R \geqslant \sqrt{a^2+(b/2)^2}$($a$ 为开行路线到跨边的距离)时，起重机可在跨内靠边开行，在每个停机点吊装两根柱子，如图 9-6(d)所示。

当柱子布置在跨外时，起重机一般沿跨外开行，停机位置与跨边开行相似。

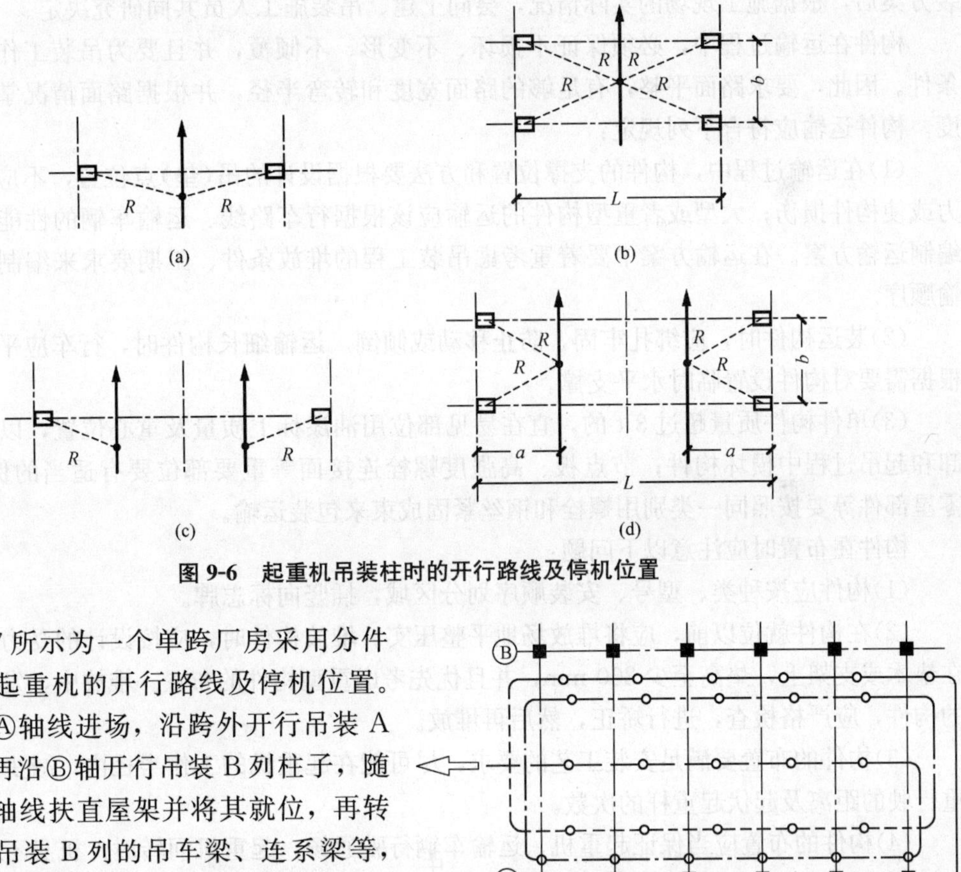


**图 9-6　起重机吊装柱时的开行路线及停机位置**

图 9-7 所示为一个单跨厂房采用分件吊装法时起重机的开行路线及停机位置。起重机从Ⓐ轴线进场，沿跨外开行吊装 A 列柱子，再沿Ⓑ轴开行吊装 B 列柱子，随后转到Ⓐ轴线扶直屋架并将其就位，再转到Ⓑ轴线吊装 B 列的吊车梁、连系梁等，接着再转到Ⓐ轴线吊装 A 列的吊车梁、连系梁等，最后转到跨中吊装屋盖系统。

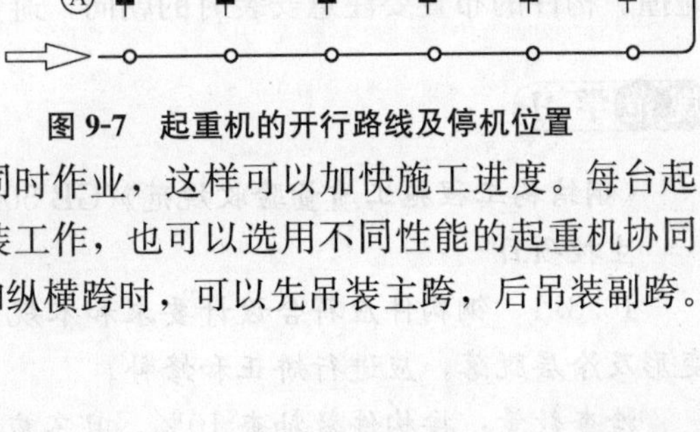


**图 9-7　起重机的开行路线及停机位置**

当单层厂房面积较大或跨数较多时，可以将建筑物划分成若干段，选用多台起重机同时作业，这样可以加快施工进度。每台起重机可以独立作业，完成一个施工段的全部吊装工作，也可以选用不同性能的起重机协同作业，组织大流水施工。当厂房具有多跨并列和纵横跨时，可以先吊装主跨，后吊装副跨。这样可以保证机械设备、运输车辆通行顺畅。

**规范学习**

《钢结构工程施工规范》(50755—2012)

11.1.5 钢结构安装应根据结构特点按照合理顺序进行，并应形成稳固的空间刚度单元，必要时应增加临时支承结构或临时措施。

## 四、构件的平面布置与运输堆放

单层工业厂房构件的平面布置是吊装工程中很重要的工作。构件布置合理，可以避免构件在场地内的二次搬运，不仅可以提高起重机械的效率，同时还可减少对构件的损害。构件的平面布置与吊装方法、起重机性能和构件制作方法有关，构件的布置应该在确定吊装方案后，根据施工现场的实际情况，会同土建、吊装施工人员共同研究决定。

构件在运输过程中，必须保证不损坏、不变形、不倾覆，并且要为吊装工作创造有利条件。因此，要求路面平整，有足够的路面宽度和转弯半径，并根据路面情况掌握行车速度。构件运输应符合下列规定：

(1)在运输过程中，构件的支撑位置和方法要根据设计的吊(垫)点位置，不应引起超应力或使构件损伤；大型或者重型构件的运输应该根据行车路线、运输车辆的性能等情况来编制运输方案。在运输方案中要着重考虑吊装工程的堆放条件、工期要求来编制构件的运输顺序。

(2)装运构件时，应绑扎牢固，防止移动或倾倒。运输细长构件时，行车应平稳，并可根据需要对构件设置临时水平支撑。

(3)单件构件质量超过 3 t 的，宜在易见部位用油漆标上质量及重心位置，以避免在装卸和起吊过程中损坏构件；节点板、高强度螺栓连接面等重要部位要有适当的保护措施，零星部件等要按照同一类别用螺栓和钢丝紧固成束来包装运输。

构件在布置时应注意以下问题：

(1)构件应按种类、型号、安装顺序划分区域，插竖向标志牌。

(2)在构件就位以前，应将堆放场地平整压实。堆放构件时，应按设计的受力情况搁置在垫木或支架上，垫高至少 200 mm，并且优先考虑重型构件的布置。堆放中，发现有变形的构件，应严格检查，进行矫正，然后再堆放。

(3)构件的布置要满足安装工艺的要求，尽可能在起重机的工作半径内，减少起重机负重行驶的距离及起伏起重杆的次数。

(4)构件的布置应当保证起重机、运输车辆行驶通畅。起重机回转时，机身不得与构件碰撞。构件的布置要注意安装时的朝向，避免在空中调向，影响进度与安全。

**规范学习**

《钢结构工程施工质量验收规范》(GB 50205—2001)

主控项目

10.3.1 钢构件应符合设计要求和本规范的规定。对运输、堆放和吊装等造成的构件变形及涂层脱落，应进行矫正和修补。

检查数量：按构件数抽查 10%，且不应少于 3 件。

检查方法：用拉线、钢尺现场实测或观察。

## 五、单层工业厂房结构吊装

### (一)安装准备

为保证钢结构工程的吊装质量，确保吊装过程顺利安全地进行，根据《钢结构工程施工规范》(GB 50755—2012)的规定，吊装前应做好准备工作。

**1. 场地清理与道路的修筑**

吊装构件之前，按照现场平面施工布置图，标出起重机的开行路线，清理路线上的杂物，将道路平整压实，并做好排水工作。如遇到松软土或回填土，应铺设枕木或厚钢板。

**2. 构件的检查与清理**

为保证工程质量，对现场所有的构件要进行全面检查，包括检查构件的型号、数量、外形、截面尺寸等，如有偏差，应在吊装前设法消除。吊装构件前应清除表面上的油污、冰雪、泥沙和灰尘等杂物，并应做好轴线和标高标记。检查构件的外形尺寸、钢筋的搭接、预埋件的位置及大小。检查构件的表面有无损伤、缺陷、变形、裂缝，吊环的位置有无变形。钢结构构件应按安装顺序，成套运送到安装地点。在装卸、运送、堆放和吊装过程中不得损坏构件，并应采取防止变形的必要措施。

钢结构柱脚板与基础面之间的垫铁应垫平、垫实，每组垫铁不宜超过 3 块。钢结构在找正和拧紧地脚螺栓后，应用相应的焊条将垫铁组点焊牢固。

在构件上设置吊装耳板或吊装孔可降低钢丝绳绑扎难度、提高施工效率、保证施工安全。在不影响主体结构的强度和建筑外观及使用功能的前提下，可保留吊装耳板和吊装孔。吊装耳板和吊装孔宜对称地设置在构件重心的两侧，并应避免吊装过程中构件受力过大，产生不可逆的塑性变形或倾翻，甚至折断，如图 9-8 所示。

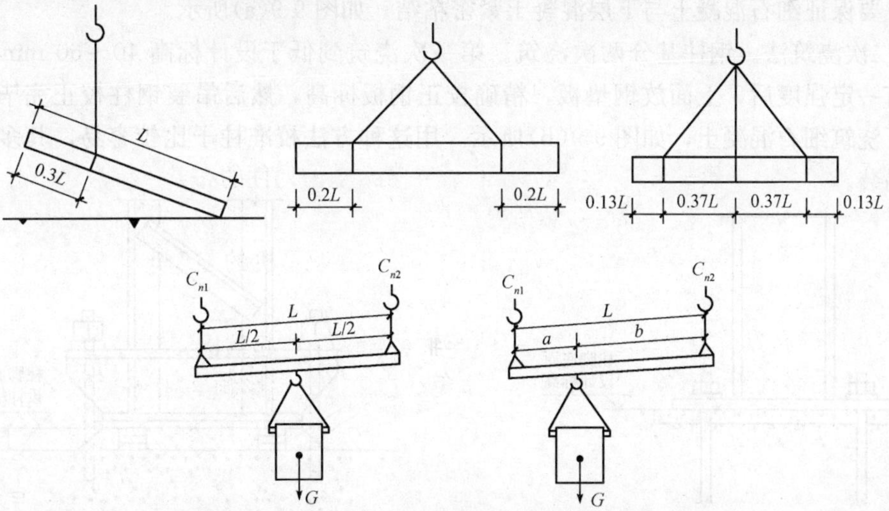


**图 9-8　构件上设置吊装耳板或吊装孔时的吊装示意**

**规范学习**

《钢结构工程施工规范》(GB 50755—2012)

11.1.7 钢结构吊装宜在构件上设置专门的吊装耳板或吊装孔。设计文件无特殊要求时，吊装耳板和吊装孔可保留在构件上；若需去除耳板，可采用气割或碳弧气刨方式在离母材 3～5 mm 的位置切除，严禁采用锤击方式去除。

**3. 基础的验收检查**

在安装钢结构前，必须办理工序交接手续，并取得基础验收合格的技术资料。钢柱基的顶面通常设计为一平面，通过地脚螺栓将钢柱基连成整体。施工时应保持基础顶面标高及地脚螺栓位置准确。根据基础验收合格的技术资料对下列项目进行实测复核：

(1)基础相邻行(列)轴线距的允许偏差为±3 mm，两端轴线距的允许偏差为±5 mm。

(2)基础的两对角线之差不应大于 5 mm。

(3)基础表面标高的允许偏差为 0～−10 mm。

(4)地脚螺栓顶端标高的允许偏差为+10～0 mm，不垂直度不应大于地脚螺栓长度的 0.5%，中心位置(在根部测量)的允许偏差为±2 mm。

安装前基础表面应进行修整，铲好麻面，放置垫铁处应铲平。应将地脚螺栓预留孔内的杂物清除干净。地脚螺栓和螺母应选配，松紧适度，无乱扣、缺丝及裂纹等缺陷。在安装地脚螺栓前应将油脂和污垢清除干净。

为保持基础顶面标高的准确，施工时可采用一次浇筑法或二次浇筑法进行，在施工时可用角钢做成固定支架，将地脚螺栓安置在与基础模板分开的固定支架上。

(1)一次浇筑法。先将基础混凝土浇灌到低于设计标高 40～60 mm 处，然后用细石混凝土精确找平至设计标高，以保证基础顶面标高的准确。这种方法要求钢柱制作尺寸十分准确，且要保证细石混凝土与下层混凝土紧密粘结，如图 9-9(a)所示。

(2)二次浇筑法。钢柱基分两次浇筑。第一次浇筑到低于设计标高 40～60 mm 处，待混凝土有一定强度后，上面放钢垫板，精确校正钢板标高，然后吊装钢柱校正完毕，在柱脚钢板下浇筑细石混凝土，如图 9-9(b)所示。用这种方法校准柱子比较容易，其多用于重型钢柱吊装。

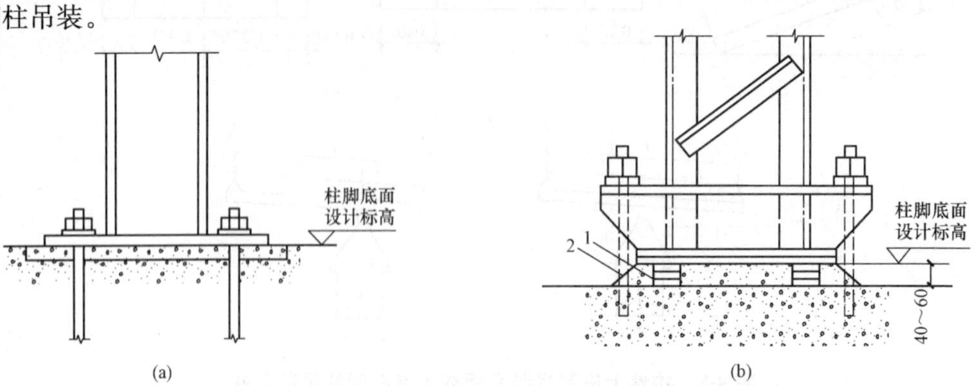


**图 9-9 基础顶面标高调整示意**

(a)钢柱基的一次浇筑法；(b)钢柱基的二次浇筑法

1—调整柱子用的钢板；2—柱子安装后浇筑的细石混凝土

当基础采用二次浇筑混凝土施工时，钢柱脚应采用钢垫板或坐浆垫板作支撑。垫板应设置在靠近地脚螺栓的柱脚底板加劲板或柱肢下，每根地脚螺栓侧应设 1～2 组垫块，每组垫板不得多于 5 块。垫板与基础面和柱底面的接触应平整、紧密。当采用成对斜垫板时，其叠合长度不应小于垫板长度的 2/3；当采用坐浆垫板时，应采用无收缩砂浆。吊装柱子前，砂浆试块强度应高于基础混凝土强度一个等级。

**4. 构件的弹线**

在钢柱的底部和上部标出两个方向的轴线，在底部适当高度标出标高准线，以便校正钢柱的平面位置、垂直度、屋架和吊车梁的标高等。对不易辨别上下、左右的构件，应在构件上加以标明，以免吊装时出错。

**5. 构件的运输、堆放**

钢构件应根据施工组织设计要求的施工顺序，分单元成套供应。运输时，应根据构件的长度、质量选择车辆；钢构件在运输车辆上的支点、两端伸出的长度及绑扎方法均应保证构件不产生变形、不损伤涂层。

**规范学习**

《钢结构工程施工质量验收规范》(GB 50205—2001)

10.2　基础和支承面

主控项目

10.2.1　建筑物的定位轴线、基础轴线和标高、地脚螺栓的规格及其紧固应符合设计要求。

检查数量：按柱基数抽查 10%，且不应少于 3 个。

检验方法：用经纬仪、水准仪、全站仪和钢尺现场实测。

10.2.2　基础顶面直接作为柱的支承面和基础顶面预埋钢板或支座作为柱的支承面时，其支承面、地脚螺栓(锚栓)位置的允许偏差应符合表 9-1 的规定。

检查数量：按柱基数抽查 10%，且不应少于 3 个。

检验方法：用经纬仪、水准仪、全站仪、水平尺和钢尺实测。

**表 9-1　支承面、地脚螺栓(锚栓)位置的允许偏差**　mm

| 项目 | | 允许偏差 |
|---|---|---|
| 支承面 | 标高 | ±3.0 |
| | 水平度 | $l$/1 000 |
| 地脚螺栓(锚栓) | 螺栓中心偏移 | 5.0 |
| 预留孔中心偏移 | | 10.0 |

10.2.3　采用坐浆垫板时，坐浆垫板的允许偏差应符合表 9-2 的规定。

检查数量：资料全数检查。按柱基数抽查 10%，且不应少于 3 个。

检验方法：用水准仪、全站仪、水平尺和钢尺现场实测。

表 9-2 座浆垫板的允许偏差 mm

| 项目 | 允许偏差 |
|---|---|
| 顶面标高 | 0.0<br>−3.0 |
| 水平度 | $l$/1 000 |
| 位置 | 20.0 |

## (二)构件安装

### 1. 柱的吊装

构件的吊装工艺包括吊升、对位、临时固定、校正及最后固定等工序。

吊装柱前应设置标高观测点和中心线标志，并且与土建工程一致。标高观测点的设置应以牛腿支撑面为基准，设在柱的便于观测处，若无牛腿柱，以柱顶端与桁架连接的最后一个安装孔中心为基准。中心线标志的设置应符合下列规定：

(1)在柱地板的上表面行线方向设一个中心标志，在列线方向两侧各设一个中心标志。

(2)在柱身表面的行线和列线方向各设一条中心线，每一条中心线在柱底部、中部(牛腿或肩梁部)和顶部各设置一处中心标志。

(3)双牛腿(肩梁)柱在行线方向两个柱身表面分别设置中心标志。

吊装多节柱时，应将柱组装后再整体吊装。钢柱安装的允许偏差应符合规范的规定。

(1)钢柱的吊升。钢柱的吊升可采用自行式或塔式起重机，用旋转法或滑行法吊升。当钢柱较重时，可采用双机抬吊，即用一台起重机抬柱的上吊点，用一台起重机抬柱的下吊点，采用双机并立相对旋转法进行吊装。

(2)钢柱的临时固定。吊装柱屋架、吊车梁后，应进行总体调整，然后固定连接。固定连接后还应进行复测，若误差超限应进行调整。对于细长柱子，吊装后应增加临时固定措施。柱间支撑的吊装还应在柱子找正后进行。只有在确保柱子垂直度的情况下，才可安装柱间支撑。

(3)钢柱的校正与固定。临时固定好柱子后，应对柱进行全面检查(平面位置、标高和垂直度等)并进行校正。钢柱的校正内容包括平面位置、垂直度、标高。平面位置的校正应用经纬仪从两个方向检查钢柱的安装准线。在吊升前安放标高控制块以控制钢柱底部标高。垂直度的校正用经纬仪检验，如超过允许偏差，用千斤顶进行校正。在校正过程中，随时观察柱底部和标高控制块之间是否脱空，以防校正过程中造成水平标高的误差。

为防止钢柱校正后的轴线位移，应在柱底四边用 10 mm 厚的钢板定位，并电焊牢固。钢柱复校后，紧固地脚螺栓，并将承重垫块上下电焊固定，防止走动。

### 2. 钢吊车梁的安装

(1)吊车梁的吊升。吊车梁可用自行式起重机吊装，也可用塔式起重机、桅杆式起重机等进行吊装，对质量很大的吊车梁，可用双机抬吊。

吊装吊车梁时应注意钢柱吊装后的位移和垂直度的偏差，认真做好临时标高垫块工作，严格控制定位轴线，实测吊车梁搁置处的梁高误差。吊车梁均为简支梁，梁端之间应留有 10 mm 左右的间隙并设钢垫板，梁和牛腿用螺栓连接，梁与制动架之间用高强度螺栓连接。

(2)吊车梁的校正与固定。吊车梁的校正内容包括标高、垂直度、轴线、跨距。标高的校正可在屋盖吊装前进行，其他项目的校正可在屋盖安装完成后进行，因为屋盖的吊装可能引起钢柱变位。

吊车梁标高的校正，可用千斤顶或起重机对梁作竖向移动，并垫钢板，使其偏差在允许范围内。

吊车梁轴线的校正可用通线法和平移轴线法，跨距的检验用钢尺测量，跨度大的车间用弹簧秤拉测(拉力一般为 100～200 N)。如超过允许偏差，可用撬棍、钢锲、花篮螺栓、千斤顶等纠正。

**3. 钢屋架的吊装**

(1)屋架的绑扎吊升、对位。屋架的绑扎应选在上弦节点处，左、右对称，绑扎中心(即各支吊索的合力作用点)必须高于屋架重心，使屋架起吊后基本保持水平，不晃动，不倾翻。吊索与水平线的夹角不宜小于 45°，以免屋架承受过大的横向压力，必要时可采用横吊梁。

屋架吊装可采用自行式起重机、塔式起重机或桅杆起重机等。根据屋架的跨度、质量和安装高度的不同，选用不同的起重机械和吊装方法。

屋架的吊升是将屋架吊离地面约 300 mm，然后将屋架转至安装位置下方，再将屋架吊升至柱顶上方约 30 mm 后，缓缓放至柱顶进行对位。屋架对位后应立即进行临时固定。

(2)屋架的校正及最后固定。屋架的临时固定可用临时螺栓和冲钉。钢屋架的侧向稳定性差，如果起重机的质量、起重臂的长度允许，应先拼装两榀屋架及其上部的天窗架、檩条、支撑等成为整体，然后再进行一次吊装。这样可保证吊装的稳定性，同时也可提高吊装效率。

钢屋架的校正内容主要包括垂直度和弦杆的正直度，垂直度用垂球进行检验，弦杆的正直度用拉紧的侧绳进行检验。

最后屋架用电焊或高强度螺栓进行固定。

**(三)构件的连接与固定**

钢结构连接方法有三种：焊接、铆接和螺栓连接。钢构件的连接接头应经检验合格后方可紧固或焊接。焊接和高强度螺栓连接并用的连接，当设计无特殊要求时，应按先栓后焊的顺序施工。下面主要介绍高强度螺栓连接的施工方法。

**1. 摩擦面的处理**

高强度螺栓连接，必须对构件摩擦面进行加工处理，在制造厂进行处理可用喷砂、喷(抛)丸、酸洗或砂轮打磨。处理好的磨面应有保护措施，不得涂油漆或污损。制造厂处理好的摩擦面，安装前应逐个复验构件的抗滑移系数，合格后方可安装，抗滑移系数应符合设计要求。

**2. 连接板的安装**

安装前应认真检查连接板，不能有挠曲变形，对变形的连接应矫正平整。高强度螺栓板面接触要平整。因被连接的厚度不同，或制作安装偏差等原因造成连接面之间的间隙，小于 1.0 mm 时可不处理；对 1.0～3.0 mm 的间隙，应将高出的一侧磨成 1∶10 的斜面，打磨方向应与受力方向垂直；对大于 3.0 mm 的间隙，应加垫板，垫板两面的处理方法与构件相同。

**规范学习**

《钢结构工程施工质量验收规范》(GB 50205—2001)

10.3 安装和校正

主控项目

10.3.1　钢构件应符合设计要求和本规范的规定。对运输、堆放和吊装等造成的构件变形及涂层脱落，应进行矫正和修补。

检查数量：按构件数抽查10%，且不应少于3件。

检查方法：用拉线、钢尺现场实测或观察。

10.3.2　设计要求顶紧的节点，接触面不应少于70%紧贴，且边缘最大间隙不应大于0.8 mm。

检查数量：按节点数抽查10%，且不应少于3个。

检验方法：用钢尺及0.3 mm和0.8 mm厚的塞尺现场实测。

《钢结构工程施工规范》(GB 50755—2012)

11.3　基础、支撑面和预埋件

11.3.1　钢结构安装前应对建筑物的定位轴线、基础轴线和标高、地脚螺栓的位置等进行检查，并应办理交接验收。当基础工程分批进行交接时，每次交接验收不应少于一个安装单元的柱基基础，并应符合下列规定：

1　基础混凝土强度应达到设计要求；

2　基础周围回填夯实完毕；

3　基础的轴线标志和标高基准点准确、齐全。

11.3.3　钢柱脚采用钢垫板作支承时，应符合下列规定：

1　钢垫板面积应根据混凝土抗压强度、柱脚底板承受的荷载和地脚螺栓(锚栓)的紧固拉力计算确定；

2　垫板应设置在靠近地脚螺栓(锚栓)的柱脚底板加劲板或柱肢下，每根地脚螺栓(锚栓)侧应设1～2组垫板，每组垫板不得多于5块；

3　垫板与基础面和柱底面的接触应平整、紧密；当采用成对斜垫板时，其叠合长度不应小于垫板长度的2/3；

4　柱底二次浇灌混凝土前垫板间应焊接固定。

11.3.4　锚栓及预埋件安装应符合下列规定：

1　宜采取锚栓定位支架、定位板等辅助固定措施；

2　锚栓和预埋件安装到位后，应可靠固定；当锚栓埋设精度较高时，可采用预留孔洞、二次埋设等工艺；

3　对锚栓应采取防止损坏、锈蚀和污染的保护措施；

4　钢柱地脚螺栓紧固后，外露部分应采取防止螺母松动和锈蚀的措施；

5　当需要对锚栓施加预应力时，可采用后张拉方法，张拉力应符合设计文件的要求，并应在张拉完成后进行灌浆处理。

11.4　构件安装

11.4.1　钢柱安装应符合下列规定：

1　安装柱脚时，锚栓宜使用导入器或护套；

2　首节钢柱安装后应及时进行垂直度、标高和轴线位置校正，钢柱的垂直度可采用经纬仪或线锤测量。校正合格后钢柱应可靠固定，并应进行柱底二次灌浆，灌浆前应清除柱底板与基础面间的杂物；

3　首节以上的钢柱定位轴线应从地面控制轴线直接引上，不得从下层柱的轴线引上；

钢柱校正垂直度时，应确定钢梁接头焊接的收缩量，并应预留焊缝收缩变形值；

4 倾斜钢柱可采用三维坐标测量法进行测校，也可采用柱顶投影点结合标高进行测校，校正合格后宜采用刚性支撑固定。

11.4.2 钢梁安装应符合下列规定：

1 钢梁宜采用两点起吊；当单根钢梁长度大于 21 m，采用两点吊装不能满足构件强度和变形要求时，宜设置 3～4 个吊装点吊装或采用平衡梁吊装，吊点位置应通过计算确定；

2 钢梁可采用一机一吊或一机串吊的方式吊装，就位后应立即临时固定连接；

3 钢梁面的标高及两端高差可采用水准仪与标尺进行测量，校正完成后应进行永久性连接。

11.4.3 支撑安装应符合下列规定：

1 交叉支撑宜按从下到上的顺序组合吊装；

2 无特殊规定时，支撑构件的校正宜在相邻结构校正固定后进行；

3 屈曲约束支撑应按设计文件和产品说明书的要求进行安装。

11.4.4 桁架(屋架)安装应在钢柱校正合格后进行，并应符合下列规定：

1 钢桁架(屋架)可采用整榀或分段安装；

2 钢桁架(屋架)应在起扳和吊装过程中防止产生变形；

3 单榀钢桁架(屋架)安装时应采用缆绳或刚性支撑增加侧向临时约束。

## 复习思考题

### 一、单选题

1. 履带式起重机臂长不变时，其技术参数 $Q$、$H$、$R$ 三者的关系正确的是(　　)。

A. $Q\downarrow$、$H\downarrow$、$R\downarrow$　　B. $Q\uparrow$、$H\uparrow$、$R\uparrow$

C. $Q\uparrow$、$H\uparrow$、$R\downarrow$　　D. $Q\downarrow$、$H\uparrow$、$R\uparrow$

2. 单层厂房结构吊装宜采用的吊装方法是(　　)。

A. 综合吊装法　　B. 分件吊装法

C. 节间吊装法　　D. A、B和C

3. 柱吊装后需要进行校正，垂直度的校正方法是(　　)。

A. 托线板　　B. 靠尺　　C. 两台经纬仪　　D. 水准仪

4. 构件吊装的一般顺序为(　　)。

A. 吊升、对位、临时固定、校正、固定

B. 吊升、临时固定、对位、校正、固定

C. 吊升、对位、校正、临时固定、固定

D. 吊升、对位、临时固定、校正

### 二、简答题

1. 简述钢结构的优缺点。
2. 钢结构连接的方式有哪些？
3. 钢结构安装前的准备工作有哪些？
4. 分件安装法与综合安装法的特点是什么？
5. 简述单层工业厂房结构的吊装要点。

# 参考文献


[1] 中华人民共和国住房和城乡建设部. GB 50007—2011 建筑地基基础设计规范[S]. 北京：中国建筑工业出版社，2011.

[2] 中国建筑科学研究院. JGJ 79—2012 建筑地基处理技术规范[S]. 北京：中国建筑工业出版社，2013.

[3] 上海市建设和管理委员会. GB 50202—2002 建筑地基基础工程施工质量验收规范[S]. 北京：中国计划出版社，2002.

[4] 中国建筑科学研究院. JGJ 130—2011 建筑施工扣件式钢管脚手架安全技术规范[S]. 北京：中国建筑工业出版社，2011.

[5] 中国建筑科学研究院. GB 50300—2013 建筑工程施工质量验收统一标准[S]. 北京：中国建筑工业出版社，2014.

[6] 陕西省住房和城乡建设厅. GB 50203—2011 砌体结构工程施工质量验收规范[S]. 北京：中国建筑工业出版社，2011.

[7] 中国建筑科学研究院. GB 50666—2011 混凝土结构工程施工规范[M]. 北京：中国建筑工业出版社，2012.

[8] 中国建筑科学研究院. GB 50204—2015 混凝土结构工程施工质量验收规范[S]. 北京：中国建筑工业出版社，2015.

[9] 中华人民共和国建设部. GB 50205—2001 钢结构工程施工质量验收规范[S]. 北京：中国计划出版社，2002.

[10] 山西省住房和城乡建设厅. GB 50207—2012 屋面工程质量验收规范[S]. 北京：中国建筑工业出版社，2012.

[11] 中国建筑科学研究院. GB 50210—2011 建筑装饰装修工程质量验收规范[S]. 北京：中国建筑工业出版社，2011.

[12] 中华人民共和国住房和城乡建设部. GB 50208—2011 地下防水工程质量验收规范[S]. 北京：中国建筑工业出版社，2011.

[13] 包永刚，王延栋. 建筑施工技术[M]. 郑州：黄河水利出版社，2011.

[14] 钱大行，杜曰武. 建筑施工技术[M]. 大连：大连理工大学出版社，2009.

[15] 叶雯，周晓龙. 建筑施工技术[M]. 北京：北京大学出版社，2010.

[16] 姚谨英. 建筑施工技术[M]. 5版. 北京：中国建筑工业出版社，2014.

[17] 顾昊星，张志刚. 建筑施工技术[M]. 天津：天津大学出版社，2012.

[18] 程和平，程伟，田江水. 建筑施工技术[M]. 2版. 北京：化学工业出版社，2011.

[19] 建筑施工手册(第五版)编委会. 建筑施工手册[M]. 5版. 北京：中国建筑工业出版社，2012.

[20] 杨波. 建筑工程施工手册[M]. 北京：化学工业出版社，2012.

[21] 杨峰. 建筑地基基础工程施工技术[M]. 太原：山西科学技术出版社，2009.

[22] 赵志缙，应惠清. 建筑施工[M]. 上海：同济大学出版社，2004.

[23] 焦红. 建筑施工[M]. 北京：中国建筑工业出版社，2010.

[24] 李守巨. 建筑施工常用数据速查手册[M]. 北京：中国建筑工业出版社，2012.

[25] 袁帅. 砌体结构工程施工[M]. 北京：北京理工大学出版社，2013.

[26] 中国建筑科学研究院. 绿色建筑技术导则[R]. 北京：2005.